知识生产的原创基地
BASE FOR ORIGINAL CREATIVE CONTENT

颉腾科技
JIE TENG TECHNOLOGY

Python机器学习

核心技术与开发实战

原书第2版

ARTIFICIAL INTELLIGENCE
WITH PYTHON

YOUR COMPLETE GUIDE TO
BUILDING INTELLIGENT APPS USING PYTHON 3.X
AND TENSORFLOW 2

[美] 阿尔伯托·阿尔塔桑切斯　　普拉提克·乔希 ◎著
　　（Alberto Artasanchez）　　（Prateek Joshi）

李现伟　曾小健◎译

北京理工大学出版社
BEIJING INSTITUTE OF TECHNOLOGY PRESS

图书在版编目（CIP）数据

Python 机器学习：核心技术与开发实战／（美）阿尔伯托·阿尔塔桑切斯，（美）普拉提克·乔希著；李现伟，曾小健译． －－ 北京：北京理工大学出版社，2023.11

书名原文：Artificial Intelligence with Python : Your complete guide to building intelligent apps using Python 3.x and TensorFlow 2（Second Edition）

ISBN 978 - 7 - 5763 - 3060 - 1

Ⅰ．①P… Ⅱ．①阿… ②普… ③李… ④曾… Ⅲ．①软件工具 - 程序设计②机器学习 Ⅳ．①TP311.561②TP181

中国国家版本馆 CIP 数据核字（2023）第 210704 号

北京市版权局著作权合同登记号　图字：01 - 2023 - 2878 号

Title：Artificial Intelligence with Python 2nd Edition

By：Alberto Artasanchez

Copyright © 2020 Packt Publishing

First published in the English language under the title – 'Artificial Intelligence with Python 2nd Edition – (9781839219535)' by Packt Publishing.

Simplified Chinese edition copyright © 2023 by Beijing Jie Teng Culture Media Co., Ltd.

All rights reserved. Unauthorized duplication or distribution of this work constitutes copyright infringement.

责任编辑：钟　博		**文案编辑：**钟　博	
责任校对：刘亚男		**责任印制：**施胜娟	

出版发行／北京理工大学出版社有限责任公司

社　　址／北京市丰台区四合庄路 6 号

邮　　编／100070

电　　话／（010）68944451（大众售后服务热线）

　　　　　　（010）68912824（大众售后服务热线）

网　　址／http://www.bitpress.com.cn

版印次／2023 年 11 月第 1 版第 1 次印刷

印　　刷／三河市中晟雅豪印务有限公司

开　　本／787 mm×1020 mm　1/16

印　　张／30

字　　数／675 千字

定　　价／139.00 元

译者序
Foreword

在近年来的技术风潮中，无论你处于哪个行业、背景或者年龄段，相信你都或多或少听说过人工智能。这个让许多人痴迷，也让许多人畏惧的领域，正以前所未有的速度改变着我们的生活和工作。当第一次接触到本书的原著，我被它全面、深入且富有洞见的内容所吸引。这不仅是一本理论知识的集结，更是一个实际应用的宝典。

人工智能领域的巨大潜能与其所带来的责任成正比。我们正处于一个关键的转折点，选择忽视这一浪潮还是勇敢地跟随并成为这一领域的创新者，每个人的选择都至关重要。我决定将这本书翻译为中文，是希望能为广大中文读者提供一个入门和深入 AI 领域的指南，无论你是初学者、研究者还是实践者。

本书内容详尽且实用，涵盖了从基本的 AI 概念、算法，到具体应用场景和前沿技术的详细解析。从导览、管道再到机器学习的各个方面，本书十分适合对机器学习感兴趣的入门及中级水平的读者，对有着多年工程师背景的从业人员也有着一定的温习作用。本书囊括的主题包括推荐系统、特征工程、逻辑编程、遗传算法、机器学习上云等。尤其对于 Python 程序员，本书更是一本实操指南，通过众多实例，读者可以直观地体验和实践 AI 的强大之处。

翻译这本书的过程中，我深感责任重大。我努力保持原著的语境，同时针对中文读者的特点进行了适当的调整。在这个过程中，我也受益匪浅，对 AI 有了更加深入的理解。

在本书的翻译过程中，得到了很多人的帮助，要特意感谢济南大学计算机系的张晶女士，她帮忙完成了初期的排版工作。在项目代码的指导上，特别感谢 AutoX 社区的蔡恒兴（github：poteman）、在上海任职高级 NLP 工程师的冯成刚同学，以及有着多年行业一线背景的闫广庆。

在此特别推荐第四范式 AutoX 自动化机器学习框架。

若你觉得书中有翻译不妥之处，可联系微信 ArtificialZeng（同 github）或在我的 CSDN 博客（AI 生成曾小健）下面留言进行批评指教。

最后，希望这本书能为你的 AI 之旅提供指引，让你在这个充满无限可能的领域中找到属于自己的位置。

祝学习愉快！

2023 年 10 月　于英国斯旺西

撰搞人
Contributors

关于作者

阿尔伯托·阿尔塔桑切斯（Alberto Artasanchez）是一名数据科学家，在财富 500 强公司和初创公司拥有超过 25 年的咨询经验，在人工智能和高级算法方面具有资深背景。阿尔塔桑切斯先生拥有 9 项 AWS 认证，包括大数据专业和机器学习专业认证。他是 AWS 大使，经常在各种数据科学博客上发表文章。从数据科学、大数据和分析，到核保优化和欺诈检测，他经常被选为演讲人。他在大规模设计和构建端到端机器学习平台方面有着丰富的经验。

阿尔塔桑切斯毕业于美国韦恩州立大学，获得理学硕士学位、卡拉马祖学院文学学士学位。他对使用人工智能大规模构建数据湖特别感兴趣。他娶了可爱的妻子卡伦（Karen），并且沉迷于 CrossFit。

> 我要感谢 Packt 的优秀编辑们的所有帮助。如果没有他们的宝贵帮助，这本书永远不会完成。他们是伊恩·霍夫（Ian Hough）、卡罗尔·刘易斯（Carol Lewis）、阿金卡娅·科尔赫（Ajinkya Kolhe）、阿尼凯特·谢蒂（Aniket Shetty）和图沙·古普塔（Tushar Gupta）。我也要感谢我了不起的妻子卡伦·阿尔塔桑切斯的支持和耐心，不仅是这本书，还有她对我所有疯狂努力的持续支持。我想把这本书献给我的父亲阿尔贝托·阿尔塔桑切斯·马德里加尔（Alberto Artasanchez Madrigal）和我的母亲劳拉·洛伊·洛伊（Laura Loy Loy）。

普拉提克·乔希（Prateek Joshi）是 Plutoshift 的创始人，出版了 9 本关于人工智能的书籍。他曾在福布斯 30 强、美国全国广播公司、彭博社、美国消费者新闻与商业频道、科技危机和商业杂志上亮相，也曾在 TEDx、全球大数据大会、机器学习开发者大会、硅谷深度学习会议等担任特邀演讲人。他的科技博客在 200 多个国家获得了超过 2M 的页面浏览量，拥有 7 500 多名追随者。除了人工智能，一些让他兴奋的话题是数论、密码学和量子计算。他更大的目标是让每个人都能接触到人工智能，这样就能影响全世界数十亿人。

关于审稿人

阿金卡娅·科尔赫（Ajinkya Kolhe）是一名数据分析和机器学习讲师。他在美国摩根士丹利公司开始了软件开发之旅，并进入机器学习领域。他现在是一名讲师，负责帮助公司和个人使用人工智能。

前言
Preface

人工智能（Artificial Intelligence，AI）的最新进展已经将巨大的权力交到了人类手中。权力越大，责任越大。自动驾驶汽车、聊天机器人和对未来越来越准确的预测只是人工智能的几个例子。

人工智能正在成为一条核心的变革之路，不仅正在改变我们思考生活各个方面的方式，还在影响工业。它正变得无处不在，并深入我们的日常生活。最令人兴奋的是，这是一个仍处于起步阶段的领域：人工智能革命才刚刚开始。

通过收集越来越多的数据，并且用更好、更快的算法处理这些数据，我们可以使用人工智能构建越来越精确的模型，并且回答越来越复杂、以前难以解决的问题。

从这一点来看，使用和充分利用人工智能的能力将是一项只会增加价值的技能，这并不奇怪。在本书中，我们探索了各种现实场景，并学习了如何将相关的人工智能算法应用于各种问题。

本书从人工智能的最基本概念开始，介绍如何在这些概念的基础上解决日益困难的问题。以开始章节的初始知识作为基础，让读者探索和解决人工智能中一些更复杂的问题。到本书结束时，读者将对人工智能技术有个全面的理解，并对何时使用这些技术有了信心。

本书首先从了解人工智能的各个领域开始，然后，讨论复杂的算法，如极限随机森林、隐马尔可夫模型、遗传算法、人工神经网络和卷积神经网络等。

本书将介绍如何正确选择算法类型，以及如何实现这些算法以获得最佳结果。如果你想构建能够理解图像、文本、语音或其他形式数据的多功能应用程序，这本关于人工智能的书肯定会帮助你！

本书的读者对象

本书是为希望使用人工智能算法来创建现实世界应用程序的 Python 程序员准备的。这本书不仅对 Python 初学者来说很友好，而且对熟悉 Python 编程以及对于希望实现人工智能技术的有经验的 Python 程序员来说，也很有帮助。

本书的内容

第 1 章　人工智能导论

本章主要介绍人工智能的基本定义和分组，这些定义和分组不仅将在整本书中使用，还将提供目前存在的人工智能和机器学习领域的总体分类。

第 2 章　人工智能的基本用例

本章主要介绍到目前为止人工智能最流行的一些用例。

第 3 章　机器学习管道

本章主要介绍数据准备的先进技术以及设计良好的生产数据管道应具备的其他组件。模型训练只是机器学习过程中的一小部分。数据科学家通常会花费大量时间来清理、转换和准备数据，以使其应用于人工智能模型。

第 4 章　特征选择和特征工程

本章主要介绍从模型的现有功能和外部来源创建新功能，以及如何消除冗余或低价值的功能。

第 5 章　使用监督学习的分类和回归

本章主要介绍监督学习的定义及其分类和回归算法。

第 6 章　用集成学习做预测分析

集成学习是一种强大的技术，可以聚集单个模型的力量。本章主要介绍集成方法的使用，以及如何将这些技术应用于现实世界的事件预测。

第 7 章　用无监督学习检测模式

本章主要介绍聚类和数据分割的概念，以及这些概念与无监督学习的关系，包括如何执行聚类以及如何应用各种聚类算法，让读者直观了解这些算法的例子，并掌握这些算法在现实世界中如何执行聚类和分割的应用。

第 8 章　构建推荐系统

本章主要介绍如何构建推荐系统以及如何保持用户偏好，包括最近邻搜索和协同过滤的概念，以及如何构建电影推荐系统。

第 9 章　逻辑编程

本章主要介绍如何使用逻辑编程编写程序，通过各种编程范例演示如何进行逻辑编程，以及如何使用逻辑编程构建各种解算器。

第 10 章　启发式搜索技术

本章主要介绍启发式搜索技术。启发式搜索技术用于搜索整个解空间，以得出答案。

第 11 章　遗传算法和遗传编程

本章主要介绍遗传编程的基础及其在人工智能领域的重要性。理解用于遗传编程的基本概念，学习如何使用遗传算法解决简单的问题，以及如何将其应用于现实世界的问题。

第 12 章　云上人工智能

本章主要介绍最受欢迎的供应商提供的支持和加速人工智能项目的不同产品。

第 13 章　用人工智能构建游戏

本章主要介绍如何使用人工智能技术构建游戏。学习使用搜索算法开发获胜的游戏策略和战术，并为各种游戏构建智能机器人。

第 14 章　构建语音识别器

本章主要介绍如何执行语音识别。学习如何处理语音数据并从中提取特征来建立一个语音识别系统。

第 15 章　自然语言处理

本章主要介绍人工智能的一个重要领域——自然语言处理。学习各种概念，如通过标记、词干提取和词形还原方式来处理文本。通过建立用于分类文本的词袋模型来演示如何使用机器学习分析给定句子的情感。展示主题建模，并检查系统的实现以识别文档中的主题。

第 16 章　聊天机器人

本章主要介绍聊天机器人的基础知识和构建聊天机器人的可用工具，并且将从头开始构建一个完整的聊天机器人。

第17章　序列数据和时间序列分析

本章主要介绍如何应用概率推理来为序列数据建立模型，以及如何使用隐马尔可夫模型来分析股票市场数据。

第18章　图像识别

本章主要介绍如何处理图像。学习如何在实时视频中检测和跟踪对象以及如何应用这些技术追踪人脸的某些部分。

第19章　神经网络

本章主要介绍人工神经网络。学习如何使用感知器构建单层和多层神经网络，讨论神经网络如何学习训练数据并通过建立模型来执行光学字符识别。

第20章　卷积神经网络的深度学习

本章主要介绍深度学习的基础、卷积神经网络的各种概念，以及如何使用这些技术来构建一个真实的图像识别应用程序。

第21章　循环神经网络和其他深度学习模型

本章主要介绍循环神经网络的算法、模型和用例，并利用这些模型的优势构建一个真实世界的应用程序。

第22章　用强化学习构建智能体

本章主要介绍强化学习模型的组成部分及用于构建强化学习系统的技术，并演示如何构建可以通过与环境交互来学习的智能体。

第23章　人工智能和大数据

本章主要介绍如何应用大数据技术来加速机器学习管道，涵盖可用于简化数据集收集、转换和验证的不同技术，并通过一个使用 Apache Spark 的实际例子来演示本章中涵盖的概念。

本书关注的重点

本书关注的是 Python 中的人工智能，而不是 Python 本身。目前已经使用 Python 3 构建了各种应用程序。本书关注如何以最佳方式利用各种 Python 库来构建真实世界的应用程序。基于这个原则，本书已经尽可能地保持所有代码的友好和可读性，这将使读者能够轻松理解和使用代码。

下载示例代码文件

读者可以下载本书的示例代码文件，网址为 http://www.packtpub.com。如果读者已购买了这本书，可以访问网址 http://www.packtpub.com/support 并注册，文件将直接通过电子邮件发送给读者。

读者可以按照以下步骤下载示例代码文件：

（1）登录官网 http://www.packtpub.com 并注册。

（2）选择"支持（SUPPORT）"选项卡。

（3）单击"代码下载和勘误表（Code Downloads & Errata）"按钮。

（4）在搜索框中输入本书的名称，并按照屏幕上的说明进行操作。

下载代码文件后，请确保使用最新版本的解压缩文件夹：

- 适用于 Windows 系统的 WinRAR/7 – Zip。
- 适用于 Mac 系统的 Zipeg/iZip/UnRarX。
- 适用于 Linux 系统的 7 – Zip/PeaZip。

本书的代码包也托管在 https：//github. com/PacktPublishing/Artificial – Intelligence – with – Python – Second – Edition 中的 GitHub 上。还有来自 https：//github. com/PacktPublishing/的丰富书籍和视频目录中的其他代码包。

下载彩色图像

本书还提供了一个 PDF 文件，其中包含本书中使用的截图/图表的彩色图像。读者可以在网址 https：//static. packt – cdn. com/downloads/9781839219535_ColorImages. pdf 中下载。

本书使用的约定

本书中有许多用于区分不同种类信息的文本样式。以下是这些风格的例子和解释。

代码块设置如下：

```
#创建标签编码器并安装标签
encoder = preprocessing.LabelEncoder()
encoder.fit(input_labels)
```

当希望将读者的注意力吸引到代码块的特定部分时，相关的行或项目以粗体显示：

```
#创建标签编码器并安装标签
encoder = preprocessing.LabelEncoder()
encoder.fit(input_labels)
```

任何命令行输入或输出都编写如下：

```
$ python3 random_forests.py --classifier-type rf
```

 警告或重要注意事项是这样出现的。

 提示和技巧是这样出现的。

目录
Contents

第 1 章

人工智能导论

在本章中，将讨论人工智能的概念及其在现实世界中的应用。我们花费日常生活的大部分时间与智能系统交互。这可以是搜索互联网上的信息，生物特征面部识别或转换口语发短信。人工智能是这一切的核心，它正在成为人们现代生活方式的重要组成部分。所有这些系统都是复杂的现实世界应用程序，人工智能用数学和算法解决了这些问题。在本书中，将学习可用于构建此类应用程序的基本原理，目标是帮助人们接受日常生活中可能遇到的新的、具有挑战性的人工智能问题。

本章涵盖以下主题：

- 人工智能概述
- 学习人工智能的原因
- 人工智能的分支
- 机器学习的五个学派
- 使用图灵测试定义智能
- 让机器像人类一样思考
- 智能体概述
- 通用问题求解器
- 构建智能体
- 安装 Python 3 和相关软件包

1.1　人工智能概述

每个人定义人工智能的方式可能会有很大的不同。从哲学上来讲，"智力"是什么？一个人如何理解智力反过来定义了它的人工对应物。人工智能领域的一个广义而乐观的定义可能是："计算机科学的一个领域——研究机器如何执行通常需要有感知代理的任务"，从这样一个定义可以看出，像计算机将两个数字相乘这样简单的事情就是"人工智能"。这是因为我们设计了一台机器能够独立接收输入信号并产生一个通常需要活动实体来处理的逻辑输出。

关于人工智能的另一个定义可能是："计算机科学的一个领域——研究机器如何精密地模仿人类的智力。"根据这样的定义，怀疑论者可能会认为我们今天所拥有的不是人工智能。到目前为止，他们已经能够指出计算机无法执行的任务的例子，因此声称，如果计算机不能令人满意地执行这些任务，那么计算机无法"思考"或展示人工智能的特征。

本书倾向于对人工智能更为乐观的看法，我们更喜欢惊叹于计算机目前可以执行的任务的数量。

在前面提到的相乘的任务中，如果这两个数字足够大，那么计算机肯定会比人类更快、更准确。但在有些领域，人类目前可以比计算机表现得更好。例如，人类可以通过几个示例识别、标记和分类对象，然而，目前计算机可能需要数千个示例才能达到同样的准确度。随着研究和改进的推进，计算机能解决越来越多的问题，而在仅仅几年前，我们只能梦想着解决这些问题。本书将深入探索这些用例并提供了大量的示例。

人工智能在某种程度上是研究计算机的另一个科学分支：大脑。有了人工智能，我们试图在计算中反映大脑的一些系统和机制，从而借鉴了神经科学等领域，并与之互动。

1.2　学习人工智能的原因

人工智能可以影响人们的生活方式。人工智能领域试图理解实体的模式和行为。通过人工智能我们希望既能构建智能系统，也能理解智能的概念。我们构建的智能系统对于理解人类大脑如何构建另一个智能系统非常有用。

下面介绍人脑是如何处理信息的，如图 1-1 所示。

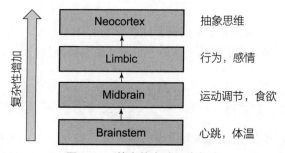

图 1-1　基本的人脑组成部分

与已经存在了几个世纪的数学或物理等其他领域相比，人工智能相对来说还处于初级阶段。在过去的几十年里，人工智能已经生产了一些引人注目的产品，如自动驾驶汽车和能够行走的智能机器人。根据人工智能目前的发展方向，获得智力将对人们未来一些年的生活产生巨大影响。

我们不禁想知道人脑是如何如此轻松地完成这么多事情的。我们可以识别物体、理解语言、学习新事物，用我们的大脑执行更多复杂的任务。人脑是如何做到这一点的？对于这个问题，我们还没有太多答案。当我们试图用机器复制大脑执行的任务时，就会发现它远远落后于人类！人脑在许多方面远比机器复杂和有能力。

当我们试图寻找诸如地球外的生命或时间旅行时，不知道这些东西是否存在，也不确定这些追求是否值得。人工智能的好处在于它已经有了一个理想化的模型：人类的大脑是智能系统的圣杯！人工智能要做的就是模仿人类大脑的特征来创建一个智能系统，它可以做一些类似或优于人类大脑能做的事情。

下面介绍原始数据是如何通过不同级别的处理转化为智能的，如图 1-2 所示。

研究人工智能的一个主要原因是它使许多事情自动化。我们生活在这样一个世界里：

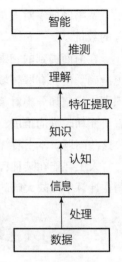

图 1-2　将数据转换成智能

- 处理大量无法逾越的数据。人脑无法跟踪这么多数据。
- 数据同时有多个来源。数据杂乱无章、混乱不堪。
- 从这些数据中获得的知识必须不断更新，因为数据本身在不断变化。
- 传感和驱动必须以高精度实时进行。

即使人脑在分析周围的事物方面非常出色，但也无法跟上前面的条件。因此，需要设计和开发能够做到这一点的智能机器。对智能机器的具体要求如下：

- 以高效的方式处理大量数据。随着云计算的到来，现在能够存储大量的数据。
- 从多个源同时接收数据，无任何延迟。以能够获得信息的方式索引和组织数据。
- 从新数据中学习，并使用正确的学习方法不断更新算法。根据情况实时地思考和应对情况。
- 继续完成任务，不会感到疲劳或需要休息。

人工智能技术正在使现有的机器更智能，更快、更高效地执行。

1.3　人工智能的分支

了解人工智能的各个研究领域非常重要，这样就可以选择正确的框架来解决给定的现实问题。有以下几种方法可以对人工智能的不同研究领域进行分类。

- 监督学习、无监督学习、强化学习
- 人工通用智能与狭义智能
- 按人的特征：
  ○ 机器视觉
  ○ 机器学习
  ○ 自然语言处理
  ○ 自然语言产生

下面介绍人工智能的常见分类。

- 机器学习与模式识别：这可能是最流行的人工智能形式。通过设计和开发可以从数据中学习的模型，对未知数据进行预测。这里的主要限制之一是模型处理数据的能力。

如果数据集很小，那么学习模型也会受到限制。

典型的机器学习系统如图 1-3 所示。

当机器学习系统接收新的数据点时，它使用先前已接收的数据（训练数据）模式来推断这个新的数据点。例如，在人脸识别系统中，模型将尝试匹配眼睛、鼻子、嘴唇、眉毛等的图像，以便找到现有用户数据库中的能匹配的人脸图像。

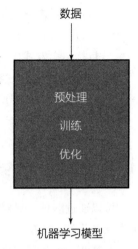

图 1-3　典型的机器学习系统

- 基于逻辑的人工智能：数学逻辑用于在基于逻辑的人工智能中执行计算机程序。用基于逻辑的人工智能编写的程序基本上是一组逻辑形式的语句，可以表达有关问题域的事实和规则。这在模式匹配、语言解析、语义分析等方面被广泛使用。

- 搜索：搜索技术被广泛应用于人工智能程序中。这些程序能够检查许多可能性，然后选择最佳路径。这在国际象棋、网络、资源分配、调度等战略游戏中被大量使用。

- 知识表达：将周围世界的需要以某种方式表示，以便计算机系统能够理解这种需要。这里经常使用数学逻辑语言。如果知识被有效地表示出来，计算机系统就可以变得更加智能。本体论是一个密切相关的研究领域，它处理存在的物体的种类。

本体论是对域中存在的实体的属性和关系的正式定义。这通常是通过分类法或某种层次结构来完成的。图 1-4 显示了信息和知识之间的区别。

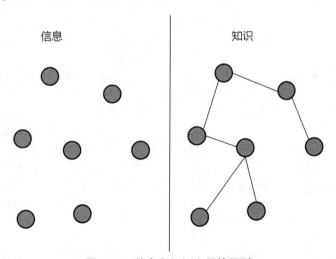

图 1-4　信息和知识之间的区别

- 规划：该领域涉及最优规划，以最小的成本提供最大的回报。这些软件程序从有关情况的事实和目标描述开始。这些程序也意识到了世界中的事实，因此知道规则是什么。根据这些信息，这些程序可以生成实现目标的最佳计划。

- 启发式：启发式是一种可以在短期内解决给定问题的技术，但不能保证结果是最优的。这更像是关于解决问题方法的有根据的猜测。在人工智能中，经常会遇到无法通过检查每一种可能性来选择最佳选项的情况。因此，需要使用启发式来实现这一目标。启发式广泛应用于人工智能领域，如机器人、搜索引擎等。

- 遗传程序设计：遗传程序设计是一种通过配对程序和选择最适合的程序来解决任务的方法。这些程序被编码为一组基因，使用一种算法可以得到一个能很好执行给定任务的程序。

1.4 机器学习的五个学派

可以通过多种方式对机器学习进行分类。最流行的分类方式之一是 Pedro Domingos 在其著作《主算法》（*The Master Algorithm*）中提供的分类。在这本书中，他将机器学习按照产生这些算法的科学领域进行分类。例如，遗传算法起源于生物学概念。五个学派对机器的分类如表 1－1 所示。

表 1－1 五个学派对机器的分类

学派	起源	主导算法	提倡者
符号学派	逻辑和哲学	逆向演绎	Tom Mitchell Steve Muggleton Ross Quinlan
联结学派	神经科学	反向传播	Yan LeCun Geoffrey Hinton Yoshua Bengio
进化学派	生物学	遗传编程	John Koza John Holland Hod Lipson
贝叶斯学派	统计学	贝叶斯推理	David Heckerman Judea Pearl Michael Jordan
类比学派	心理学	支持向量机	Peter Hart Vladimir Vapnik Douglas Hofstadter

- 符号学派：符号学派使用归纳或逆向演绎的方法作为主要工具。当使用归纳法时，不是从一个前提开始寻找结论，而是从一组前提和结论开始反向演绎，直到找到缺失的部分。例如，苏格拉底是人类＋所有人都是普通人＝可以推断出什么？（苏格拉

底是普通人）

- **联结学派**：联结学派使用大脑，或者至少可以大概理解大脑，作为主要工具神经网络。神经网络是一种算法，通过模仿大脑的方式来识别模式。如识别包含在数据中的数字向量。在使用神经网络之前，要将所有输入（无论是图像、声音、文本还是时间序列）都转换成数字向量。深度学习是神经网络的一种特殊类型。
- **进化学派**：进化学派关注使用进化、自然选择、基因组和 DNA 突变的概念，并将其应用于数据处理。进化算法将不断变异、进化并适应未知条件和过程。
- **贝叶斯学派**：贝叶斯学派专注于使用概率推理处理不确定性。主要解决视觉学习和垃圾邮件过滤问题。通常，贝叶斯模型将采用一种假设并使用一种"先验"推理，假设某些结果更有可能。当看到更多的数据时，会更新一个假设。
- **类比学派**：类比学派专注于发现实例之间相似之处的技术。最著名的类比模型是 K 近邻算法。

1.5　使用图灵测试定义智能

计算机科学家和数学家艾伦·图灵（Alan Turing）提出了用图灵测试来定义智能。这是一个判断计算机是否能学会模仿人类行为的测试。他将智能行为定义为在谈话中能达到人类智能水平的能力。这种表现应该足以让询问者认为答案来自人类。

为了观察机器是否能做到这一点，他提出了一个测试设置：他建议人类应该通过文本界面来询问机器。另一个条件是，人类无法知道谁被询问，这意味着应答者可以是机器也可以是人。要启用此设置，一个人将通过文本界面与两个实体交互。这两个实体称为应答者。其中，一个是人；另一个是机器。

如果询问者无法辨别答案是来自机器还是来自人，则应答者通过测试。图灵测试的设置如图 1-5 所示。

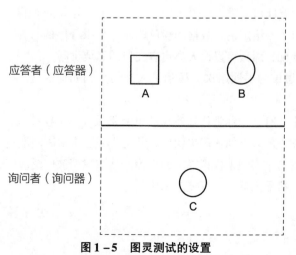

图 1-5　图灵测试的设置

可以想象，对于应答者来说，这是一个相当困难的任务。谈话中有很多事情在进行。至少，机器需要精通以下内容。

- 自然语言处理：机器需要它来与询问器（询问者）通信。机器需要解析句子、提取上下文、给出合适的答案。
- 知识表示：机器需要存储询问前提供的信息，还要跟踪对话期间提供的信息，以便在这些信息再次出现时应答器能够做出适当的响应。
- 推理：机器理解如何解释存储的信息很重要。人类倾向于自动这样做，以便实时得出结论。
- 机器学习：这是必要的，这样机器才能实时适应新的条件。机器需要分析和检测模式，以便能够得出推论。

你一定想知道人类为什么用文本界面交流。图灵认为，对一个人的智力进行物理模拟是没有必要的。这就是图灵测试避免人与机器之间直接物理交互的原因。

还有一种称为全图灵的测试，可以处理视觉和运动。为了通过这项测试，机器需要使用计算机视觉看到物体，并使用机器人四处移动。

1.6　让机器像人类一样思考

几十年来，我们一直试图让机器像人类一样思考。为了实现这个目标，首先需要了解人类是如何思考的以及人类思维的本质。一种方法是记下人类对事情的反应，但这很快就变成了棘手的方法，因为有太多的事情需要记下来。另一种方法是根据预定义的格式进行实验。我们开发了一定数量的问题来涵盖各种各样的人类话题，然后看看人类如何回应。

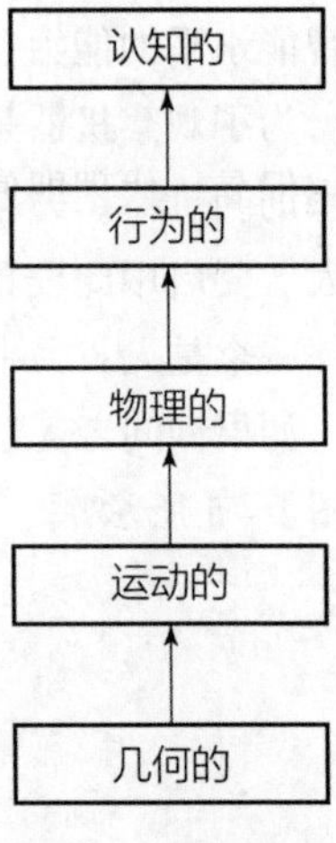

收集了足够的数据后，就可以创建一个模型来模拟人类的思考过程。这个模型可以创建能像人类一样思考的软件。当然，这说起来容易做起来难！我们只关心给定输入数据的程序输出。如果程序的行为方式与人类行为相匹配，那么可以说人类也有类似的思维机制。

图1-6所示为思维的不同层次。显示了人类的大脑如何区分事情的优先级。

图1-6　思维的
不同层次

在计算机科学中，有一个称为认知建模的研究领域，用来模拟人类思维过程。它试图理解人类如何解决问题，并将进入这个解决问题过程的心理过程转化为软件模型，然后使用这个模型来模拟人类的行为。认知建模被广泛应用于深度学习、专家系统、自然语言处理、机器人等人工智能应用中。

1.7　智能体概述

　　人工智能的许多研究都集中在构建智能体上。智能体到底是什么？在此之前，先在人工智能的背景下定义智能这个词。智能是指遵守一套规则并遵循其逻辑含义，以达到理想的结果。这需要以对执行行动的实体有最大益处的方式来执行。因此，如果给定一套规则，一个代理采取行动来实现其目标，则称其行为是智能的。它只是根据现有的信息感知和行动。该系统在人工智能中被大量用于设计导航未知地形的机器人。

　　如何定义什么是可取的？答案是，这取决于代理的目标。代理人应该是聪明和独立的。我们想传授适应新情况的能力。它应该了解自己的环境，然后采取相应的行动，以实现最符合其利益的结果。最佳利益由它想要实现的总体目标决定。让我们看看输入是如何转换成动作的，如图 1-7 所示。

　　我们如何定义智能体的性能度量？有人可能会说它与成功的程度成正比。代理是为完成某项任务而设置的，因此性能度量取决于该任务完成的百分比。但是我们必须思考智能体的构成。如果只是关于结果，就不会考虑导致结果的行动。

　　做出正确的推论是智能的一部分，因为代理必须用智能行动来实现其目标。这将有助于它得出可以连续使用的结论。

　　但是，代理即使在不知道该怎么做才正确的情况下也必须要做一些事情。

　　想象一下，一辆自动驾驶汽车以每小时 60 英里的速度行驶，突然有人横穿马路。假设给定汽车的行驶速度，代理只有两种选择：一种是汽车撞上护栏，明知会撞死车内乘客；另一种是让汽车碾过行人，明知会撞死他们。哪种是正确的决定？算法怎么知道做什么？如果你在开车，会知道该怎么做吗？

　　下面将学习智能体的最早例子之一：通用问题求解器。虽然它确实不能解决任何问题，但仍然是计算机科学领域的一大飞跃。

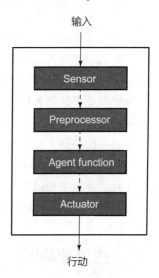

图 1-7　将输入转化为
行动的过程

1.8　通用问题求解器

　　通用问题求解器（General Problem Solver，GPS）是由赫伯特·西蒙（Herbert Simon）、萧伯纳（J. C. Shaw）和艾伦·纽厄尔（Allen Newell）提出的人工智能程序。这是人工智能世界中出现的第一个有用的计算机程序。目标是让它成为一台通用的解决问题的机器。当然，以前有很多软件程序，但是这些计算机程序执行特定的任务。GPS 是第一个旨在解决任何一般性问题的程序，它应该使用相同的基本算法来解决所有问题。

　　为了给 GPS 编程，编者创造了一种新的语言，称为信息处理语言（Information Processing

Language，IPL）。基本前提是用一组规范的公式来表示任何问题。这些公式将是具有多个源和汇的有向图的一部分。在这个图中，源是指开始节点，汇是指结束节点。对于 GPS 而言，源是指公理，汇是指结论。尽管 GPS 的目的是通用的，但只能解决定义明确的问题，如证明几何和逻辑中的数学定理。它还能解谜和下棋。原因是这些问题可以在合理的程度上正式化。但是在现实世界中，这很快变得棘手，因为有很多可能的路径。如果试图通过计算图中的步数来强行解决问题，则在计算上会变得不可行。

下面介绍如何使用 GPS 构造并解决一个给定的问题。

（1）确定目标。假设目标是从杂货店买些牛奶。

（2）定义先决条件。这些先决条件与目标有关。为了从杂货店买到牛奶，需要有一种运输工具，并且前提是杂货店应该有牛奶供应。

（3）定义操作符。如果运输工具是一辆汽车且汽车燃油不足，就需要确保能够支付加油站的费用，还需要确保能在杂货店支付牛奶的费用。

操作员负责处理各种情况以及影响这些情况的所有事情。这个过程由行动、先决条件和行动带来的变化组成。在这种情况下，行动是付钱给杂货店。当然，这首先取决于是否有钱，这是先决条件，然后通过付钱来改变金钱状况，结果是买到牛奶。

如果按以上步骤构建问题，GPS 就会解决这个问题。限制在于，它使用搜索过程来执行它的工作，这对于任何有意义的现实世界应用程序来说都是太复杂和耗时的。

本节学习了什么是智能体。下一节将学习如何构建智能体。

1.9   构建智能体

构建智能体方法有很多。最常用的技术包括机器学习、存储的知识和规则等。在本节中，将重点介绍机器学习。在机器学习中，通过数据和训练的方式构建智能体。

下面介绍智能体如何与环境交互，如图 1 - 8 所示。

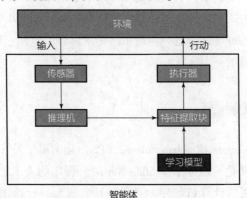

图 1 - 8   智能体与环境的交互

在机器学习中，需要对机器进行编程，以使用带标签的数据来解决给定的问题。通过浏览数据和相关标签，机器可以学习如何提取模式和关系。

在前面的例子中，智能体依赖于学习模型来运行推理机。如果传感器感知到输入，就将其发送到特征提取块。然后提取相关特征，训练好的推理机基于机器学习构建的模型执行预测。之后推理机做出决定，并将其发送给执行器，最后执行器在现实世界中采取所需的行动。

机器学习主要用于图像识别、机器人、语音识别、预测股市行为等。为了理解机器学习并构建一个完整的解决方案，必须熟悉来自不同领域的技术，如模式识别、人工神经网络、数据挖掘、统计等。

模型类型

人工智能模型有两类：分析模型和学习模型。在计算机出现之前，人们习惯依赖分析模型。

使用数学公式推导出分析模型，数学公式基本上是得出最终方程所遵循的一系列步骤。分析模型是基于人类的判断建立的，因此这些模型过于简单，往往不准确，只有几个参数，而且通常需要长时间的推导和反复试验，才能得出有效的公式。

现在进入了计算机世界。这些计算机擅长分析数据。因此，人们开始使用通过训练获得的学习模型。在训练过程中，机器通过许多输入和输出示例，得出了这个等式。这些学习模型通常复杂而精确，有数千个参数。这就产生了一个非常复杂的数学方程（支配着有助于做出预测的数据）。

机器学习最好的一点是不需要推导出模型的数学公式，也不需要知道复杂的数学，因为机器是根据数据推导公式的。所以要做的就是创建输入和相应输出的列表，即得到的学习模型只是标记输入和输出之间的关系。

1.10　安装 Python 3

在本书中将使用 Python 3。为了确保在机器上安装了最新版本的 Python 3，需要输入以下命令进行检查：

```
$ python3 --version
```

如果输出结果为 Python 3. x. x（其中 x. x 是版本号），就表示已经安装了最新版本；否则就继续安装。

1.10.1　在 Ubuntu 上安装 Python 3

默认情况下，Python 3 已经安装在 Ubuntu 14. xx 和更高版本上。如果没有安装，可以使用以下命令安装：

```
$ sudo apt -get install python3
```

像前面一样输入以下命令进行版本检查：

```
$ python3 --version
```

系统将输出版本号。

1. 10. 2　在 Mac OS X 上安装 Python 3

如果在 Mac OS X 环境下安装 Python 3，建议使用自制程序安装 Python 3。如果没有自制程序，可以使用以下命令进行安装：

```
$ ruby -e "$(curl -fsSL https://raw.githubusercontent.com/Homebrew/install/
master/install)"
```

更新包管理器：

```
$ brew update
```

安装 Python 3：

```
$ brew install python3
```

像前面一样进行版本检查：

```
$ python3 --version
```

系统将输出版本号。

1. 10. 3　在 Windows 上安装 Python 3

如果在 Windows 环境下安装 Python 3，建议使用 Python 3 的 SciPy – stack 兼容发行版。Anaconda 很 受 欢 迎，也 很 容 易 使 用。可 以 在 以 下 网 址 中 找 到 安 装 说 明：https://www. continuum. io/downloads。

如果想查看 Python 3 的其他 SciPy – stack 兼容发行版，可以在 http://www. scipy. org/install. html 中查到相关说明。这些发行版的优点在于，它们预装了所有必要的软件包。如果使用其中一个版本，则不需要单独安装软件包。

安装完成后，像前面一样运行以下命令，检查安装版本：

```
$ python3 --version
```

系统将输出版本号。

1.11　安装软件包

本书中将使用各种包，如 NumPy、SciPy、scikit – learn 和 matplotlib。在继续之前，请确保安装了这些软件包。

如果使用 Ubuntu 或 Mac OS X，安装这些软件包很简单。所有这些软件包都可以使用一行命令来安装。以下是安装说明的相关链接。

- NumPy：http://docs. scipy. org/doc/numpy – 1. 10. 1/user/install. html。
- SciPy：http://www. scipy. org/install. html。
- scikit – learn：http://scikit – learn. org/stable/install. html。
- matplotlib：http://matplotlib. org/1. 4. 2/users/installing. html。

如果在 Windows 环境下，应该已经安装了兼容 SciPy – stack 的 Python 3 版本。

1.12 加载数据

在建立学习模型之前，需要准备现实世界的数据。现在已经安装了 Python 包，下面介绍如何使用这些包与数据进行交互。输入以下命令，进入 Python 命令提示符：

```
$ python3
```

导入包含所有数据集的包：

```
>>> from sklearn import datasets
```

加载房价数据集：

```
>>> house_prices = datasets.load_boston()
```

打印数据：

```
>>> print(house_prices.data)
```

输入房价的输出如图 1 – 9 所示。

```
>>> print(house_prices.data)
[[  6.32000000e-03   1.80000000e+01   2.31000000e+00 ...,   1.53000000e+01
    3.96900000e+02   4.98000000e+00]
 [  2.73100000e-02   0.00000000e+00   7.07000000e+00 ...,   1.78000000e+01
    3.96900000e+02   9.14000000e+00]
 [  2.72900000e-02   0.00000000e+00   7.07000000e+00 ...,   1.78000000e+01
    3.92830000e+02   4.03000000e+00]
 ...,
 [  6.07600000e-02   0.00000000e+00   1.19300000e+01 ...,   2.10000000e+01
    3.96900000e+02   5.64000000e+00]
 [  1.09590000e-01   0.00000000e+00   1.19300000e+01 ...,   2.10000000e+01
    3.93450000e+02   6.48000000e+00]
 [  4.74100000e-02   0.00000000e+00   1.19300000e+01 ...,   2.10000000e+01
    3.96900000e+02   7.88000000e+00]]
```

图 1 – 9　输入房价的输出

接下来，看看标签。预测房价的输出如图 1 – 10 所示。

实际的数组更大，因此图 1 – 9 和图 1 – 10 所示只代表该数组中的前几个值。

scikit – learn 包中还有图像数据集。每张图像的形状为 8 × 8。下面加载这些图像数据集：

```
>>> print(house_prices.target)
[ 24.   21.6  34.7  33.4  36.2  28.7  22.9  27.1  16.5  18.9  15.   18.9
  21.7  20.4  18.2  19.9  23.1  17.5  20.2  18.2  13.6  19.6  15.2  14.5
  15.6  13.9  16.6  14.8  18.4  21.   12.7  14.5  13.2  13.1  13.5  18.9
  20.   21.   24.7  30.8  34.9  26.6  25.3  24.7  21.2  19.3  20.   16.6
  14.4  19.4  19.7  20.5  25.   23.4  18.9  35.4  24.7  31.6  23.3  19.6
  18.7  16.   22.2  25.   33.   23.5  19.4  22.   17.4  20.9  24.2  21.7
  22.8  23.4  24.1  21.   20.8  21.2  20.3  28.   23.9  24.8  22.9
  23.9  26.6  22.5  22.2  23.6  28.7  22.6  22.   22.9  25.   20.6  28.4
  21.4  38.7  43.8  33.2  27.5  26.5  18.6  19.3  20.1  19.5  19.5  20.4
  19.8  19.4  21.7  22.8  18.8  18.7  18.5  18.3  21.2  19.2  20.4  19.3
  22.   20.3  20.5  17.3  18.8  21.4  15.7  16.2  18.   14.3  19.2  19.6
  23.   18.4  15.6  18.1  17.4  17.1  13.3  17.8  14.   14.4  13.4  15.6
  11.8  13.8  15.6  14.6  17.8  15.4  21.5  19.6  15.3  19.4  17.   15.6
  13.1  41.3  24.3  23.3  27.   50.   50.   50.   22.7  25.   50.   23.8
  23.8  22.3  17.4  19.1  23.1  23.6  22.6  29.4  23.2  24.6  29.9  37.2
  39.8  36.2  37.9  32.5  26.4  29.6  50.   32.   29.8  34.9  37.   30.5
  36.4  31.1  29.1  50.   33.3  30.3  34.6  34.9  32.9  24.1  42.3  48.5
  50.   22.6  24.4  22.5  24.4  20.   21.7  19.3  22.4  28.1  23.7  25.
  23.3  28.7  21.5  23.   26.7  21.7  27.5  30.1  44.8  50.   37.6  31.6
  46.7  31.5  24.3  31.7  41.7  48.3  29.   24.   25.1  31.5  23.7  23.3
```

图 1 – 10　预测房价的输出

```
>>> digits = datasets.load_digits()
```

打印第五张图像：

```
>>> print(digits.images[4])
```

输出如图 1 – 11 所示。

```
>>> print(digits.images[4])
[[  0.   0.   0.   1.  11.   0.   0.   0.]
 [  0.   0.   0.   7.   8.   0.   0.   0.]
 [  0.   0.   1.  13.   6.   2.   2.   0.]
 [  0.   0.   7.  15.   0.   9.   8.   0.]
 [  0.   5.  16.  10.   0.  16.   6.   0.]
 [  0.   4.  15.  16.  13.  16.   1.   0.]
 [  0.   0.   0.   3.  15.  10.   0.   0.]
 [  0.   0.   0.   2.  16.   4.   0.   0.]]
```

图 1 – 11　scikit – learn 图像数组的输出

输出结果有 8 行 8 列。

1.13　本章小结

在本章中，主要讨论了以下内容：

- 人工智能概述
- 学习人工智能的原因
- 人工智能的应用
- 图灵测试是什么以及如何进行的
- 人工智能的分支
- 机器学习的五个学派

- 使用图灵测试定义智能
- 让机器像人类一样思考
- 智能体的概念及其设计
- 通用问题求解器（GPS）以及如何使用 GPS 解决问题
- 利用机器学习开发智能体
- 机器学习的模型类型

还学习了如何在各种操作系统中安装 Python 3，以及如何安装构建人工智能应用程序所需的必要软件包。讨论了如何使用这些软件包来加载 scikit‐learn 中可用的数据。

在下一章中，将学习人工智能的一些基本用例。

第 2 章

人工智能的基本用例

在本章中，将讨论人工智能的一些基本用例。虽然不能列出所有用例，但许多行业都已受到人工智能的影响，而那些尚未受到影响的行业也越来越少。具有讽刺意味的是，机器人、自动化和人工智能无法接管一些低工资、需要较少"脑力"的工作。例如，机器人需要一段时间才能取代发型师和水管工。这两项工作都需要很多细节，而机器人还没有掌握。因为在现实生活中人们更换理发师都需要很长时间，更不用说机器人了。

本章涵盖以下主题：

- 人工智能的代表性用例
- 数字个人助理和聊天机器人
- 私人司机
- 运输和仓库管理
- 人类健康
- 知识搜索
- 推荐系统
- 智能家居
- 游戏
- 电影制作
- 核保和交易分析
- 数据清理和转换

2.1　人工智能的代表性用例

从金融到医药领域，很难找到一个不受人工智能影响的行业。本节将关注日常生活中最流行的人工智能应用的真实例子并将探索其目前的状态以及即将发生的事情。最重要的是，本书可能会激发读者的想象力，读者会提出一些创新的想法，这些想法将对社会产生积极的影响，所以可以将其添加到本书的下一版本中。

人工智能、认知计算、机器学习和深度学习只是一些当今促成快速变革的颠覆性技术。由于云计算、物联网（Internet of Things，IoT）和边缘计算的进步，这些技术可以更快地被采用。通过拼凑所有这些技术，组织正在进行革新他们做生意的方式。这是只有开始；我们甚至还没有进入第一局，我们甚至还没有录音第一次罢工！

接下来，介绍人工智能的应用实例。

2.2　数字个人助理和聊天机器人

对于一些呼叫中心来说，虽然普遍使用传统的交互式语音应答（Interactive Voice Response，IVR）系统，但是在自然语言处理领域已经取得了巨大进步：聊天机器人。最受欢迎的一些例子有以下几种。

- 谷歌助手：谷歌助手于 2016 年推出，是最先进的聊天机器人之一。它应用于各种电器，如电话、耳机、扬声器、洗衣机、电视和冰箱。如今，大多数安卓手机都安装了谷歌助手。谷歌主页和 Nest Home Hub 也支持谷歌助手。
- 亚马逊 Alexa：Alexa 是一个虚拟助手，是由亚马逊开发和推出市场的。它可以通过语音和执行诸如播放音乐、创建待办事项列表、设置闹钟、播放有声读物和回答基本问题等命令与用户进行交互。它甚至可以根据需要给用户讲一个笑话或故事。Alexa 还可用于控制兼容的智能设备。开发人员可以通过安装技能来扩展 Alexa 的功能。Alexa 技能是由第三方供应商开发的附加功能。
- 苹果 Siri：Siri 可以接收用户语音命令和自然语言用户界面，通过解析这些语音命令并将这些请求委托给一组用户来回答问题、提出建议和执行操作互联网服务。该软件可以适应用户的个人语言使用、搜索和偏好。使用得越多，学习得越多，效果就越好。
- 微软 Cortana：Cortana 是另一个数字虚拟助手，是由微软公司设计和创建的。Cortana 可以设置提醒和警报，识别自然语音命令，并使用信息回答问题。

所有这些助手可以执行以下任务：

- 控制家中的设备。
- 按命令播放音乐和显示视频。
- 设置计时器和提醒。
- 预约。
- 发送文本和电子邮件。
- 打电话。
- 开放应用程序。
- 阅读通知。
- 翻译。
- 从电子商务网站订购。

一些可能不受支持，但会变得更加普遍的任务包括：

- 登记航班。
- 预订酒店。
- 预订餐厅。

所有这些平台还支持第三方开发者开发自己的应用程序或亚马逊称之为"技能"。因此，可能性是无穷的。

Alexa 技能示例如下：

- MySomm：推荐什么酒配某种肉。
- 酒保：提供如何制作酒精饮料的说明。
- 7 分钟锻炼：指导用户完成一个艰难的 7 分钟锻炼。
- 优步：允许你通过 Alexa 订购优步乘车服务。

以上列出的所有服务都在继续改善。它们不断从与用户的互动中学习。服务的开发者和使用服务的用户每天创建的新数据点的系统都改进了服务。

大多数云提供商使创建聊天机器人变得非常容易，对于一些基本的例子，没有必要使用编程语言。此外，将这些聊天机器人部署到 Slack、Facebook Messenger、Skype 和 WhatsApp 等服务中并不难。

2.3　私人司机

自动驾驶或无人驾驶汽车是可以在没有人工辅助的情况下沿着预先设定的路线行驶的车辆。当今存在的大多数自动驾驶汽车不依赖于单个传感器和导航方法，而是使用各种技术，如雷达、声呐、激光雷达、计算机视觉和 GPS。

随着新技术的出现，行业开始创建来实施和衡量新技术发展水平的标准。无人驾驶技术也不例外。SAE International 制定了标准 J3016，该标准定义了汽车的 6 个自动化级别，以便汽车制造商、供应商和决策者可以使用相同的标准来对汽车的复杂程度进行分类。

1. 0 级（无自动化）

这种汽车没有自动驾驶能力。驾驶员是完全参与和负责驾驶、刹车、加速和观察交通状况。当今大多数在路上行驶的汽车属于这一级别。

2. 1 级（驾驶员辅助）

（1）系统能力：在某些条件下，汽车可以控制转向或车速，但不能同时控制两者。

（2）驾驶员参与：驾驶员执行驾驶的所有其他方面，全权负责监控道路，并在辅助系统无法正常工作时接管工作。例如，自适应巡航控制。

3. 2 级（部分自动化）

在某些情况下，汽车可以转向、加速和刹车。驾驶员仍然执行许多操作，如解释和响应交通信号或改变车道。控制车辆的责任主要落在驾驶员身上。制造商仍然要求驾驶员完全投入工作。这一级别的例子有以下几种：

- 奥迪交通拥堵辅助系统。
- 凯迪拉克超级巡航。
- 梅赛德斯 - 奔驰驾驶员辅助系统。

- 特斯拉 Autopilot。
- 沃尔沃驾驶员辅助系统。

4. 3 级（条件自动化）

2 级和 3 级之间的枢轴点至关重要。对于 3 级汽车来说，控制和监控汽车的责任开始从驾驶员转变为计算机。在合适的条件下，计算机可以控制汽车，包括监控环境。如果汽车遇到无法处理的情况，它会要求驾驶员介入并控制。驾驶员通常不控制汽车，但必须随时准备接管。奥迪交通拥堵驾驶就是一个例子。

5. 4 级（高度自动化）

汽车在大多数情况下不需要驾驶员的参与，但在某些道路、天气或地理条件下仍然需要驾驶员的帮助。下面的一个共享的汽车模型被限制在一个限定的区域内，可能没有任何人的参与。但是对于一辆私人汽车来说，驾驶员可能会管理地面街道上的所有驾驶任务，系统会接管高速公路。谷歌现已停产的无人车"萤火虫"就是 4 级汽车的一个例子。它没有踏板或方向盘，被限制在最高时速 25 英里，而且没有在公共街道上使用。

6. 5 级（完全自动化）

无人驾驶系统可以在任何道路上以及在驾驶员能够处理的任何条件下，控制和操作汽车。汽车的"操作员"只需输入目的地。目前还没有这种级别的汽车投入生产，但有几家公司生产的汽车已经接近这一级别。

下面将回顾一些在该领域中的领先公司。

（1）谷歌的 Waymo

截至 2018 年，Waymo 的自动驾驶汽车在公共道路上行驶了 800 万英里，在模拟环境中行驶了 50 亿英里。在接下来的几年里，几乎可以肯定的是，我们将能够购买一辆能够完全自动驾驶的汽车。特斯拉与其他公司一样，已经通过自动驾驶特征提供驾驶员辅助，并可能成为第一家提供完全自动驾驶特征的公司。想象一个世界，今天出生的孩子永远不用考驾照了！

仅人工智能的这一进步就将对我们的社会造成巨大的影响。不再需要送货司机、出租车司机和卡车司机。即使在无人驾驶的未来仍然有车祸发生，也将会挽救数百万人的生命，因为将不再有分心驾驶和酒后驾驶。

Waymo 于 2018 年在美国亚利桑那州推出了首个商业无人驾驶服务，计划在全国和全球范围内扩展。

（2）优步的 ATG

ATG（Advanced Technology Group，先进技术集团）是优步的一家子公司，致力于开发自动驾驶技术。2016 年，优步在匹兹堡的街道上推出了一项实验性的汽车服务。优步计划购买多达 24 000 辆沃尔沃 XC90，并为其配备自动驾驶技术，在 2021 年前开始以一定的产能将其商业化。

不幸的是，2018 年 3 月，伊莱恩·赫尔茨贝格（Elaine Herzberg）与一辆优步无人驾驶汽车发生事故并死亡。根据警方报告，她在试图过马路时被优步的车辆撞了，当时她正在看手机上的视频。赫尔茨贝格成为第一批死于无人驾驶汽车事故的人之一。在理想情况下，这项技术应该永远不会发生事故，但我们所要求的安全水平需要与目前面临的交通事故危机相适应。就背景而言，2017 年，美国有 40 100 例机动车死亡事故；即使还会发生自动驾驶汽车的事故，但如果死亡人数减少一半，则每年将挽救数千人的生命。

当然有可能想象一辆无人驾驶汽车看起来更像一个客厅，而不是现在汽车的内部。它不需要方向盘、踏板或任何类型的手动控制。汽车需要的唯一输入是目的地，这可以在旅程开始时通过对汽车"说话"来给出。没有必要跟踪维护时间表，因为汽车能够感知服务何时到期或汽车功能是否有问题。

汽车事故的责任将从车辆的驾驶员转移到车辆的制造商，而不需要购买汽车保险。最后这一点可能是汽车制造商部署缓慢的原因之一。甚至汽车所有权也可能被推翻，因为用户可以在有需要时才召唤一辆汽车，而不是一直需要。

2.4　运输和仓库管理

亚马逊分拣设施是人类、计算机和机器人之间正在形成的共生关系的最好例子之一。计算机接收客户订单并决定商品的路线，机器人在仓库中运送托盘和库存。人类通过手工挑选进入每个订单的物品来解决"最后一英里"问题。只要有模式参与，并且需要进行一定程度的预训练，机器人就能熟练、无意识地多次重复一项任务。然而，让机器人挑选一个 20 磅重的包裹，并能立即抓住一个鸡蛋而不打破它，是机器人技术中比较困难的问题之一。

机器人努力处理不同大小、质量、形状和易碎的物体，而很多人可以毫不费力地完成这项任务。因此，人们处理机器人很难处理的任务。这三种角色的相互作用组合转化为一个精心合作的团队，每天可以传递数百万个包裹，几乎没有错误。

就连亚马逊机器人实践总监斯科特·安德森（Scott Anderson）也在 2019 年 5 月承认，全自动仓库至少还需要 10 年时间。因此，我们将在更长的时间内，继续在世界各地的仓库中看到这种配置。

2.5　人类健康

人工智能应用于健康科学的方式几乎是无限的。本节将讨论的一些应用如下。

1. 药物发现

人工智能可以帮助生成候选药物（即用于医学应用的待测试分子），然后使用约束满足或实验模拟快速消除其中的一些。在后面的章节中将学习更多关于约束满足编程的知识。简而言之，这种方法可以快速生成数百万种可能的候选药物，并在候选药物不满足某些预定约束的情况下快速拒绝它们，从而加快药物发现。

在某些情况下，可以在计算机中模拟实验，否则这些实验在现实生活中进行实验的成本会高很多。此外，还有一些情况是，研究人员仍在进行真实世界的实验，但依靠机器人进行实验并加快实验过程。这些新兴领域称为高通量筛选（High Throughput Screening，HTS）和虚拟高通量筛选（Virtual High Throughput Screening，VHTS）。

机器学习开始越来越多地应用于增强临床试验。

埃森哲咨询公司开发了一种称为智能临床试验（Intelligent Clinical Trials）的工具。它用于预测临床试验的时间长度。

另一种应用于药物发现的方法是自然语言处理（Natural Language Processing，NLP）。基因组数据可以通过一串字母和自然语言处理技术来处理或"理解"基因组序列的含义。

2. 保险定价

机器学习算法可以通过更准确地预测花在病人身上的钱、一个人的驾驶水平或寿命来更好地为保险定价。例如，Insilico Medicine 的 young. ai 项目可以从血液样本和照片中预测一个人能活多久。血液样本提供了 21 种生物标记物，如胆固醇水平、炎症标记物、血红蛋白计数和白蛋白水平。除了血液样本，种族和年龄以及这个人的照片也可以用作机器学习模型的输入。

有趣的是，从现在开始，任何人都可以通过访问 young. ai（https：//young. ai）并提供所需信息来免费使用这项服务。

3. 患者诊断

使用复杂的规则引擎和机器学习，医生可以对病人做出更好的诊断，并在实践中更有成效。例如，在加州大学圣地亚哥分校最近由张康进行的一项研究[1]中，一个系统可以比初级儿科医生更准确地诊断儿童疾病。该系统能够以 90%~97% 的准确率诊断腺热、红疹、流行性感冒、水痘和手足口等疾病。

输入数据集包括 2016—2017 年间中国广州地区 130 万儿童就医的病历。

4. 医学影像解释

医学影像数据是关于患者的复杂而丰富的信息来源。例如，电脑断层扫描、核磁共振成像和放射图像包含了其他方式无法获得的信息。因为缺乏能够解读这些信息的放射科医生和临床医生，所以从这些图像中获得结果有时可能需要几天时间，有时结果可能会被错误解读。最近的研究发现，即使机器学习模型不比人类表现得更好，也可以表现得同样好。

数据科学家已经开发了支持人工智能的平台，与传统方法相比，该平台可以在几分钟而不是几天内解释电脑断层扫描、核磁共振成像和放射图像，并且具有更高的准确率。

令人惊讶的是，美国放射学院的领导们不仅不担心，反而将人工智能的出现视为医生的宝贵工具。为了促进该领域的进一步发展，美国放射学院数据科学研究所（American College for Radiology Data Science Institute，ACR DSI）发布了几个医学成像和计划中的人工智能用例。

5. 精神病学分析

一个小时的心理医生治疗会花费数百美元。现在人工智能聊天机器人即将来模拟这种行为。至少，这些机器人能够提供与精神病医生会面后的后续护理，并在医生询问期间帮助照顾患者。

Eliza 是一个自动化咨询师的早期例子。它是在 1966 年由 Joseph Weizenbaum 开发的。用户可以与计算机进行"对话"，Eliza 模仿一个 Rogerian 心理治疗师。值得注意的是，与 Eliza 交流用户感觉很自然，它的代码只有几百行，而且它的核心并没有真正使用太多人工智能。

最近一个更先进的例子是 Ellie。Ellie 是由美国南加州大学创意技术研究所创造的。它有助于治疗抑郁症或创伤后应激障碍患者。Ellie 是一名虚拟治疗师（她出现在屏幕上），对情绪暗示做出反应，在适当的时候肯定地点头，并在座位上移动。她能从一个人的脸上感觉到 66 分的信息并利用这些输入信息来解读这个人的情绪状态。Ellie 的秘密是，她显然不是人类，这让人们觉得对她敞开心扉不那么挑剔，也更舒服。

6. 智能健康记录

因为医学在转向电子记录方面落后，所以数据科学提供了多种方法来简化患者数据的捕获，包括光学字符识别、手写识别、语音到文本捕获，以及患者生命体征的实时读取和分析。不难想象，不久的将来，这些信息可以被人工智能引擎实时分析，以做出调整身体葡萄糖水平、服用药物或寻求医疗帮助等决策，因为健康问题迫在眉睫。

7. 疾病检测和预测

人类基因组是最终的数据集。在不久的将来，人类基因组将能够作为机器学习模型的输入，并通过这个庞大的数据集可以检测和预测人类各种各样的疾病和状况。

使用人类基因组数据集作为机器学习的输入是一个令人期待的研究领域，它正在快速发展，并将彻底改变医学和医疗保健。

人类基因组包含超过 30 亿个碱基对。目前正在两个方面取得进展并将加快进展：
- 对基因组生物学的理解不断进步。
- 大数据计算方面的进步，可以更快地处理大量数据。

有许多研究将深度学习应用于基因组学领域。尽管仍处于早期阶段，基因组学的深度学习有可能为以下领域提供信息：
- 特征基因组学。
- 肿瘤学。
- 群体遗传学。
- 临床遗传学。
- 作物产量提高。
- 流行病学和公共卫生。
- 进化和系统发育分析。

2.6　知识搜索

在某些情况下，我们甚至没有意识到自己在使用人工智能。一项技术或产品好的标志是指我们不一定停下来思考它是如何工作的。这方面的一个完美例子是谷歌搜索。这种产品已经在我们的生活中无处不在，但我们没有意识到它有多依赖人工智能来产生惊人的结果。从谷歌建议技术到其结果相关性的不断提高，人工智能已深深嵌入其搜索过程。

据彭博社报道，2015 年年初，谷歌开始使用一个称为 RankBrain 的深度学习系统来帮助生成搜索查询响应。彭博社的文章对 RankBrain 的描述如下：

"RankBrain 使用人工智能将大量书面语言嵌入计算机可以理解的数学实体，即向量。如果 RankBrain 看到不熟悉的单词或短语，机器可以猜测哪些单词或短语可能具有相似的含义，并相应地过滤结果，使其在处理从未见过的搜索查询时更加有效。"

杰克·克拉克（Jack Clark）[2]

截至上一份报告，RankBrain 在数十亿次谷歌搜索查询中占了很大比例。可以想象，该公司对 RankBrain 的具体工作原理守口如瓶，此外，甚至谷歌可能也很难解释它是如何工作的。这正是深度学习的困境之一。在许多情况下，它可以提供高度准确的结果，但是通常很难理解为什么深度学习算法会给出单个答案。基于规则的系统甚至其他机器学习模型（如随机森林）都更容易解释。

深度学习算法缺乏可解释性已经产生了重大影响，包括法律影响。最近，谷歌等公司发现自己仿佛被置于显微镜下，以确定它们的结果是否有偏差。

未来，立法者和监管者可能会要求这些科技巨头为某种结果提供正当理由。如果深度学习算法不能提供可解释性，它们可能会被迫使用其他不太精确的算法。

最初，RankBrain 只支持了大约 15% 的谷歌查询，但现在它几乎参与了所有的用户查询。

然而，如果用户提交的是一个普通的查询，或者算法能够理解这个查询，那么 RankBrain 排名分数的权重会很小。如果提交的查询是算法以前没有见过的或不知道它的含义，RankBrain 分数就更相关了。

2.7　推荐系统

推荐系统是人工智能技术融入我们日常生活的又一个例子。亚马逊（Amazon）、优兔（YouTube）、网飞（Netflix）、领英（LinkedIn）都依赖推荐技术，我们甚至没有意识到自己正在使用它。推荐系统严重依赖数据，可支配的数据越多，它们就变得越强大。这些并不是因为公司拥有一些世界上最大的市值，而是它们的力量来自能够利用客户数据中隐藏的力量。预计未来这种趋势还会继续。

什么是推荐？首先通过探索它不是什么来回答这个问题。这不是一个明确的答案。某些问题（如"什么是二加二？"或"土星有几颗卫星？"）有明确的答案，不是主观的。有些问题（如"你最喜欢的电影是什么？"或"你喜欢萝卜吗？"）完全是主观的，答案取决于回答问题的人。一些机器学习算法在这种"模糊性"下苗壮成长。同样，这些建议会产生巨大的影响。

想想亚马逊不断推荐一种产品和另一种产品的后果。生产推荐产品的公司将会兴旺发达，而没有生产推荐产品的公司如果找不到分销和销售产品的替代方法，可能会倒闭。

推荐系统可以改进的方法之一是从系统用户那里获得其以前的选择。如果用户第一次访问一个电子商务网站，并且没有订单历史，这个网站将很难为这个用户量身定制一个推荐。如果用户购买运动鞋，网站现在有一个数据点，就可以开始使用它作为起点。根据系统的复杂程度，它可能会推荐一双不同的运动鞋、一双运动袜，甚至一个篮球（如果鞋子是高帮的话）。

好的推荐系统的一个重要组成部分是一个随机因素，它偶尔会"冒险"，做出与最初用户的选择无关的古怪推荐。推荐系统不仅从用户以前的选择中学习寻找相似的推荐，而且会尝试提出看起来可能不相关的新推荐。例如，网飞用户可能会观看《教父》（*The Godfather*），网飞可能会开始推荐阿尔·帕西诺（Al Pacino）电影或黑帮电影。但它可能会推荐《谍影重重》（*Bourne Identity*），这是一个延伸。如果用户不接受推荐或不看电影，算法会从中吸取教训，避开其他像《谍影重重》这样的电影。例如，任何以杰森·伯恩（Jason Bourne）为主角的电影。

随着推荐系统变得更好，它们将能够为个人数字助理提供动力，并成为用户的私人管家，对用户的好恶有深入的了解，并能提出用户可能没有想到的好建议。建议可以从推荐系统中受益的一些领域包括饭店、电影、音乐、潜在伴侣（网上约会）、书籍和文章、搜索结果和金融服务（机器人顾问）。

推荐系统的一些值得注意的具体例子如下。

1. 网飞奖

一个在推荐系统界引起巨大轰动的竞赛是网飞奖。从 2006 年到 2009 年，网飞赞助了一场比赛，奖金高达 100 万美元。网飞提供了 1 亿多评级的数据集。

网飞提出向推荐准确度最高的团队支付奖金，该团队的推荐准确度比网飞现有推荐系统的推荐准确度高 10%。这场比赛激发了对新的、更精确的算法的研究。2009 年 9 月，大奖被授予了贝尔科尔的 Pragmatic Chaos 团队。

2. 潘多拉

潘多拉是领先的音乐服务之一。与苹果和亚马逊等其他公司不同，潘多拉的专属重点是音乐服务。潘多拉突出的服务功能之一是定制电台的概念。这些电台允许用户按流派播放音乐。可以想象，推荐系统是这个功能的核心。

潘多拉的推荐器建立在多层之上：

- 音乐专家团队根据流派、节奏和进程对歌曲进行注释。
- 这些注释被转换成用于比较歌曲相似性的向量。这种方法促进了来自未知艺术家的"长尾"或晦涩音乐的呈现，尽管如此，这些音乐可能非常适合个人听众。
- 该服务还非常依赖用户反馈，并使用它来不断增强服务。潘多拉已经收集了超过 750 亿个关于用户偏好的反馈数据点。
- 潘多拉推荐引擎随后可以使用用户先前的选择、地理和其他人口统计数据，基于用户的偏好来执行个性化过滤。

潘多拉的推荐器总共使用了大约 70 种不同的算法。其中，10 种用于分析内容；40 种用于处理集体智能；另外大约 20 种用于个性化过滤。

3. 改进

Robo – advisors 是推荐系统，可以在最少人工参与的情况下提供投资或财务建议和管理。这些服务使用机器学习来自动分配、管理和优化客户的资产组合。它们可以用比传统顾问更低的成本提供这些服务，因为它们的开销更低，并且方法更具可扩展性。

现在这个领域竞争激烈，有 100 多家公司提供这类服务。Robo – advisors 是一个巨大的突破。以前，财富管理服务是专为高净值个人提供的一项独家且昂贵的服务。Robo – advisors 承诺以比传统人工服务更低的成本为更多的受众带来类似的服务。Robo – advisors 可能会将投资分配到各种各样的投资产品中，如股票、债券、期货、大宗商品、房地产和其他外来投资。然而，为了简单起见，投资通常仅限于交易所交易基金（Exchange Traded Funds，ETF）。

正如文中提到的，有许多公司提供 Robo – advisors。作为一个例子，你可能想调查改进，以了解更多关于这个主题。填写完风险问卷后，通过改进将为用户提供定制的多元化投资组合。改进基金通常会推荐混合低费用股票和债券指数基金。改进收取管理费（占投资组合的百分比），但低于大多数人力服务。请注意，我们并不认可这项服务，只是将其作为一个金融领域的推荐引擎示例。

2.8 智能家居

每当你向街上的普通人提起人工智能的话题时，他们通常会怀疑人工智能多久会取代人类工人。他们可以指出，我们仍然需要在家里做很多家务。人工智能不仅需要在技术上变得可能，还需要在经济上可行，只有这样才能被广泛采用。家务助理通常是一个低工资的职业，因此，取代它的自动化需要同样的价格或更便宜。此外，家务需要很多技巧，它包括不一定要重复的任务。下面列出这台自动机器需要完成的一些任务：

- 洗衣服和烘干衣服。
- 叠衣服。
- 做晚餐。
- 铺床。
- 从地板上捡起物品。
- 拖地、擦灰和用吸尘器清扫。
- 洗碗。
- 家庭监控。

正如我们已经了解的，其中一些任务对于机器来说很容易执行（即使没有人工智能），而其中一些任务极其困难。因为这个原因，以及经济上的考虑，家庭可能是最后一个完全自动化的地方。尽管如此，下面介绍在这一领域已经取得的一些惊人进展。

1. 家庭监控

家庭监控通常是一个已经有很好解决方案的领域。来自亚马逊的铃声视频门铃和谷歌的 Nest 恒温器是两个廉价的选择，广泛可用且受欢迎。这是目前可供购买的智能家居设备的两个简单示例。

（1）铃声视频门铃是一种连接到互联网的智能家居设备，可以使用其智能手机。系统不会连续记录，而是在门铃被按下或运动检测器被激活时激活。然后，通过铃声视频门铃，房主可以看到访客的活动，或者使用内置麦克风和扬声器与访客交流。一些模型还允许房主通过智能锁远程开门，让访客进入房子。

（2）Nest 恒温器是一款智能家居设备，最初由 Nest 实验室开发，后来被谷歌收购。它是由托尼·法德尔（Tony Fadell）、本·菲尔森（Ben Filson）和弗雷德·博尔德（Fred Bould）设计的。它是可编程的，支持无线网络的、自我的学习。它利用人工智能来优化家里的温度，同时节约能源。

在使用 Nest 恒温器的最初几周，用户将 Nest 恒温器设置为自己喜欢的设置，这将作为一个基线。Nest 恒温器会了解用户的时间表和喜欢的温度。使用内置的传感器和用户手机的位置，当没有人在家时，Nest 恒温器会转换到节能模式。

自 2011 年以来，Nest 恒温器已经为全球数百万家庭节省了数十亿千瓦时的能源。独立研究表明，它平均为人们节省了 10%~12% 的取暖费用和 15% 的制冷费用，因此在大约两年内，它可能会自己支付。

2. 吸尘器和拖地机

机器人最受欢迎的两个功能是吸尘和拖地。

吸尘器机器人是一种使用人工智能的自动机器人，使 Nest 用真空吸尘器来清扫物体表面。根据设计的不同，一些机器使用旋转刷清扫狭窄的角落，一些机器除了能够真空之外，还包括其他一些功能，如拖地和紫外线杀菌。推广这项技术的功劳很大程度上归于公司（而不是电影）iRobot。

iRobot 是由罗德尼·布鲁克斯（Rodney Brooks）、科林·安格尔（Colin Angle）和海伦·格雷纳（Helen Greiner）于 1990 年在麻省理工学院人工智能实验室工作时相遇后创立的。iRobot 最出名的产品是它的吸尘机器人（Roomba），但在很长一段时间里，他们也有一个致力于军用机器人开发的部门。Roomba 于 2002 年开始销售。截至 2012 年，iRobot 已经售出了 800 多万台家用机器人，并创造了 5 000 多台国防和安全机器人。该公司的 PackBot 是美国军方使用的一种炸弹处理机器人，已在伊拉克和阿富汗广泛使用。在日本福岛第一核电站泄漏的危险条件下，PackBot 也被用来收集信息。墨西哥湾深水地平线漏油事件后，iRobot 公司的海滑翔机（Seaglider）被用来探测水下的石油池。

另一款 iRobot 产品是 Braava 系列清洁剂。Braava 是一种可以拖地和扫地的小型机器人，适用于浴室和厨房等小空间。它喷洒水，并使用各种不同的垫子来有效和安静地清洁。一些

Braava 模型具有内置导航系统。因为 Braava 没有足够的力量去除深层污渍，所以它不是一个完全的人类替代品，但它确实有广泛的接受度和高评级。我们期待它们继续获得欢迎。

家庭智能设备的潜在市场是巨大的，几乎可以肯定的是，我们将继续看到成熟的公司和初创公司试图开发这个基本上未开发的市场。

3. 收拾家务

正如在运输用例中学到的，挑选不同质量、尺寸和形状的对象是最难自动化的任务之一。机器人可以在同类条件下高效工作，如工厂车间，某些机器人专门从事某些任务。然而，在拿起椅子后再拿起一双鞋子，可能是非常具有挑战性且昂贵的。出于这个原因，不要期望这种家务劳动很快就会被机器以经济高效的方式普遍执行。

4. 私人厨师

就像收拾地板上的东西一样，烹饪也包括收拾不同的东西。

有以下两个理由可以使"自动烹饪"成为可能：

- 某些餐馆可能会收取数百美元的食物费用，并为熟练的厨师支付高昂的工资。因此，如果"自动烹饪"能更有利可图，餐馆可能会愿意使用这种技术来取代高价员工。这方面的一个例子是五星级寿司店。
- 厨房里的一些任务是重复的，因此适合自动化。想想一家快餐店，那里的汉堡和薯条可能得由数百人制作。因此，不是让一台机器处理整个不同的烹饪过程，而是让一系列机器来处理整个过程中的每个重复阶段。

智能假肢是人工智能帮助人类而不是取代人类的伟大范例。不止有几个厨师在一次事故中失去了手臂，或者生来就没有四肢。

厨师迈克尔·凯恩斯（Michael Caines）就是一个例子，他经营一家米其林二星级餐厅，在一场可怕的车祸中失去了手臂。直到 2016 年 1 月凯恩斯一直是英国德文郡吉德利公园的主厨。[3] 目前他是位于埃克塞特和埃克斯茅斯之间的莱姆斯顿庄园酒店的行政总厨。

另一个例子是爱德华多·加西亚（Eduardo Garcia），他是一名运动员和厨师，这两种职业的工作都是由世界上最先进的仿生手实现的。2011 年 10 月，加西亚独自打猎。当他看到一只死的小黑熊时，停下来跪下查看，并用刀子戳它。在这个过程中，2 400 V 的电压穿过了他的身体——这只小黑熊是被一根埋在地下的带电电线杀死的。加西亚虽然活了下来，但在事故中失去了手臂。

2013 年 9 月，加西亚被 Advanced Arm Dynamics 安装了一只由 Touch 仿生学设计的仿生手。这只仿生手由加西亚的前臂肌肉控制，可以以 25 种不同的方式抓握。加西亚可以用他的新手完成通常需要非常灵巧的操作才能完成的任务。他的新手还有些局限性。例如，加西亚不能举起重物。然而，他现在能做的有些事情是他以前做不到的。例如，他可以从一个热烤箱里拿出东西，既不会被烫伤，也不可能割破手指。

相反，机器人可能会完全取代厨房中的人类，而不是增加人类。机器人厨房 Moley 就是一个例子。虽然 Moley 目前还没有投入生产，但 Moley 机器人厨房最先进的原型包括两个配有触觉传感器的机械臂、一个炉顶、一个烤箱、一个洗碗机和一个触摸屏单元。这些假手可以举起、抓取并与大多数厨房设备互动，包括刀、搅拌器、勺子和搅拌机。

使用 3D 相机和手套可以记录人类厨师准备饭菜的过程，然后将详细的步骤和说明上传到存储库中。最后将厨师的动作用手势识别模型转换成机器人的动作。这些模型是与斯坦福大学和卡内基梅隆大学合作创建的。Moley 可以重复同样的步骤，从头开始做同样的饭菜。

在当前的原型机中，用户可以使用触摸屏或智能手机应用程序来操作，其中的配料是预先准备好的，并放置在预设的位置。

该公司的长期目标是让用户只需从 2 000 多份食谱中选择一个选项，Moley 就会在几分钟内准备好这顿饭。

2.9　游戏

也许没有比游戏领域取得的进步更好的例子来展示人工智能令人惊叹的进步了。人类天生具有竞争力，让机器在游戏中击败人类是衡量该领域突破的一个有趣标准。长期以来，计算机一直能够在一些更基本、更确定、计算量更小的游戏中击败人类，如跳棋。只是在过去的几年里，机器才能够持续地击败一些更难的游戏的玩家。在本节中，将讨论其中的几个例子。

1. 星际争霸 2

几十年来，视频游戏一直被用作测试人工智能系统性能的基准。随着研发能力的提高，研究人员开始研究需要不同类型智力的更复杂的游戏。从这个游戏中发展出来的策略和技术可以转移到解决现实世界的问题上。"星际争霸 2"被认为是最难的游戏之一，尽管以电子游戏的标准来看，它是一款古老的游戏。

DeepMind 团队引入了一个名为 AlphaStar 的程序，该程序可以玩"星际争霸 2"，并且首次就能够击败顶级职业玩家。在 2018 年 12 月举行的比赛中，AlphaStar 以 5∶0 的比分击败了由全球最强的星际争霸职业选手之一 Grzegorz "MaNa" Komincz 组建的团队。比赛在职业比赛条件下进行，没有任何比赛限制。

与之前使用需要限制的人工智能来掌握游戏的尝试相反，AlphaStar 可以不受限制地玩完整的游戏。它使用深度神经网络，该网络使用监督学习和强化学习直接从原始游戏数据中训练。

让"星际争霸 2"游戏变得如此困难的原因之一是需要平衡短期和长期目标，并适应意想不到的场景。这通常会对以前的系统提出巨大的挑战。

虽然"星际争霸 2"只是一个游戏，并且很难，但 AlphaStar 的概念和技术可以帮助解决其他现实世界的挑战。例如，AlphaStar 的架构能够基于不完善的信息对可能的动作进行长序列建模——游戏通常持续长达一个小时，有数万个动作。对长序列数据进行复杂预测的基本概念可以在许多现实世界的问题中找到。例如，天气预报、气候建模和自然语言理解。

AlphaStar 在玩"星际争霸 2"中所展示的成功，代表了对现存最难的电子游戏之一的重大科学突破。这些突破代表了人工智能系统的一个巨大飞跃，这种系统可以转移，并有助于解决现实世界中的基本实际问题。

2. 危险境地

IBM 和沃森（Watson）团队在 2011 年创造了历史，当时它们设计了一个系统，能够击败两个最成功的危险冠军。

肯·詹宁斯（Ken Jennings）有着表演赛历史上最长的不败纪录，连续出场 74 次。布拉德·鲁特（Brad Rutter）赢得最多奖金的殊荣，共计 325 万美元。

两位选手都同意与沃森进行一场表演赛。

沃森是一个问答系统，可以回答用自然语言提出的问题。它最初是由首席研究员戴维·费鲁奇（David Ferrucci）领导的 IBM DeepQA 研究团队创建的。

沃森使用的问答技术和普通搜索（如谷歌搜索）的主要区别是，普通搜索需要一个关键词作为输入，并根据与查询的相关性排名来响应文档列表。像沃森使用的问答技术采用了一个用自然语言表达的问题，试图在更深的层次上理解问题，并试图为问题提供精确的答案。

沃森的软件架构使用的配置：

- IBM 的 DeepQA 软件。
- Apache UIMA（Unstructured Information Management Architecture，非结构化信息管理架构）。
- 多种语言，包括 Java、C++ 和 Prolog。
- SUSE Linux 企业服务器。
- 面向分布式计算的 Apache Hadoop。

3. 国际象棋

我们很多人都记得深蓝（Deep Blue）在 1996 年击败国际象棋大师加里·卡斯帕罗夫（Gary Kasparov）的消息。深蓝是由 IBM 创建的一个下棋应用程序。

在第一轮比赛中，深蓝赢下了第一场对阵加里·卡斯帕罗夫的比赛。然而，他们被安排打六场比赛。卡斯帕罗夫在随后的五场比赛中赢了三场，平了两场，以 4∶2 的比分击败了深蓝。

深蓝队重新进行设计，对软件进行了大量的增强，并在 1997 年再次对阵卡斯帕罗夫。深蓝在第二轮比赛中战胜卡斯帕罗夫，以 $3\frac{1}{2}∶2\frac{1}{2}$ 的比分赢得了六场复赛。随后，它成了第一个在标准国际象棋锦标赛规则和时间控制下，在一场比赛中击败了当前的世界冠军的计算机系统。

一个不太为人所知的例子，也是机器击败人类变得越来越普遍的迹象，是 AlphaZero 团队在象棋领域取得的成就。

AlphaZero 研究团队的谷歌科学家在 2017 年创建了一个系统，在击败当时最先进的名为 Stockfish 的世界冠军象棋程序之前，只花了四个小时就学会了象棋规则。到目前为止，关于是计算机还是人类更擅长下棋的问题已经解决了。

下面停下来想一想。人类关于古代象棋的所有知识都被一个系统超越了，如果它在早上开始学习，将在午餐时间前完成。

这个系统被赋予了国际象棋的规则，但没有被赋予任何策略或进一步的知识。然后，在几个小时内，AlphaZero 掌握了游戏，并且能够击败 Stockfish。

在对阵 Stockfish 的一系列 100 场比赛中，AlphaZero 在以白色身份出场的情况下赢了 25 场（白色有优势，因为可以先走）。它还以黑色赢得了 3 场比赛。其余的比赛都是平局。Stockfish 没有赢得一场胜利。

4. AlphaGo

虽然象棋很难，但它的难度比不上古代围棋。

不仅可能的围棋棋位数量比可见宇宙中的原子多（19×19），而且可能的象棋棋位数量对于围棋棋位数量而言可以忽略不计。但是围棋至少比一盘象棋复杂几个数量级，因为每一步棋都有很多可能的方法让游戏流向另一个发展方向。在围棋中，单个棋子可以影响和冲击整盘局面的棋步数也比象棋中有棋局的单个棋子的棋步数多了很多个数量级。

有一个由 DeepMind 开发的强大程序、可以玩围棋的例子，称为 AlphaGo。AlphaGo 还有三个强大得多的后续产品，分别是 AlphaGo Master、AlphaGo Zero 和 AlphaZero。

2015 年 10 月，最初的 AlphaGo 成为第一个在 19×19 棋盘上击败人类职业围棋手的计算机围棋程序。2016 年 3 月，它在一个五场比赛中击败了李世石。这是第一次计算机程序围棋程序击败一个人类围棋九段职业选手。虽然 AlphaZero 在第四场比赛中输给了李世石，但李世石放弃了最后一场比赛，最后的比分为 4∶1。

在 2017 围棋的未来峰会上，AlphaGo Master 在三场比赛中击败了大师柯洁。柯洁当时是世界排名第一的选手。之后，AlphaGo 被中国围棋协会授予职业九段。

AlphaGo 及其后序产品使用蒙特卡洛树搜索算法，根据以前通过机器学习"学习"的知识，特别是使用深度学习和训练，既可以与人类一起玩，也可以自己玩。该模型被训练来预测 AlphaGo 自己的动作和赢家的游戏。这个神经网络提高了树搜索的强度，从而在接下来的游戏中产生更好的移动和更强的发挥。

2.10　电影制作

几乎可以肯定的是，在未来几十年内，计算机可能将独立创建生成一部电影。设想一个输入是书面脚本，输出是长篇故事片的系统，这也并不是深不可测的。此外，在自然发电机方面也取得了一些进展。所以，最终甚至不需要剧本。下面进一步探讨这个问题。

1. 深度伪造

深度伪造是"深度学习"和"伪造"的混合体。这是一种融合视频图像的人工智能技术。一个常见的应用是将一个人的脸重叠在另一个人的脸上。一个邪恶的版本被用来将色情场景与名人融合在一起，或者创造复仇色情。深度伪造也可以用来制造假新闻或恶作剧。可以想象，如果这项技术被滥用，将会产生多么严重的社会影响。

类似软件的一个最新版本是由一家名为 Momo 的中国公司开发的，该公司开发了一款名为 Zao 的应用。它可以把某人的脸重叠在像《泰坦尼克号》这样的电影短片上，效果令人印象深刻。这个应用和其他类似的应用程序并非没有引起争议。隐私小组抱怨：根据用户协议条款提交到网站的照片成为 Momo 的财产，然后可以用于其他应用程序。

2. 电影脚本生成

人工智能技术创建的电影不会很快赢得任何奥斯卡奖，但确实有致力于制作电影剧本的几个项目。最著名的例子之一是《Sunspring》。

《Sunspring》是 2016 年上映的一部实验性科幻短片。它完全是用深度学习技术编写的。这部电影的剧本是用一种称为本杰明的长短期记忆（Long Short – Term Memory，LSTM）模型创作的。它的创作者是英国电影电视艺术学院提名的电影制作人奥斯卡·夏普（Oscar Sharp）和 NYU 人工智能研究员罗斯·古德温（Ross Goodwin）。这部电影的演员是托马斯·米德蒂奇（Thomas Middleditch）、伊丽莎白·格雷（Elisabeth Grey）和汉弗莱·克尔（Humphrey Ker）。他们饰演的角色名字是 H、H2 和 C，生活在未来并互相联系，最后形成了三角恋。

这部电影最初是在科幻伦敦电影节的 48hr 挑战赛上放映的，也是由科技新闻网站 Ars Technica 于 2016 年 6 月在线发布的。

2.11　核保和交易分析

什么是核保？简而言之，核保是一个机构决定是否愿意承担金融风险以换取溢价的过程。需要核保的交易示例有：

- 签发保险单（健康、生活、主页、驾驶）
- 贷款（分期偿还的借款、信用卡、抵押、商业信贷额度）
- 证券承销和首次公开发行

可以预料的是，如果做出错误的决定，对于决定是否应该发行保险单或贷款，以及以什么价格发行可能会非常昂贵。例如，如果一家银行发放了一笔贷款，但贷款违约了，就需要几十笔其他履约贷款来弥补损失的其他不良贷款。相反，如果银行拒绝了借款人将要支付所有款项的贷款，也会不利于银行的财务状况。为此，银行花费大量时间分析或承销贷款，以确定借款人的信用价值以及担保贷款的抵押品价值。

即使有了所有这些支票，承销商仍然会弄错，并发放违约或绕过值得贷款的借款人的贷款。目前的承销流程遵循一套必须满足的标准，但特别是对于较小的银行来说，在这个过程中仍然存在一定程度的人为主观性。这不一定是坏事。下面进一步探讨这个问题的场景：

一位高净值人士最近结束了环球旅行回来了。三个月前，他在一家著名的医疗机构找到了一份工作，信用评分在 800 分以上。

你会借钱给这个人吗？鉴于这些特征，这似乎是一种很好的信用风险。然而，正常的承销规则可能会取消他的贷款资格，因为他在过去两年中没有被雇用过。手动承销会查看整个情况，并可能会批准贷款。

类似地，机器学习模型可能能够将此标记为有价值的账户并发放贷款。机器学习模型没有硬性的规则，而是"以身作则"。

许多贷款人已经在他们的承销中使用机器学习。专门从事这一领域研究的公司的一个有趣的例子是 Zest Finance。Zest Finance 使用人工智能技术来帮助贷款人进行承销。人工智能可以帮助增加收入和降低风险。最重要的是，应用良好的人工智能模型，尤其是 Zest Finance，可以帮助公司确保使用的人工智能模型符合一个国家的法规。一些人工智能模型可能是一个"黑箱"，很难解释为什么一个借款人被拒绝，而另一个被接受。Zest Finance 可以充分解释数据建模结果，衡量业务影响，并符合监管要求。Zest Finance 的秘密武器之一是使用非传统数据，包括贷款人内部可能拥有的数据。例如，客户支持数据、付款历史记录和采购交易记录。

它们也可以考虑非传统的信贷变量。例如，客户填写表格的方式、客户到达站点所使用的方法或他们如何导航站点，以及填写申请所需的时间。

2.12　数据清理和转换

就像汽油为汽车提供动力一样，数据是人工智能的命脉。古老的格言"垃圾进来，垃圾出去"仍然令人痛苦且正确。因此，拥有准确的数据对于生成一致的、可再现的和准确的人工智能模型至关重要。其中一些数据清理需要人工参与。从某种程度上说，一个数据科学家大约 80% 的时间用于清理、准备和转换输入数据，20% 的时间用于运行和优化模型，如 ImageNet 和 MS – COCO 图像数据集，两者都包含超过 100 万张不同对象和类别的标记图像。这些数据集用于训练能够区分不同类别和对象类型的模型。最初，这些数据集是通过人工费力而耐心地标记的。随着这些系统变得越来越普遍，数据集可以使用人工智能来标记。此外，还有很多工具支持人工智能来帮助清理和消除重复数据。例如，亚马逊 Lake Formation 就是一个很好的例子。2019 年 8 月，亚马逊将其服务 Lake Formation 普遍可用。Lake Formation 自动化了创建数据湖时通常涉及的一些步骤，包括数据的收集、清理，重复数据的消除、编目和发布。这些数据可以用于分析和构建机器模型。要使用 Lake Formation，用户可以使用预定义的模板从一系列来源将数据带入湖泊。然后，可以根据整个组织中的组所需的访问级别来定义管理数据访问的策略。

数据经历的一些自动准备、清理和分类，使用机器学习来自动执行这些任务。

Lake Formation 还提供了一个集中式仪表板，管理员可以在其中跨多个分析系统管理和监控数据访问策略、治理和审计。用户还可以在结果目录中搜索数据集。随着该工具在未来几个月和几年的发展，用户可以使用最喜欢的分析和机器学习服务来分析数据，包括 Databricks、Tableau、Amazon Redshift、Amazon Athena、AWS Glue、Amazon EMR、Amazon QuickSight、Amazon SageMaker。

2.13　本章小结

本章提供了几个人工智能的用例。也就是说，本章的内容并没有开始触及人工智能。对于人工智能的用例来说，要么是广泛可用的技术，要么至少是有可能很快变成可用的技术。不难推断，这项技术将如何继续改进，变得更便宜，并得到更广泛的应用。

例如，当自动驾驶汽车开始流行时，这将是相当令人兴奋的。

然而，可以肯定的是，人工智能更大的应用甚至还没有被设想出来。此外，人工智能的进步将对社会产生广泛的影响，在某个时候，我们将不得不处理以下这些问题。

- 如果人工智能进化到有意识会发生什么？它应该被赋予权利吗？
- 如果一个机器人代替了一个人，公司应该继续为那个被解雇的工人支付工资税吗？
- 我们是否会达到计算机无所不在的地步，如果是，我们将如何适应这一点；我们将如何度过我们的时间？
- 人工智能技术能让少数人控制所有资源吗？个人可以追求自己利益的普遍收入社会会出现吗？还是流离失所的群众会生活贫困？

比尔·盖茨和埃隆·马斯克警告说，人工智能要么为了疯狂追求自己的目标而摧毁地球，要么通过意外（或不那么偶然）来消灭人类。我们将对人工智能的影响持更乐观的"半全"观点，但有一点可以肯定的是，这将是一次有趣的旅程。

参考文献

1. Willingham, Emily, *A Machine Gets High Marks for Diagnosing Sick Children*, Scientific American, October 7th, 2019, https://www. scientificamerican. com/article/a – machine – gets – high – marks – for – diagnosing – sick – children/

2. Clark, Jack, *Google Turning Its Lucrative Web Search Over to AI Machines*, Bloomberg, October 26th, 2015, https：//www. bloomberg. com/news/articles/2015 – 10 – 26/google – turning – its – lucrative – web – search – over – to – ai – machines

3. https://www. michaelcaines. com/michael – caines/about – michael/

3

第 3 章

机器学习管道

模型训练只是机器学习过程的一小部分。数据科学家通常要花费大量时间清理、转换和准备数据，以使其准备好被机器学习模型使用。由于数据准备是一项非常耗时的活动，所以本节将介绍最先进的技术来促进这项活动，以及如何构成生产机器学习管道的其他组件。

本章涵盖以下主题：

- 机器学习管道概述
- 问题定义
- 数据获取
- 数据准备
- 数据划分
- 模型训练
- 候选模型评估和选择
- 模型部署
- 性能监控

3.1　机器学习管道概述

许多年轻的数据科学家开始机器学习训练后，就想立即投入到模型构建和模型调整中。他们没有意识到，创建成功的机器学习系统不仅仅是在随机森林模型和支持向量机模型之间进行选择。

从选择合适的数据输入机制到数据清理，再到特征工程，机器学习管道中的初始步骤与模型选择一样重要。此外，能够正确衡量和监控模型在生产中的表现，并决定何时以及如何重新训练模型，这可能是出色结果与平庸结果之间的区别。随着外界的变化，输入变量在变化，模型也必须随之变化。

随着数据科学的进步，期望越来越高。数据源变得更加多样、庞大（就大小而言）和丰富（就数量而言），管道和工作流变得更加复杂。用户需要处理的越来越多的数据本质上是实时的，这并没有帮助。想想网络日志、点击数据、电子商务交易和自动驾驶汽车输入。来自这些系统的数据来得又快又猛，机器学习模型必须能够实现比收到信息更快地处理信息。

有许多机器学习解决方案可以实现这些管道。只使用 Python 或 R 语言建立基本的机器学习管道当然是可能的。本章将通过展示一个使用 Python 实现的管道示例来理解机器学习管道。构建数据管道通常利用的一些工具有 Hadoop、Spark、Spark Streaming、Kafka、Azure、

AWS、Google Cloud Platform、R、SAS、Databricks 和 Python。其中一些工具更适合管道的某些阶段。下面概述一下设置机器学习管道所需的最少步骤。

　　需要考虑的一个重要事项是，管道中的每一步都会产生一个输出，它将成为管道中下一步的输入。管道这个术语具有误导性，因为它暗示了数据的单向流动。实际上，机器学习管道可以是循环和迭代的。管道中的每一步都可能重复，以获得更好的结果或更清晰的数据。最后，输出变量可以在下次执行管道循环时用作输入。

　　机器学习管道中的主要步骤是：

　　（1）问题定义：定义业务问题。

　　（2）数据获取：识别并收集数据集。

　　（3）数据准备：使用以下技术处理和准备数据。

- 估算缺失值。
- 删除重复记录。
- 规范化值（更改数据集中的数值以使用通用精度）。
- 执行另一种类型的清理或映射。
- 完整的特征选择。
- 消除相关特征。
- 执行特征工程。

　　（4）数据划分：将数据分成训练数据集、验证数据集和测试数据集。

　　（5）模型训练：根据训练数据集训练机器模型。这是数据科学的核心。本章将只简单介绍模型训练这一步和后续步骤的设置。还有其他章节将更详细地介绍模型训练。这里介绍模型训练是为了让读者全面了解整个管道。

　　（6）模型评估：使用测试数据集和验证数据集来衡量模型的性能，以确定模型的准确性。

　　（7）模型部署：选择一个模型后，就将其部署到产品中进行推理。

　　（8）性能监控：持续监控模型性能，重新训练，并进行相应的校准。收集新数据以继续改进模型并防止其过时。机器学习管道如图 3 - 1 所示。

图 3 - 1　机器学习管道

下面进一步探索并深入了解机器学习管道。

3.2　问题定义

这可能是设置管道时最关键的一步。在此花费的时间可以为管道的后期阶段节省大量时间。这可能意味着技术突破或失败，也可能直接决定创业公司是成功或破产。提出并定义正确的问题至关重要。考虑以下警示故事：

"鲍勃花了数年时间规划、执行和优化如何征服一座山。不幸的是走错了山。"

例如，假设用户想要创建一个管道来预测贷款是否违约。最初的问题可能是：

给定的贷款是否会违约？

现在，这个问题没有明确是在贷款开始后的第一个月还是 20 年的贷款违约。显然，发行时违约的贷款比 20 年后停止执行的贷款利润低得多。所以，一个更好的问题可能是：

贷款什么时候违约？

这是一个更值得回答的问题。借款人有时可能不会每月全额支付到期款项。有时，借款人可能会零星付款。考虑到这一点，可以进一步细化这个问题：

给定的贷款会收到多少钱？

然后更进一步。今天 1 美元比未来 1 美元更有价值。因此，金融分析师使用一个公式来计算货币的现值。和借款人支付多少贷款一样重要的问题是他们什么时候支付贷款。另外，还有提前还款的问题。如果借款人提前偿还贷款，可能会降低贷款的利润，因为收取的利息会减少。现在再换个问题：

给定贷款的利润是多少？

是否能解决这个问题？也许吧。下面再考虑一件事。法律不允许使用某些输入变量来确定违约率。例如，种族和性别是不能用来决定贷款资格的两个因素。再来一次尝试提出问题：

在不使用不允许的输入特征的情况下，给定贷款的利润是多少？

这个问题将留给读者来进一步完善。综上所述，需要重点考虑机器学习管道中的第一步和关键步骤。

3.3　数据获取

将问题定义到自己满意的程度后，就可以收集原始数据来回答这个问题了。这并不代表进入了下一步，就不能改变问题定义了而是应该不断完善问题定义，并根据需要进行调整。

为管道收集正确的数据可能是一项艰巨的任务。根据定义的问题，获取相关数据集可能相当困难。

下面需要考虑的重要因素是确定数据的来源、输入和存储方式。

- 应该使用什么数据提供商或供应商？他们能被信任吗？

- 会如何获取？如通过 Hadoop、Impala、Spark 或 Python 等。
- 数据应该存储为文件还是数据库？
- 使用什么类型的数据库？如传统 RDBMS、NoSQL 和 graph。
- 数据应该被存储起来吗？如果有一个实时的输入数据到管道中，那么存储输入可能就没有必要或没有效率了。
- 输入应该是什么格式？如 Parquet、JSON、CSV。

在有些情况下可能无法通过控制输入源来决定应该采取什么形式的数据，因此应该保持数据原样，然后决定如何转换它。此外，模型可能没有唯一的数据源，在将它们输入模型之前，可能有多个数据源需要被合并和连接（稍后将详细介绍）。

尽管人工智能可能会取代人类智能，但仍然需要人类智能决定输入数据集中应该包含哪些变量，甚至可能需要人类直觉。例如：

对于股票价格来说，前一天的股票价格似乎是一个重要的输入数据，但还有其他输入数据，如利率、公司收益、新闻标题等。

对于餐厅的日常销售来说，前一天的销售数据很重要。其他数据包括一周中的某一天、假期与否、下雨与否、每天的步行交通等。

对于像国际象棋和围棋这样的游戏系统，我们可能会提供以前的游戏或成功的策略。例如，人类学习国际象棋的最佳方式之一是学习大师级选手过去成功使用的开局和博弈，以及观看过去锦标赛的完整比赛。计算机可以通过同样的方式学习，利用这些以前的知识和历史数据来决定将来如何预测。

到目前为止，选择相关的输入变量并建立成功的模型，仍然需要数据科学家具备领域知识。下面再介绍一个例子。

以贷款违约为例，现在考虑一些最重要的、能做出准确预测的相关特征。由于空间限制，本书不会列出所有要使用的特征而是根据输入数据选择添加或删除特征，如表 3 - 1 所示。

表 3 - 1 特征信息表

特征名称	特征描述	说明
拖欠账款	借款人现在拖欠的账户数量	如果一个借款人难以支付账单，则很可能难以支付新的贷款
贸易账户	过去 24 个月内开盘的交易数量	这只是数量太少的问题
借款人地址	借款人在贷款申请中提供的地址	删除此选项。借款人地址是唯一的。唯一变量没有预测能力
邮政编码	借款人在贷款申请中提供的邮政编码	这并不是唯一的，可以有预测能力
岁入	登记期间借款人提供的自报年收入	更高的收入使借款人能够更容易地处理更多的付款

续表

特征名称	特征描述	说明
经常项目差额	所有账户的平均当前余额	孤立地看没有价值。需要相对来看
注销	12 个月内注销的数量	表明借款人以前的违约行为
过期金额	借款人现在拖欠账款的逾期金额	表明借款人以前的违约行为
最早的账户	最早的循环账户已经开了好几个月了	表示借款人的借钱经历
就业年限	年就业年限	表示借款人的稳定性
贷款金额	当时承诺的贷款总额	孤立地看没有价值。需要相对来看
查询数量	个人财务查询次数	寻求信贷的借款人
利率	贷款利率	如果贷款利率很高，还款会更多，可能更难偿还
最大余额	所有循环账户的最大活期余额	如果接近 100%，这可能表示借款人有财务困难
自上次公开记录以来的几个月	自上次公开记录以来的月数	表示以前的财政困难
逾期账户数	逾期 120 天或以上的账户数	表示目前的财政困难
公共记录	贬损公共记录的数量	表示以前的财政困难
期限	贷款的月还款额	贷款时间越长，违约的可能性就越大
当前总余额	所有账户的当前总余额	孤立地看没有价值。需要相对来看

从表 3 - 1 中可以看出，一些变量本身并不能提供意义，它们需要结合起来才能成为预测性的。这将是特征工程的一个例子。新变量的两个例子如表 3 - 2 所示。

表 3 - 2　新变量信息表

信贷利用率	所有交易的信贷限额余额。与信用限额相比的当前余额	高百分比表示借款人已经"透支"，并且难以获得新的信贷
债务收入比	使用总债务义务（不包括抵押贷款和请求的贷款）的每月总债务付款除以借款人自报月收入	较低的债务收入比表示借款人有足够的资源偿还债务，不应该有偿还债务的问题

3.4　数据准备

数据准备是处理原始数据的数据转换层；需要完成的转换包括数据清理、过滤、聚合、增强、合并。

云计算提供商已经成为主要的数据科学平台。一些最受欢迎的堆栈是围绕以下内容构建的：Azure ML 服务、AWS SageMaker、GCP（Google Cloud Platform，谷歌云平台）Cloud ML Engine、SAS、RapidMiner、Knime。

执行这些转换最流行的工具之一是 Apache Spark，但它仍然需要一个数据存储。对于持久性，最常见的解决方案是 Hadoop 分布式文件系统（Hadoop Distributed File System，HDFS）、HBase、Apache Cassandra、Amazon S3、Azure Blob Storage。

还可以在数据库内部处理机器学习数据。例如，SQL Server 和 SQL Azure 这样的数据库正在添加特定的机器学习特征，以支持机器学习管道。Spark Streaming 内置了这一特征，它可以读取来自 HDFS、Kafka 和其他来源的数据。

还有其他选择，如 Apache Storm 和 Apache Heron。不管在数据管道中哪个步骤，对数据的初步探索通常是在交互式 Jupyter 笔记本或 R Studio 中完成的。

一些实时数据处理解决方案提供了容错、可扩展、低延迟的数据获取。最受欢迎的有 Apache Kafka、Azure Event Hubs 和 AWS Kinesis。

现在探索数据准备的关键操作之一：数据清理。虽然需要确保数据是"干净"的，但更有可能的是，数据不会完美或数据质量也不会达到最佳。这些数据可能不合适，原因有以下几个。

1. 缺失值

数据经常包含缺失值，或者缺失值被 0 或 N/A 取代。缺失值可以用以下几种方法来处理。

- 忽略法：根据使用的算法，忽略缺失值。例如，XGBoost 就是一个可以忽略缺失值的算法。
- 中值插补：当值缺失时，分配给缺失数据的合理值是该变量所有其他非缺失值的中值。这种替代方法计算简单快速，并且适用于小型数据集。但是，它没有提供太多的准确性，也没有考虑与其他变量的相关性。
- 使用最常见的值或常量插补：另一种选择是分配最常用的值或常量（如零）。此方法的一个优点是它适用于非数值变量。与前面的方法一样，它不会考虑与其他变量的相关性，并且根据零的频率，它可以在数据集中引入偏差。

2. 重复的记录或值

如果两个值真的完全相同，那么很容易创建一个查询或一个程序来找到重复的值。如果两个记录或值应该标识同一个实体，但这两个值之间略有不同，就会出现问题。传统的重复数据查询可能找不到拼写错误、缺失值、地址更改或遗漏中间名的人，因为有些人使用别名。

到目前为止，查找和修复重复记录一直是一个耗费时间和资源的手动过程。然而，一些使用人工智能寻找重复记录的技术和研究开始出现。除非所有的细节完全匹配，否则很难确定不同的记录是否是指同一个实体。此外，通常大多数查询到的重复记录都不是正确的结果。例如，两个人可能有相同的名字、地址和出生日期，但仍然是不同的人。

识别重复记录的解决方案是使用模糊匹配而不是精确匹配。模糊匹配是一种使用计算机辅助的数据相似性评分技术。它被广泛用于执行模糊匹配。讨论模糊匹配超出了本书的范围，但对读者进一步研究这个主题可能会有所帮助。

3. 特征缩放

数据集通常包含不同幅度的特征。这种特征幅度的变化通常对精度预测有不利影响（但不总是。例如，随机森林不需要特征缩放）。许多机器学习算法使用数据点之间的欧几里得距离进行计算。如果不进行这种幅度调整，具有高数量级的特征将对结果产生过大的影响。

最常见的特征缩放方法有重新缩放（最小－最大规范化）、平均规范化、规范化（z 分数规范化）、缩放到单位长度。

4. 不一致的值

数据可能经常包含不一致的值。此外，数据的不一致可能有各种表现方式。不一致数据的一个例子是街道地址修饰符，如第五大道、第五大街、第五街、五大街。

人类可以很快确定所有这些数据都是真正相同的值，但计算机很难得出这个结论。处理这种情况有两种方法：基于规则和基于示例。基于规则的方法用于数据可变性较小时，并且不会很快改变。但当有快速移动的数据时，基于规则的方法就失效了。例如，对于一个垃圾邮件过滤器，可以创建一个规则——将任何带有"伟哥"字样的东西标记为垃圾邮件，但垃圾邮件发送者可能会变得聪明，开始更改数据以绕过该规则（"Vi@ gra"）。对于这种情况，也可以基于示例的方法（如清理器）来处理。

有时，也可以同时使用这两种方法。例如，一个人的身高应该总是正值，所以可以写一个规则。而对于其他可变性更大的值，可以使用基于机器学习示例的方法。

5. 日期格式不一致

日期格式有以下几种：

- 11/1/2016
- 11/01/2016
- 11/1/16
- 11 月 1 日 16
- 2016 年 11 月 1 日

虽然以上这些都是一样的值，但是因为格式不一致，所以需要对其进行规范化。

这不是一个全面的数据准备列表，而是旨在让读者体验为使数据有用而需要进行的不同转换。

3.5　数据划分

为了使用处理过的数据训练模型，建议将数据分为两个子集：训练数据集和测试数据集。有时也分为三个子集：训练数据集、验证数据集、测试数据集。

然后，可以在训练数据集上训练模型，以便以后对测试数据集进行预测。训练数据集对模型是可见的，并且模型是在这个数据集上训练的。该训练创建了一个推理机，该推理机可以应用于模型以前没有见过的新数据。测试数据集（或子集）代表这种看不见的数据，现在可以用来对这种以前看不见的数据进行预测。

3.6　模型训练

数据划分之后，现在就应该通过一系列模型运行训练和测试数据集，以评估各种模型的性能，并确定每个候选模型的准确性。这是一个迭代的过程，各种算法可能会被测试，直到有一个模型能充分回答用户的问题。

我们将在后面的章节中更深入地探讨模型训练。

3.7　候选模型评估和选择

在用各种算法训练模型之后，另一个关键步骤是哪个选择最适合当前问题的模型。我们并不总是选择表现最好的模型，因为对训练数据表现良好的算法在生产中可能表现不佳，它可能过度使用了训练数据。在这种情况下，模型选择更像是一门艺术，而不是一门科学，但是有些技术需要进一步探索，以决定哪种模型是最好的。

3.8　模型部署

模型被选择和最终确定后，就可以用来做预测了。

模型通常通过应用编程接口公开，并作为分析解决方案的一部分嵌入到决策框架中。它如何公开和部署应该由业务需求决定。部署选择中需要考虑以下问题：

- 系统是否需要实时做出预测？（如果需要，有多快：以毫秒、秒、分、小时为单位）
- 模型需要多久更新一次？
- 预期流量或流量是多少？
- 数据集有多大？
- 是否有需要遵循和遵守的法规、策略和其他约束？

需求固化后，就可以考虑模型部署的高级架构。模型部署的体系架构如表 3 - 3 所示。

表 3 - 3　模型部署的体系架构

	RESTful API 体系架构	共享数据库 体系架构	流式 体系架构	移动应用 体系架构
训练方法	批处理	批处理	流处理	流处理
预计法	实时处理	批处理	流处理	实时处理
结果交付	通过 RESTful API	通过共享数据库	通过消息队列 流式传输	通过移动设备上 的进程 API
预测延迟	低的	高的	极低的	低的
系统可维护性	中等的	容易的	困难的	中等的

从表 3 - 3 中可以看出，这四种体系架构各有利弊。当我们深入细节时，需要考虑更多的因素。例如，这些体系架构都可以使用模块化的微服务体系结构或以整体方式来实现。同样，选择体系架构应该由业务需求驱动。例如，可能会选择整体方式，因为用例非常有限，需要极低的延迟。

无论为模型部署选择什么体系架构，最好遵循以下原则。

- 可再现性：存储所有模型的输入和输出，以及所有相关的元数据，如配置、依赖关系、地理位置和时区。需要解释一个过去的预测。确保这些部署包中的每一个都有最新版本，其中还应该包括训练数据。这对于受到高度监管的领域尤其重要，如银行业。
- 可自动化：尽可能早地将训练和模型发布自动化。
- 可扩展性：如果需要定期更新模型，则需要从一开始就制定计划。
- 可模块化：尽可能地将代码模块化，并确保将控件安装到位，真实地再现跨环境（开发、质量保证、测试）的管道。
- 可测试：因为大部分时间用于测试机器学习管道，所以要尽可能地自动化测试，并且从一开始就将其集成到流程中，以探索测试驱动开发和行为驱动开发。

3.9　性能监控

模型投入生产后，监控的工作就开始了。将模型投入生产可能并不容易，但是如果部署了模型，就必须对其进行密切监控，以确保模型的性能令人满意。将模型投入生产需要各种步骤。该模型被持续监控，以观察其在现实世界中的表现，并进行相应的校准。

收集新数据以逐步改进。类似地，监控一个部署的机器学习模型需要从不同的角度进行关注，以确保模型正在运行。下面介绍在监控机器学习模型时需要考虑的不同指标及其重要性。

1. 模型性能

数据科学背景下的性能并不意味着模型运行有多快，而是预测有多准确。监控机器学习模型主要关注一个单一的指标：漂移。当数据不再是模型的相关或有用输入时，就会发生漂移。数据可能会改变并失去其预测价值。数据科学家和工程师必须不断监控模型，以确保模型特征继续像模型训练期间使用的数据点一样。如果数据漂移，预测结果将变得不太准确，因为输入特征已经过时或不再相关。以股票市场数据为例，30 年前的市场与现在截然不同。例如：

- 证券交易所的交易量明显低于今天。
- 高频交易甚至不是一个想法。
- 被动指数基金不那么受欢迎了。

可以想象，以上这些特征使股票表现明显不同。如果用 30 年前的数据训练现在的模型，那么很可能无法用今天的数据进行。

2. 运算性能

机器学习管道就是软件系统。因此，监控资源消耗仍然很重要，主要监控以下几种资源。

- CPU 利用率：识别峰值以及是否可以解释。
- 内存使用：消耗了多少内存。
- 磁盘使用：应用程序消耗了多少磁盘空间。
- 网络输入/输出流量：如果应用程序跨越多个实例，那么测量网络流量非常重要。
- 延迟：数据传输所需的时间。
- 吞吐量：成功传输的数据量。

如果这些指标发生变化，需要对它们进行分析，以了解发生这些变化的原因。

3. 总拥有成本

数据科学家需要根据每秒记录数来监控模型性能。虽然通过一些数据可以了解模型的效率，但公司也应该关注从模型中获得的利益与花费的成本。建议监控机器学习管道所有步骤的成本。如果这些信息被密切跟踪，企业可以针对做出明智的选择，以决定如何降低成本、如何利用新机会，或者某些管道是否没有提供足够的价值而需要改变或关闭。

4. 使用性能

不在业务问题背景下的技术是无用的。企业通常或至少应该与技术部门达成服务级别协议。达成服务级别协议的示例如下：

- 在一天内修复所有关键错误。
- 确保应用编程接口在 100 毫秒内响应。
- 每小时至少处理 100 万个预测。
- 复杂的模型必须在 3 个月内设计、开发和部署。

为了让业务实现最佳绩效，建立、监控和满足之前达成的服务级别协议非常重要。

　　机器学习模型对于企业来说是至关重要的。确保它们不会成为瓶颈的一个关键是正确监控部署的模型。作为机器学习管道的一部分，确保部署的机器学习模型受到监控并与服务级别协议进行比较，以确保令人满意的业务结果。

3.10　本章小结

　　本章详细介绍了创建机器学习管道的不同步骤。首先学习了如何改进机器学习管道，并掌握了用于设置管道的最佳实践和最流行的工具。下面回顾一下创建机器学习管道的步骤。

- 问题定义
- 数据获取
- 数据准备
- 数据划分
- 模型训练
- 模型评估
- 模型部署
- 性能监控

　　在下一章中，将深入研究机器学习管道的一个步骤——数据准备中的特征选择和特征工程。这两种技术对于提高模型性能至关重要。

第 4 章

特征选择和特征工程

特征选择又称为变量选择、属性选择或变量子集选择，是一种从初始数据集中选择要素子集（变量、维度）的方法。特征选择是建立机器学习模型过程中的关键步骤，对模型的性能有着很大的影响。使用正确且相关的特征作为模型的输入还可以减少过度拟合，因为具有更多相关特征会减少模型使用不添加信号作为输入的噪声特征的机会。最后，输入特征越少，训练模型所需的时间就越少。学习选择哪些特征是数据科学家开发的一项技能，通常只来自几个月和几年的经验，与其说是一门科学，不如说是一门艺术。特征选择的重要性主要表现在以下几个方面：

- 缩短训练模型所需的时间。
- 简化模型，使它们更容易解释。
- 通过减少过度拟合增强测试数据性能。

删除特征的一个重要原因是输入变量之间的高度相关性和冗余性，或者某些特征的不相关性。因此，这些输入变量可以被删除，而不会造成大量信息损失。冗余和不相关是两个截然不同的概念，因为一个相关的特征在另一个与之强相关的特征存在时可能是冗余的。

特征工程在某些方面与特征选择相反。通过特征选择可以移除变量。在特征工程中，创建新的变量来增强模型。在许多情况下，使用领域知识进行增强。

特征选择和特征工程是机器学习管道的重要步骤，所以要用一章内容来专门讨论这个主题。

本章涵盖以下主题：

- 特征选择
- 特征工程

4.1　特征选择

在第 3 章中，探讨了机器学习管道的主要步骤。机器学习管道的一个关键步骤是决定哪些特征将用作模型的输入特征。对于许多模型来说，输入特征的一个小子集提供了大部分的预测能力。在大多数数据集中，通常少数特征负责大部分信息信号，其余特征主要是噪声。

减少输入特征的数量非常重要，原因有以下几种：

- 减少输入特征的多重共线性将使机器学习模型参数更容易解释。多重共线性（又称共线性）是通过数据集中的特征观察到的一种现象，其中回归模型中的一个预测要素可以从另一个要素中以相当高的精度进行线性预测。

- 减少运行模型所需的时间和存储空间量可以运行更多的模型变体，从而获得更快、更好的结果。
- 模型需要的输入特征数量越少，解释起来就越容易。当输入特征的数量增加时，模型的可解释性下降。减少输入特征的数量还可以使数据简化为低维（例如，两维或三维）时更容易可视化。
- 随着维度数量的增加，可能的配置呈指数级增加，观察覆盖的配置数量减少。由于有更多的特征来描述目标，所以能够更精确地描述数据，但是模型不会用新的数据来概括，模型会过拟合数据。这被称为维度诅咒。

下面通过一个例子分析这个问题。Zillow 是美国的一个房地产网站，房地产经纪人和房主可以在该网站上列出房屋的出租或出售价格。Zillow 网站以其 Zestimate 模型而闻名。Zestimate 使用机器学习估计房屋的价格。Zillow 估计，如果一套房子今天上市，它将会以这个价格出售。Zestimate 模型会不断更新和重新计算。Zillow 是如何得出这个数字的？如果读者想了解更多关于它的信息，在 Kaggle 平台上有一个竞赛，其中有很多关于 Zestimate 模型的资源。可以在 https：//www. kaggle. com/c/zillow‒prize‒1 中找到更多信息。

Zestimate 模型的确切细节是专有的，但我们可以做一些假设。现在开始探索如何提出自己的 Zestimate 估计值。下面列出 Zestimate 模型的输入模型，以及它们可能有价值的原因。

- 建筑面积：直觉上，房子越大，价格越高。
- 卧室数量：房间越多，成本越高。
- 卫生间数量：卧室需要卫生间。
- 抵押贷款利率：如果抵押贷款利率很低，那么抵押贷款支付会更低，这意味着打算买房的房主可以买得起更贵的房子。
- 建成年份：一般来说，新房子通常比老房子贵。老房子通常需要更多的维修。
- 财产税：如果财产税很高，这将增加每月的付款，房主只能买得起一套不太贵的房子。
- 房子的颜色：这似乎不是一个相关的特征，但是如果房子被漆成灰绿色呢？
- 邮政编码：在房地产中，房子的位置是价格的重要决定因素。在某些情况下，一个街区的房子可能比下一个街区的房子多几十万美元。位置可能很重要。
- 可比销售：评估师和房地产经纪人通常用来评估房屋价值的指标之一是寻找与最近出售或至少上市出售的"主题"房产相似的房产，以了解房产当时的销售价格或当前的上市价格。
- 纳税评估：财产税是根据该地区目前认为该房产的价值来计算的。这是公开的信息。

以上这些都可能是具有很高预测能力的输入特征，但直觉上，可能会假设建筑面积、卧室数量和卫生间数量高度相关。另外，也可能假设建筑面积比卧室数量或卫生间数量更精确，所以，我们可能可以减少卧室数量和卫生间数量，保持建筑面积不变，为了不失去太多的准确性。事实上，可以通过降低噪声来提高模型精度。

此外，我们很有可能在不损失模型精度的情况下删除房子的颜色。

可以在不显著影响模型精度的情况下删除的特征分为两类：

- 冗余。这是一个与其他输入特征高度相关的特征，因此不会给信号增加太多新信息。
- 无关。这是一个与目标特征相关性较低的特征，因此提供了比信号更多的噪声。

判断以上假设是否正确的一个方法是训练模型，看看模型是否会产生更好的结果。我们可以对每个单独的特征使用这种方法，但是在有大量特征的情况下，可能的组合数量会迅速增加。

正如前面提到的，探索性数据分析是获得直观理解和深入了解正在处理的数据集的好方法。下面分析三种常用的探索性分析方法：特征重要性、单变量选择、相关矩阵热图。

4.1.1 特征重要性

使用这种方法可以确定数据集中每个特征的重要性。

特征重要性为数据集中的每个特征提供分数。较高的分数意味着该特征相对于输出特征具有更大的重要性或相关性。

特征重要性通常是基于树的分类器自带的一个内置类。在以下示例中，使用 ExtraTreesClassifier 来确定数据集中的前 5 个特征：

```python
import pandas as pd
from sklearn.ensemble import ExtraTreesClassifier
import numpy as np
import matplotlib.pyplot as plt

data = pd.read_csv("train.csv")
X = data.iloc[:,0:20]    #独立列
y = data.iloc[:, -1]     #选择目标特征的最后一列

model = ExtraTreesClassifier()
model.fit(X,y)
print(model.feature_importances_) #使用内置类
#基于树的分类器特征重要性
#绘制特征重要性图以获得更好的可视化
feat_importances = pd.Series(model.feature_importances_, index = X.columns)
feat_importances.nlargest(5).plot(kind = 'barh')
plt.show()
```

输出如图 4-1 所示。

4.1.2 单变量选择

统计测试可用于确定哪些特征与输出变量的相关性最强。scikit-learn 库有一个名为 SelectKBest 的类，它提供了一组统计测试来选择数据集中的 K 个"最佳"特征。

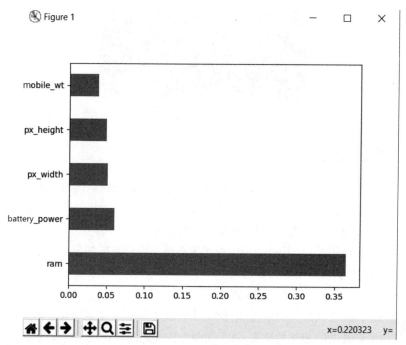

图 4 - 1　特征重要性图

以下示例使用非负特征的卡方（chi^2）统计测试来选择输入数据集中的前 5 个最佳特征：

```
import pandas as pd
import numpy as np
from sklearn.feature_selection import SelectKBest
from sklearn.feature_selection import chi2
data = pd.read_csv("train.csv")
X = data.iloc[:,0:20]    #独立列
y = data.iloc[:, -1]    #选择目标特征的最后一列
#应用 SelectKBest 类提取前 5 个最佳特征
bestfeatures = SelectKBest(score_func = chi2, k = 5)
fit = bestfeatures.fit(X,y)
dfscores = pd.DataFrame(fit.scores_)

dfcolumns = pd.DataFrame(X.columns)
scores = pd.concat([dfcolumns,dfscores],axis = 1)
scores.columns = ['specs','score']
print(scores.nlargest(5,'score'))   #打印 5 个最佳特征
```

输出如图 4 - 2 所示。

```
        specs              score
          ram        931267.519053
    px_height         17363.569536
battery_power         14129.866576
     px_width          9810.586750
    mobile_wt            95.972863
```

图 4 - 2　最佳特性图

4.1.3　相关矩阵热图

当特征的不同值之间存在关系时，两个特征之间存在相关性。例如，如果房价随着建筑面积的增加而上涨，这两个特征称为正相关。可以有不同程度的相关性。如果一个特征相对于另一个特征的变化是一致的，这两个特征称为高度相关。

相关性可以是正的（一个特征一个值的增加会增加目标特征的值），也可以是负的（一个特征一个值的增加会减少目标特征的值）。

相关性是介于 - 1 和 1 之间的连续值：

* 如果两个特征之间的相关性为 1，则两个特征之间存在完美的直接相关性。

* 如果两个特征之间的相关性为 - 1，则两个特征之间存在完美的反向相关性。

* 如果两个特征之间的相关性为 0，则两个特征之间没有相关性。

热图便于识别哪些特征与目标特征最相关。下面将使用 seaborn 库绘制相关特征的热图，代码如下：

```python
import pandas as pd
import numpy as np
import seaborn as sns
import matplotlib.pyplot as plt

data = pd.read_csv("train.csv")
X = data.iloc[:,0:20]    #独立列
y = data.iloc[:,-1]      #选择目标特征的最后一列
#获取数据集中每个特征的相关性
correlation_matrix = data.corr()
top_corr_features = correlation_matrix.index
plt.figure(figsize =(20,20))
#绘制热图
g = sns.heatmap(data[top_corr_features].corr(),annot =True,cmap = "RdYlGn")
```

输出如图 4 - 3 所示。

另外，还可以用一些更正式和不太直观的方法来自动选择特征。这些方法中有许多是存在的，并且有相当多是在 scikit - learn 包中实现的。

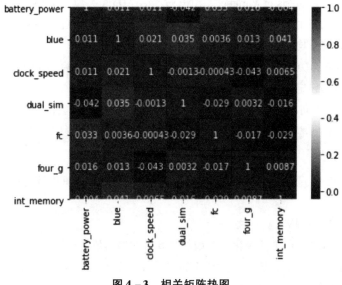

图 4 – 3　相关矩阵热图

1. 包装器方法

当使用包装器方法时，特征选择问题本质上被简化为使用以下步骤的搜索问题：

（1）特征子集用于训练模型。

（2）基于每次迭代的结果，特征被添加到子集或从子集中删除。

包装器方法通常计算量很大。以下是使用包装器方法的例子。

- 正向选择：正向选择是一个迭代过程，从数据集中没有特征开始。在每次迭代过程中，添加特征的目的是提高模型的性能。如果模型性能得到提高，则保留特征。不能改善模型效果的特征被移除。这个过程一直持续到模型的改进停止。

- 后向消除：使用后向消除时，所有特征最初都会出现在数据集中。最不重要的特征在每次迭代中被移除，然后检查模型的性能是否提高。重复该过程，直到观察到模型没有明显的改善为止。

- 循环特征消除：循环特征消除是一种贪婪优化算法，其既定目标是找到性能最佳的特征子集。它迭代地创建模型，并在每次迭代中存储性能最佳或最差的特征。它使用剩余特征构建下一个模型，直到所有特征都用完。然后根据特征消除的顺序对特征进行排序。

2. 过滤器方法

指定一个度量，并基于该度量过滤特征。以下是使用过滤器方法的例子。

- 皮尔逊相关性：该算法被用作量化两个连续变量 X 和 Y 之间线性相关性的度量。它的值可以在 -1 和 $+1$ 之间。

- 线性判别分析（Linear Discriminant Analysis，LDA）：LDA 可用于查找特征的线性组合，这些特征描述或分离一个分类变量的两个或多个级别（或类别）。

- 方差分析（Analysis of Variance，ANOVA）：ANOVA 类似于 LDA，不同之处在于它是使用一个或多个分类自变量和一个连续因变量计算的。它提供了一个统计测试来判断几个组的平均值是否相等。
- 卡方检验：卡方检验是一种应用于分类变量组的统计检验，通过使用分类变量组的频率分布来确定它们之间相关或关联的可能性。

需要注意的一个问题是，过滤器方法不能消除多重共线性。因此，在根据输入数据创建模型之前，必须先处理特征多重共线性。

3. 嵌入式方法

嵌入式方法结合了过滤器方法和包装器方法的优点，通常使用带有内置特征选择方法的算法来实现。

下面是两种流行的嵌入式方法。

- Lasso 回归：执行 L1 正则化，会增加与系数的绝对值的惩罚。
- Ridge 归：执行 L2 正则化，这会增加与系数幅度的平方相等的惩罚。

另外，常用的算法还有模因算法、随机多项式 logit 算法和正则化树算法。

本节介绍了通过特征选择减少特征的数量来提高模型的准确性。下一节将介绍特征工程如何通过创建新特征使模型具有更好的表现。

4.2 特征工程

根据《福布斯》最近的一项调查，数据科学家将其 80% 的时间用于数据准备，如图 4 - 4 所示。

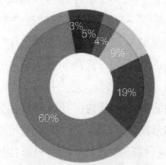

数据科学家花费最多的时间在哪儿
- 构建训练数据集：3%
- 清理、组织数据：60%
- 收集数据集：19%
- 挖掘数据模式：9%
- 精调算法：4%
- 其他：5%

图 4 - 4　数据科学家花费的时间细分（来源：福布斯）

图 4 - 4 中的统计数据突出了数据准备和特征工程在数据科学中的重要性。

就像特征选择可以通过删除特征来使模型更快、更高效一样，特征工程也可以通过添加新的特征来实现同样的目的。这看起来似乎是矛盾的，但是正在添加的特征并不是特征选择过程中删除的特征。正在添加的特征是初始数据集中可能不存在的特征。即使拥有设计最完善的机器学习算法，如果输入特征不相关，也永远无法产生有用的结果。下面分析几个简单的特征工程例子。

在第 3 章中，讨论了贷款违约的问题。凭直觉可以推测，如果借款人的工资高，他们的违约率就会更低。同样，也可以假设，与信用卡余额较低的人相比，信用卡余额较多的借款人可能很难偿还这些余额。

现在用前面学的知识，可以试着直观地确定谁将偿还贷款。例如，如果借款人 A 的信用卡余额为 1 万美元，借款人 B 的信用卡余额为 2 万美元，在没有给出其他信息的情况下，可能推测借款人 A 是更安全的选择。现在，如果借款人 A 的年收入是 2 万美元，借款人 B 的年收入是 10 万美元，结果将完全不同。关于如何定量地捕捉这两个特征之间的关系，银行经常使用债务收入比（DTI）来表示，DTI 的计算方法为

$$DTI = \frac{Debt}{Income}$$

式中　DTI——债务收入比；

　　　Debt——负债；

　　　Income——年收入。

因此，借款人 A 的 DTI 为 0.50，借款人 B 的 DTI 为 0.20。换句话说，借款人 A 的收入是负债的两倍，而借款人 B 的收入是负债的 5 倍。借款人 B 有更多的空间来偿还债务。我们当然可以在这些借款人的档案中添加其他特征，这将改变他们的档案构成，但希望这有助于说明特征工程的概念。

特征工程是数据科学家或计算机生成特征的过程，这些特征将提高机器学习模型的预测能力。特征工程是机器学习中的一个基本概念，实现这个过程困难且成本高。许多数据科学家希望直接跳到模型选择，但辨别哪些新特征将提高模型的预测能力是一项关键技能，可能需要数年才能掌握。

特征工程的实现过程可以描述如下：

（1）讨论哪些特征是相关的。

（2）决定哪些特征可以提高模型性能。

（3）创建新特征。

（4）确定新特征是否提高了模型性能；如果没有，则删除该特征。

（5）回到步骤（1），直到模型的性能达到预期。

正如在示例中看到的，拥有领域知识并熟悉数据集对于特征工程非常有用。然而，也有一些通用的数据科学技术可以应用于数据准备和特征工程步骤，而与领域无关。下面将探索的技术有插补、异常值管理、独热编码、对数变换、缩放、日期操作。

4.2.1　插补

数据集"肮脏"和不完美并不少见。记录行中有缺失值是一个常见问题。值缺失的原因包括不一致的数据集、笔误和隐私问题。

不管原因是什么，**缺失值会影响模型的性能**，在某些情况下，它会使算法不能正常运行，因为算法中不能有缺失值。下面介绍可以处理缺失值的方法。

（1）删除有缺失值的行：这种方法可以降低模型的性能，因为它减少了模型需要训练的数据数量。

例如，删除了缺失值率高于 60% 的数据的列：

```
threshold = 0.6
#删除缺失值率高于阈值的列
data = data[data.columns[data.isnull().mean() < threshold]]

#删除缺失值率高于阈值的行
data = data.loc[data.isnull().mean(axis =1) < threshold]
print(data)
```

输出如图 4 - 5 所示。

	battery_power	blue	clock_speed	dual_sim	fc	four_g	int_memory	\
0	842	0	2.2	0	1	0	7	
1	1021	1	0.5	1	0	1	53	
2	563	1	0.5	1	2	1	41	
3	615	1	2.5	0	0	0	10	
4	1821	1	1.2	0	13	1	44	
5	1859	0	0.5	1	3	0	22	
6	1821	0	1.7	0	4	1	10	
7	1954	0	0.5	1	0	0	24	
8	1445	1	0.5	0	0	0	53	
9	509	1	0.6	1	2	1	9	
10	769	1	2.9	1	0	0	9	
11	1520	1	2.2	0	5	1	33	
12	1815	0	2.8	0	2	0	33	
13	803	1	2.1	0	7	0	17	
14	1866	0	0.5	0	13	1	52	
15	775	0	1.0	0	3	0	46	
16	838	0	0.5	0	1	1	13	
17	595	0	0.9	1	7	1	23	

图 4 - 5　删除缺失值

（2）数字插补：插补仅仅意味着用另一个"有意义"的值替换缺失值。

在数字变量的情况下，以下是常见的替换：

- 用 0 替换缺失值。
- 计算整个数据集的平均值，并用平均值替换缺失值。
- 计算整个数据集的中位数，并用中位数替换缺失值。

使用中位数而不是平均值通常更可取，因为平均值更容易受到异常值的影响。下面用几个例子进行替换：

```
#用 0 替换所有缺失值
data = data.fillna(0)

#用列的中位数替换所有缺失值
data = data.fillna(data.median())
print(data)
```

输出如图 4 - 6 所示。

	battery_power	blue	clock_speed	dual_sim	fc	four_g	int_memory
0	842	0	2.2	0	1	0	7
1	1021	1	0.5	1	0	1	53
2	563	1	0.5	1	2	1	41
3	615	1	2.5	0	0	0	10
4	1821	1	1.2	0	13	1	44
5	1859	0	0.5	1	3	0	22
6	1821	0	1.7	0	4	1	10
7	1954	0	0.5	1	0	0	24
8	1445	1	0.5	0	0	0	53
9	509	1	0.6	1	2	1	9
10	769	1	2.9	1	0	0	9
11	1520	1	2.2	0	5	1	33
12	1815	0	2.8	0	2	0	33
13	803	1	2.1	0	7	0	17
14	1866	0	0.5	0	13	1	52
15	775	0	1.0	0	3	0	46
16	838	0	0.5	0	1	1	13
17	595	0	0.9	1	7	1	23

图 4 – 6 替换缺失值

（3）分类插补：分类特征不包含数字，而是包含类别。例如，红色、绿色和黄色，或者香蕉、苹果和橘子。因此，平均值和中位数不能用于分类变量。一种常用的技术是用最常出现的值替换缺失值。

在存在许多类别或类别分布均匀的情况下，使用类似"其他"的东西可能是有意义的。下面分析 Python 中的一个示例——用最常出现的值替换所有缺失值（Python 中的 idxmax 函数可以返回一个特征中最常出现的值）。

```
#分类列的最大填充函数
import pandas as pd

data = pd.read_csv("dataset.csv")

data['color'].fillna(data['color'].value_counts().idxmax(), inplace = True)
print(data)
```

输出如图 4 – 7 所示。

	index	color
0	0	green
1	1	yellow
2	2	red
3	3	red
4	4	purple
5	5	red
6	6	red
7	7	purple
8	8	red
9	9	red
10	10	yellow
11	11	red
12	12	black
13	13	white

图 4 – 7 填充缺失值

4.2.2　异常值管理

房价是一个很好的分析领域，可以理解为什么需要特别关注异常值。房子都有一定的特征。例如：

- 1~4 间卧室。
- 1 个厨房。
- 500~3 000 平方英尺。
- 1~3 个卫生间。

2019 年美国的平均房价为 22.68 万美元。大多数房子可能会有上面的一些特点，但也可能有几栋房子是异常值，如一栋有 10 或 20 间卧室的房子，一些房子可能是 100 万或 1 000 万美元，这取决于这些房子可能有多少定制。这些异常值不仅会影响数据集中的中位数，而且会对平均值产生更大的影响。出于这个原因，并考虑到没有太多这样的房子，最好去除这些异常值，以免影响其他更多的预测公共数据点。下面分析一些房屋价值的图表，然后画出两条最适合的线：一条是所有数据；另一条是删除高价房子异常值后的数据，如图 4-8 所示。

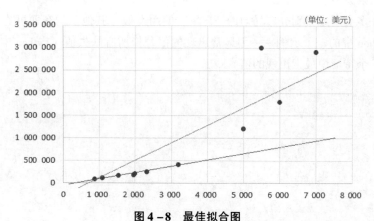

图 4-8　最佳拟合图

从图 4-8 中可以看出，如果从最佳拟合线的计算中去除异常值，这条线会更准确地预测价格较低的房子。出于这个原因，简单地删除异常值是一种处理异常值影响的简单而强大的方法。

那么，如何确定一个值是否是异常值？是否应该被删除呢？

下面介绍删除异常值的方法。

（1）删除带有标准偏差的异常值行。这些异常值是数据集中某个特征的标准偏差值的某个倍数。乘法因子常使用 2~4 的值：

```
#删除带有标准偏差的异常值行
import pandas as pd
data = pd.read_csv("train.csv")
```

```
factor = 2
upper_lim = data['battery_power'].mean () + data['battery_power'].std()
* factor
lower_lim = data['battery_power'].mean () - data['battery_power'].std()
* factor

data = data[(data['battery_power'] < upper_lim) & (data['battery_
power'] > lower_lim)]
print(data)
```

输出如图 4 - 9 所示。

	battery_power	blue	clock_speed	dual_sim	fc	four_g	int_memory
0	842	0	2.2	0	1	0	7
1	1021	1	0.5	1	0	1	53
2	563	1	0.5	1	2	1	41
3	615	1	2.5	0	0	0	10
4	1821	1	1.2	0	13	1	44
5	1859	0	0.5	1	3	0	22
6	1821	0	1.7	0	4	1	10
7	1954	0	0.5	1	0	0	24
8	1445	1	0.5	0	0	0	53
9	509	1	0.6	1	2	1	9
10	769	1	2.9	1	0	0	9
11	1520	1	2.2	0	5	1	33
12	1815	0	2.8	0	2	0	33
13	803	1	2.1	0	7	0	17
14	1866	0	0.5	0	13	1	52
15	775	0	1.0	0	3	0	46
16	838	0	0.5	0	1	1	13
17	595	0	0.9	1	7	1	23

图 4 - 9　删除带有标准偏差的异常值行的结果

（2）使用特征的百分比。这种方法假设某个特征的某个百分比的值是异常值。下降的值的百分比也是主观的，它将取决于领域。

下面看一个 Python 示例，其中删除了顶部和底部数据的 1%：

```
#用百分比删除异常值行
upper_lim = data['battery_power'].quantile(.99)
lower_lim = data['battery_power'].quantile(.01)
data = data[(data['battery_power'] < upper_lim) & (data['battery_
power'] > lower_lim)]
print(data)
```

输出如图 4 - 10 所示。

（3）限制值而不是删除行。限制值而不是删除行可以保留数据，并有可能提高模型的性能。但是，保留数据但限制值会使该数据成为一个估计值，而不是真实的观察值，这也可能会影响结果。决定使用哪种方法将取决于对具体特定数据集的分析。下面是一个使用限制值而不是删除行方法的示例：

	battery_power	blue	clock_speed	dual_sim	fc	four_g	int_memory
1	1021	1	0.5	1	0	1	53
8	1445	1	0.5	0	0	0	53
11	1520	1	2.2	0	5	1	33
18	1131	1	0.5	1	11	0	49
25	961	1	1.4	1	0	1	57
27	956	0	0.5	0	1	1	41
28	1453	0	1.6	1	12	1	52
30	1579	1	0.5	1	0	0	5
31	1568	1	0.5	0	16	0	33
32	1319	1	0.9	0	3	1	41
33	1310	1	2.2	1	0	1	51
40	1347	0	2.9	0	5	0	44
42	1253	1	0.5	1	5	1	5
44	1195	1	2.8	0	1	1	20
45	1514	0	2.9	0	0	0	27
47	1054	1	1.8	1	3	1	40
50	1547	1	3.0	1	2	1	14
53	1457	0	1.9	1	1	1	16

图 4 – 10　用百分比删除异常值行后的结果

```
#用百分比限制异常值行
upper_lim = data['battery_power'].quantile(.99)
lower_lim = data['battery_power'].quantile(.01)

data.loc[(data['battery_power'] > upper_lim), 'battery_power'] = upper_lim
data.loc[(data['battery_power'] < lower_lim), 'battery_power'] = lower_lim
print(data)
```

滚动显示输出，会注意到一些已更改的值，如图 4 – 11 所示。

	battery_power	blue	clock_speed	dual_sim	fc	four_g	int_memory
1	1021.00	1	0.5	1	0	1	53
8	1445.00	1	0.5	0	0	0	53
11	1520.00	1	2.2	0	5	1	33
18	1131.00	1	0.5	1	11	0	49
25	961.00	1	1.4	1	0	1	57
27	956.00	0	0.5	0	1	1	41
28	1453.00	0	1.6	1	12	1	52
30	1579.00	1	0.5	1	0	0	5
31	1568.00	1	0.5	0	16	0	33
32	1319.00	1	0.9	0	3	1	41
33	1310.00	1	2.2	1	0	1	51
40	1347.00	0	2.9	0	5	0	44
42	1253.00	1	0.5	1	5	1	5
44	1195.00	1	2.8	0	1	1	20
45	1514.00	0	2.9	0	0	0	27
47	1054.00	1	1.8	1	3	1	40
50	1547.00	1	3.0	1	2	1	14
53	1457.00	0	1.9	1	1	1	16

图 4 – 11　限制异常值行输出

4.2.3　独热编码

独热编码是特征工程机器学习中常用的技术。因为一些机器学习算法不能处理分类特征，因此独热编码是将这些分类特征转换成数字特征的一种方法。假设有一个标记为状态的特征，它可以有三个值（红色、绿色或黄色）。因为这些值是分类特征，所以没有哪个值更高或更低的概念。可以将这些值转换成数字值。例如：

黄色 = 1

红色 = 2

绿色 = 3

如果已知红色是不好的，绿色是好的，黄色是中等，可以将以上映射更改为以下值：

红色 = −1

黄色 = 0

绿色 = 1

这样可能会产生更好的效果。现在看看这个例子是如何被独热编码的。为了实现特征的独热编码，要为每个值创建一个新的特征。在这种情况下，带有状态特征的数据如表 4 − 1 所示。

表 4 − 1　带有状态特征的数据

红色	黄色	绿色	状态
1	0	0	红色
0	1	0	黄色
0	0	1	绿色
0	0	1	绿色

由于对数据进行了一次热编码，状态特征现在变得多余，因此可以将其从数据集中删除，如表 4 − 2 所示。

表 4 − 2　删除状态特征的数据

红色	黄色	绿色
1	0	0
0	1	0
0	0	1
0	0	1

此外，还可以根据其中两种颜色的值来计算任何颜色特征的值。如果红色和黄色的特征值都是 0，就表示绿色的特征值是 1，以此类推。因此，在独热编码中，可以在不丢失信息的情况下删除其中一个特征，如表 4 − 3 所示。

表 4 – 3   删除绿色特征的数据

红色	黄色
1	0
0	1
0	0
0	0

现在看一个例子，说明如何使用 Pandas 库中的 get_dummies 函数对特征进行一次热编码：

```python
import pandas as pd

data = pd.read_csv("dataset.csv")

encoded_columns = pd.get_dummies(data['color'])
data = data.join(encoded_columns).drop('color', axis =1)
print(data)
```

输出如图 4 – 12 所示。

图 4 – 12   一次热编码输出

4.2.4   对数变换

对数变换（又称 Log 变换）是一种常见的特征工程变换。对数变换用于展平高度倾斜的值。在应用对数变换之后，数据分布被规范化。

现在再看一个例子。还记得你 10 岁的时候，看着 15 岁的男孩和女孩，心里想着"他们比我这么大这么多！"现在想想一个 50 岁的人和另一个 55 岁的人。在这种情况下，你可能会认为年龄差没有那么大。在这两种情况下，年龄都相差 5 岁。然而，在第一种情况下，15 岁的人比 10 岁的人大 50%；在第二种情况下，55 岁的人只比 50 岁的人大 10%。

如果将对数变换用于所有这些数据点，它会像这样规范化幅度差异。

使用对数变换也降低了异常值的影响，因为幅度差异的规范化和使用对数变换的模型变得更加稳健。

使用对数变换时需要考虑的一个关键限制是，所有数据点都必须是正值。另外，可以在使用对数变换之前将数据加 1，这样可以确保对数变换后的输出为正：

```
Log (x + 1)
```

下面在 Python 中执行对数变换：

```
#对数变换示例
data = pd.DataFrame({'value':[3,67,-17,44,37,3,31,-38]})
data['log+1'] = (data['value']+1).transform(np.log)

#负值处理
#注意数值不同
data['log'] = (data['value']-data['value'].min()+1).transform(np.log)
print(data)
```

输出如图 4-13 所示。

```
   value      log+1        log
0      3   1.386294   3.737670
1     67   4.219508   4.663439
2    -17        NaN   3.091042
3     44   3.806662   4.418841
4     37   3.637586   4.330733
5      3   1.386294   3.737670
6     31   3.465736   4.248495
7    -38        NaN   0.000000
```

图 4-13 对数变换输出

4.2.5 缩放

在许多情况下，数据集中的数字特征可能与其他特征在比例上有很大差异。例如，房子的建筑面积可能是 1 000~3 000 平方英尺，而 2、3 或 4 可能是房子中卧室的数量。如果不考虑这些值，对于具有较高比例的特征来说，可能会被赋予较高的权重。下面介绍如何解决这个问题。

缩放是解决这个问题的一种方法。应用缩放后，连续特征在范围方面变得具有可比性。并非所有算法都需要缩放值（如随机森林），但是如果数据集没有预先缩放，其他算法将产生无意义的结果（如 K 近邻或 K-均值）。现在将探讨两种最常见的缩放方法。

（1）最小、最大规范化：在 0~1 的固定范围内缩放特征的所有值。也就是说，特征的每个值都可以使用以下公式进行规范化：

$$X_{norm} = \frac{X - X_{min}}{X_{max} - X_{min}}$$

式中　X——特征的任何给定值；

X_{min}——数据集中所有数据的最小值；

X_{max}——数据集中所有数据的最大值；

X_{norm}——应用公式后的规范化值。

规范化不会改变特征的分布，并且由于标准偏差的减少，异常值的影响会增加。因此，建议在规范化之前处理异常值。现在看一个 Python 示例：

```
data = pd.DataFrame({'value':[7,25,-47,73,8,22,53,-25]})

data['normalized'] = (data['value'] - data['value'].min()) /
(data['value'].max() - data['value'].min())
print(data)
```

输出如图 4 - 14 所示。

```
   value  normalized
0      7    0.450000
1     25    0.600000
2    -47    0.000000
3     73    1.000000
4      8    0.458333
5     22    0.575000
6     53    0.833333
7    -25    0.183333
```

图 4 – 14　规范化输出

（2）z 分数规范化：将标准偏差作为计算的一部分。规范化最小化并平滑了缩放中异常值的影响。使用以下公式计算 z 分数：

$$z = \frac{x - \mu}{\sigma}$$

式中　μ——平均值；

σ——标准偏差；

x——数据。

下面用 Python 计算 z 分数：

```
data = pd.DataFrame({'value':[7,25,-47,73,8,22,53,-25]})

data['standardized'] = (data['value'] - data['value'].mean()) /
data['value'].std()
print(data)
```

输出如图 4 - 15 所示。

```
   value  standardized
0      7     -0.193539
1     25      0.270954
2    -47     -1.587017
3     73      1.509601
4      8     -0.167733
5     22      0.193539
6     53      0.993498
7    -25     -1.019303
```

图 4 – 15　规范化输出

4.2.6　日期操作

时间特征对于模型预测来说至关重要。在时间序列分析中，日期显然至关重要。如果不在预测中加上一个日期，预测标准普尔 500（即 S&P 500）指数将达到 3 000 就毫无意义了。

没有经过任何处理的日期可能不会为大多数模型提供太多的意义，并且这些值将过于独特，无法提供任何预测能力。为什么 2019 年 10 月 21 日和 2019 年 10 月 19 日不一样？如果使用一些领域知识，也许能够大大增加特征的信息价值。例如，将日期转换为分类变量可能会有所帮助。如果目标特征是试图确定何时支付租金，则将日期转换为二进制值，其中可能的值为：

- 每月 5 日之前 =1。
- 每月 5 日之后 =0。

如果需要预测餐馆的客流量和销售额，发现每个月的 21 日可能不会有任何客流量，但是如果日期是周日和周二，或者月份是 10 月和 12 月，就可能会有客流量（如圣诞节）。如果这是一家国际连锁餐馆，则餐馆的位置和月份可能非常重要（如美国的圣诞节和印度的排灯节）。

日期操作的其他方式如下。

- 将日期分成年、月、日等。
- 根据年、月、日等计算当前日期和所讨论的值之间的时间段。
- 从日期中提取特定特征：
  - 一周中的某一天（周一、周二等）。
  - 是否是周末。
  - 是否是假期。

还有很多其他的可能性。有兴趣的读者可以集思广益或研究其他方法。

4.3　本章小结

在本章中，分析了机器学习管道中的两个重要步骤：特征选择和特征工程。

从前面所述可知，选择要在管道中使用的模型，可能比决定删除或添加特征更容易。本章不是对特征选择和特征工程的全面分析，而是一个小小的尝试，希望本章内容的学习能激发读者进一步探索该主题的兴趣。

在下一章中，将开始进入机器学习的核心——从监督学习模型开始构建机器学习模型。

第 5 章

使用监督学习的分类和回归

在本章中，将学习使用监督学习对数据进行分类和回归。

本章涵盖以下主题：

- 监督学习和无监督学习
- 分类算法
- 预处理数据
- 标签编码
- 构建逻辑回归分类器
- 构建朴素贝叶斯分类器
- 混淆矩阵
- 支持向量机
- 构建支持向量机分类器
- 回归算法
- 构建单变量回归器
- 构建多变量回归器
- 用支持向量回归模型估计房价

5.1　监督学习和无监督学习

从流行的报刊上不难看出，当今人工智能最热门的领域之一就是机器学习。机器学习通常分为监督学习和无监督学习。还有其他分类将在后面讨论。

在给出更正式的定义之前，先对监督学习和无监督学习有一些直观的理解。假设有一组人物照片。其中是一个非常多样化的男女群体，他们有不同的国籍、年龄和体重等。最初，将这个数据集置于无监督学习中。在这种没有任何先验知识的情况下，无监督学习将根据识别为相似的一些特征对这些照片进行分类。例如，它可能开始认识到男人和女人是不同的，所以把男人聚集在一个群体中，把女人聚集在另一个群体中。但不能保证它会找到那个模式。它会聚集这些照片可能是因为一些照片有深色背景，而另一些有浅色背景，这很可能是一个无用的推论。

现在假设有同样的一组照片，但这次每张照片都有一个对应的标签，假设标签是性别。

因为现在给数据贴了标签，所以可以通过有监督学习把这些数据输入，并使用输入数据（照片像素）来计算目标特征（性别）。

综上所述，监督学习是指基于有标签的训练数据建立机器学习模型的过程。在监督学习中，每个示例或行都是由输入特征和所需目标特征组成的元组。例如，机器学习中常用的数据集是"泰坦尼克号"数据集。该数据集包含描述著名船只皇家邮轮泰坦尼克号乘客的特征。一些输入特征包括乘客姓名、性别、特别二等舱、年龄和登船地点。

在这种情况下，目标特征是乘客是否幸存。

无监督学习是指在不依赖有标签的训练数据的情况下，建立机器学习模型的过程。从某种意义上说，它与监督学习相反。由于没有可用的标签，所以需要仅根据提供的数据提取特征。通过无监督学习训练一个系统，在这个系统中，独立的数据点可能会被分成多个组。需要强调的一个关键点是，分离的标准并不确定。因此，无监督学习需要以最佳方式将给定数据集分成几个组。

现在已经描述了机器学习算法分类的主要方式之一，下一节介绍如何对数据进行分类。

5.2 分类算法

在本节中，将讨论监督学习中的分类算法。分类是一种将数据排列成固定数量的类别，以便有效和高效利用的技术。

在监督学习中，分类用于识别新数据所属的类别，即基于包含数据和相应标签的训练数据集建立分类模型。例如，假设想确定给定的图像中是否有人脸，首先要构建一个包含对应于两个类的训练数据集，即有人脸和无人脸；然后基于可用的训练样本来训练模型；最后，训练好的模型可以用于推理。

一个好的分类算法可以使查找和检索数据变得容易。分类算法广泛应用于人脸识别、垃圾邮件识别、推荐引擎等领域。一个好的数据分类算法会自动生成正确的标准，将给定的数据分成给定数量的类。

为了使分类算法产生令人满意的结果，需要足够多的样本，以便能够概括这些标准。如果样本数量不足，分类算法会过度拟合训练数据。这意味着它在未知数据上表现不佳，因为它对模型进行了过多的微调，以适应训练数据中观察到的模式。这其实是机器学习中常见的问题。在构建各种机器学习模型时，考虑这个因素是一个好习惯。

5.3 预处理数据

原始数据是机器学习算法的燃料。但是，就像不能把原油放进汽车，而是必须使用汽油一样，机器学习算法期望在训练过程开始之前，将数据以某种方式格式化。为了准备机器学习算法需要的数据，必须对数据进行预处理并转换成正确的格式。下面介绍实现数据预处理的一些方法。

为了让示例正常运行，需要导入以下包：

```
import numpy as np
from sklearn import preprocessing
```

另外，定义一些示例数据：

```
input_data = np.array([[5.1, -2.9, 3.3],
                       [-1.2, 7.8, -6.1],
                       [3.9, 0.4, 2.1],
                       [7.3, -9.9, -4.5]])
```

下面介绍数据预处理方法：
- 二值化
- 删除平均值
- 缩放
- 规范化

5.3.1　二值化

二值化用于将数值转换为布尔值。下面介绍一种内置的方法，使用 2.1 作为阈值对输入数据进行二值化。

向上文创建的 Python 文件中添加以下行：

```
#二值化数据
data_binarized = preprocessing.Binarizer(threshold=2.1).
transform(input_data)
print("\nBinarized data:\n", data_binarized)
```

运行代码，输出以下结果：

```
Binarized data:
[[ 1.  0.  1.]
 [ 0.  1.  0.]
 [ 1.  0.  0.]
 [ 1.  0.  0.]]
```

由输出结果可知，所有大于 2.1 的值都变为 1，其他值变为 0。

5.3.2　删除平均值

删除平均值是机器学习中常用的数据预处理方法。

从特征向量中删除平均值通常很有用，这样每个特征都以 0 为中心，即消除特征向量中特征的偏差。

将以下几行添加到 5.3.1 小节创建的 Python 文件中：

```
#打印平均值和标准偏差
print("\nBEFORE:")
print("Mean = ", input_data.mean(axis = 0))
print("Std deviation = ", input_data.std(axis = 0))
```

前一行显示输入数据的平均值和标准偏差。删除平均值：

```
#删除平均值
data_scaled = preprocessing.scale(input_data)
print("\nAFTER:")
print("Mean = ", data_scaled.mean(axis = 0))
print("Std deviation = ", data_scaled.std(axis = 0))
```

运行代码，输出以下结果：

```
BEFORE:
Mean = [ 3.775 -1.15  -1.3  ]
Std deviation = [ 3.12039661   6.36651396  4.0620192 ]
AFTER:
Mean = [  1.11022302e-16 0.00000000e+00  2.77555756e-17]
Std deviation = [ 1.  1. 1.]
```

从输出结果可以看出，平均值非常接近 0，标准偏差为 1。

5.3.3 缩放

正如在前面几节中所讲的，通过访问一个示例来理解什么是缩放。假设有一个包含与房子相关的特征的数据集，并且预测这些房子的价格。这些特征的数值范围可以有很大的不同。例如，房子的建筑面积通常是几千平方英尺，而房间的数量通常少于 10 间。此外，其中一些特征可能包含一些异常值。例如，数据集中可能有一些大厦偏离了数据集的其他值。

现在需要找到一种方法来缩放这些特征，以便赋予每个特征的权重大致相同，并且异常值不具有过大的重要性。一种方法是重新调整所有特征，使它们落在一个小范围内，如 0 和 1。最小最大缩放器（MinMaxScaler）算法可能是实现这一点最有效的方法。该算法的公式为

$$\frac{x_i - \min(x)}{\max(x) - \min(x)}$$

式中 $\max(x)$——特征的最大值；

$\min(x)$——特征的最小值；

x_i——每个单独的值。

在特征向量中，每个特征的值可以在许多随机值之间变化。因此，扩展这些特征，为机器学习算法的训练提供一个公平的竞争环境变得非常重要。任何特征都不应该仅仅因为测

量的性质而人为地变大或变小。

要在 Python 中实现这一点，在代码中添加以下几行：

```
#最小最大缩放
data_scaler_minmax = preprocessing.MinMaxScaler(feature_range =(0,1))
data_scaled_minmax = data_scaler_minmax.fit_transform(input_data)
print("\nMin max scaled data:\n", data_scaled_minmax)
```

运行代码，输出以下结果：

```
Min max scaled data:
[[ 0.74117647  0.39548023  1.         ]
 [ 0.         1.         0.         ]
 [ 0.6        0.5819209  0.87234043]
 [ 1.         0.         0.17021277]]
```

每一行都经过缩放，使最大值为 1，所有其他值都与该值相关。

5.3.4　规范化

缩放和规范化容易被混淆。这些术语经常混淆的原因之一是它们实际上非常相似，都是在转换数据以使数据更加有用。但是缩放改变了特征的取值范围，而规范化改变了数据分布的形状。为了使机器学习模型更好地工作，特征值最好是正态分布的。

但现实中的数据是杂乱的，有时并非如此。例如，特征值的分布可能是倾斜的。规范化通常会改变数据分布。图 5 - 1 所示是规范化前后的数据图表。

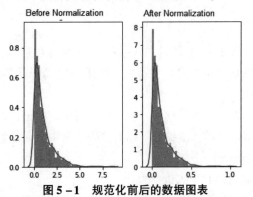

图 5 - 1　规范化前后的数据图表

过程使用规范化来修改特征向量中的值，以便用公共尺度测量这些值。在机器学习中，可以使用许多不同形式的规范化。一些最常见的规范化形式旨在修改这些值，使它们的总和达到 1。L1 规范化是指最小绝对偏差，其工作原理是确保每行数据的绝对值之和为 1。L2 规范化是指最小二乘法，其工作原理是确保每行的数据平方和为 1。

一般来说，L1 规范化被认为比 L2 规范化更稳健。L1 规范化是稳健的，因为它能抵抗数据中的异常值。因为数据中经常包含异常值，所以希望使用能够在计算过程中安全有效地忽略异常值的技术。如果我们正在解决一个异常值很重要的问题，L2 规范化会是一个更好的选择。

向 5.3.3 小节的 Python 文件中添加以下行代码：

```
#规范化数据
data_normalized_l1 = preprocessing.normalize(input_data, norm = 'l1')
data_normalized_l2 = preprocessing.normalize(input_data, norm = 'l2')
print("\nL1 normalized data:\n", data_normalized_l1)
print("\nL2 normalized data:\n", data_normalized_l2)
```

运行代码，输出以下结果：

```
L1 normalized data:
 [[  0.45132743  -0.25663717    0.2920354 ]
 [ -0.0794702    0.51655629  -0.40397351]
 [  0.609375      0.0625  0.328125 ]
 [  0.33640553 -0.4562212    -0.20737327]]
L2 normalized data:
 [[  0.75765788     -0.43082507  0.49024922]
 [ -0.12030718 0.78199664 -0.61156148]
 [  0.87690281 0.08993875    0.47217844]
 [  0.55734935 -0.75585734 -0.34357152]]
```

完整的代码在 data_preprocessor. py 文件中给出。

5.4   标签编码

在执行分类算法时，通常会处理大量的标签。这些标签可以是单词、数字或其他形式。许多机器学习算法需要将数字作为输入，所以，如果标签已经是数字，就可以直接用于训练。但情况并非总是如此。

标签通常是单词，因为单词容易理解。训练数据用单词标记，以便可以跟踪映射。要将单词标签转换为数字，可以使用标签编码。标签编码是指将单词标签转换成数字的过程。这使算法能够处理数据。下面看一个例子。

创建一个新的 Python 文件并导入以下包：

```
import numpy as np
from sklearn import preprocessing
```

定义一些示例标签：

```
#输入示例标签
input_labels = ['red', 'black', 'red', 'green', 'black', 'yellow',
'white']
```

创建标签编码对象并对其进行训练：

```
#创建标签编码并训练标签
encoder = preprocessing.LabelEncoder()
encoder.fit(input_labels)
```

打印单词和数字之间的映射：

```
#打印映射
print("\nLabel mapping:")
for i, item in enumerate(encoder.classes_):
    print(item, '-->', i)
```

对一组随机排序的标签进行编码，看看它的运行结果：

```
#使用标签编码对一组标签进行编码
test_labels = ['green', 'red', 'black']
encoded_values = encoder.transform(test_labels)
print("\nLabels =", test_labels)
print("Encoded values =", list(encoded_values))
```

解码一组随机数字：

```
#使用编码器解码一组值
encoded_values = [3, 0, 4, 1]
decoded_list = encoder.inverse_transform(encoded_values)
print("\nEncoded values =", encoded_values)
print("Decoded labels =", list(decoded_list))
```

运行代码，输出如图 5 - 2 所示。

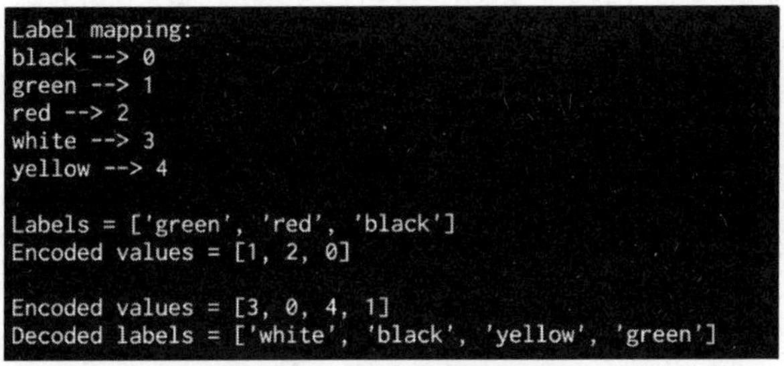

```
Label mapping:
black --> 0
green --> 1
red --> 2
white --> 3
yellow --> 4

Labels = ['green', 'red', 'black']
Encoded values = [1, 2, 0]

Encoded values = [3, 0, 4, 1]
Decoded labels = ['white', 'black', 'yellow', 'green']
```

图 5 - 2　编码和解码输出

从图 5 - 2 所示的输出结果中可以检查映射，查看编码和解码步骤是否正确。该部分的代码在 label_encoder.py 文件中给出。

5.5 构建逻辑回归分类器

逻辑回归是一种用于解释输入特征和输出特征之间关系的方法。回归可用于对连续值进行预测，但也可用于对结果为真或假的离散值进行预测，如红色、绿色或黄色。

假设输入特征是独立的，输出特征被称为因变量。因变量只能取一组固定的值。这些值对应于分类问题的类别。

我们的目标是使用逻辑函数估计概率来确定输入特征和因变量之间的关系。在这种情况下，这个逻辑函数将是一条函数曲线（用于构建具有各种参数的函数）。在逻辑回归模型中使用 sigmoid 函数的原因如下。

- 将输入特征映射到 0 和 1 之间。
- 导数更容易计算。
- 将非线性引入模型。

逻辑回归模型与广义线性模型分析密切相关，在广义线性模型分析中，是将一条线拟合到一堆点上，以最小化误差。用逻辑回归代替线性回归。虽然逻辑回归本身不是一种分类算法，但它以这种拟合方式来促进分类。由于其简单性，所以通常用于机器学习。下面看看如何使用逻辑回归构建一个分类器。继续之前，先确定已安装了 Tkinter 软件包。如果没装，可以登录网址 https://docs. python. org/2/library/tkinter. html 下载安装。

创建一个新的 Python 文件并导入以下包：

```
import numpy as np
from sklearn import linear_model
import matplotlib.pyplot as plt

from utilities import visualize_classifier
```

用二维向量和相应的标签定义样本输入数据：

```
#定义样本输入数据
X = np.array([[3.1,7.2],[4,6.7],[2.9,8],[5.1,4.5],[6,5],
[5.6,5],[3.3,0.4],[3.9,0.9],[2.8,1],[0.5,3.4],[1,4],[0.6,
4.9]])
y = np.array([0,0,0,1,1,1,2,2,2,3,3,3])
```

将使用这个标记的数据训练分类器。现在创建逻辑回归分类器对象：

```
#创建逻辑回归分类器对象
classifier = linear_model.LogisticRegression(solver = 'liblinear', C =1)
```

使用前面定义的数据训练分类器：

```
#训练分类器
classifier.fit(X, y)
```

通过查看类的边界来可视化分类器的性能：

```
#可视化分类器的性能
visualize_classifier(classifier, X, y)
```

需要先定义 visualize_classifier 函数，然后才能使用。在本章中，将多次使用这个函数，所以最好在一个单独的文件中定义并导入该函数。这个函数在 utilities. py 文件中给出。

创建一个新的 Python 文件并导入以下包：

```
import numpy as np
import matplotlib.pyplot as plt
```

通过将分类器对象、输入数据和标签作为输入参数来定义 visualize_classifier 函数：

```
def visualize_classifier(classifier, X, y):
    #定义将在网格中使用的 X 和 Y 的最小值和最大值
    min_x, max_x = X[:, 0].min() - 1.0, X[:, 0].max() + 1.0
    min_y, max_y = X[:, 1].min() - 1.0, X[:, 1].max() + 1.0
```

还定义将在网格中使用的 X 和 Y 方向的最小值和最大值。该网格基本上是一组值，用于评估函数，这样就可以可视化类的边界。定义网格的步长，并使用最小值和最大值创建：

```
#定义用于绘制网格的步长
mesh_step_size = 0.01

#定义 X 和 Y 值的网格
x_vals, y_vals = np.meshgrid(np.arange(min_x, max_x, mesh_step_size),
np.arange(min_y, max_y, mesh_step_size))
```

在网格中的所有点上运行分类器：

```
#在网格中运行分类器
output = classifier.predict(np.c_[x_vals.ravel(), y_vals.ravel()])

#改变输出数组形状
output = output.reshape(x_vals.shape)
```

创建图形，选择配色方案并覆盖所有训练点：

```
#创建图形
plt.figure()

#为图形选择配色方案
```

```
plt.pcolormesh(x_vals, y_vals, output, cmap = plt.cm.gray)

#将训练点覆盖在图上
plt.scatter(X[:, 0], X[:, 1], c = y, s = 75, edgecolors = 'black', linewidth = 1,
cmap = plt.cm.Paired)
```

使用最小值和最大值指定图形的边界，添加复选标记并显示图形：

```
#指定图形的边界
plt.xlim(x_vals.min(), x_vals.max())
plt.ylim(y_vals.min(), y_vals.max())

#指定 X 和 Y 轴上的刻度
plt.xticks((np.arange(int(X[:, 0].min() - 1), int(X[:, 0].max() + 1), 1.0)))
plt.yticks((np.arange(int(X[:, 1].min() - 1), int(X[:, 1].max() + 1), 1.0)))

plt.show()
```

如果代码正常运行，输出如图 5 - 3 所示。

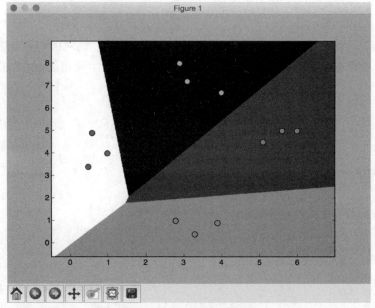

图 5 - 3   设置边界的图形

在下面的代码行中将 C 的值改为 100，图形的边界将变得更加精确：

```
classifier = linear_model.LogisticRegression(solver = 'liblinear', C = 100)
```

因为 C 对错误分类有一定的惩罚，所以算法对训练数据进行了更多的定义。这个参数要小心使用，因为如果增加很多，会过度拟合训练数据，模型不能很好地泛化。

C 设置为 100 时的输出如图 5 - 4 所示。

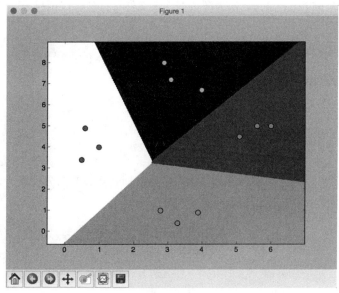

图 5 - 4　C 设置为 100 时的输出结果

　　将图 5 - 4 与图 5 - 3 的输出进行相比,就会发现图 5 - 4 中的界限更好了。该部分的代码保存在 logistic_regression. py 文件中。

5.6　构建朴素贝叶斯分类器

　　朴素贝叶斯是一种使用贝叶斯定理构建分类器的方法。贝叶斯定理描述了基于与事件相关的不同条件的事件发生的概率。本节将介绍通过给问题实例分配类标签来构建一个朴素贝叶斯分类器。这些问题实例被表示为向量特征值。这里的假设是,任何给定特征的值都独立于其他特征的值。这称为独立性假设,是朴素贝叶斯分类器的朴素部分。

　　如果给定类特征,就可以预测一个给定的特征如何影响它,而不管它对其他特征的影响。例如,如果一只动物有四条腿、一条尾巴,并且以大约每小时 70 英里的速度奔跑,它可能是猎豹。朴素贝叶斯分类器认为这些特征中的每一个都对结果有独立的贡献。结果是指这种动物是猎豹的概率,而不用考虑皮肤模式、腿的数量、尾巴的存在和运动速度之间可能存在的相关性。下面介绍如何构建一个朴素贝叶斯分类器。

　　创建一个新的 Python 文件并导入以下包:

```python
import numpy as np
import matplotlib.pyplot as plt
from sklearn.naive_bayes import GaussianNB
from sklearn.model_selection import train_test_split
from sklearn.model_selection import cross_val_score

from utilities import visualize_classifier
```

使用文件 data_multivar_nb. txt 作为源数据。该文件每行包含以逗号分隔的值：

```
#包含数据的输入文件
input_file = 'data_multivar_nb.txt'
```

从输入文件中加载数据：

```
#从输入文件中加载数据
data = np.loadtxt(input_file, delimiter = ',')
X, y = data[:, :-1], data[:, -1]
```

创建一个朴素贝叶斯分类器的实例。这里使用高斯朴素贝叶斯分类器。在这种类型的分类器中，假设与每个类相关联的值服从高斯分布：

```
#创建朴素贝叶斯分类器
classifier = GaussianNB()
```

使用训练数据训练分类器：

```
#训练分类器
classifier.fit(X, y)
```

对训练数据运行分类器并预测输出：

```
#预测训练数据的值
y_pred = classifier.predict(X)
```

通过比较预测值和真实标签来计算分类器的准确率，然后可视化性能：

```
#计算分类器的准确率
accuracy = 100.0 * (y == y_pred).sum() / X.shape[0]
print("Accuracy of Naïve Bayes classifier =", round(accuracy, 2), "%")

#可视化分类器的性能
visualize_classifier(classifier, X, y)
```

前面计算分类器的准确率的方法并不稳健。这里需要执行交叉验证，以便在测试时不使用相同的训练数据。

将数据分成训练数据和测试数据。如下面一行中 test_size 参数所指定的，将分配80%用于训练，剩余20%用于测试。然后，将在这些数据上训练一个朴素贝叶斯分类器：

```
#将数据分为训练数据和测试数据
X_train, X_test, y_train, y_test = train_test_split(X, y, test_
size = 0.2, random_state = 3)
classifier_new = GaussianNB()
classifier_new.fit(X_train, y_train)
y_test_pred = classifier_new.predict(X_test)
```

计算分类器的准确率并可视化性能：

```
#计算分类器的准确率
accuracy = 100.0 * (y_test = = y_test_pred).sum() /X_test.shape[0]
print("Accuracy of the new classifier =", round(accuracy, 2), "%")

#可视化分类器的性能
visualize_classifier(classifier_new, X_test, y_test)
```

基于三重交叉验证，使用内置函数来计算准确率、精度和召回率：

```
num_folds = 3
accuracy_values = cross_val_score(classifier,
        X, y, scoring = 'accuracy', cv = num_folds)
print("Accuracy: " + str(round(100 * accuracy_values.mean(), 2)) + "%")

precision_values = cross_val_score(classifier,
         X, y, scoring = 'precision_weighted', cv = num_folds)
print("Precision: " + str(round(100 * precision_values.mean(), 2)) +
"%")
recall_values = cross_val_score(classifier,
        X, y, scoring = 'recall_weighted', cv = num_folds)
print("Recall: " + str(round(100 * recall_values.mean(), 2)) + "%")

f1_values = cross_val_score(classifier,
        X, y, scoring = 'f1_weighted', cv = num_folds)
print("F1: " + str(round(100 * f1_values.mean(), 2)) + "%")
```

运行代码，将在第一次训练运行中显示图 5-5 所示的内容。

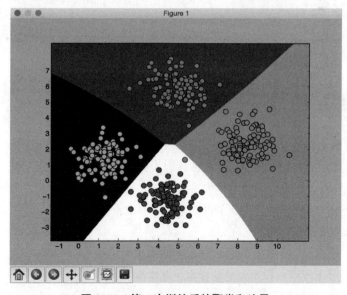

图 5-5　第一次训练后的聚类和边界

从图 5-5 中可以看到，分类器很好地分隔了四个集群，并根据输入数据点的分布创建了具有边界的区域。使用交叉验证的第二次训练结果如图 5-6 所示。

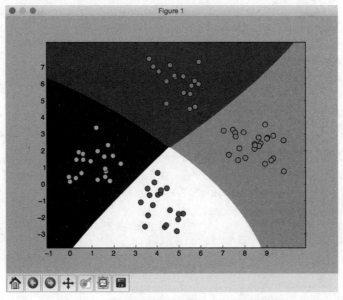

图 5-6　使用交叉验证的第二次训练的结果

打印输出如下：

```
Accuracy of Naive Bayes classifier = 99.75%
Accuracy of the new classifier = 100.0%
Accuracy:99.75%
Precision:99.76%
Recall:99.75%
F1: 99.75%
```

这个部分的代码保存在 naive_bayes. py 文件中。

5.7　混淆矩阵

混淆矩阵是用于描述分类器性能的图形或表格。矩阵中的每一行代表预测类中的实例，每一列代表实际类中的实例。使用这个名称是因为如果模型混淆或错误标记了两个类，矩阵就很容易可视化。通过将每个类与其他类进行比较，看看有多少样本被正确或错误分类。

在构建这个矩阵的过程中，用到了机器学习中非常重要的几个指标。下面介绍一个二进制分类情况，其中输出是 0 或 1。

- 真正例：表示预测 1 作为输出的样本，基本事实也是 1。
- 真负例：表示预测 0 作为输出的样本，基本事实也是 0。
- 假正例：表示预测 1 作为输出的样本，但基本事实是 0。这又称为第一类错误。

● 假负例：表示预测 0 作为输出的样本，但基本事实是 1。这又称为第二类错误。

根据实际问题，可能必须优化算法来降低假正例或假负例率。例如，在生物识别系统中，避免误报非常重要，因为可能获得敏感信息。下面介绍如何创建一个混淆矩阵。

创建一个新的 Python 文件并导入以下包：

```
import numpy as np
import matplotlib.pyplot as plt
from sklearn.metrics import confusion_matrix
from sklearn.metrics import classification_report
```

为基本事实和预测输出定义一些样本标签：

```
#定义样本标签
true_labels = [2,0,0,2,4,4,1,0,3,3,3]
pred_labels = [2,1,0,2,4,3,1,0,1,3,3]
```

使用以上代码定义的样本标签创建混淆矩阵：

```
#创建混淆矩阵
confusion_mat = confusion_matrix(true_labels, pred_labels)
```

可视化混淆矩阵：

```
#可视化混淆矩阵
plt.imshow(confusion_mat, interpolation = 'nearest', cmap = plt.cm.gray)
plt.title('Confusion matrix')
plt.colorbar()
ticks = np.arange(5)
plt.xticks(ticks, ticks)
plt.yticks(ticks, ticks)
plt.ylabel('True labels')
plt.xlabel('Predicted labels')
plt.show()
```

在以上可视化代码中，变量 ticks 是指不同类的数量。在这个例子中，有 5 个不同的标签。

打印分类报告：

```
#分类报告
targets = ['Class -0', 'Class -1', 'Class -2', 'Class -3', 'Class -4']
print('\n', classification_report(true_labels, pred_labels, target_
names = targets))
```

打印分类报告中每个类的表现。运行代码，输出如图 5-7 所示。

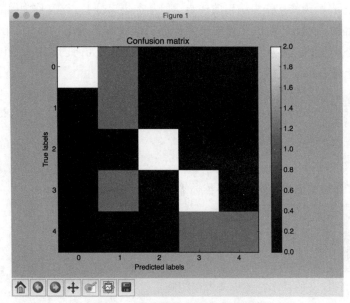

图5-7　分类报告中每个类的表现

在图5-7中，白色方块表示精度较高的值，而黑色方块表示精度较低的值，如图中右侧的颜色映射键所示。在一个理想的场景中，对角线上的方块将全部是白色的，其他位置的方块都是黑色的。这表明100%的准确性。

输出如图5-8所示。

	precision	recall	f1-score	support
Class-0	1.00	0.67	0.80	3
Class-1	0.33	1.00	0.50	1
Class-2	1.00	1.00	1.00	2
Class-3	0.67	0.67	0.67	3
Class-4	1.00	0.50	0.67	2
avg / total	0.85	0.73	0.75	11

图5-8　分类报告中的值

从图5-8中可以看出，平均精度为85%，平均召回率为73%。而F_1分数是75%。根据讨论领域的不同，这些可能是好的结果，也可能是差的结果。如果所讨论的领域是诊断患者是否患有癌症，而现在只能达到85%的精度，那么15%的人口将会被错误分类，并且相当不开心。如果所讨论的领域是某人是否会购买某个产品，并且给出的精度具有相同的结果，那么这次预测是成功的，并大大降低了营销费用。

完整的代码在 confusion_matrix.py 文件中给出。

5.8　支持向量机

支持向量机（Support Vector Machine，SVM）是一个分类器，它是使用类之间的分离超平面来定义的。这个超平面是线的 *N* 维版本。对于给定标记的训练数据和二元分类问题，SVM 找到了将训练数据分成两类的最优超平面。这可以很容易地扩展到 *N* 类问题。

下面考虑一个有两类点的二维情况。考虑到这是二维，所以只需要处理二维平面上的点和线。这比高维空间中的向量和超平面更容易可视化。当然，这是 SVM 问题的简化版本，但是在将 SVM 应用于高维数据之前，理解它并将其可视化是很重要的，如图 5 – 9 所示。

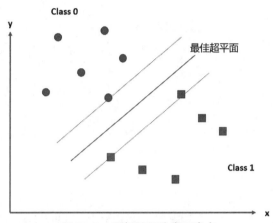

图 5 – 9 用超平面分离两类点

有两类点，现在希望找到最佳超平面来分离这两类点。但是如何定义最优呢？在图 5 – 9 中，实线代表最佳超平面。虽然可以绘制许多不同的线来分隔两类点，但这条线是最好的，因为它最大化了每个点与分隔线的距离。虚线上的点称为支持向量。两条虚线之间的垂直距离称为最大边距。可以将最大边距视为给定数据集绘制的最厚边框。

5.9 构建支持向量机分类器

本节将构建一个支持向量机分类器，根据 14 个属性预测给定人员的收入等级。目标是预测收入是否高于或低于每年 5 万美元，因此这是一个二元分类问题。使用 https://archive. ics. uci. edu/ml/datasets/Census + Income 中的人口普查收入数据集。在这个数据集中需要注意的是，每个数据都是单词和数字的混合。因为算法不知道如何处理单词，所以不能使用原始数字数据，而且数据不能用标签编码器来转换，因为数字数据是有价值的。因此，下面使用标签编码器和原始数字数据的组合来构建有效的分类器。

创建一个新的 Python 文件并导入以下包：

```
import numpy as np
import matplotlib.pyplot as plt
from sklearn import preprocessing
from sklearn.svm import LinearSVC
from sklearn.multiclass import OneVsOneClassifier
from sklearn.model_selection import train_test_split
```

使用文件 income_data.txt 来加载数据。该文件包含收入的详细信息：

```
#输入文件
data input_file = 'income_data.txt'
```

为了从文件中加载数据，需要先对其进行预处理，为分类做准备。将为每个类最多使用 25 000 个数据：

```
#读取数据
X = []
y = []
count_class1 = 0
count_class2 = 0
max_datapoints = 25000
```

打开文件，开始读行：

```
with open(input_file, 'r') as f:
    for line in f.readlines():
        if count_class1 >= max_datapoints and count_class2 >= max_
datapoints:
            break
        if '?' in line:
            continue
```

每行数据都是用逗号分隔的，所以需要进行相应的拆分。每行的最后一个元素代表标签。根据该标签，将它分配给一个类别：

```
data = line[:-1].split(', ')

if data[-1] == '<=50K' and count_class1 < max_datapoints:
    X.append(data)
    count_class1 += 1

if data[-1] == '>50K' and count_class2 < max_datapoints:
    X.append(data)
    count_class2 += 1
```

将列表转换为 numpy 数组，以便将其用作 sklearn 函数的输入特征：

```
#将列表转换为 numpy 数组
X = np.array(X)
```

如果特征是字符串，则需要对其进行编码。如果是数字，可以保持原样。请注意，最终会得到多个标签编码器，而且需要跟踪所有这些编码器：

```
#将字符串数据转换为数字数据
label_encoder = []
X_encoded = np.empty(X.shape)
for i,item in enumerate(X[0]):
    if item.isdigit():
        X_encoded[:, i] = X[:, i]
    else:
        label_encoder.append(preprocessing.LabelEncoder())
        X_encoded[:, i] = label_encoder[-1].fit_transform(X[:, i])

X = X_encoded[:, :-1].astype(int)
y = X_encoded[:, -1].astype(int)
```

用线性核创建 SVM 分类器：

```
#创建 SVM 分类器
classifier = OneVsOneClassifier(LinearSVC(random_state = 0))
```

训练分类器：

```
#训练分类器
classifier.fit(X, y)
```

对训练数据和测试数据使用 80/20 分割进行交叉验证，然后预测训练数据的输出：

```
#交叉验证
X_train, X_test, y_train, y_test = train_test_split.train_test_
split(X, y, test_size = 0.2, random_state = 5)
classifier = OneVsOneClassifier(LinearSVC(random_state = 0))
classifier.fit(X_train, y_train)
y_test_pred = classifier.predict(X_test)
```

计算分类器的 F1 分数：

```
#计算分类器的 F1 分数
f1 = train_test_split.cross_val_score(classifier,X,y,scoring = 'f1_
weighted',cv = 3)
print("F1 score: " + str(round(100 * f1.mean(), 2)) + "%")
```

现在分类器已经准备好了，下面介绍如何获取随机输入数据并预测输出。先定义一个这样的数据：

```
#预测测试数据点的输出
input_data = ['37', 'Private', '215646', 'HS - grad', '9', 'Never - married',
'Handlers - cleaners', 'Not - in - family', 'White', 'Male', '0', '0', '40',
'United - States']
```

在执行预测之前，需要使用之前创建的标签编码器对数据点进行编码：

```
#编码测试数据
input_data_encoded = [ -1] * len(input_data)
count = 0
for i, item in enumerate(input_data):
    if item.isdigit():
        input_data_encoded[i] = int(input_data[i])
    else:
        input_data_encoded[i] = int(label_encoder[count].
transform(input_data[i]))
        count + = 1

input_data_encoded = np.array(input_data_encoded)
```

现在准备使用分类器预测输出：

```
#在编码的数据点上运行分类器并打印输出
predicted_class = classifier.predict(input_data_encoded)
print(label_encoder[ -1].inverse_transform(predicted_class)[0])
```

运行代码，需要几秒来训练分类器。完成后，将输出以下结果：

```
F1 score: 66.82%
```

还将看到测试数据点的输出：

```
<=50K
```

如果检查该数据点中的值，将发现它与小于 50K 类中的数据点非常接近。也可以使用不同的内核并尝试参数的多种组合来更改分类器的性能（F1 分数、准确率或召回率）。

这部分的代码保存在 income_classifier. py 文件中。

5.10 　回归算法

回归是估计输入变量和输出变量之间关系的算法。需要注意的一点是，输出变量是连续值实数，因此，输出变量有无限多的可能性。这与分类算法相反，分类算法中输出的类的数量是固定的。这些类属于一组有限的可能性。

在回归算法中，假设输出变量依赖于输入变量，所以需要考虑它们是如何相关的。输入变量称为自变量，也称为预测值；输出变量称为因变量，也称为标准变量。输入变量不必相互独立。事实上，在很多情况下，输入变量之间存在相关性。

回归算法研究的是当改变一些输入变量而保持其他输入变量不变时，输出变量的值是如何变化的。在线性回归中，假设输入变量和输出变量之间的关系是线性的。这限制了建模过程，但速度很快且高效。

　　有时，线性回归不足以解释输入变量和输出变量之间的关系。因此，可以使用多项式回归，即使用多项式来解释输入变量和输出变量之间的关系。这在计算上更复杂，但精度更高。根据实际问题，使用不同形式的回归变量来提取关系。回归变量经常用于预测价格、经济、变化等。

5.11　构建单变量回归器

　　下面介绍如何构建单变量回归器。创建一个新的 Python 文件并导入以下包：

```
import pickle

import numpy as np
from sklearn import linear_model
import sklearn.metrics as sm
import matplotlib.pyplot as plt
```

将使用文件 data_singlevar_regr. txt 中的数据：

```
#包含数据的输入文件
input_file = 'data_singlevar_regr.txt'
```

这是一个用逗号分隔的文件，因此可以使用以下代码加载：

```
#读取数据
data = np.loadtxt(input_file, delimiter = ',')
X, y = data[:, :-1], data[:, -1]
```

将数据集分为训练数据和测试数据：

```
#训练数据和测试数据
num_training = int(0.8 * len(X))
num_test = len(X) - num_training

#训练数据
X_train,y_train = X[:num_training],y[:num_training]

#测试数据
X_test,y_test = X[num_training:],y[num_training:]
```

创建一个线性回归对象，并使用训练数据集对其进行训练：

```
#创建线性回归对象
regressor = linear_model.LinearRegression()
```

```
#使用训练数据集回归器训练模型
regressor.fit(X_train, y_train)
```

使用训练模型预测测试数据集的输出：

```
#预测输出
y_test_pred = regressor.predict(X_test)
```

绘制输出：

```
#绘制输出
plt.scatter(X_test, y_test, color = 'green')
plt.plot(X_test, y_test_pred, color = 'black', linewidth = 4)
plt.xticks(())
plt.yticks(())
plt.show()
```

比较实际输出和预测输出，计算回归器的性能指标：

```
#计算性能指标
print("Linear regressor performance:")
print("Mean absolute error = ", round(sm.mean_absolute_error(y_test, y_test_
pred), 2))
print("Mean squared error = ", round(sm.mean_squared_error(y_test, y_test_
pred), 2))
print("Median absolute error = ", round(sm.median_absolute_error(y_test, y_
test_pred), 2))
print("Explain variance score = ", round(sm.explained_variance_score(y_
test, y_test_pred), 2))
print("R2 score = ", round(sm.r2_score(y_test, y_test_pred), 2))
```

一旦创建了模型，可以将它保存到一个文件中，以便以后使用。Python 提供了 pickle 模块来保存模型：

```
#模型持久性
output_model_file = 'model.pkl '

#保存模型
with open(output_model_file, 'wb') as f:
    pickle.dump(regressor, f)
```

从模型保存文件中加载模型并执行预测：

```
#加载模型
with open(output_model_file, 'rb') as f:
    regressor_model = pickle.load(f)
```

```
#对测试数据进行预测
y_test_pred_new = regressor_model.predict(X_test)
print("\nNew mean absolute error =", round(sm.mean_absolute_error(y_test,
y_test_pred_new), 2))
```

运行代码，输出如图 5 – 10 所示。

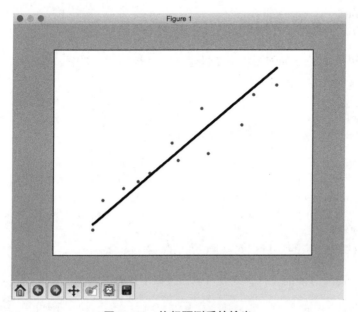

图 5 – 10 执行预测后的输出

还会看到以下输出：

```
Linear regressor performance:
Mean absolute error = 0.59
Mean squared error = 0.49
Median absolute error = 0.51
Explain variance score = 0.86
R2 score = 0.86
New mean absolute error = 0.59
```

平均绝对误差（Mean Absolute Error，MAE）是绝对误差的平均值：

$$|e_i| = |y_i - x_i|$$

式中　y_i——预测值；

　　　x_i——实际值。

均方误差（Mean Squared Error，MSE）是误差平方的平均值，即预测值和实际值之间的平均平方差。由于随机性，MSE 几乎总是严格正的（而不是 0）。均方误差是估计量质量的量度。它总是非负的，值越接近 0 越好。

解释变异衡量模型占数据集中变异的比例。通常，变异被量化为方差，也可以使用更具体的术语解释方差。其余的总变异是无法解释的或剩余的变异。

决定系数或 R2 分数用于分析如何用第二个变量的差异来解释一个变量的差异。例如，如果一个女人怀孕了，这与她们有一个孩子有很高的相关性。

这部分的代码保存在 regressor_singlevar. py 文件中。

5.12　构建多变量回归器

在 5.11 节中，讨论了如何为单个变量建立回归器。在本节中，将处理多维数据。创建一个新的 Python 文件并导入以下包：

```python
import numpy as np
from sklearn import linear_model
import sklearn.metrics as sm
from sklearn.preprocessing import PolynomialFeatures
```

使用 data_multivar_regr. txt 文件中的数据。

```python
#包含数据的输入文件
input_file = 'data_multivar_regr.txt'
```

这是一个用逗号分隔的文件，因此可以通过以下代码来加载：

```python
#从输入文件加载数据
data = np.loadtxt(input_file, delimiter = ',')
X, y = data[:, :-1], data[:, -1]
```

将数据分为训练数据和测试数据：

```python
#将数据分为训练数据和测试数据
num_training = int(0.8 * len(X))
num_test = len(X) - num_training

# 训练数据
X_train, y_train = X[:num_training], y[:num_training]

# 测试数据
X_test, y_test = X[num_training:], y[num_training:]
```

创建和训练线性回归器：

```python
#创建线性回归器
linear_regressor = linear_model.LinearRegression()
```

```
#使用线性回归器训练模型
linear_regressor.fit(X_train, y_train)
```

预测测试数据集的输出：

```
#预测输出
y_test_pred = linear_regressor.predict(X_test)
```

打印性能指标：

```
#衡量性能
print("Linear Regressor performance:")
print("Mean absolute error =", round(sm.mean_absolute_error(y_test,
y_test_pred), 2))
print("Mean squared error =", round(sm.mean_squared_error(y_test, y_
test_pred), 2))
print("Median absolute error =", round(sm.median_absolute_error(y_
test, y_test_pred), 2))
print("Explained variance score =", round(sm.explained_variance_
score(y_test, y_test_pred), 2))
print("R2 score =", round(sm.r2_score(y_test, y_test_pred), 2))
```

创建一个 10 次多项式回归。在训练数据集上训练回归模型。下面取一个样本数据点，看看如何进行预测。首先将其转换为多项式：

```
#多项式回归
polynomial = PolynomialFeatures(degree =10)
X_train_transformed = polynomial.fit_transform(X_train)
datapoint = [[7.75, 6.35, 5.56]]
poly_datapoint = polynomial.fit_transform(datapoint)
```

如果仔细观察，会发现这个数据点非常接近数据文件中第 11 行的数据点，即 [7.66，6.29，5.66]。所以，一个好的回归器应该预测一个接近 41.35 的输出。创建一个线性回归对象并执行多项式拟合。使用线性回归和多项式回归进行预测，以查看两者输出的差异：

```
poly_linear_model = linear_model.LinearRegression()
poly_linear_model.fit(X_train_transformed, y_train)
print("\nLinear regression:\n", linear_regressor.predict(datapoint))
print("\nPolynomial regression:\n", poly_linear_model.predict(poly_
datapoint))
```

运行代码，输出如下所示：

```
Linear Regressor performance:
Mean absolute error = 3.58
Mean squared error = 20.31
Median absolute error = 2.99
Explained variance score = 0.86
R2 score = 0.86
```

还将输出以下内容：

```
Linear regression:
 [ 36.05286276]
Polynomial regression:
 [ 41.46961676]
```

从以上输出可以看到，线性回归预测输出是 36.05；多项式回归的预测输出更接近 41.35，所以多项式回归模型能够做出更好的预测。

这部分代码保存在 regressor_multivar. py 文件中。

5.13　用支持向量回归模型估计房价

本节将介绍如何使用支持向量机建立一个回归模型来估计房价。使用 sklearn 中可用的数据集，其中每个数据点由 13 个属性定义。

下面根据这些属性估计房价。创建一个新的 Python 文件并导入以下包：

```
import numpy as np
from sklearn import datasets
from sklearn.svm import SVR
from sklearn.metrics import mean_squared_error, explained_variance_score
from sklearn.utils import shuffle
```

加载房屋数据集：

```
#加载房屋数据集
data = datasets.load_boston()
```

重新整理数据，这样就不会对分析产生偏见：

```
#打乱数据
X, y = shuffle(data.data, data.target, random_state =7)
```

以 80/20 的格式将数据集分为训练数据和测试数据：

```
#将数据分为训练数据和测试数据
num_training = int(0.8 * len(X))
X_train, y_train = X[:num_training], y[:num_training]
X_test, y_test = X[num_training:], y[num_training:]
```

使用线性核创建和训练支持向量回归模型。参数 C 表示训练错误的惩罚。如果增加参数 C 的值，模型将对其进行更多的微调，以适应训练数据。但这可能会导致过度拟合，并使其失去一般性。参数 epsilon 表示指定的阈值；如果预测值与实际值的距离在此范围内，则不会对训练误差造成损失。

```
#创建支持向量回归模型
sv_regressor = SVR(kernel = 'linear', C = 1.0, epsilon = 0.1)

#训练支持向量回归器
sv_regressor.fit(X_train, y_train)
```

评估支持向量回归器的性能并打印指标：

```
#评估支持向量回归器的性能
y_test_pred = sv_regressor.predict(X_test)
mse = mean_squared_error(y_test, y_test_pred)
evs = explained_variance_score(y_test, y_test_pred)
print("\n#### Performance ####")
print("Mean squared error =", round(mse, 2))
print("Explained variance score =", round(evs, 2))
```

取一个测试数据点并进行预测：

```
#用测试数据点测试支持向量回归器
test_data = [3.7, 0, 18.4, 1, 0.87, 5.95, 91, 2.5052, 26, 666, 20.2,
351.34, 15.27]
print("\nPredicted price:", sv_regressor.predict([test_data])[0])
```

运行代码，输出如下所示：

```
#### Performance ####
Mean squared error = 15.41
Explained variance score = 0.82
Predicted price: 18.5217801073
```

这部分代码在 house_prices.py 文件中给出，观察文件的第一行，查看 18.52 的预测值与实际目标变量有多接近。

5.14　本章小结

在本章中，学习了监督学习和无监督学习的区别，讨论了数据分类问题及其解决方法。了解了如何使用各种方法对数据进行预处理，还学习了标签编码以及如何构建标签编码器。讨论了逻辑回归并建立了逻辑回归分类器。理解了什么是朴素贝叶斯分类器，并学会了如何构建该分类器，学习了如何构建混淆矩阵。讨论并构建了支持向量机分类器，还学习了回归算法，了解了如何对单变量和多变量数据使用线性和多项式回归。最后，使用支持向量回归器根据输入属性来估计房价。

在下一章中，将学习预测分析以及如何使用集成学习构建预测引擎。

第 6 章

用集成学习做预测分析

在本章中，将学习集成学习以及如何将其用于预测分析。

本章涵盖以下主题：

- 决策树概述
- 集成学习概述
- 随机森林和极限随机森林概述
- 处理类别不平衡
- 利用网格搜索寻找最优训练参数
- 计算相对特征重要性
- 使用极限随机森林回归器预测流量

让我们从决策树开始。首先，它们是什么？

6.1　决策树概述

决策树是一种将数据集划分为不同分支，然后通过遍历分支或分区做出简单决定的方法。决策树是通过训练算法产生的，这些算法识别如何以最佳方式分割数据。

决策过程从树的根节点开始，树中的每个节点都是一个决策规则。算法基于输入数据和训练数据中的目标标签之间的关系来构建这些决策规则。输入数据中的值用来估计输出的值。

现在已经理解了决策树的基本概念，接下来要介绍决策树是如何自动构建的。构建决策树需要能够基于数据构建最优树的算法。为了理解它，就要理解熵的概念。在本书中，熵是指信息熵，而不是热力学熵。信息熵基本上是不确定性的度量。决策树的主要目标之一是减少不确定性，因为决策过程是从根节点向叶节点移动的。当遇到未知的数据点时，输出是完全不确定的。当到达叶节点时，输出是确定的。这意味着决策树需要以减少每一级的不确定性的方式构建，也就是当沿着树向下前进时，需要减少熵。

读者可以在 https://prateekvjoshi.com/2016/03/22/how－are－decision－trees－constructedin－machine－learning 了解更多信息。

下面介绍如何在 Python 中使用决策树构建一个分类器。创建一个新的 Python 文件并导入以下包：

```
import numpy as np
import matplotlib.pyplot as plt
from sklearn.metrics import classification_report
from sklearn.model_selection import train_test_split
from sklearn.tree import DecisionTreeClassifier

from utilities import visualize_classifier
```

使用 data_decision_trees. txt 文件中的数据。在该文件中，每行包含用逗号分隔的值。其中，前两个值对应输入数据；最后一个值对应目标标签。下面从该文件中加载数据：

```
#加载输入数据
input_file = 'data_decision_trees.txt'
data = np.loadtxt(input_file, delimiter = ',')
X, y = data[:, :-1], data[:, -1]
```

根据目标标签将输入数据分成两个独立的类：

```
#根据目标标签将输入数据分成两个独立的类
class_0 = np.array(X[y == 0])
class_1 = np.array(X[y == 1])
```

使用散点图然后可视化输入数据：

```
#可视化输入数据
plt.figure()
plt.scatter(class_0[:,0],class_0[:,1],s =75,facecolors = 'black ',
        edgecolors = 'black ',linewidth =1,marker = 'x ')
plt.scatter(class_1[:,0],class_1[:,1],s =75,facecolors = 'white ',
        edgecolors = 'black ',linewidth =1,marker = 'o ')
plt.title('Input data')
```

将输入数据分为训练数据集和测试数据集：

```
#将输入数据分为训练数据集和测试数据集
X_train, X_test, y_train, y_test = train_test_split.train_test_split(
        X, y, test_size =0.25, random_state =5)
```

基于训练数据集构建和可视化决策树分类器。其中，参数 random_state 是指初始化决策树分类算法所需的随机数生成器使用的种子；参数 max_depth 是指要构建的决策树的最大深度。

```
#决策树分类器
params = {'random_state': 0, 'max_depth': 4}
classifier = DecisionTreeClassifier( * *params)
```

```
classifier.fit(X_train, y_train)
visualize_classifier(classifier, X_train, y_train, 'Training dataset')
```

计算测试数据集上分类器的输出，并将其可视化：

```
y_test_pred = classifier.predict(X_test)
visualize_classifier(classifier, X_test, y_test, 'Test dataset')
```

通过打印分类报告评估分类器的性能：

```
#评估分类器性能
class_names = ['Class-0', 'Class-1']
print("\n" + "#"*40)
print("\nClassifier performance on training dataset\n")
print(classification_report(y_train, classifier.predict(X_train),
target_names=class_names))
print("#"*40 + "\n")

print("#"*40)
print("\nClassifier performance on test dataset\n")
print(classification_report(y_test, y_test_pred, target_names=class_
names))
print("#"*40 + "\n")

plt.show()
```

完整的代码在 decision_trees. py 文件中给出。如果运行代码，会显示一些数字。输入数据的可视化如图 6-1 所示。

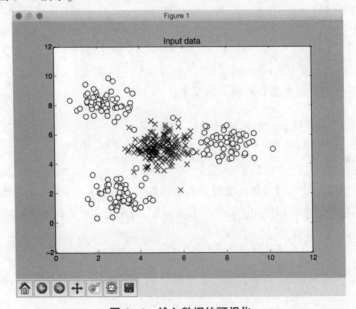

图 6-1　输入数据的可视化

测试数据集中的分类器边界如图 6 - 2 所示。

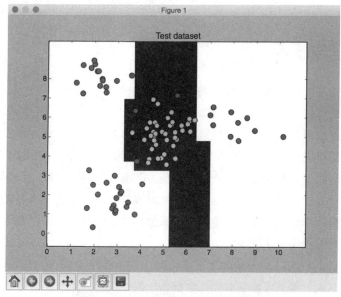

图 6 - 2　测试数据集中的分类器边界

训练数据集中的分类器性能如图 6 - 3 所示。

```
##########################################
Classifier performance on training dataset

            precision    recall  f1-score   support

   Class-0       0.99      1.00      1.00       137
   Class-1       1.00      0.99      1.00       133

avg / total       1.00      1.00      1.00       270

##########################################

##########################################
Classifier performance on test dataset

            precision    recall  f1-score   support

   Class-0       0.93      1.00      0.97        43
   Class-1       1.00      0.94      0.97        47

avg / total       0.97      0.97      0.97        90

##########################################
```

图 6 - 3　训练数据集中的分类器性能

分类器的性能由精度（precision）、召回率（recall）和 F1 分数（f1 - score）来表征。精度是指分类器的准确性；召回率是指检索到的项目数量占应该检索的项目总数的百分比。一个好的分类器会有高精度和高召回率，但两者之间通常会有一个权衡。因此，用 F1 分数来表示这一点。F1 分数是精度和召回率的调和平均值，这使其在精度和召回率值之间取得了良好的平衡。

决策树是使用单个模型进行预测的一个例子。通过组合和汇总多个模型的结果，有时可以创建更强的模型和更好的预测。一种方法是使用集成学习，这将在下一节中讨论。

6.2　集成学习概述

集成学习包括建立多个模型，然后将它们组合在一起，从而产生比单个模型更好的结果。这些单个模型可以是分类器、回归器或其他模型。

集成学习广泛应用于多个领域，包括数据分类、预测建模和异常检测。

为了理解使用集成学习的目的，可以以一个真实的例子为例。如果用户想买一台新电视，但不知道最新的型号是什么。用户目标是让自己手里的钱得到最大的价值，但又没有足够的。为了做出明智的决定，你可能会得到该领域多位专家的意见。这将帮助你做出最好的决定。通常，你最好结合多位专家的建议，而不是某位专家的一个观点来决定。这样做可以最大限度地降低做出错误或次优决定的可能性。

在选择模型时，常用的方法是选择训练数据中误差最小的模型，但这种方法的问题在于，它并不总是有效。模型可能会对训练数据产生偏差或过度拟合。即使使用交叉验证训练模型，也可能在未知数据上表现不佳。

使用集成学习构建的模型有效的原因是，它们降低了做出较差模型选择的总体风险。这使模型能够以不同的方式进行训练，然后在未知数据上表现良好。当使用集成学习构建模型时，单个模型需要表现出一定的多样性，以捕捉数据中的各种细微差别。因此，整个模型将变得更加精确。

多样性是通过对每个模型使用不同的训练参数来实现的，这可以使每个模型生成不同的决策边界用于训练数据。也就是说，每个模型将使用不同的规则来推断，这是一种验证结果的强大方式。如果模型之间存在一致性，多样性将增加预测的可信度。

集成学习的一种特殊类型是将决策树组合成一个集成。这些模型通常称为随机森林和极限随机森林，将在下一节中进行描述。

6.3　随机森林和极限随机森林概述

随机森林是集成学习的一个实例，其中使用决策树构建单个模型，然后用决策树的集合用来预测输出值。本节使用训练数据的随机子集来构建每个决策树。

这将确保不同决策树之间的多样性。在 6.2 节中，讨论了在构建好的集成学习模型时，最重要的属性之一是确保每个模型之间的多样性。

随机森林的优点之一是不会产生过度拟合。过拟合是机器学习中经常遇到的问题。非参数模型和非线性模型在学习目标函数时更容易出现过拟合。所以使用各种随机子集构建不同的决策树集合，以确保模型不会过度训练数据。在模型构建过程中决策树中的节点被连续分割，并选择最佳阈值来降低每一层的熵。这种分割不考虑输入数据集中的所有特征。相反，它会在所考虑的特征的随机子集中选择最佳分割。增加这种随机性往往会增加随机森林的偏差，但方差会因为平均而减少。因此，最终得到了一个健壮的模型。

极限随机森林将随机性提升到了一个新的高度。除了选取特征的随机子集外，阈值也是随机选择的。选择这些随机生成的阈值作为分割规则，从而进一步减少了模型的方差。因此，使用极限随机森林获得的决策边界往往比使用随机森林获得的决策边界更平滑。极限随机森林算法的一些实现也支持更好的并行化，并且可以更好地扩展。

6.3.1　构建随机森林和极限随机森林分类器

下面介绍如何基于随机森林和极限随机森林构建分类器。构造这两个分类器的方式非常相似，因此输入标志用于指定需要构建哪个分类器。

创建一个新的 Python 文件并导入以下包：

```
import argparse

import numpy as np
import matplotlib.pyplot as plt
from sklearn.metrics import classification_report
from sklearn.model_selection import train_test_split
from sklearn.ensemble import RandomForestClassifier,
ExtraTreesClassifier
from sklearn.metrics import classification_report

from utilities import visualize_classifier
```

为 Python 定义一个参数解析器，这样就可以将分类器类型作为输入参数。根据这个参数，可以构建一个随机森林分类器或极限随机森林分类器：

```
#参数解析器
def build_arg_parser():
    parser = argparse.ArgumentParser(description = 'Classify data using \
            Ensemble Learning techniques')
    parser.add_argument('--classifier-type', dest = 'classifier_type',
            required = True, choices = ['rf', 'erf'], help = "Type of
classifier \to use; can be either 'rf' or 'erf'")
    return parser
```

定义 main 函数并解析输入参数：

```
if __name__ == '__main__':
    #解析输入参数
    args = build_arg_parser().parse_args()
    classifier_type = args.classifier_type
```

模型使用 data_random_forests. txt 文件中的数据。该文件中的每一行都包含用逗号分隔的值。其中，前两个值对应输入数据；最后一个值对应目标标签。在这个数据集中有三个不同的类。下面从该文件中加载数据：

```
#加载输入数据
input_file = 'data_random_forests.txt'
data = np.loadtxt(input_file, delimiter = ',')
X, y = data[:, :-1], data[:, -1]
```

将输入数据分为三类：

```
#根据目标标签将输入数据分为三类
class_0 = np.array(X[y = =0])
class_1 = np.array(X[y = =1])
class_2 = np.array(X[y = =2])
```

然后可视化输入数据：

```
#可视化输入数据
plt.figure()
plt.scatter(class_0[:, 0], class_0[:, 1], s =75, facecolors = 'white',
            edgecolors = 'black', linewidth =1, marker = 's')
plt.scatter(class_1[:, 0], class_1[:, 1], s =75, facecolors = 'white',
            edgecolors = 'black', linewidth =1, marker = 'o')
plt.scatter(class_2[:, 0], class_2[:, 1], s =75, facecolors = 'white',
            edgecolors = 'black', linewidth =1, marker = '^')
plt.title('Input data')
```

将输入数据分为训练数据集和测试数据集：

```
#将输入数据分为训练数据集和测试数据集
X_train, X_test, y_train, y_test = train_test_split.train_test_split(
        X, y, test_size =0.25, random_state =5)
```

下面定义构建分类器时要使用的参数。其中，参数 n_estimators 是指将要构建的决策树的数量；参数 max_depth 是指每个决策树中的最大级别数；参数 random_state 是指初始化随机森林分类器算法所需的随机数生成器的种子值。

```
#集成学习分类器
params = {'n_estimators':100, 'max_depth': 4, 'random_state': 0}
```

根据输入参数，构建随机森林分类器或极限随机森林分类器：

```
if classifier_type = = 'rf':
    classifier = RandomForestClassifier( **params)
```

```
else:
    classifier = ExtraTreesClassifier(**params)
```

训练和可视化分类器：

```
classifier.fit(X_train, y_train)
visualize_classifier(classifier, X_train, y_train, 'Training dataset')
```

基于测试数据集计算输出并可视化：

```
y_test_pred = classifier.predict(X_test)
visualize_classifier(classifier, X_test, y_test, 'Test dataset')
```

通过打印分类报告评估分类器的性能：

```
#评估分类器性能
class_names = ['Class-0', 'Class-1', 'Class-2']
print("\n" + "#"*40)
print("\nClassifier performance on training dataset\n")
print(classification_report(y_train, classifier.predict(X_train),
target_names=class_names))
print("#"*40 + "\n")

print("#"*40)
print("\nClassifier performance on test dataset\n")
print(classification_report(y_test, y_test_pred, target_
names=class_names))
print("#"*40 + "\n")
```

完整的代码在 random_forests. py 文件中给出。下面使用输入参数中的 rf 标志运行带有随机森林分类器的代码。运行以下命令：

> **$ python3 random_forests.py --classifier-type rf**

输入数据的可视化如图 6-4 所示。

在图 6-4 中，这三类输入数据分别用正方形、圆形和三角形表示，可以看到这三类数据之间有很多重叠，但目前应该没问题。

测试数据集中的随机森林分类器边界如图 6-5 所示。

现在，使用输入参数中的 erf 标志运行带有极限随机森林分类器的代码。运行以下命令：

> **$ python3 random_forests.py --classifier-type erf**

会有一些数字弹出，即输入数据。测试数据集中的极限随机森林分类器边界如图 6-6 所示。

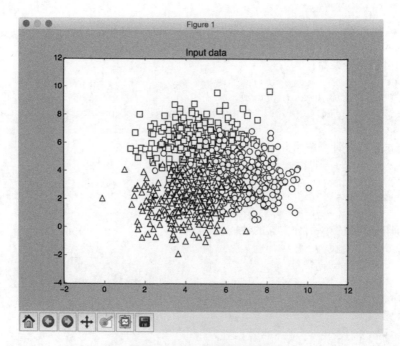

图 6−4   输入数据的可视化

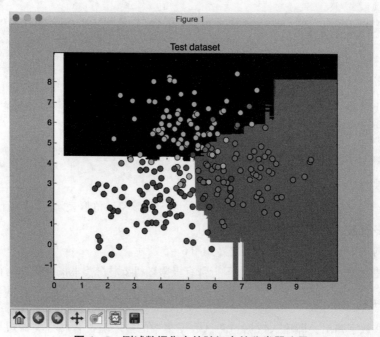

图 6−5   测试数据集中的随机森林分类器边界

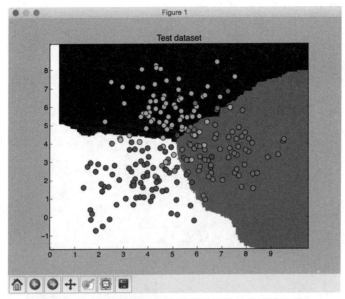

图 6 – 6　测试数据集中的极限随机森林分类器边界

如果将图 6 – 6 与图 6 – 5 中获得的边界进行比较，将会发现图 6 – 6 中的边界更加平滑。因为在训练过程中，极限随机森林有更多的自由来产生好的决策树，因此它通常会产生更好的边界。

6.3.2　估计预测的置信度

如果要分析输出，将为每个数据点打印概率。这些概率用于测量每个类别输入数据的置信度值。估计置信度值是机器学习中的一项重要任务。在同一个 Python 文件中，添加以下代码行来定义测试数据点的数组：

```
#计算置信度
test_datapoints = np.array([[5,5],[3,6],[6,4],[7,2],[4,4],[5,2]])
```

分类器对象有一个计算置信度的内置方法。下面对每个数据点进行分类，并计算置信度值。

```
print("\nConfidence measure:")
for datapoint in test_datapoints:
    probabilities = classifier.predict_proba([datapoint])[0]
    predicted_class = 'Class -' + str(np.argmax(probabilities))
    print('\nDatapoint:', datapoint)
    print('Predicted class:', predicted_class)
```

基于分类器边界可视化测试数据点：

```
#可视化数据点
visualize_classifier(classifier, test_datapoints, [0]*len(test_datapoints),
       'Test datapoints')
plt.show()
```

如果运行带有 erf 标志的代码，将获得图 6 - 7 所示的输出。

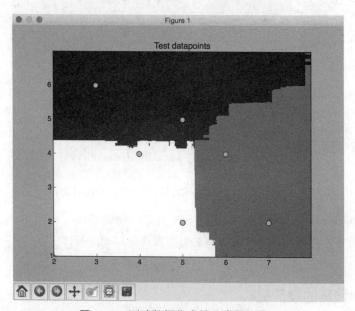

图 6 - 7　测试数据集中的分类器边界 1

如果没有 erf 标志，将产生图 6 - 8 所示的输出。

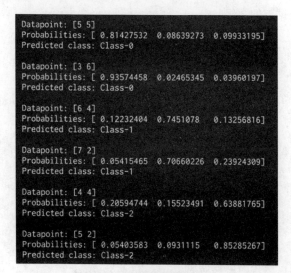

图 6 - 8　数据集概率输出 1

计算每个数据点属于三类输入数据的概率，选择最有置信度的一个，然后运行带有 erf 标志的代码，将获得图 6 – 9 所示的输出。

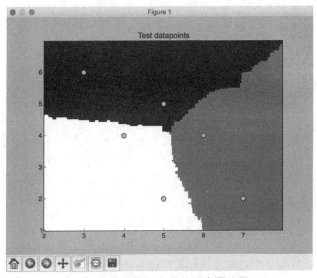

图 6 – 9 测试数据集中的分类器边界 2

如果没有 erf 标志，应该会产生图 6 – 10 所示的输出。

```
Datapoint: [5 5]
Probabilities: [ 0.48904419  0.28020114  0.23075467]
Predicted class: Class-0

Datapoint: [3 6]
Probabilities: [ 0.66707383  0.12424406  0.20868211]
Predicted class: Class-0

Datapoint: [6 4]
Probabilities: [ 0.25788769  0.49535144  0.24676087]
Predicted class: Class-1

Datapoint: [7 2]
Probabilities: [ 0.10794013  0.6246677  0.26739217]
Predicted class: Class-1

Datapoint: [4 4]
Probabilities: [ 0.33383778  0.21495182  0.45121039]
Predicted class: Class-2

Datapoint: [5 2]
Probabilities: [ 0.18671115  0.28760896  0.52567989]
Predicted class: Class-2
```

图 6 – 10 数据集概率输出 2

从图 6 – 10 中可以观察到，输出与之前的结果一致。

6.4 处理类别不平衡

分类器最终只能与用于训练的数据一样好。现实世界中面临的一个常见问题是数据质量问题。为了让一个分类器表现良好，它需要为每个类找到相同数量的数据点。但是，在现实世界中收集数据时，并不总是能够确保每个类都有完全相同数量的数据点。如果一个类的数据点数量是另一个类的 10 倍，那么分类器倾向于偏向数据点数量更多的类。因此，需要确保从算法上考虑这种不平衡。下面具体说明算法的实现。

创建一个新的 Python 文件并导入以下包：

```
import sys

import numpy as np
import matplotlib.pyplot as plt
from sklearn.ensemble import ExtraTreesClassifier
from sklearn.model_selection import train_test_split
from sklearn.metrics import classification_report

from utilities import visualize_classifier
```

算法中将使用 data_imbalance. txt 文件中的数据进行分析。

该文件中的每一行都包含用逗号分隔的值。其中，前两个值对应输入数据；最后一个值对应目标标签。这个数据集中有两个类。运行以下代码从该文件加载数据：

```
#加载输入数据
input_file = 'data_imbalance.txt'
data = np.loadtxt(input_file, delimiter = ',')
X, y = data[:, :-1], data[:, -1]
```

将输入数据分为两类：

```
#根据目标标签将输入数据分为两类
class_0 = np.array(X[y ==0])
class_1 = np.array(X[y ==1])
```

使用散点图可视化输入数据：

```
#可视化输入数据
plt.figure()
plt.scatter(class_0[:, 0], class_0[:, 1], s =75, facecolors = 'black',
                edgecolors = 'black', linewidth =1, marker = 'x')
plt.scatter(class_1[:, 0], class_1[:, 1], s =75, facecolors = 'white',
                edgecolors = 'black', linewidth =1, marker = 'o')
plt.title('Input data')
```

将数据分为训练数据集和测试数据集：

```
#将数据分为训练数据集和测试数据集
X_train, X_test, y_train, y_test = train_test_split.train_test_split(
        X, y, test_size =0.25, random_state =5)
```

为极限随机森林分类器定义参数。请注意，输入参数 balance 用于控制是否在算法中考虑类不平衡。如果考虑类不平衡，还需要添加参数class_weight，用于通知分类器应该平衡权重。与每个类中的数据点数量成正比：

```
#极限随机森林分类器
params = {'n_estimators': 100, 'max_depth': 4, 'random_state': 0}
if len(sys.argv) > 1:
    if sys.argv[1] = = 'balance':
        params = {'n_estimators': 100, 'max_depth': 4, 'random_state':
0, 'class_weight': 'balanced'}
    else:
        raise TypeError("Invalid input argument; should be 'balance''')
```

使用训练数据集构建、训练和可视化分类器：

```
classifier = ExtraTreesClassifier(**params)
classifier.fit(X_train, y_train)
visualize_classifier(classifier, X_train, y_train, 'Training dataset')
```

预测测试数据集的输出并可视化输出：

```
y_test_pred = classifier.predict(X_test)
visualize_classifier(classifier, X_test, y_test, 'Test dataset')
```

计算分类器的性能并打印分类报告：

```
#评估分类器性能
class_names = ['Class-0', 'Class-1']
print("\n" + "#"*40)
print("\nClassifier performance on training dataset \n")
print(classification_report(y_train, classifier.predict(X_train),
target_names = class_names))
print("#"*40 + "\n")

print("#"*40)
print("\nClassifier performance on test dataset \n")
print(classification_report(y_test, y_test_pred, target_names = class_
names))
print("#"*40 + "\n")

plt.show()
```

完整的代码在 class_imbalance.py 文件中给出。

图 6 – 11 显示了输入数据。

图 6 – 12 显示了测试数据集中的分类器边界。图 6 – 12 表明边界无法捕捉两个类之间的实际边界。顶部附近的黑色斑块代表边界。

输出如图 6 – 13 所示。

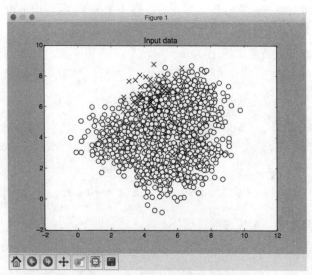

图 6 − 11　输入数据的可视化

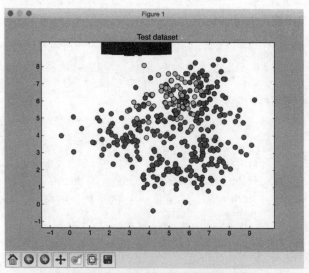

图 6 − 12　测试数据集中的分类器边界

```
#######################################
Classifier performance on test dataset
           precision    recall    f1-score    support

   Class-0      0.00       0.00       0.00         69
   Class-1      0.82       1.00       0.90        306

avg / total     0.67       0.82       0.73        375

#######################################
```

图 6 − 13　测试数据集的分类器性能

程序会显示一个警告,因为第一行中的值为 0,这将导致在计算 F1 分数时会出现被零除的错误(零除错误或异常)。使用忽略标志运行代码,这样就不会显示被零除的警告:

```
$ python3 --W ignore class_imbalance.py
```

现在,如果想要解释类不平衡,可以使用 balance 标志运行代码:

```
$ python3 class_imbalance.py balance
```

输出如图 6 – 14 所示。

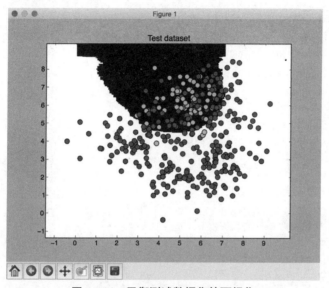

图 6 – 14 平衡测试数据集的可视化

测试数据集上的分类器性能如图 6 – 15 所示。

```
########################################
Classifier performance on test dataset
             precision   recall  f1-score   support

    Class-0       0.45     0.94      0.61        69
    Class-1       0.98     0.74      0.84       306

avg / total       0.88     0.78      0.80       375

########################################
```

图 6 – 15 测试数据集上的分类器性能

考虑到类别不平衡,可以对 Class – 0 中的数据点分类,整个精度非零。

6.5 利用网格搜索寻找最优训练参数

使用分类器时,并不总是能够知道使用什么样的最佳参数。通过手动检查所有可能的组合是没有效率的。网格搜索可以指定一个值的范围,分类器将自动运行各种配置来找出最佳的参数组合。下面介绍如何使用网格搜索寻找最优训练参数。

创建一个新的 Python 文件并导入以下包：

```
import numpy as np
import matplotlib.pyplot as plt
from sklearn.metrics import classification_report
from sklearn import grid_search
from sklearn.ensemble import ExtraTreesClassifier
from sklearn.model_selection import train_test_split
from sklearn.metrics import classification_report

from utilities import visualize_classifier
```

使用 data_random_forests. txt 文件中的可用数据进行分析：

```
#加载输入数据
input_file = 'data_random_forests.txt'
data = np.loadtxt(input_file, delimiter = ',')
X, y = data[:, : -1], data[:, -1]
```

将输入数据分为三类：

```
#根据目标标签将输入数据分为三类
class_0 = np.array(X[y = =0])
class_1 = np.array(X[y = =1])
class_2 = np.array(X[y = =2])
```

将数据集分为训练数据集和测试数据集：

```
#将数据集分为训练数据集和测试数据集
X_train, X_test, y_train, y_test = train_test_split.train_test_split(
        X, y, test_size =0.25, random_state =5)
```

为要测试的分类器指定参数网格。通常一个参数保持不变，另一个参数是变化的，然后算出最佳组合。在这种情况下，找到 n_estimators 和 max_depth 的最佳值。下面指定参数网格：

```
#定义参数网格
parameter_grid = [{'n_estimators': [100], 'max_depth':[2, 4, 7, 12,
16]},{'max_depth': [4], 'n_estimators': [25, 50, 100, 250]}]
```

定义分类器用来找到最佳参数组合的指标：

```
metrics = ['precision_weighted', 'recall_weighted']
```

对于每个度量，都需要运行网格搜索。下面为参数组合训练分类器：

```
for metric in metrics:
    print("\n##### Searching optimal parameters for", metric)

    classifier = grid_search.GridSearchCV(
            ExtraTreesClassifier(random_state = 0),
            parameter_grid, cv = 5, scoring = metric)
    classifier.fit(X_train, y_train)
```

打印每个参数组合的分数：

```
print("\nGrid scores for the parameter grid:")
for params, avg_score, _ in classifier.grid_scores_:
    print(params, ' --> ', round(avg_score, 3))

print("\nBest parameters:", classifier.best_params_)
```

打印结果报告：

```
y_pred = classifier.predict(X_test)
print("\nPerformance report:\n")
print(classification_report(y_test, y_pred))
```

完整的代码在 run_grid_search. py 文件中给出。运行代码，将产生具有精度度量的输出，如图 6 – 16 所示。

图 6 – 16　最佳参数搜索输出 1

基于网格搜索中的参数组合，将打印出精度度量的最佳参数组合。为了找到召回率的最佳组合，可以检查图 6 – 17 所示的输出。

```
##### Searching optimal parameters for recall_weighted
Grid scores for the parameter grid:
{'n_estimators': 100, 'max_depth': 2} --> 0.84
{'n_estimators': 100, 'max_depth': 4} --> 0.837
{'n_estimators': 100, 'max_depth': 7} --> 0.841
{'n_estimators': 100, 'max_depth': 12} --> 0.834
{'n_estimators': 100, 'max_depth': 16} --> 0.816
{'n_estimators': 25, 'max_depth': 4} --> 0.843
{'n_estimators': 50, 'max_depth': 4} --> 0.836
{'n_estimators': 100, 'max_depth': 4} --> 0.837
{'n_estimators': 250, 'max_depth': 4} --> 0.841

Best parameters: {'n_estimators': 25, 'max_depth': 4}

Performance report:

             precision    recall   f1-score   support

      0.0        0.93       0.84      0.88        79
      1.0        0.85       0.86      0.85        70
      2.0        0.84       0.92      0.88        76

avg / total      0.87       0.87      0.87       225
```

图 6 – 17   最佳参数搜索输出 2

这是召回率的不同组合，很有意义，因为精度和召回率是不同的指标，需要不同的参数组合。

6.6   计算相对特征重要性

当使用包含 N 维数据点的数据集时，必须理解并非所有特征都同等重要。有些人比其他人更有歧视性。因此可以根据特征重要性对数据进行降维，以降低算法的复杂性并提高速度。因为有些特征完全是多余的，所以可以很容易地将它们从数据集中删除。

本节将使用 AdaBoost(Adaptive Boosting) 回归器来计算特征重要性。AdaBoost 是一种经常与其他机器学习算法结合使用以提高其性能的算法。在 AdaBoost 中，训练数据点是从一个分布中抽取出来的，用来训练当前的分类器。这个分布是迭代更新的，这样后续的分类器就可以集中在更难的数据点上，即被错误分类的数据点。这是通过在每个步骤中更新分布来完成的，将使之前被错误分类的数据点更有可能出现在下一个用于训练的样本数据集中。然后，这些分类器被级联，并通过加权多数投票做出决定。

创建一个新的 Python 文件并导入以下包：

```python
import numpy as np
import matplotlib.pyplot as plt
from sklearn.tree import DecisionTreeRegressor
from sklearn.ensemble import AdaBoostRegressor
from sklearn import datasets
from sklearn.metrics import mean_squared_error, explained_variance_score
```

```
from sklearn.model_selection import train_test_split
from sklearn.utils import shuffle

from utilities import visualize_feature_importances
```

使用 scikit – learn 中提供的内置房屋数据集：

```
#加载房屋数据集
housing_data = datasets.load_boston()
```

打乱数据，这样就不会对分析产生偏差：

```
#打乱数据
X, y = shuffle(housing_data.data, housing_data.target, random_state = 7)
```

将数据集分为训练数据集和测试数据集：

```
#将数据集分为训练数据集和测试数据集
X_train, X_test, y_train, y_test = train_test_split.train_test_split(
        X, y, test_size = 0.2, random_state = 7)
```

使用决策树回归器作为单个模型来定义和训练 AdaBoost 回归器：

```
# AdaBoost 回归器模型
regressor = AdaBoostRegressor(DecisionTreeRegressor(max_depth = 4),
        n_estimators = 400, random_state = 7)
regressor.fit(X_train, y_train)
```

评估回归器的性能：

```
#评估 AdaBoost 回归器的性能
y_pred = regressor.predict(X_test)
mse = mean_squared_error(y_test, y_pred)
evs = explained_variance_score(y_test, y_pred )
print("\nADABOOST REGRESSOR")
print("Mean squared error = ", round(mse, 2))
print("Explained variance score = ", round(evs, 2))
```

这个回归器有一个内置的方法，可以调用它来计算相对特征重要性：

```
#提取特征重要性
feature_importances = regressor.feature_importances_
feature_names = housing_data.feature_names
```

规范化相对特征重要性的值：

```
#规范化相对特征重要性的值
feature_importances = 100.0 * (feature_importances /max(feature_
importances))
```

将特征重要性的值分类，以便绘制：

```
#对值进行排序并翻转
index_sorted = np.flipud(np.argsort(feature_importances))
```

在条形图的 X 轴上排列刻度：

```
#排列 X 轴的刻度
pos = np.arange(index_sorted.shape[0]) + 0.5
```

绘制条形图：

```
#绘制条形图
plt.figure()
plt.bar(pos, feature_importances[index_sorted], align = 'center')
plt.xticks(pos, feature_names[index_sorted])
plt.ylabel('Relative Importance')
plt.title('Feature importance using AdaBoost regressor')
plt.show()
```

完整的代码在 feature_importance. py 文件中给出。运行代码，则会显示图 6 – 18 所示的输出。

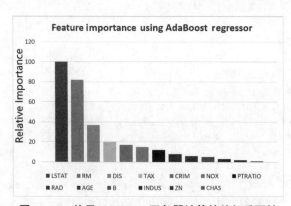

图 6 – 18　使用 AdaBoost 回归器计算的特征重要性

根据图 6 – 18 中的分析，LSTAT 特征是该数据集中最重要的特征。

6.7　使用极限随机森林回归器预测流量

本节将前面几节学到的概念应用到一个实际问题中。

将使用一个可用的数据集 https://archive. ics. uci. edu/ml/datasets/Dodgers + Loop + Sensor。该数据集包含在美国洛杉矶道奇斯体育场举行的棒球比赛期间，道路上经过的车辆数量的统计数据。为了使数据易于分析，需要对其进行预处理。预处理的数据在 traffic_data. txt 文件中，其中每一行都包含用逗号分隔的字符串。以第一行为例：

```
Tuesday,00:00,San Francisco,no,3
```

参考以上代码行，其格式如下：

一周中的某一天，一天中的某个时间，对手球队，指示棒球比赛当前是否正在进行的二进制值（是/否），经过的车辆数量。

目标是通过给定的信息来预测经过的车辆数量。由于输出变量是连续的，所以需要建立一个可以预测输出的回归器。下面使用极限随机森林来构建这个回归器。

创建一个新的 Python 文件并导入以下包：

```python
import numpy as np
import matplotlib.pyplot as plt
from sklearn.metrics import classification_report, mean_absolute_error
from sklearn.model_selection import train_test_split
from sklearn import preprocessing
from sklearn.ensemble import ExtraTreesRegressor
from sklearn.metrics import classification_report
```

从 traffic_data. txt 文件中加载数据：

```python
#加载输入数据
input_file = 'traffic_data.txt'
data = []
with open(input_file, 'r') as f:
    for line in f.readlines():
        items = line[:-1].split(',')
        data.append(items)

data = np.array(data)
```

数据中的非数字特征需要编码。不需要编码的数字特征也很重要。每个需要编码的特征都需要有一个单独的标签编码器，并且需要跟踪这些编码器，因为计算未知数据点的输出时需要这些编码器。下面创建这些标签编码器：

```python
#将字符串数据转换为数字数据
label_encoder = []
X_encoded = np.empty(data.shape)
for i, item in enumerate(data[0]):
    if item.isdigit():
        X_encoded[:, i] = data[:, i]
```

```
    else:
        label_encoder.append(preprocessing.LabelEncoder())
        X_encoded[:, i] = label_encoder[-1].fit_transform(data[:, i])

X = X_encoded[:, :-1].astype(int)
y = X_encoded[:, -1].astype(int)
```

将数据集分为训练数据集和测试数据集：

```
#将数据分为训练数据集和测试数据集
X_train, X_test, y_train, y_test = train_test_split.train_test_split(
        X, y, test_size=0.25, random_state=5)
```

训练一个极限随机森林回归器：

```
#极限随机森林回归器
params = {'n_estimators':100, 'max_depth':4, 'random_state':0}
regressor = ExtraTreesRegressor(**params)
regressor.fit(X_train, y_train)
```

根据测试数据集计算回归器的性能：

```
#根据测试数据集计算回归器的性能
y_pred = regressor.predict(X_test)
print("Mean absolute error:", round(mean_absolute_error(y_test,
y_pred), 2))
```

下面介绍如何计算未知数据点的输出。标签编码器用于将非数字特征转换为数值：

```
#在单个数据实例上测试代码
test_datapoint = ['Saturday', '10:20', 'Atlanta', 'no']
test_datapoint_encoded = [-1] * len(test_datapoint)
```

预测输出：

```
#预测测试数据点的输出
print("Predicted traffic:", int(regressor.predict([test_datapoint_
encoded])[0]))
```

完整的代码在 traffic_prediction. py 文件中给出。运行代码，会得到输出 6，这与实际值很接近，这也证实了模型正在做出不错的预测。可以在数据文件中确认这一点。

6.8   本章小结

在本章中，首先学习了集成学习及其在现实世界中的应用，讨论了决策树以及如何基于它构建分类器。然后，了解了随机森林和极限随机森林是通过集合多个决策树而创建的。讨论了如何基于它们构建分类器。学习了如何估计预测的置信度以及如何处理类别不平衡的问题。还讨论了如何使用网格搜索找到构建模型的最佳训练参数，学习了如何计算相对特征重要性。最后，将集成学习技术应用于一个实际问题——使用一个极限随机森林回归器来预测流量。

在下一章中，将讨论无监督学习以及如何检测股市数据中的模式。

第 7 章

用无监督学习检测模式

在本章中，将学习无监督学习及其在现实世界中的应用。

本章涵盖以下主题：

- 无监督学习概述
- 用 K‑Means 算法对数据进行聚类
- GMM（Gaussian Mixture Model）概述
- 用近邻传播模型查找股票市场数据中的子群
- 基于购物模式细分市场

7.1 无监督学习概述

无监督学习是指在不使用有标签的训练数据的情况下建立机器学习模型的过程。无监督学习可以应用于不同的研究领域，包括细分市场、股票市场、自然语言处理和计算机视觉等。

在前几章中，主要处理的是带有相关标签的数据。在给训练数据贴上标签后，算法会学习根据这些标签对数据进行分类。在现实世界中，标记数据可能并不总是可用的。

有时，大量的数据没有标记就存在，需要以某种方式进行分类。这是无监督学习的完美用例。无监督学习算法试图使用某种相似性度量将数据分类为给定数据集中的子群。

对于一个没有任何标签的数据集，可以假设数据是由以某种方式控制分布的潜在变量生成的。然后，学习过程可以从单个数据点开始，以分层的方式进行。可以建立更深层次的通过查找表示数据相似性的自然聚类，通过对数据进行分类和分割来获得信号和见解。下面具体介绍使用无监督学习对数据进行分类的方法。

7.2 用 K‑Means 算法对数据进行聚类

聚类是最流行的无监督学习技术之一。这种技术用于分析数据并在数据中找到聚类。为了找到这些聚类，可以使用相似性度量。例如，用欧几里得距离来找到子群。这种相似性度量可以估计集群的紧密度。聚类是将数据组织成子群的过程，子群的元素彼此相似。

算法的目标是识别使数据点属于同一子群的数据点的内在属性。没有通用的相似性适用于所有情况的指标。例如，我们可能对寻找每个子群的代表性数据点感兴趣，或者可能对寻找数据中的异常值感兴趣。根据具体情况，不同的指标可能比其他指标更合适。

K – Means 算法是一种众所周知的数据聚类算法。该算法根据预先假定的聚类的数量，使用各种数据属性将数据分割成 *K* 个子群。其中，聚类的数量是固定的，数据根据这个数量进行分类。这个算法的主要思想是在每次迭代中更新质心（又称平均值）的位置（聚类中心的位置），即多次迭代，直到把质心放在最佳位置。

质心的初始位置在算法中起着重要的作用。这些质心应该以巧妙的方式放置，因为这会直接影响结果。一个好的策略是将它们放置得尽可能远离对方。

基本的 K – Means 算法将这些质心随机放置，其中 K – Means ＋＋ 算法从数据点的输入列表中选择这些点，试图将初始质心放置得彼此远离，以便它们快速收敛，然后遍历训练数据集，并将每个数据点分配给最近的质心。

浏览了整个数据集后，第一次迭代就结束了。这些数据点已经根据初始化的质心进行了分组。基于在第一次迭代结束时获得的新聚类，质心的位置被重新计算。获得一组新的 K 质心后，重复该过程。遍历数据集，并将每个数据点分配给最近的质心。

随着这些步骤不断重复，质心会不断移动到它们的平衡位置。经过一定次数的迭代后，质心不再改变它们的位置。质心汇聚到最终位置。这些 K 质心是将用于推理的值。

下面使用 K – Means 算法对二维数据进行聚类。预处理的数据在 data_clustering. txt 文件中给出，每行都包含两个用逗号分隔的数字。

创建一个新的 Python 文件并导入以下包：

```
import numpy as np
import matplotlib.pyplot as plt
from sklearn.cluster import KMeans
from sklearn import metrics
```

从文件中加载输入数据：

```
#加载输入数据
X = np.loadtxt('data_clustering.txt', delimiter = ',')
```

在使用 K – Means 算法之前定义聚类的数量：

```
num_clusters = 5
```

将输入数据可视化，以查看分布情况：

```
#绘制输入数据
plt.figure()
plt.scatter(X[:,0], X[:,1], marker = 'o', facecolors = 'none',
        edgecolors = 'black', s =80)
x_min, x_max = X[:, 0].min() - 1, X[:, 0].max() + 1
y_min, y_max = X[:, 1].min() - 1, X[:, 1].max() + 1
plt.title('Input data')
```

```
plt.xlim(x_min, x_max)
plt.ylim(y_min, y_max)
plt.xticks(())
plt.yticks(())
```

可以看出，在这个数据中有五个组。使用初始化参数创建 KMeans 对象。参数 init 表示用于选择聚类的初始中心的方法。使用 K – Means + + 算法以最佳的方式选择这些中心，而不是随机选择。这确保了算法快速收敛。参数 n_clusters 表示聚类的数量。参数 n_init 表示算法在决定最佳结果之前应该运行的次数：

```
#创建 KMeans 对象
kmeans = KMeans(init = 'k - means + + ',n_clusters = num_clusters,n_init = 10)
```

用输入数据训练 K – Means 聚类模型：

```
#训练 K – Means 聚类模型
kmeans.fit(X)
```

为了可视化边界，需要创建一个点网格，并在所有这些点上评估模型。下面定义这个网格的步长：

```
#网格步长
step_size = 0.01
```

定义点网格，并确保覆盖输入数据中的所有值：

```
#定义点网格以绘制边界
x_min, x_max = X[:, 0].min() - 1, X[:, 0].max() + 1
y_min, y_max = X[:, 1].min() - 1, X[:, 1].max() + 1
x_vals, y_vals = np.meshgrid(np.arange(x_min, x_max, step_size),
        np.arange(y_min, y_max, step_size))
```

使用训练好的 K – Means 模型预测网格上所有点的输出标签：

```
#预测网格上所有点的输出标签
output = kmeans.predict(np.c_[x_vals.ravel(), y_vals.ravel()])
```

绘制所有输出值并为每个区域上色：

```
#绘制不同的区域并给它们上色
output = output.reshape(x_vals.shape)
plt.figure()
plt.clf()
plt.imshow(output, interpolation = 'nearest',
```

```
extent = (x_vals.min(), x_vals.max(),
    y_vals.min(), y_vals.max()),
cmap = plt.cm.Paired,
aspect = 'auto',
origin = 'lower')
```

将输入数据点覆盖在这些彩色区域的顶部：

```
#覆盖输入数据点
plt.scatter(X[:,0], X[:,1], marker = 'o', facecolors = 'none',
        edgecolors = 'black', s = 80)
```

绘制使用 K – Means 算法获得的聚类中心：

```
#绘制聚类的中心
cluster_centers = kmeans.cluster_centers_
plt.scatter(cluster_centers[:,0], cluster_centers[:,1],
        marker = 'o', s = 210, linewidths = 4, color = 'black',
        zorder = 12, facecolors = 'black')

x_min, x_max = X[:, 0].min() – 1, X[:, 0].max() + 1
y_min, y_max = X[:, 1].min() – 1, X[:, 1].max() + 1
plt.title('Boundaries of clusters')
plt.xlim(x_min, x_max)
plt.ylim(y_min, y_max)
plt.xticks(())
plt.yticks(())
plt.show()
```

完整的代码在 kmeans. py 文件中给出。运行代码，则显示两个截图。
输入数据如图 7 – 1 所示。

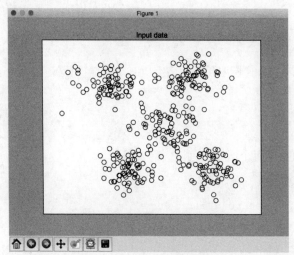

图 7 – 1   输入数据的可视化

使用 K – Means 算法获得的边界如图 7 – 2 所示。

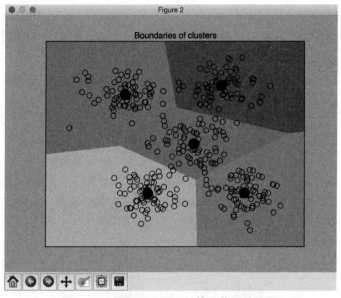

图 7 – 2　使用 K – Means 算法获得的边界

每个聚类中心的黑色圆圈代表该聚类的质心。

随着 K – Means 算法的涵盖，下面将转向另一种方法——Mean Shift 算法。

7.2.1　用 Mean Shift 算法估计聚类数

Mean Shift 是一种用于无监督学习的强大算法。这是一种常用于聚类的非参数算法。它是非参数的，因为它没有对基础分布做出任何假设。这与参数技术形成对比，参数技术假设基础数据遵循标准概率分布。Mean Shift 算法在目标跟踪和实时数据分析等领域有广泛的应用。

在 Mean Shift 算法中，整个特征空间被认为是一个概率密度函数。从训练数据集开始，假设它是从概率密度函数中采样的。

在这个框架中，聚类对应于底层分布的局部最大值。如果有 K 个聚类，则在底层数据分布中有 K 个峰值，Mean Shift 算法将识别这些峰值。

Mean Shift 算法的目标是识别质心的位置。对于训练数据集中的每个数据点，定义了一个围绕它的窗口，然后计算这个窗口的质心，并将位置更新到这个新的质心，最后，通过在新位置周围定义一个窗口来重复这个过程。重复以上操作，将越来越接近聚类的峰值。每个数据点将向其所属的聚类移动。移动是朝向一个更高密度的区域。

质心不断向每个聚类的峰值移动。该算法的名字来源于均值不断移动的事实。这种移动一直持续到算法收敛，在这个阶段，质心不再移动。

下面使用 Mean Shift 算法估计给定数据集中的最佳聚类数。预处理数据在 data _ clustering. txt 文件中给出，这是聚类分析数据中使用的同一文件。

创建一个新的 Python 文件并导入以下包：

```
import numpy as np
import matplotlib.pyplot as plt
from sklearn.cluster import MeanShift, estimate_bandwidth
from itertools import cycle
```

加载输入数据：

```
#从输入文件加载数据
X = np.loadtxt('data_clustering.txt', delimiter = ',')
```

估计输入数据的带宽。带宽是 Mean Shift 算法中使用的底层核密度估计过程的参数。带宽会影响算法的整体收敛速度，以及最终将得到的聚类数量。因此，这是一个至关重要的参数：如果带宽太小，可能会导致聚类过多；如果带宽太大，则会合并不同的聚类。

quantile 参数影响带宽的估计方式。它的值越高，估计带宽越大，导致聚类越少：

```
#估计 X 的带宽
bandwidth_X = estimate_bandwidth(X, quantile = 0.1, n_samples = len(X))
```

然后使用估计的带宽训练 Mean Shift 算法聚类模型：

```
#带 Mean Shift 算法的聚类数据
meanshift_model = MeanShift(bandwidth = bandwidth_X, bin_seeding = True)
meanshift_model.fit(X)
```

提取所有聚类的中心：

```
#提取聚类的中心
cluster_centers = meanshift_model.cluster_centers_
print('\nCenters of clusters:\n', cluster_centers)
```

提取聚类的数量：

```
#估计聚类的数量
labels = meanshift_model.labels_
num_clusters = len(np.unique(labels))
print("\nNumber of clusters in input data = ", num_clusters)
```

可视化数据点：

```
#绘制点和聚类中心
plt.figure()
markers = 'o*xvs'
for i, marker in zip(range(num_clusters), markers):
    #绘制属于当前聚类的点
```

```
    plt.scatter(X[labels = = i, 0], X[labels = = i, 1], marker =marker,
color = 'black')
```

绘制当前聚类的中心:

```
#绘制聚类的中心
cluster_center = cluster_centers[i]
plt.plot (cluster_center[0], cluster_center[1], marker = 'o',
        markerfacecolor = 'black', markeredgecolor = 'black',
        markersize =15)

plt.title( 'Clusters')
plt.show( )
```

完整的代码在 mean_shift. py 文件中给出。运行代码,聚类图的中心如图 7 - 3 所示。

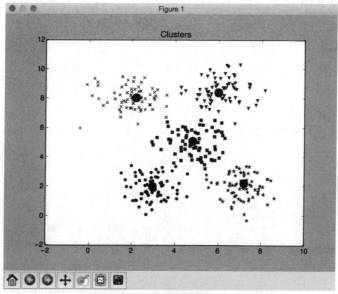

图 7 - 3　聚类图的中心

输出如图 7 - 4 所示。

```
Centers of clusters:
 [[ 2.95568966  1.95775862]
 [ 7.17563636  2.18145455]
 [ 2.17603774  8.03283019]
 [ 5.97960784  8.39078431]
 [ 4.81044444  5.07111111]]

Number of clusters in input data = 5
```

图 7 - 4　聚类输出的中心

到目前为止,已经讨论了如何对数据进行聚类。下一节将讨论如何使用轮廓分数来估计聚类质量。

7.2.2　用轮廓分数估计聚类质量

如果数据被自然地组织成几个不同的聚类，就能直观地检查它并得出相应推论。但是，现实世界中很少出现这种情况。因为现实世界中的数据庞大而杂乱，所以需要一种量化聚类质量的方法。

轮廓是用于检查数据中聚类一致性的方法。

它给出了每个数据点与其聚类的匹配程度的估计。轮廓分数是一种度量标准，用于衡量数据点与其自身聚类（与其他聚类相比）的相似性。轮廓分数适用于任何相似性度量。

对于每个数据点，使用以下公式计算其轮廓分数：

$$silhouette\ score = (p - q)/\max(p, q)$$

式中　p——到数据点不属于最近聚类中的点的平均距离；

　　　q——到其自身聚类中所有点的平均聚类内距离。

轮廓分数值的范围为 $-1 \sim 1$。分数越接近 1 表示该数据点与聚类中的其他数据点越相似，而分数越接近 -1 表示该数据点越不像其他数据集群中的点。一种思考方式是，如果轮廓分数为负的数据点太多，则数据中的聚类可能太少或太多。这种情况下需要再次运行聚类算法来找到最佳的聚类数。理想情况下，需要有一个高正值。根据业务问题，不需要进行优化，也不需要获得最高的可能值，但是一般来说，如果轮廓分数接近 1，则表明数据聚集得很好。如果轮廓分数接近 -1，则表明用于分类的变量有噪声，并且不包含太多信号。

下面介绍如何使用轮廓分数来估计聚类性能。创建一个新的 Python 文件并导入以下包：

```python
import numpy as np
import matplotlib.pyplot as plt
from sklearn import metrics
from sklearn.cluster import KMeans
```

预处理数据在 data_quality.txt 文件中给出。每行包含以两个逗号分隔的数字：

```python
#从输入文件加载数据
X = np.loadtxt('data_quality.txt', delimiter = ',')
```

初始化变量。values 数组将包含一个值列表，用于迭代并查找最佳聚类数：

```python
#初始化变量
scores = []
values = np.arange(2, 10)
```

迭代所有值，并在每次迭代期间构建一个 K – Means 模型：

```python
#迭代数值中 num_clusters 的定义范围
for num_clusters in values:
    #训练 K – Means 模型
```

```
    kmeans = KMeans(init = 'k-means++', n_clusters =num_clusters, n_
init =10)
    kmeans.fit(X)
```

使用欧几里得距离度量估计当前聚类模型的轮廓分数：

```
score = metrics.silhouette_score(X, kmeans.labels_,
          metric = 'euclidean', sample_size =len(X))
```

打印当前值的轮廓分数：

```
print("\nNumber of clusters =", num_clusters)
print("Silhouette score =", score)

scores.append(score)
```

可视化各种值的轮廓分数：

```
#绘制轮廓分数
plt.figure()
plt.bar(values, scores, width =0.7, color = 'black', align = 'center')
plt.title('Silhouette score vs number of clusters')
```

提取最佳分数和相应的聚类数值：

```
#提取最佳分数和最佳聚类数值
num_clusters = np.argmax(scores) + values[0]
print('\nOptimal number of clusters =', num_clusters)
```

可视化输入数据：

```
#绘制数据
plt.figure()
plt.scatter(X[:,0], X[:,1], color = 'black', s =80, marker = 'o',
facecolors = 'none')
x_min, x_max = X[:, 0].min() - 1, X[:, 0].max() + 1
y_min, y_max = X[:, 1].min() - 1, X[:, 1].max() + 1
plt.title('Input data')
plt.xlim(x_min, x_max)
plt.ylim(y_min, y_max)
plt.xticks(())
plt.yticks(())

plt.show()
```

完整的代码在 clustering_quality. py 文件中给出。运行代码，会显示两个截图，如图 7-5 和图 7-6 所示。

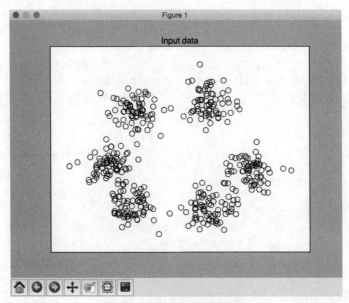

图 7-5　输入数据的可视化

从图 7-5 中可以看到数据中 6 个聚类。图 7-6 表示聚类数量的各种值的分数。

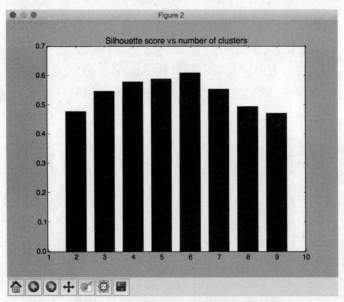

图 7-6　轮廓分数与聚类数量的关系

从图 7-6 中可以验证轮廓分数为 0.6 时达到峰值，这与数据一致。输出如图 7-7 所示。

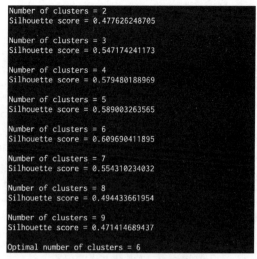

```
Number of clusters = 2
Silhouette score = 0.477626248705

Number of clusters = 3
Silhouette score = 0.547174241173

Number of clusters = 4
Silhouette score = 0.579480188969

Number of clusters = 5
Silhouette score = 0.589003263565

Number of clusters = 6
Silhouette score = 0.609690411895

Number of clusters = 7
Silhouette score = 0.554310234032

Number of clusters = 8
Silhouette score = 0.494433661954

Number of clusters = 9
Silhouette score = 0.471414689437

Optimal number of clusters = 6
```

图 7 - 7　最佳聚类数量输出

在本节中，介绍了如何使用轮廓分数对数据进行聚类。下面将学习 GMM，这是另一种对数据进行分类和聚类的无监督学习技术。

7.3　GMM 概述

在讨论 GMM 之前，先了解什么是混合模型。混合模型是一种概率密度模型，假设数据由几个分量分布控制。如果这些分布是高斯分布，模型就变成了 GMM。

这些分量分布被组合以提供多模态密度函数，该函数成为混合模型。

下面用一个例子来理解混合模型是如何工作的。我们想模仿南美所有人的购物习惯。一种方法是对整个大陆进行建模，将所有东西都放在一个模型中，但是不同国家的人的购物方式不同。因此，还需要了解各个国家的人如何购物以及他们的行为。

为了得到一个好的代表性模型，需要考虑大陆内部的所有变化。在这种情况下，可以使用混合模型来模拟各个国家的人的购物习惯，然后将它们全部组合成一个混合模型。这样，就不会遗漏单个国家潜在行为数据中的细微差别。通过不对所有国家强制执行一个单一的模型，可以创建一个更精确的模型。

值得注意的是，混合模型是半参数的，即模型部分依赖于一组预定义的函数。它们可以为数据的底层分布建模提供更高的精度和灵活性，也可以消除因数据稀疏而产生的差距。

如果定义了函数，混合模型就从半参数变为参数。因此，GMM 是参数模型，表示为分量高斯函数的加权和。假设数据是由一组以某种方式组合的高斯模型生成的。GMM 特征非常强大，可用于许多领域。GMM 的参数是使用期望最大化或最大后验估计等算法根据训练数据进行估计的。一些流行的应用程序包括图像数据库检索、股票市场波动建模、生物识别验证等。

本节已经描述了什么是 GMM，下一节将介绍如何应用 GMM。

基于 GMM 构建分类器

下面构建一个基于 GMM 的分类器。创建一个新的 Python 文件并导入以下包：

```
import numpy as np
import matplotlib.pyplot as plt
from matplotlib import patches

from sklearn import datasets
from sklearn.mixture import GaussianMixture
from sklearn.model_selection import StratifiedKFold
from sklearn.model_selection import train_test_split
```

使用 scikit – learn 中提供的 Iris 数据集进行分析：

```
#加载 Iris 数据集
iris = datasets.load_iris()

X, y = datasets.load_iris(return_X_y = True)
```

使用 80/20 分割将数据集分为训练数据集和测试数据集。其中，参数 n_splits 指定将获得的子集数量。这里使用的值是 5，表示数据集将被分成 5 部分。

下面将使用四个部分进行训练，一个部分进行测试，结果是 80/20：

```
#将数据集分为训练数据集和测试数据集(80/20 拆分)
skf = StratifiedKFold(n_splits = 5)
skf.get_n_splits(X, y)

X_train, X_test, y_train, y_test = train_test_split.train_test_split(X, y, test_
size = 0.4, random_state = 0)
```

提取训练数据中类的数量：

```
#提取类的数量
num_classes = len(np.unique(y_train))
```

使用相关参数构建基于 GMM 的分类器。其中，参数 n_components 用于指定基础分布中的组件数量。在这种情况下，它将是数据中不同类的数量。参数 covariance_type 用于指定要使用的协方差类型，在这种情况下，将使用全协方差。参数 init_params 控制训练过程中需要更新的参数。该参数使用了 kmeans 值，表示权重和协方差参数将在训练期间更新。参数 max_iter 表示训练期间将执行的期望最大化迭代次数。

```
#构建 GMM 模型
classifier = GaussianMixture(n_components = num_classes, covariance_
type = 'full', init_params = 'kmeans', max_iter = 20)
```

初始化分类器的方法：

```
#初始化 GMM 分类器
classifier.means_ = np.array([X_train[y_train == i].mean(axis=0) for i
in range(num_classes)])
```

使用训练数据训练 GMM 分类器：

```
#训练 GMM 分类器
classifier.fit(X_train)
```

可视化分类器的边界。然后提取特征值和特征向量，估计如何绘制聚类周围的椭圆边界。关于特征值和特征向量的快速复习，请参考 https://math.mit.edu/~gs/linearalgebra/ila0601.pdf。下面继续绘制以下内容：

```
#绘制边界
plt.figure()
colors = 'bgr'
for i, color in enumerate(colors):
    #提取特征值和特征向量
    eigenvalues, eigenvectors = np.linalg.eigh(
            classifier.covariances_[i][:2, :2])
```

规范化第一特征向量：

```
#规范化第一特征向量
norm_vec = eigenvectors[0] /np.linalg.norm(eigenvectors[0])
```

椭圆需要旋转以准确显示分布。估计角度：

```
#提取倾斜角度
angle = np.arctan2(norm_vec[1], norm_vec[0])
angle = 180 * angle /np.pi
```

放大椭圆以便可视化。用特征值控制椭圆的大小：

```
#放大椭圆的比例因子
#(根据需要选择的随机值)
scaling_factor = 8
eigenvalues * = scaling_factor
```

画椭圆：

```
#画椭圆
ellipse = patches.Ellipse(classifier.means_[i, :2],
        eigenvalues[0], eigenvalues[1], 180 + angle,
```

```
              color = color)
axis_handle = plt.subplot(1, 1, 1)
ellipse.set_clip_box(axis_handle.bbox)
ellipse.set_alpha(0.6)
axis_handle.add_artist(ellipse)
```

将输入数据叠加在图上：

```
#绘制数据
colors = 'bgr'
for i, color in enumerate(colors):
    cur_data = iris.data[iris.target = = i]
    plt.scatter(cur_data[:,0], cur_data[:,1], marker = 'o',
            facecolors = 'none', edgecolors = 'black', s = 40,
            label = iris.target_names[i])
```

将测试数据叠加在此图上：

```
test_data = X_test[y_test = = i]
plt.scatter(test_data[:,0], test_data[:,1], marker = 's',
        facecolors = 'black', edgecolors = 'black', s = 40 ,
        label = iris.target_names[i])
```

计算训练数据和测试数据的预测输出：

```
#计算训练数据和测试数据的预测输出
y_train_pred = classifier.predict(X_train)
accuracy_training = np.mean(y_train_pred.ravel( ) = = y_train.ravel( ))
* 100
print('Accuracy on training data = ', accuracy_training)

y_test_pred = classifier.predict(X_test)
accuracy_testing = np.mean(y_test_pred.ravel() == y_test.ravel()) * 100
print('Accuracy on testing data = ', accuracy_testing)

plt.title('GMM classifier')
plt.xticks(())
plt.yticks(())

plt.show()
```

完整的代码在 gmm_classifier. py 文件中给出，输出如图 7 - 8 所示。

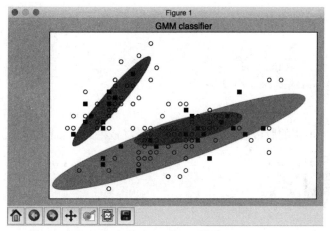

图 7 - 8　GMM 分类器图

从图 7 - 8 中可以看出，输入数据由三个分布组成。不同大小和角度的三个椭圆代表输入数据中的基本分布。将显示以下输出：

```
Accuracy on training data = 87.5
Accuracy on testing data = 86.6666666667
```

在本节中学习了 GMM，并使用 Python 开发了一个示例。在下一节中，将学习近邻传播模型，这是另一种对数据进行分类的无监督学习技术，可以使用它查找股票市场数据中的子群。

7.4　用近邻传播模型查找股票市场数据中的子群

近邻传播是一种不需要预先指定多个聚类的聚类算法，由于其具有通用性和实现的简单性，所以在许多领域得到广泛应用。该算法使用消息传递技术从指定需要考虑的相似性度量开始，将所有训练数据点视为潜在样本（代表性的聚类），然后在数据点之间传递消息，直到找到一组样本。

消息传递分两个交替步骤进行，称为责任和可用性。责任是指从聚类成员发送给候选样本的消息，指示数据点作为该候选样本的适合程度。可用性是指从候选样本发送给聚类潜在成员的消息，表明它作为样本的适合程度。直到算法收敛到最佳样本集。

还有一个参数 preference，它控制着将要找到的样本的数量。如果该参数选择较高的值，将导致算法找到过多的聚类。如果该参数选择较低的值，将导致聚类过少。最佳值是数据点之间的中间相似度。

下面使用近邻传播模型来查找股票市场数据中的子群。预处理数据将使用股票报价在开盘和收盘之间的变化作为控制特征。创建一个新的 Python 文件并导入以下包：

```
import datetime
import json
import numpy as np
import matplotlib.pyplot as plt
from sklearn import covariance, cluster
import yfinance as yf
```

将 matplotlib 中可用的股市数据用作输入。公司符号在文件 company_symbol_mapping. json 中映射到它们的全名：

```
#包含公司符号的输入文件
input_file = 'company_symbol_mapping.json'
```

从文件中加载公司符号映射：

```
#加载公司符号映射
with open(input_file, 'r') as f:
    company_symbols_map = json.loads(f.read())

symbols, names = np.array(list(company_symbols_map.items())).T
```

从 matplotlib 中加载股票报价：

```
#加载历史股票报价
start_date = datetime.datetime(2019, 1, 1)
end_date = datetime.datetime(2019, 1, 31)
quotes = [yf.Ticker(symbol).history(start = start_date, end = end_date)
                for symbol in symbols]
```

计算开盘报价和收盘报价之间的差异：

```
#提取开盘报价和收盘报价
opening_quotes = np.array([quote.Open for quote in quotes]).astype(np.
float)
closing_quotes = np.array([quote.Close for quote in quotes]).
astype(np.float)

#计算开盘报价和收盘报价之间的差异
quotes_diff = closing_quotes - opening_quotes
```

规范化数据：

```
#规范化数据
X = quotes_diff.copy().T
X /= X.std(axis = 0)
```

创建图形模型：

```
#创建图形模型
edge_model = covariance.GraphLassoCV()
```

训练模型：

```
#训练模型
with np.errstate(invalid = 'ignore'):
    edge_model.fit(X)
```

使用训练过的模型构建近邻传播模型：

```
#使用近邻传播模型构建聚类模型
_, labels = cluster.affinity_propagation(edge_model.covariance_)
num_labels = labels.max()
```

打印输出：

```
#打印聚类结果
print('\nClustering of stocks based on difference in opening and
closing quotes:\n')
for i in range(num_labels + 1):
    print("Cluster", i +1, "==>", ', '.join(names[labels == i]))
```

完整的代码在 stocks. py 文件中给出。运行代码，输出如图 7-9 所示。

```
Clustering of stocks based on difference in opening and closing quotes:

Cluster 1 ==> Kraft Foods
Cluster 2 ==> CVS, Walgreen
Cluster 3 ==> Amazon, Yahoo
Cluster 4 ==> Cablevision
Cluster 5 ==> Pfizer, Sanofi-Aventis, GlaxoSmithKline, Novartis
Cluster 6 ==> HP, General Electrics, 3M, Microsoft, Cisco, IBM, Texas instruments, Dell
Cluster 7 ==> Coca Cola, Kimberly-Clark, Pepsi, Procter Gamble, Kellogg, Colgate-Palmolive
Cluster 8 ==> Comcast, Wells Fargo, Xerox, Home Depot, Wal-Mart, Marriott, Navistar, DuPont de Nemours, A
merican express, Ryder, JPMorgan Chase, AIG, Time Warner, Bank of America, Goldman Sachs
Cluster 9 ==> Canon, Unilever, Mitsubishi, Apple, Mc Donalds, Boeing, Toyota, Caterpillar, Ford, Honda, S
AP, Sony
Cluster 10 ==> Valero Energy, Exxon, ConocoPhillips, Chevron, Total
Cluster 11 ==> Raytheon, General Dynamics, Lookheed Martin, Northrop Grumman
```

图 7-9 基于开盘报价和收盘报价差异的股票聚类

图 7-9 中的输出代表了那个时期股票市场的各个子群。请注意，当运行代码时，聚类可能会以不同的顺序出现。

本节已经介绍了近邻传播模型并了解了一些新概念，下面将使用无监督学习技术依据顾客的购物习惯来细分市场数据。

7.5　基于购物模式细分市场

本节介绍如何使用无监督学习技术根据顾客的购物习惯来细分市场。将使用 sales. csv 文件中的数据。该文件包含来自几家零售服装店的各种上衣的销售详细信息。目标是确定购物模式，并根据这些零售服装店销售的产品数量细分市场。

创建一个新的 Python 文件并导入以下包：

```
import csv

import numpy as np
import matplotlib.pyplot as plt
from sklearn.cluster import MeanShift, estimate_bandwidth
```

从输入文件加载数据。由于它是一个 csv 文件，可以使用 Python 中的 CSV 读取器从该文件中读取数据，并将其转换为 numpy 数组：

```
#从输入文件加载数据
input_file = 'sales.csv'
file_reader = csv.reader(open(input_file, 'r'), delimiter = ',')
X = []
for count, row in enumerate(file_reader):
    if not count:
        names = row[1:]
        continue

    X.append([float(x) for x in row[1:]])

#转换为 numpy 数组
X = np.array(X)
```

估算一下输入数据的带宽：

```
#估计输入数据的带宽
bandwidth = estimate_bandwidth(X, quantile = 0.8, n_samples = len(X))
```

基于估计带宽训练 Mean Shift 模型：

```
#使用 Mean Shift 计算聚类
meanshift_model = MeanShift(bandwidth = bandwidth, bin_seeding = True)
meanshift_model.fit(X)
```

提取每个聚类的标签和中心：

```
labels = meanshift_model.labels_
cluster_centers = meanshift_model.cluster_centers_
num_clusters = len(np.unique(labels))
```

打印聚类数量和聚类中心：

```
print("\nNumber of clusters in input data =", num_clusters)

print("\nCenters of clusters:")
print('\t'.join([name[:3] for name in names]))
for cluster_center in cluster_centers:
    print('\t'.join([str(int(x)) for x in cluster_center]))
```

处理六维数据。为了使数据可视化，可以使用第二维和第三维形成的二维数据：

```
#为可视化提取两个特征
cluster_centers_2d = cluster_centers[:, 1:3]
```

绘制聚类的中心：

```
#绘制聚类的中心
plt.figure()
plt.scatter(cluster_centers_2d[:,0], cluster_centers_2d[:,1],
        s =120, edgecolors = 'black', facecolors = 'none')

offset = 0.25
plt.xlim(cluster_centers_2d[:,0].min() - offset * cluster_
centers_2d[:,0].ptp(),
        cluster_centers_2d[:,0].max() + offset * cluster_
centers_2d[:,0].ptp(),)
plt.ylim(cluster_centers_2d[:,1].min() - offset * cluster_
centers_2d[:,1].ptp(),
        cluster_centers_2d[:,1].max() + offset * cluster_
centers_2d[:,1].ptp())

plt.title('Centers of 2D clusters')
plt.show()
```

完整的代码在 market_segmentation. py 文件中给出。运行代码，输出如图 7 – 10 和图 7 – 11 所示。

在本章的最后一部分中，我们应用了本章前面了解的 Mean Shift 算法，并使用它来分析和细分客户的习惯。

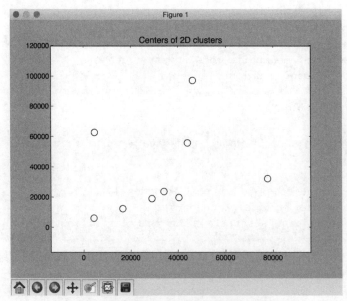

图 7 - 10   2D 聚类中心图

```
Number of clusters in input data = 9

Centers of clusters:
Tsh     Tan     Hal     Tur     Tub     Swe
9823    4637    6539    2607    2228    1239
38589   44199   56158   5030    24674   4125
7852    4939    63081   134     40066   1332
35314   16745   12775   66900   1298    5613
22617   77873   32543   1005    21035   837
104972  29186   19415   16016   5060    9372
38741   40539   20120   35059   255     50710
28333   34263   24065   5575    4229    18076
14987   46397   97393   1127    37315   3235
```

图 7 - 11   聚类中心输出

7.6   本章小结

在本章中，首先从讨论无监督学习及其应用开始，学习了聚类以及如何使用 K – Means 算法对数据进行聚类，讨论了如何用 Mean Shift 算法估计聚类的数量以及如何用轮廓分数估计聚类质量。学习了 GMM 以及如何基于它们构建分类器，还讨论了近邻传播模型，并用它来寻找股票市场数据中的子群，最后使用 Mean Shift 算法根据顾客的购物模式细分市场。

下一章将学习如何构建推荐系统。

第 8 章

构建推荐系统

在本章中，将学习如何构建一个电影推荐系统，以推荐人们可能喜欢看的电影。首先学习 K 近邻分类器，然后基于 K 近邻分类器讨论协同过滤，最后用协同过滤构建一个推荐系统。

本章涵盖以下主题：

- 提取最近邻
- 构建 K 近邻分类器
- 计算相似性分数
- 使用协同过滤查找相似用户
- 构建电影推荐系统

8.1 提取最近邻

推荐系统使用最近邻的概念来获得好的推荐。最近邻是指从给定的数据集中找到最接近输入点的数据点的过程。这通常用于构建分类系统，该系统根据输入数据点与各种类别的接近程度对数据点进行分类。下面介绍如何找到给定数据点的最近邻。

创建一个新的 Python 文件并导入以下包：

```
import numpy as np
import matplotlib.pyplot as plt
from sklearn.neighbors import NearestNeighbors
```

定义二维样本数据点：

```
#输入数据
X = np.array([[2.1,1.3],[1.3,3.2],[2.9,2.5],[2.7,5.4],[3.8,0.9],
        [7.3,2.1],[4.2,6.5],[3.8,3.7],[2.5,4.1],[3.4,1.9],
        [5.7,3.5],[6.1,4.3],[5.1,2.2],[6.2,1.1]])
```

定义要提取的最近邻的数量：

```
#最近邻的数量
k = 5
```

定义一个测试数据点，用于提取 K 近邻：

```
#测试数据点
test_data_point = [4.3,2.7]
```

使用圆形黑色标记绘制输入数据：

```
#绘制输入数据
plt.figure()
plt.title('Input data')
plt.scatter(X[:,0], X[:,1], marker = 'o', s =75, color = 'black')
```

使用输入数据创建并训练一个 K 近邻模型，然后使用该模型提取测试数据点的最近邻：

```
#构建 K 近邻模型
knn_model = NearestNeighbors(n_neighbors =k, algorithm ='ball_tree').
fit(X)
distances, indices = knn_model.kneighbors(test_data_point)
```

打印从模型中提取的最近邻：

```
#打印 k 个最近邻
print("\nK Nearest Neighbors:")
for rank, index in enumerate(indices[0][:k], start =1):
    print(str(rank) + " ==>", X[index])
```

可视化最近邻：

```
#可视化最近邻并测试数据点
plt.figure()
plt.title('Nearest neighbors')
plt.scatter(X[:, 0], X[:, 1], marker = 'o', s =75, color = 'k')
plt.scatter(X[indices][0][:][:, 0], X[indices][0][:][:, 1],
        marker = 'o', s =250, color = 'k', facecolors = 'none')
plt.scatter(test_data_point[0], test_data_point[1],
        marker = 'x', s =75, color = 'k')

plt.show()
```

完整的代码在 k_nearest_neighbors. py 文件中给出。运行代码，会显示两个截图和一个输出，如图 8 - 1 ~ 图 8 - 3 所示。图 8 - 1 所示为输入数据集。

图 8 - 2 所示为 5 个最近邻点图。其中，测试数据点用十字表示，最近邻点用圆圈表示。

图 8 - 3 所示为 K 最近邻输出。

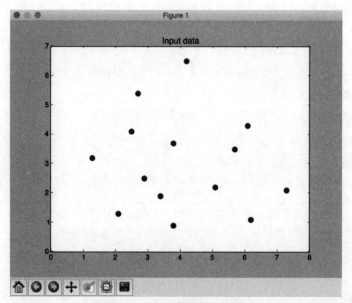

图 8 - 1   输入数据集的可视化

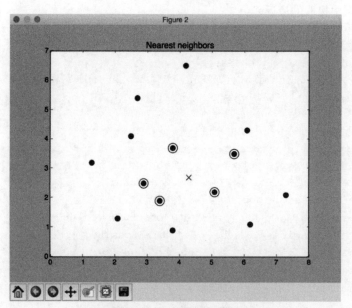

图 8 - 2   5 个最近邻点图

```
K Nearest Neighbors:
1 ==> [ 5.1  2.2]
2 ==> [ 3.8  3.7]
3 ==> [ 3.4  1.9]
4 ==> [ 2.9  2.5]
5 ==> [ 5.7  3.5]
```

图 8 - 3   K 最近邻输出

图 8-2 显示了最接近测试数据点的 5 个数据点。现在已经学习了如何构建和运行一个 K 近邻模型，在下一节中，将利用这些知识来构建一个 K 近邻分类器。

8.2　构建 K 近邻分类器

K 近邻分类器是一种使用 K 近邻算法对给定数据点进行分类的分类模型。该算法首先确定训练数据集中 K 个最接近的数据点，以识别输入数据点的类别。然后，根据投票数为该输入数据点分配一个类别，即从这个包含 K 个数据点的列表中，查看相应的类，并选择投票数最高的一个。K 的值将取决于具体的问题。下面介绍如何使用这个模型构建一个分类器。

创建一个新的 Python 文件并导入以下包：

```
import numpy as np
import matplotlib.pyplot as plt
import matplotlib.cm as cm
from sklearn import neighbors, datasets
```

从 data. txt 文件中加载输入数据。其中每行数据包含以逗号分隔的值，数据共有四个类：

```
#加载输入数据
input_file = 'data.txt'
data = np.loadtxt(input_file, delimiter = ',')
X, y = data[:, :-1], data[:, -1].astype(np.int)
```

使用四种不同的标记形状可视化输入数据。需要将标签映射到相应的标记，即可视化映射器变量：

```
#绘制输入数据
plt.figure()
plt.title('Input data')
marker_shapes = 'v^os'
mapper = [marker_shapes[i] for i in y]
for i in range(X.shape[0]):
    plt.scatter(X[i, 0], X[i, 1], marker = mapper[i],
            s = 75, edgecolors = 'black', facecolors = 'none')
```

定义需要使用的最近邻数量：

```
#最近邻数量
num_neighbors = 12
```

定义用于可视化分类器模型边界的网格步长：

```
#可视化网格的步长
step_size = 0.01
```

构建 K 近邻分类器模型：

```
#构建 K 近邻分类器模型
classifier = neighbors.KNeighborsClassifier(num_neighbors,
weights = 'distance')
```

使用训练数据训练模型：

```
#训练 K 近邻模型分类器
classifier.fit(X, y)
```

构建将用于可视化网格的网格值：

```
#构建网格以绘制边界
x_min, x_max = X[:, 0].min() - 1, X[:, 0].max() + 1
y_min, y_max = X[:, 1].min() - 1, X[:, 1].max() + 1
x_values, y_values = np.meshgrid(np.arange(x_min, x_max, step_size),
        np.arange(y_min, y_max, step_size))
```

评估网格上所有点的分类器，以构建边界的可视化：

```
#评估网格上所有点的分类器
output = classifier.predict(np.c_[x_values.ravel(), y_values.ravel()])
```

创建颜色网格以可视化输出：

```
#可视化预测输出
output = output.reshape(x_values.shape)
plt.figure()
plt.pcolormesh(x_values, y_values, output, cmap = cm.Paired)
```

将训练数据覆盖在这个颜色网格的顶部，以显示相对于边界的数据：

```
#在图上覆盖训练数据点
for i in range(X.shape[0]):
    plt.scatter(X[i, 0], X[i, 1], marker = mapper[i],
            s = 50, edgecolors = 'black', facecolors = 'none')
```

设置 X、Y 值的范围与标题：

```
plt.xlim(x_values.min(), x_values.max())
plt.ylim(y_values.min(), y_values.max())
plt.title('K Nearest Neighbors classifier model boundaries')
```

定义一个测试数据点来观察分类器的表现。构建一个带有训练数据点和测试数据点的配置，以查看其位置：

```python
#测试输入数据点
test_data_point = [5.1, 3.6]
plt.figure()
plt.title('Test data_point')
for i in range(X.shape[0]):
    plt.scatter(X[i, 0], X[i, 1], marker=mapper[i],
            s=75, edgecolors='black', facecolors='none')

plt.scatter(test_data_point[0], test_data_point[1], marker='x',
        linewidth=6, s=200, facecolors='black')
```

基于分类器模型，提取测试数据点的 K 近邻：

```python
#提取 K 个最近邻
_, indices = classifier.kneighbors([test_data_point])
indices = indices.astype(np.int)[0]
```

绘制上一步中获得的 K 近邻：

```python
#绘制 K 个最近邻
plt.figure()
plt.title('K Nearest Neighbors')

for i in indices:
    plt.scatter(X[i, 0], X[i, 1], marker=mapper[y[i]],
            linewidth=3, s=100, facecolors='black')
```

覆盖测试数据点：

```python
plt.scatter(test_data_point[0], test_data_point[1], marker='x',
        linewidth=6, s=200, facecolors='black')
```

覆盖输入数据：

```python
for i in range(X.shape[0]):
    plt.scatter(X[i, 0], X[i, 1], marker=mapper[i],
            s=75, edgecolors='black', facecolors='none')
```

打印预测输出

```python
print("Predicted output:", classifier.predict([test_data_point])[0])
plt.show()
```

完整的代码在 nearest_neighbors_classifier.py 文件中给出。运行代码，会显示四个截图，如图 8 - 4 ~ 图 8 - 7 所示。

图 8 - 4 所示为输入数据的可视化。

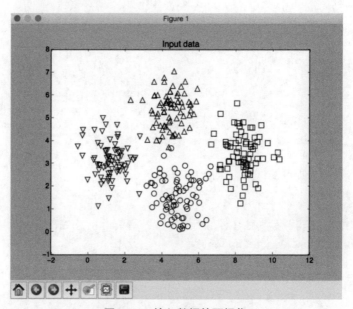

图 8 - 4   输入数据的可视化

图 8 - 5 所示为分类器模型边界。

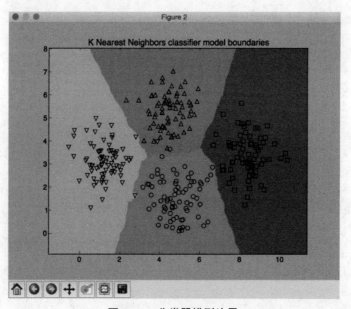

图 8 - 5   分类器模型边界

图 8 - 6 所示为相对于输入数据集的测试数据点。测试数据点用十字表示。

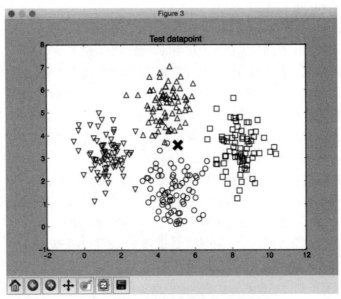

图 8 - 6　相对于输入数据集的测试数据点

图 8 - 7 所示为与测试数据点最近的 12 个最近邻。

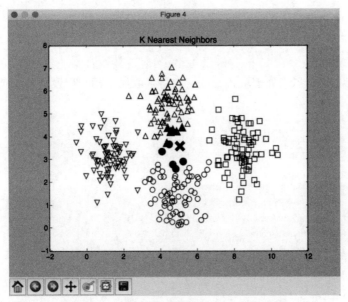

图 8 - 7　与测试数据点最近的 12 个最近邻

还将看到以下输出，表明模型预测测试数据点属于类 1。

```
Predicted output:1
```

像任何机器学习模型一样，输出是预测，可能与实际结果匹配，也可能不匹配。

8.3 计算相似性分数

要构建推荐系统，了解如何比较数据集中的各种对象非常重要。如果数据集由用户和他们的各种电影偏好组成，为了做出推荐，就需要了解如何将任意两个人对电影的偏好进行比较。这就是相似性分数的重要之处。相似性分数是表示两个数据点相似程度的概念。

有两个常用的相似性分数：欧几里得分数和皮尔逊分数。欧几里得分数使用两个数据点之间的欧几里得距离来计算分数。如果需要快速复习欧几里得距离是如何计算的，可以访问网址 https://en. wikipedia. org/wiki/Euclidean_distance。

欧几里得距离的值可以是无界的。因此，取这个值，并以欧几里得分数按从 0 到 1 的方式进行转换。如果两个对象之间的欧几里得距离很大，那么欧几里得分数应该很低，因为分数低表示对象不相似，所以欧几里得距离与欧几里得分数成反比。

皮尔逊分数是对两个数据点之间相关性的度量。它使用两个数据点之间的协方差以及它们各自的标准差来计算分数。分数范围可以从 −1 到 +1。分数为 +1 表示数据点相似；分数为 −1 表示数据点不相似；分数为 0 表示数据点之间没有相关性。下面介绍如何计算这些分数。

创建一个新的 Python 文件并导入以下包：

```
import argparse
import json
import numpy as np
```

构建一个参数解析器来处理输入参数。它将接收两个用户以及计算相似性分数所需的分数类型：

```
def build_arg_parser():
    parser = argparse.ArgumentParser(description = 'Compute similarity
score')
    parser.add_argument('--user1', dest = 'user1', required = True,
            help = 'First user')
    parser.add_argument('--user2', dest = 'user2', required = True,
            help = 'Second user')
    parser.add_argument("--score-type", dest = "score_type",
required = True,
            choices = ['Euclidean', 'Pearson'], help = 'Similarity metric
to be used')
    return parser
```

定义一个函数来计算输入用户之间的欧几里得分数。如果用户不在数据集中，则代码将引发错误：

```
#计算用户1与用户2之间的欧几里得分数
def euclidean_score(dataset, user1, user2):
    if user1 not in dataset:
        raise TypeError('Cannot find ' + user1 + ' in the dataset')

    if user2 not in dataset:
        raise TypeError('Cannot find ' + user2 + ' in the dataset')
```

定义一个变量来跟踪两个用户共同评价的电影：

```
#用户1和用户2共同评价的电影
common_movies = {}
```

提取两个用户共同评价的电影：

```
for item in dataset[user1]:
    if item in dataset[user2]:
        common_movies[item] = 1
```

如果用户之间没有共同评价的电影，则无法计算相似性分数：

```
#如果用户之间没有共同评价的电影,则相似性分数为0
if len(common_movies) == 0:
    return 0
```

计算相似性分数之间的平方差，并用于计算欧几里得分数：

```
squared_diff = []

for item in dataset[user1]:
    if item in dataset[user2]:
        squared_diff.append(np.square(dataset[user1][item] -
dataset[user2][item]))

return 1 /(1 + np.sqrt(np.sum(squared_diff)))
```

定义一个函数来计算给定数据集中用户之间的皮尔逊分数。如果在数据集中找不到用户，则代码会引发错误：

```
#计算用户1和用户2之间的皮尔逊分数
def pearson_score(dataset, user1, user2):
    if user1 not in dataset:
        raise TypeError('Cannot find ' + user1 + ' in the dataset')

    if user2 not in dataset:
        raise TypeError('Cannot find ' + user2 + ' in the dataset')
```

定义一个变量来跟踪两个用户共同评价的电影：

```
#用户1和用户2共同评价的电影
common_movies = {}
```

提取两个用户共同评价的电影：

```
for item in dataset[user1]:
    if item in dataset[user2]:
        common_movies[item] = 1
```

如果用户之间没有共同评价的电影，就无法计算相似性分数：

```
num_ratings = len(common_movies)

#如果用户1和用户2之间没有共同评价的电影,则相似性分数为0

if num_ratings == 0:
    return 0
```

计算已被两个用户评价的所有电影的评分总和：

```
#计算已被两个用户共同评价的所有电影的评分总和
user1_sum = np.sum([dataset[user1][item] for item in common_movies])
user2_sum = np.sum([dataset[user2][item] for item in common_movies])
```

计算用户对所有电影的评分平方和：

```
#计算所有常见电影的评分平方和
user1_squared_sum = np.sum([np.square(dataset[user1][item]) for item in
common_movies])
    user2_squared_sum = np.sum([np.square(dataset[user2][item]) for item in
common_movies])
```

计算由两个用户评价的所有电影的评分乘积之和：

```
#计算用户评价的所有电影的评分乘积之和
sum_of_products = np.sum([dataset[user1][item] * dataset[user2][item] for
item in common_movies])
```

使用前面的计算结果计算皮尔逊分数所需的各种参数：

```
#计算皮尔逊分数
Sxy = sum_of_products - (user1_sum * user2_sum /num_ratings)
Sxx = user1_squared_sum - np.square(user1_sum) /num_ratings
Syy = user2_squared_sum - np.square(user2_sum) /num_ratings
```

如果没有偏差，则分数为 0：

```
if Sxx * Syy == 0:

    return 0
```

返回皮尔逊分数：

```
return Sxy /np.sqrt(Sxx * Syy)
```

定义 main 函数并解析输入参数：

```
if __name__ == '__main__':
    args = build_arg_parser().parse_args()
    user1 = args.user1
    user2 = args.user2
    score_type = args.score_type
```

将 ratings.json 文件中的评级载入字典：

```
ratings_file = 'ratings.json'

with open(ratings_file, 'r') as f:
    data = json.loads(f.read())
```

基于输入参数计算相似性分数：

```
if score_type == 'Euclidean':
    print("\nEuclidean score:")
    print(euclidean_score(data, user1, user2))
else:
    print("\nPearson score:")
    print(pearson_score(data, user1, user2))
```

完整的代码在 compute_scores.py 文件中给出。下面用一些组合来运行代码。要计算 David Smith 和 Bill Duffy 之间的欧几里得分数：

```
$ python3 compute_scores.py --user1 "David Smith" --user2 "Bill Duffy"
-- score - type Euclidean
```

运行前面的命令，将获得以下输出：

```
Euclidean score:
0.585786437627
```

如果要计算同一对用户之间的皮尔逊分数，运行以下命令：

```
$ python3 compute_scores.py --user1 "David Smith" --user2 "Bill Duffy"
--score-type Pearson
```

将看到以下输出：

```
Pearson score:
0. 99099243041
```

也可以使用其他参数组合来运行。

在本节中，学习了如何计算相似性分数，以及为什么它是构建推荐系统的重要组成部分。在下一节中，将学习如何使用协同过滤来识别具有相似偏好的用户。

8.4   使用协同过滤查找相似用户

协同过滤是指在数据集中识别对象之间的模式以决定新对象的过程。在推荐系统的上下文中，协同过滤通过查看数据集中相似的用户来提供推荐。

> 通过收集数据集中不同用户的偏好，我们协作这些信息来过滤用户。因此有了协同过滤这个名字。

这里的假设是，如果两个人对一组电影有相似的评分，那么他们对一组新的未知电影的选择也会相似。通过识别这些具有相似评分的电影中的模式，可以对新电影做出预测。在8.3 节中，学习了如何比较数据集中的不同用户。现在将使用 8.3 节中所讨论的评分技术在数据集中找到相似的用户。协同过滤可以并行化，并在大数据系统（如 AWS EMR 和 Apache Spark）中实现，从而能够处理数百万亿字节的数据。这些方法可用于各种垂直行业，如金融、在线购物、营销、客户研究等。

下面开始构建协同过滤系统。

创建一个新的 Python 文件并导入以下包：

```
import argparse
import json
import numpy as np

from compute_scores import pearson_score
```

定义一个函数来解析输入参数。输入参数是用户名：

```
def build_arg_parser():
    parser = argparse.ArgumentParser(description = 'Find users who are similar
to the input user')
```

```
parser.add_argument('--user', dest='user', required=True,
        help='Input user')
return parser
```

定义一个函数来查找数据集中与给定用户相似的用户。如果用户不在数据集中，则代码将引发错误：

```
#在数据集中查找与输入用户相似的用户
def find_similar_users(dataset, user, num_users):
    if user not in dataset:
        raise TypeError('Cannot find ' + user + ' in the dataset')
```

导入计算皮尔逊分数的函数。下面使用该函数计算输入用户和数据集中所有其他用户之间的皮尔逊分数：

```
#计算输入用户和数据集中所有用户之间的皮尔逊分数
scores = np.array([[x, pearson_score(dataset, user,
        x)] for x in dataset if x != user])
```

按降序排列分数：

```
#按降序排列分数
scores_sorted = np.argsort(scores[:, 1])[::-1]
```

提取由输入参数指定的最大用户数，并返回数组：

```
#提取排名前 num_users 的分数
top_users = scores_sorted[:num_users]

return scores[top_users]
```

定义 main 函数并解析输入参数以提取用户名：

```
if __name__=='__main__':
    args = build_arg_parser().parse_args()
    user = args.user
```

从 ratings.json 文件中加载数据。该文件包含了用户的名字及其对各种电影的评分：

```
ratings_file = 'ratings.json'

with open(ratings_file, 'r') as f:
    data = json.loads(f.read())
```

查找与输入参数指定的用户相似的前三名用户。可以根据自己的选择将其更改为任意数量的用户。打印输出和分数：

```
print('\nUsers similar to ' + user + ':\n')
similar_users = find_similar_users(data, user, 3)
print('User\t\t\tSimilarity score')
print('-'*41)
for item in similar_users:
    print(item[0], '\t\t', round(float(item[1]), 2))
```

完整的代码在 collaborative_filtering. py 文件中给出。运行代码，找出像 Bill Duffy 这样的用户：

```
$ python3 collaborative_filtering.py --user "Bill Duffy"
```

用户相似性输出如图 8-8 所示。

```
Users similar to Bill Duffy:

User                  Similarity score
-----------------------------------------
David Smith                0.99
Samuel Miller              0.88
Adam Cohen                 0.86
```

图 8-8　用户相似性输出 1

运行代码，找出像 Clarissa Jackson 这样的用户：

```
$ python3 collaborative_filtering.py --user "Clarissa Jackson"
```

用户相似性输出如图 8-9 所示。

```
Users similar to Clarissa Jackson:

User                  Similarity score
-----------------------------------------
Chris Duncan               1.0
Bill Duffy                 0.83
Samuel Miller              0.73
```

图 8-9　用户相似性输出 2

在本节中，学习了如何在数据集中找到彼此相似的用户，以及如何分配相似性分数来确定一个用户与另一个用户的相似程度。在下一节中，将用前面章节中介绍的方法构建电影推荐系统。

8.5　构建电影推荐系统

本节将基于前面章节学习的基础概念和 ratings. json 文件中提供的数据构建一个电影推荐系统。这个文件中包含了用户及其对各种电影的评价。为了找到给定用户的电影推荐，需要在数据集中找到相似的用户，然后为用户提出推荐。下面介绍如何构建电影推荐系统。

创建一个新的 Python 文件并导入以下包：

```
import argparse
import json
import numpy as np

from compute_scores import pearson_score
from collaborative_filtering import find_similar_users
```

定义一个函数来解析输入参数。输入参数是用户名：

```
def build_arg_parser():
    parser = argparse.ArgumentParser(description = 'Find recommendations
for the given user')
    parser.add_argument('--user', dest = 'user', required = True,
            help = 'Input user')
    return parser
```

定义一个函数来获取给定用户的电影推荐。如果用户不在数据集中，则代码将引发错误：

```
#获取输入用户的电影推荐
def get_recommendations(dataset, input_user):
    if input_user not in dataset:
        raise TypeError('Cannot find ' + input_user + ' in the
dataset')
```

定义跟踪相似性分数的变量：

```
overall_scores = {}
similarity_scores = {}
```

计算输入用户和数据集中所有其他用户之间的相似性分数：

```
for user in [x for x in dataset if x != input_user]:
    similarity_score = pearson_score(dataset, input_user, user)
```

如果相似性分数小于或等于0，可以继续使用数据集中的下一个用户：

```
if similarity_score <= 0:
    continue
```

提取当前用户已评分但输入用户尚未评分的电影列表：

```
filtered_list = [x for x in dataset[user] if x not in \
        dataset[input_user] or dataset[input_user][x] == 0]
```

对于筛选列表中的每一项，根据相似性分数记录加权分数，还要记录相似性分数：

```
for item in filtered_list:
    overall_scores.update({item: dataset[user][item] *
similarity_score})
    similarity_scores.update({item: similarity_score})
```

如果没有这样的电影，就没有可推荐的电影：

```
if len(overall_scores) == 0:
    return ['No recommendations possible']
```

根据加权分数对相似性分数进行规范化：

```
#通过加权分数规范化生成关于电影等级的相似性分数
movie_scores = np.array([[score/similarity_scores[item], item]
    for item, score in overal l_scores.items()])
```

对加权分数进行排序并提取电影推荐：

```
#按递减顺序排序
movie_scores = movie_scores[np.argsort(movie_scores[:, 0])[::-1]]

#提取电影推荐
movie_recommendations = [movie for _, movie in movie_scores]
return movie_recommendations
```

定义 main 函数并解析输入参数以提取输入用户的姓名：

```
if __name__ == '__main__':
    args = build_arg_parser().parse_args()
    user = args.user
```

加载 ratings. json 文件中的数据：

```
ratings_file = 'ratings.json'

with open(ratings_file, 'r') as f:
    data = json.loads(f.read())
```

提取电影推荐并打印输出：

```
print("\nMovie recommendations for " + user + ":")
movies = get_recommendations(data, user)
for i, movie in enumerate(movies):
    print(str(i +1) + '. ' + movie)
```

完整的代码在 movie_recommender. py 文件中给出。运行代码为 Chris Duncan 找到电影推荐：

```
$ python3 movie_recommender.py --user "Chris Duncan"
```

电影推荐结果如图 8 - 10 所示。

```
Movie recommendations for Chris Duncan:
1. Vertigo
2. Goodfellas
3. Scarface
4. Roman Holiday
```

图 8 - 10　电影推荐结果 1

运行代码，为 Julie Hammel 找到电影推荐：

```
$ python3 movie_recommender.py --user "Julie Hammel"
```

电影推荐结果如图 8 - 11 所示。

```
Movie recommendations for Julie Hammel:
1. The Apartment
2. Vertigo
3. Raging Bull
```

图 8 - 11　电影推荐结果 2

输出中的电影是系统基于之前观察到的 Julie Hammel 偏好的实际推荐。通过观察越来越多的数据点，系统可能会变得更好。

8.6　本章小结

在本章中，首先学习了从给定的数据集中提取给定数据点的 K 近邻，并用这个概念来建立 K 近邻分类器。然后讨论了如何计算相似性分数，如欧几里得分数和皮尔逊分数，还学习了如何使用协同过滤从给定的数据集中找到相似的用户，并将其用于构建电影推荐系统。最后测试模型，并针对系统之前没有见过的数据点运行。

在下一章中，将学习逻辑编程，并了解如何构建一个能够解决现实问题的推理系统。

第 9 章

逻辑编程

在本章中，将学习如何使用逻辑编程编写程序。首先讨论各种编程范式并基于逻辑编程构建程序，然后了解如何解决逻辑编程的构建模块领域的问题，最后将用 Python 程序来构建解决各种问题的求解器。

本章涵盖以下主题：

- 逻辑编程概述
- 理解逻辑编程的构建模块
- 用逻辑编程解决问题
- 安装 Python 包
- 匹配数学表达式
- 验证质数
- 解析家谱
- 构建解谜工具

9.1 逻辑编程概述

逻辑编程是一种编程范式，这基本上意味着它是一种接近编程的方式。在介绍逻辑编程的构成及其在人工智能中的相关性之前，先了解一下编程范式。

编程范式的概念源于对编程语言进行分类的需要。它是指计算机程序通过代码解决问题的方式。

一些编程范例主要关注实现特定结果的含义或操作顺序，其他编程范例则关注如何组织代码。

以下是一些比较流行的编程范例。

- 命令式：使用语句来改变程序的状态，从而允许出现异常。
- 函数式：将计算视为数学函数的求值，不允许改变状态或可变数据。
- 声明式：一种编程方式，通过描述需要做什么而不是如何做来编写程序。底层计算的逻辑表达没有明确描述控制流。
- 面向对象：将程序中的代码分组，使每个对象对自己负责。对象包含指定如何发生更改的数据和方法。
- 过程化：将代码分成函数，每个函数负责一系列步骤。

- 符号化：使用一种语法风格将自己的组件作为普通数据来修改。
- 逻辑：将计算视为对由事实和规则组成的知识数据库的自动推理。

逻辑编程的一种非常流行的语言是 Prolog。这是一种只使用三种结构的语言：事实、规则和问题。

有了这三种结构，逻辑编程就能够构建一些强大的系统，如构建"专家系统"。专家系统背后的想法是采访在给定领域工作了很长时间的人类专家，并将采访整理成人工智能系统。专家系统所在的领域有以下几种。

- 医学：著名的例子包括 MYCIN、INTERNIST – I 和 CADUCEUS。
- 化学分析：DENDRAL 是一个用于预测分子结构的分析系统。
- 金融：帮助银行家发放贷款的咨询项目。
- 调试程序：SAINT、MATLAB 和 MACSYMA。

为了理解逻辑程序设计，有必要理解计算和演绎的概念。计算是从一个表达式和一组规则开始。这套规则基本上就是程序。

表达式和规则用于生成输出。例如，假设要计算 23、12 和 49 的总和，如图 9 – 1 所示。

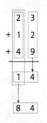

图 9 – 1   加法运算机制

完成操作的程序如下：

（1）加 3 + 2 + 9 = 14。

（2）需要保持一个位数，也就是 4，然后携带 1。

（3）2 + 1 + 4 + 1(携带的 1) = 8。

（4）结合 8 和 4。最终结果是 84。

另外，演绎需要从一个猜想开始。证明猜想是根据一套规则构造的。计算的过程是机械的，而演绎的过程更有创造性。

当使用逻辑编程范式编写程序时，一组语句是基于关于问题域的事实和规则指定的，求解器使用这些信息来解决问题。

9.2   理解逻辑编程的构建模块

在面向对象或命令式的编程中，需要定义一个变量。与面向对象和命令式编程不同，在逻辑编程中，可以将未实例化的参数传递给函数，解释器将通过查看用户定义的事实来实例化这些变量。这是处理变量匹配问题的方法。将变量与不同项目匹配的过程称为统一。这是逻辑编程不同的方式之一。关系也可以在逻辑编程中指定。关系是通过事实和规则来定义的。

事实只是关于程序和数据的描述，语法很简单。例如，唐纳德是艾伦的儿子是事实，而艾伦的儿子是谁不是事实。每一个逻辑程序都需要事实，这样才能在事实的基础上实现给定的目标。

规则是指在表达各种事实以及查询这些事实方面所学到的东西。它们是必须满足的约束，根据规则能够对问题领域做出结论。例如，假设正在构建一个象棋程序，则需要指定棋盘上每个棋子如何移动的所有规则。

9.3　用逻辑编程解决问题

逻辑编程通过事实和规则来寻找解决方案。必须为每个项目指定一个目标，当一个逻辑程序和一个目标不包含任何变量时，求解器会产生一棵树，它构成了解决问题和到达目标的搜索空间。

逻辑编程最重要的事情之一是如何对待规则。规则可以被视为逻辑语句。下面分析以下示例：

凯西点了甜点 => 凯西很开心。

这可以理解为一种暗示，即如果凯西高兴，就点甜点，或者凯西一高兴就点甜点。

同样，考虑以下规则和事实：会飞(X)：-鸟(X)，正常的(X)；异常的（X）：-受伤的（X）；鸟（约翰）；鸟（玛丽）；受伤的（约翰）；

以下是对规则和事实的解释：

- 约翰受伤了。
- 玛丽是一只鸟。
- 约翰是一只鸟。
- 受伤的鸟是不正常的。
- 正常的鸟会飞。

由此可以得出结论，玛丽会飞，而约翰不会飞。

这种结构在整个逻辑编程中以各种形式使用，以解决各种类型的问题。接下来，使用 Python 解决这些问题。

9.4　安装 Python 包

在用 Python 开始逻辑编程之前，需要安装几个包来支持 Python 中的逻辑编程。包 logpy 是一个 Python 包，可以在 Python 中进行逻辑编程。还将使用 SymPy 来解决一些问题。使用 pip 命令安装 logpy 和 sympy：

```
$ pip3 install logpy
$ pip3 install sympy
```

如果在安装 logpy 的过程中遇到错误，可以从 https://github.com/logpy/logpy 中下载源代码安装。成功安装了这些软件包后，将进入下一节——匹配数学表达式。

9.5　匹配数学表达式

程序设计中经常会遇到数学运算。逻辑编程是比较数学表达式和找出未知值的有效方法。下面介绍如何实现逻辑编程。

创建一个新的 Python 文件并导入以下包：

```python
from logpy import run, var, fact
import logpy.assoccomm as la
```

定义几个数学运算：

```python
#定义数学运算
add = 'addition'
mul = 'multiplication'
```

加法和乘法都是可交换的操作（这意味着操作数是可以在不改变结果的情况下交换的）。可以做以下声明：

```python
#声明这些操作是可交换的
#使用 facts 系统
fact(la.commutative, mul)
fact(la.commutative, add)
fact(la.associative, mul)
fact(la.associative, add)
```

定义一些变量：

```python
#定义一些变量
a, b, c = var('a'), var('b'), var('c')
```

分析以下表达式：

```python
expression_orig = 3 × ( -2) + (1 + 2 × 3) × ( -1)
```

用掩码变量生成这个表达式。第一个表达式：

```python
expression1 = (1 + 2 × a) × b + 3 × c
```

第二个表达式：

```python
expression2 = c × 3 + b × (2 × a + 1)
```

第三个表达式：

```
expression3 = (((2 × a) × b) +b) +3 × c
```

仔细观察，会发现这三个表达式都代表同一个基本表达式。目标是将这些表达式与原始表达式匹配，以提取未知值：

```
#生成表达式
expression_orig = (add,(mul,3,-2),(mul,(add,1,(mul,2,3)),
-1))
expression1 = (add,(mul,(add,1,(mul,2,a)),b),(mul,3,c))
expression2 = (add,(mul,c,3),(mul,b,(add,(mul,2,a),1)))
expression3 = (add,(add,(mul,(mul,2,a),b),b),(mul,3,c))
```

logpy 中通常使用方法 run 将表达式与原始表达式进行比较。该方法接收输入参数并运行表达式。其中，第一个参数是值的数量；第二个参数是变量；第三个参数是函数：

```
#比较表达式
print(run(0,(a,b,c),la.eq_assoccomm(expression1,expression_
orig)))
print(run(0,(a,b,c),la.eq_assoccomm(expression2,expression_
orig)))
print(run(0,(a,b,c),la.eq_assoccomm(expression3,expression_
orig)))
```

完整的代码在 expression_matcher. py 文件中给出。运行代码，将显示以下输出：

```
((3, -1, -2),)
((3, -1, -2),)
()
```

前两行中的三个值代表 a、b 和 c 的值。前两个表达式与原始表达式匹配，而第三个表达式不返回任何内容。这是因为，即使第三个表达式在数学上是相同的，但在结构上是不同的。通过比较表达式的结构来模式比较。

9.6　验证质数

本节将介绍如何使用逻辑编程来验证质数。下面使用 logpy 包中可用的 Construct 来确定给定列表中的哪些数字是质数，以及给定的数字是否是质数。

创建一个新的 Python 文件并导入以下包：

```
import itertools as it
import logpy.core as lc
from sympy.ntheory.generate import prime, isprime
```

接下来，定义一个函数，根据数据类型检查给定的数字是否为质数。如果它是数字，就简单了。如果它是一个变量，就必须运行顺序操作。conde 方法是一个目标构造器，它提供逻辑"与"和"或"运算。

condeseq 方法类似于 conde 方法，但是它支持目标的通用迭代：

```
#检查 x 元素是否为质数
def check_prime(x):
    if lc.isvar(x):
        return lc.condeseq([(lc.eq, x, p)] for p in map(prime,
it.count(1)))
    else:
        return lc.success if isprime(x) else lc.fail
```

声明变量 x：

```
#声明变量
x = lc.var()
```

定义一组数字，检查哪些数字是质数。使用 membero 方法检查给定的数字是否为输入参数中指定的数字列表的成员：

```
#检查列表中的元素是否为质数
list_nums = (23, 4, 27, 17, 13, 10, 21, 29, 3, 32, 11, 19)
print('\nList of primes in the list:')
print(set(lc.run(0, x, (lc.membero, x, list_nums), (check_prime, x))))
```

现在以稍微不同的方式使用这个函数，打印前 7 个质数：

```
#打印前 7 个质数
print('\nList of first 7 prime numbers:')
print(lc.run(7, x, check_prime(x)))
```

完整的代码在 prime.py 文件中给出。运行代码，将显示以下输出：

```
List of primes in the list:
{3, 11, 13, 17, 19, 23, 29}
List of first 7 prime numbers: (2, 3, 5, 7, 11, 13, 17)
```

可以确认输出值是正确的。

9.7   解析家谱

本节将使用逻辑流程来解决一个有趣的问题——解析家谱。样本家谱如图 9-2 所示。

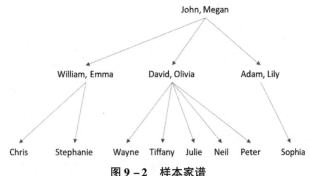

图 9 - 2 样本家谱

John 和 Megan 有三个儿子 William、David 和 Adam。William、David 和 Adam 的妻子分别是 Emma、Olivia 和 Lily。William 和 Emma 有两个子代 Chris 和 Stephanie。David 和 Olivia 有五个子代 Wayne、Tiffany、Julie、Neil 和 Peter。Adam 和 Lily 有一个子代 Sophia。基于这些事实，可以创建一个程序，告诉我们 Wayne 祖父或 Sophia 叔叔的名字。即使没有明确说明祖父母或外祖父母之间的关系，逻辑编程也可以推断出结果。

这些关系在 relationships. json 文件中进行了说明。文件如下所示：

```
{
    "father":
    [
            {"John": "William"},
            {"John": "David"},
            {"John": "Adam"},
            {"William": "Chris"},
            {"William": "Stephanie"},
            {"David": "Wayne"},
            {"David": "Tiffany"},
            {"David": "Julie"},
            {"David": "Neil"},
            {"David": "Peter"},
            {"Adam": "Sophia"}
    ],
    "mother":
    [
            {"Megan": "William"},
            {"Megan": "David"},
            {"Megan": "Adam"},
            {"Emma": "Stephanie"},
            {"Emma": "Chris"},
            {"Olivia": "Tiffany"},
            {"Olivia": "Julie"},
            {"Olivia": "Neil"},
            {"Olivia": "Peter"},
```

```
                {"Olivia": "Wayne"},
                {"Lily": "Sophia"}
    ]
}
```

这是一个简单的 JSON 文件，规定了父亲和母亲的关系。注意，这里没有具体说明任何关于丈夫和妻子、祖父母或叔叔的关系。

创建一个新的 Python 文件并导入以下包：

```
import json
from logpy import Relation, facts, run, conde, var, eq
```

定义一个函数来检查 x 是否是 y 的父代。使用这样的逻辑：如果 x 是 y 的父母，那么 x 要么是父亲，要么是母亲。现在已经在事实基础上定义了 father( ) 和 mother( )：

```
#检查 x 是否是 y 的父代
def parent(x, y):
    return conde([father(x, y)], [mother(x, y)])
```

定义一个函数来检查 x 是否是 y 的祖父母。使用这样的逻辑：如果 x 是 y 的祖父母，那么 x 的后代将是 y 的父母：

```
#检查 x 是否是 y 的祖父母
def grandparent(x, y):
    temp = var()
    return conde((parent(x,temp), parent(temp, y)))
```

定义一个函数来检查 x 是否是 y 的兄弟。使用这样的逻辑：如果 x 是 y 的兄弟，那么 x 和 y 将有相同的父母。注意，这里需要稍微修改一下，因为当列出 x 的所有兄弟时，也会列出 x，因为 x 也满足这些条件。因此，当打印输出时，将从列表中删除 x。这一点将在 main 函数中讨论：

```
#检查 x 和 y 之间的兄弟关系
def sibling(x, y):
    temp = var()
    return conde((parent(temp, x), parent(temp, y)))
```

定义一个函数来检查 x 是否是 y 的叔叔。使用这样的逻辑：如果 x 是 y 的叔叔，那么 x 的祖父母将与 y 的父母相同。注意，这里需要稍微修改一下，因为当列出 x 的所有叔叔时，x 的父亲也会被列出来，因为 x 的父亲也满足这些条件。因此，当打印输出时，将从列表中删除 x 的父亲。这一点将在 main 函数中讨论：

```
#检查 x 是否是 y 的叔叔
def uncle(x, y):
    temp = var()
    return conde((father(temp, x), grandparent(temp, y)))
```

定义 main 函数并初始化父亲和母亲的关系:

```
if __name__ == '__main__':
    father = Relation()
    mother = Relation()
```

从 relationships. json 文件加载数据:

```
with open('relationships.json') as f:
    d = json.loads(f.read())
```

读取数据并将其添加到 facts 库中:

```
for item in d['father']:
    facts(father, (list(item.keys())[0], list(item.values())[0]))

for item in d['mother']:
    facts(mother, (list(item.keys())[0], list(item.values())[0]))
```

定义变量 x:

```
x = var()
```

现在准备问一些问题,看看求解器是否能给出正确的答案。下面问一下 John 的子代是谁:

```
# John 的子代
name = 'John'
output = run(0, x, father(name, x))
print("\nList of " + name + "'s children:")
for item in output:
    print(item)
```

William 的母亲是谁?

```
#William 的母亲
name = 'William'
output = run(0, x, mother(x, name))[0]
print("\n" + name + "'s mother:\n" + output)
```

Adam 的父母是谁?

```
# Adam 的父母
name = 'Adam'
output = run(0, x, parent(x, name))
print("\nList of " + name + "'s parents:")
for item in output:
    print(item)
```

Wayne 的祖父母是谁？

```
# Wayne 的祖父母
name = 'Wayne'
output = run(0, x, grandparent(x, name))
print("\nList of " + name + "'s grandparents:")
for item in out put:
    print(item)
```

Megan 的孙子是谁？

```
# Megan 的孙子
name = 'Megan'
output = run(0, x, grandparent(name, x))
print("\nList of " + name + "'s grandchildren:")
for item in output:
    print(item)
```

David 的兄弟是谁？

```
# David 的兄弟
name = 'David'
output = run(0, x, sibling(x, name))
siblings = [x for x in output if x ! = name]
print("\nList of " + name + "'s siblings:")
for item in siblings:
    print(item)
```

Tiffany 的叔叔是谁？

```
# Tiffany 的叔叔
name = 'Tiffany'
name_father = run(0, x, father(x, name))[0]
output = run(0, x, uncle(x, name))
output = [x for x in output if x ! = name_father]
print("\nList of " + name + "'s uncles:")
for item in output:
    print(item)
```

列出家庭中的所有配偶：

```
#所有配偶
a, b, c = var(), var(), var()
output = run(0, (a, b), (father, a, c), (mother, b, c))
print("\nList of all spouses:")
for item in output:
    print('Husband:', item[
```

完整的代码在 family. py 文件中

家谱示例输出的前半部分如图 9

List
Davi
Will
Adam

Will
Mega

List
John
Mega

List
John
Mega

图 9 –

家谱示例输出的后半部分如图 9

List o
Chris
Sophia
Peter
Stepha
Julie
Tiffan
Neil
Wayne

List o
Willia
Adam

List o
William
Adam

```
List of all spouses:
Husband: Adam <==> Wife: Lily
Husband: David <==> Wife: Olivia
Husband: John <==> Wife: Megan
Husband: William <==> Wife: Emma
```

图 9 –4　家谱示例输出的后半部分

可以将输出与家谱进行比较，以确保答案确实正确。

9.8   构建解谜工具

逻辑编程的另一个有趣的应用是解谜，即指定一个谜题的条件，程序会给出一个解决方案。在本节中，将指定关于 4 个人的各种信息，并询问丢失的信息。

在逻辑编程中，将谜题指定如下：

- Steve 有一辆蓝色的汽车。
- 养猫的人住在 Canada。Matthew 住在 USA。
- 开黑色汽车的人住在 Australia。
- Jake 有一只猫。
- Alfred 住在 Australia。
- 养狗的人住在 France。
- 谁有一只兔子？

目标是第二个有兔子的人。图 9 – 5 所示是这 4 个人的全部细节。

	Pet	Car Color	Country
Steve	dog	blue	France
Jack	cat	green	Canada
Matthew	rabbit	yellow	USA
Alfred	parrot	black	Australia

图 9 – 5   解谜工具的输入数据

创建一个新的 Python 文件并导入以下包：

```
from logpy import *
from logpy.core import lall
```

声明变量 people：

```
#声明变量 people
people = var()
```

用 lall 函数定义所有规则。第一条规则是有 4 个人：

```
#定义规则
rules = lall(
    #有 4 个人
    (eq, (var(), var(), var(), var()), people),
```

Steve 有一辆蓝色的汽车：

```
#Steve 的汽车是蓝色的
(membero,(' Steve ',var(),' blue ',var())),people),
```

养猫的人住在 Canada：

```
#养猫的人住在 Canada
(membero,(var(),' cat ',var(),' Canada '),people),
```

Matthew 住在 USA：

```
#Matthew 住在 USA
(membero,(' Matthew ',var(),var(),' USA '),people),
```

拥有黑色汽车的人住在 Australia：

```
#拥有黑色汽车的人住在 Australia
(membero,(var(),var(),'black','Australia'),people),
```

Jack 有一只猫：

```
#Jack 有一只猫
(membero,(' Jack ',' cat ',var(),var()),people),
```

Alfred 住在 Australia：

```
#Alfred 住在 Australia
(membero, ('Alfred',var(), var(), 'Australia'), people),
```

养狗的人住在 France：

```
#养狗的人住在 France
(membero,(var(),' dog ',var(),' France '),people),
```

这个群体中的一个人有一只兔子。这个人是谁？

```
#谁有兔子
(membero,(var(),' rabbit ',var(),var()),people)
```

使用前面的约束运行求解器：

```
#运行求解器
solutions = run(0, people, rules)
```

从解决方案中提取输出：

```
#提取输出
output = [house for house in solutions[0] if 'rabbit' in house][0][0]
```

打印从求解器获得的完整矩阵：

```
#打印输出
print('\n' + output + ' is the owner of the rabbit')
print('\nHere are all the details:')
attribs = ['Name', 'Pet', 'Color', 'Country']
print('\n' + '\t\t'.join(attribs))
print('=' * 57)
for item in solutions[0]:
    print('')
    print('\t\t'.join([str(x) for x in item]))
```

完整的代码在 puzzle. py 文件中给出。运行代码，求解器的输出如图 9 – 6 所示。

图 9 – 6   求解器的输出

图 9 – 6 显示了使用求解器获得的所有值。图中的编号名称表示有一些信息仍然未知。即使信息不完整，求解器也能回答这些问题。但是为了回答每一个问题，可能需要添加更多的规则。这个示例是为了演示如何解决一个信息不完整的难题。读者可以尝试一下，看看如何为各种场景构建解谜工具。

9.9   本章小结

在本章中，主要学习了如何使用逻辑编程编写 Python 程序。首先讨论了各种编程范式构建程序，然后学习了如何在逻辑编程中使用各种构件构建程序，最后通过 Python 程序解决了有趣的问题和谜题。

在下一章中，将学习启发式搜索技术，并使用这些算法来解决现实中的问题。

10

第 10 章

启发式搜索技术

在本章中，将学习启发式搜索技术。启发式搜索技术用于搜索整个解空间，以得出答案。使用指导搜索算法的试探法进行搜索。这种启发式搜索算法允许算法加速过程，否则这将花费很长时间才能获得解决方案。

本章涵盖以下主题：

- 启发式搜索概述
- 不知搜索情与知情搜索
- 约束满足问题
- 局部搜索技术
- 模拟退火
- 使用贪婪搜索算法构造字符串
- 解决有约束的问题
- 求解区域着色问题
- 构建一个 8 字谜求解器
- 构建迷宫求解器

10.1　启发式搜索是人工智能吗

在 1.4 节中，介绍了 Pedro Domingos 定义的机器学习的五个学派。最"古老"的群体之一是符号学派。作为人类，我们试图在一切事物中找到规则和模式。但是，这个世界有时很复杂，并不是所有事情都遵循简单的规则。

这就是当我们没有一个有序的世界时，其他群体出现来帮助我们的原因。然而，当搜索空间很小且领域有限时，使用启发式、约束满足等技术，对于这组问题是有用的。当组合数量相对较少且组合爆炸有限时，这些技术非常有用。例如，当城市数量在 20 个左右时，用这些技术解决旅行推销员的问题就很简单。但是如果试图解决城市数量为 2 000 的相同问题，将不得不使用探索部分空间且只给出结果近似值的其他技术。

10.2　启发式搜索概述

搜索和组织数据是人工智能中的一个重要课题。有许多问题需要在解决方案域中搜索答案。因为给定问题有许多可能的解决方案，但不知道哪些是正确的，所以通过组织数据，可以快速有效地寻找解决方案。

更多的时候，解决一个给定的问题有太多可能的选择，以至于没有一个单一的算法能够找到一个明确的最佳解决方案。此外，通过每个解决方案是不可能的，因为计算成本是极其昂贵的。在这种情况下，依靠经验法则，通过消除明显的错误选项来缩小搜索范围。这个经验法则称为启发式。使用启发式来引导搜索的方法称为启发式搜索。

启发式技术很强大，因为它们加快了搜索过程。即使启发式算法不能排除一些选项，也有助于排序这些选项，以发现更好的解决方案。如前所述，启发式搜索的计算成本非常昂贵。

10.3　不知情搜索与知情搜索

熟悉计算机科学的读者可能听说过搜索技术，如深度优先搜索（Depth First Search，DFS）、广度优先搜索（Breadth First Search，BFS）和统一成本搜索（Unified Cost Search，UCS）。这些搜索技术通常用于图表搜索，以获得解决方案。这些是不知情搜索的例子，它们不使用任何先验信息或规则来删除某些路径，而是检查所有看似合理的路径并选择最佳路径。

另外，启发式搜索又称为通知搜索，因为它使用先验信息或规则来删除不必要的路径。而不知情搜索技术不考虑目标，是用无知的搜索技术盲目搜索，对最终解决方案没有先验知识。

在图问题中，启发式可以用来指导搜索。例如，在每个节点上可以定义一个启发式函数，该函数返回一个表示从当前节点到目标的路径成本的估计值。通过定义这个启发式函数，来告知搜索算法到达目标的正确方向，即让算法识别哪个邻居将通向目标。

需要注意的是，启发式搜索不一定总能找到最优解。这是因为它没有探索每一种可能性，而是依赖于一种启发式方法。搜索保证在合理的时间内找到一个好的解决方案，然而，这正是我们对实际解决方案的期望。在现实场景中需要快速有效的解决方案。启发式搜索通过快速找到合理的解决方案来提供有效的解决方案，用于问题无法以任何其他方式解决或需要很长时间才能解决的情况。

10.4　约束满足问题

有许多问题必须在约束下解决。这些约束基本上是在解决问题的过程中不能违反的条件。这些问题称为约束满足问题（Constraint Satisfaction Problem，CSP）。

为了对约束满足问题获得一些直观的理解，让我们快速看看数独谜题的示例部分。数独是一种游戏，在这个游戏中，不能让同一个数字在一条水平线、一条垂直线或同一个正方形中出现两次。图 10-1 所示是一个数独板示例。

		2	6		7			1
6	8							
1	9				4	5		
8	2		1				4	
		4	6		2	9		
	5				3		2	8
	9	3					7	4
	4			5			3	6
7		3		1	8			

图 10 – 1   数独板示例

利用约束满足和数独规则，可以快速确定哪些数字可以用于尝试解谜，哪些数字不可以尝试。例如，在图 10 – 2 所示的方块中。

图 10 – 2   考虑数独的一个问题

如果不使用 CSP，就要尝试插槽中所有的数字组合，然后检查规则是否适用。例如，第一次尝试可能是找出所有数字为 1 的方块，然后检查结果。

使用 CSP 可以在尝试之前删除这些尝试。

观察其中突出显示的方块中的数字，可知数字不能是 1、6、8 或 9，因为这些数字已经在方块中了。根据数独游戏的规则，数字也不可能是 2 或 7，因为那些数字已经在水平线上了。同理，也不可能是 3 或 4，因为那些数字已经在垂直线上了。因此数字应该是 5。

CSP 是数学问题，被定义为一组必须满足某些约束的变量。当得到最终解时，变量的状态必须服从所有的约束。这种技术将给定问题中涉及的实体表示为变量上固定数量约束的集合。这些变量需要通过约束满足技术来解决。

这些问题需要启发式和其他搜索技术的结合才能在合理的时间内解决。在这种情况下，我们将使用约束满足技术来解决有限域上的问题。有限域由无限数量的元素组成。因为处理的是有限域，所以可以使用搜索技术来找到解决方案。为了进一步了解 CSP，下面将学习如何使用本地搜索技术来解决 CSP 问题。

10.5   局部搜索技术

局部搜索是一种解决 CSP 的算法。它会不断优化解决方案，直到满足所有约束。它不断迭代更新变量，直到实现目标。这些算法会在过程中的每一步修改值，以更接近目标。在解空间中，更新的值比以前的值更接近目标。因此，它称为局部搜索。

局部搜索算法是一种启发式搜索算法。局部搜索的总体目标是找到每一步的最小更新成本。

爬山算法是一种流行的局部搜索技术。它使用一个启发式函数来测量当前状态和目标之间的差异。当开始搜索时，它会检查状态是否是最终目标。如果是，就停止搜索；否则就选择一个更新并生成一个新的状态。如果新的状态比当前状态更接近目标，它就成为当前状态；否则就忽略它并继续该过程，直到搜索所有可能的更新。这个过程基本上是爬山，直到到达顶峰，如图 10 – 3 所示。

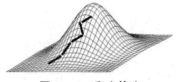

图 10 – 3　爬山算法

10.6　模拟退火

模拟退火是一种局部搜索，也是一种随机搜索算法。随机搜索算法广泛应用于各种领域，如机器人、化学、制造、医学和经济学。随机搜索算法可用来解决许多现实问题，如优化机器人的设计，确定工厂自动控制的定时策略，以及规划交通。

模拟退火是爬山算法的一种变体。爬山算法的主要问题之一是它最终会爬上虚假的山顶，这意味着它陷入了局部极大值，所以，在算法做任何攀爬决定之前，最好检查一下整个空间。为了实现这一点，整个空间被初步探索，这可以避免陷入高原或局部最大值。

在模拟退火算法中，可以重新表述问题，并将其求解为最小值，而不是最大值。因此，模拟退火算法现在正在下降到山谷，而不是爬山。虽然几乎在做同样的事情，但方式不同。

模拟退化使用一个目标函数来指导搜索，这个目标函数作为启发式函数。

 之所以称之为模拟退火，是因为它来源于冶金过程。在这个过程中，首先加热金属，让原子在金属中扩散，然后冷却，直到它们达到原子结构排列的最佳理想状态。这通常是为了改变金属的物理性质，使其变得更软、更易于加工。

冷却系统的速度称为退火时间表。冷却速度很重要，因为它直接影响结果。在现实的金属中，如果冷却速度太快，金属最终会过快地进入非理想状态（原子结构）。例如，如果将加热的金属放入冷水中，它会很快沉淀成不需要的结构，如使金属变脆。如果冷却速度缓慢且可控，金属就有机会达到最佳原子结构，从而获得所需的物理性能。在这种情况下，就像快速向任何一座山迈大步的可能性都比较小一样。由于冷却速度很慢，进入最佳状态需要时间。对数据也可以这样处理。

首先评估一下当前状态，看看它是否达到了目标。如果是，就停下来。如果不是，就将最佳状态变量设置为当前状态。然后定义一个退火时间表来控制走向山谷的速度。计算当前状态和新状态之间的差值。如果新状态不是更好，可以一定的预定概率使它成为当前状态。这是使用随机数发生器并根据阈值来决定的。如果高于阈值，就将最佳状态设置为这个状态。基于此，退火时间表根据节点数量进行更新。重复这样做，直到达到目标。下一节将介绍另一种局部搜索技术——贪婪搜索算法。

10.7   使用贪婪搜索算法构造字符串

贪婪搜索是一种算法范式，它在每个阶段进行局部最优选择，以找到全局最优解。但是在许多问题中，贪婪搜索算法不能产生全局最优解。使用贪婪搜索算法的一个优点是可以在合理的时间内产生近似解。希望这个近似解合理地接近全局最优解。

贪婪搜索算法在搜索过程中不会根据新的信息重新给出它们的解。例如，假设你正在计划一次公路旅行，想走最好的路线。如果使用贪婪搜索算法来规划路线，就可能要求你选择距离较短，但可能会花费更多时间的路线，也可能让你选择短期内看起来更快，但以后可能会导致交通堵塞的路线。这是因为贪婪搜索算法只看到下一步，而不是全局最优的最终解。

下面介绍如何使用贪婪搜索算法来解决问题。在这个问题中，可以尝试基于字母重新创建输入字符串，然后要求算法搜索解空间并构造一条通向解的路径。

在本章中，将使用 simpleai 软件包。它包含各种例程，这些例程在使用启发式搜索算法构建解决方案时非常有用（在 https://github.com/simpleai-team/simpleai 上有售）。但需要对其源代码进行一些更改，以便在 Python 3 中运行。

将与本书的代码一起提供的 simpleai.zip 解压到 simpleai 文件夹中。该文件夹包含对原始 simpleai 包的所有必要更改，以便把 simpleai 文件夹和代码放在同一个文件夹中，就可以流畅地运行代码了。

创建一个新的 Python 文件并导入以下包：

```
import argparse
import simpleai.search as ss
```

定义一个函数来解析输入参数：

```
def build_arg_parser():
    parser = argparse.ArgumentParser(description = 'Creates the input
string \using the greedy algorithm')
    parser.add_argument(" --input-string", dest = "input_string",
required = True, help = "Input string")
    parser.add_argument(" --initial-state", dest = "initial_state",
required = False, default = ' ', help = "Starting point for the search")
    return parser
```

创建一个包含解决问题所需方法的类。此类继承了 simpleai 中的 SearchProblem 类，所以需要重写一些方法来解决下面的问题。其中，set_target 是定义目标字符串的自定义方法：

```
class CustomProblem(ss.SearchProblem):
    def set_target(self, target_string):
        self.target_string = target_string
```

actions 是 SearchProblem 附带的方法，需要重写。它负责朝着目标采取正确的操作。如果当前字符串的长度小于目标字符串的长度，它将返回可供选择的可能字母列表。如果没有可供选择的字母列表，它将返回一个空字符串：

```
#检查当前字符串并采取正确的操作
def actions(self, cur_state):
    if len(cur_state) < len(self.target_string):
        alphabets = 'abcdefghijklmnopqrstuvwxyz'
        return list(alphabets + ' ' + alphabets.upper())
    else:
        return []
```

现在创建一个方法，通过连接当前字符串和需要执行的操作来计算结果。此方法带有一个 SearchProblem，我们正在覆盖它：

```
#连接当前字符串状态和动作以获得结果
def result(self, cur_state, action):
    return cur_state + action
```

is_goal 方法是 SearchProblem 的一部分，用于检查是否已经实现目标：

```
#检查是否已实现目标
def is_goal(self, cur_state):
    return cur_state == self.target_string
```

heuristic 也是 SearchProblem 的一部分，我们需要覆盖它。定义了一个 heuristic 方法，用于解决问题。执行计算以查看目标有多远，并将其用作 heuristic 方法以引导其实现目标：

```
#定义将使用的 heuristic 方法
def heuristic(self, cur_state):
    #比较当前字符串和目标字符串
    dist = sum([1 if cur_state[i] != self.target_string[i] else 0
                for i in range(len(cur_state))])

    #长度差异
    diff = len(self.target_string) - len(cur_state)

    return dist + diff
```

初始化输入参数：

```
if __name__ =='__main__':
    args = build_arg_parser().parse_args()
```

初始化 CustomProblem 对象：

```
#初始化对象
problem = CustomProblem()
```

设定初始状态和目标字符串：

```
#设置目标字符串和初始状态问题
problem.set_target(args.input_string)
problem.initial_state = args.initial_state
```

运行求解器：

```
#解决问题
output = ss.greedy(problem)
```

打印解决方案的路径：

```
print('\nTarget string:', args.input_string)
print('\nPath to the solution:')
for item in output.path():
    print(item)
```

完整的代码在 greedy_search. py 文件中给出。如果在初始状态为空的情况下运行代码：

```
$ python3 greedy_search.py --input-string 'Artificial Intelligence'
--initial-state ''
```

输出如图 10 - 4 所示。

图 10 - 4　以空的初始状态运行时的代码输出

如果以非空的初始状态运行代码：

```
$ python3 greedy_search.py --input-string 'Artificial Intelligence with
Python' --initial-state 'Artificial Inte'
```

输出如图 10 – 5 所示。

```
Path to the solution:
(None, 'Artificial Inte')
('l', 'Artificial Intel')
('l', 'Artificial Intell')
('i', 'Artificial Intelli')
('g', 'Artificial Intellig')
('e', 'Artificial Intellige')
('n', 'Artificial Intelligen')
('c', 'Artificial Intelligenc')
('e', 'Artificial Intelligence')
(' ', 'Artificial Intelligence ')
('w', 'Artificial Intelligence w')
('i', 'Artificial Intelligence wi')
('t', 'Artificial Intelligence wit')
('h', 'Artificial Intelligence with')
(' ', 'Artificial Intelligence with ')
('P', 'Artificial Intelligence with P')
('y', 'Artificial Intelligence with Py')
('t', 'Artificial Intelligence with Pyt')
('h', 'Artificial Intelligence with Pyth')
('o', 'Artificial Intelligence with Pytho')
('n', 'Artificial Intelligence with Python')
```

图 10 – 5　在非空初始状态下运行时的代码输出

本节已经介绍了一些流行的搜索算法，下一节将继续使用这些搜索算法来解决一些实际问题。

10.8　解决有约束的问题

前面章节已经讨论了如何制定约束满足问题（CSP）。本节将把它们应用于解决现实中的具体问题。在这个问题中有一个名字列表，每个名字可以取一组固定的值。在这些名字之间也有一系列需要满足的约束。下面介绍具体的实现过程。

创建一个新的 Python 文件并导入以下包：

```
from simpleai.search import CspProblem, backtrack, \
        min_conflicts, MOST_CONSTRAINED_VARIABLE, \
        HIGHEST_DEGREE_VARIABLE, LEAST_CONSTRAINING_VALUE
```

定义指定输入列表中的所有变量应该具有唯一值的约束：

```
#期望所有不同变量具有不同值的约束
def constraint_unique(variables, values):
    #检查是否所有值都是唯一的
    return len(values) == len(set(values))
```

定义指定第一个变量应该大于第二个变量的约束：

```
#指定一个变量应大于其他变量的约束
def constraint_bigger(variables, values):
    return values[0] > values[1]
```

定义一个约束条件，规定如果第一个变量是奇数，那么第二个变量应该是偶数，反之亦然：

```
#指定两个变量中应有一个奇数变量和一个偶数变量的约束
def constraint_odd_even(variables, values):
    #如果第一个变量是偶数,那么第二个变量应该是奇数,反之亦然
    if values[0] % 2 == 0:
        return values[1] % 2 == 1
    else:
        return values[1] % 2 == 0
```

定义 main 函数和变量：

```
if __name__ == '__main__':
    variables = ('John', 'Anna', 'Tom', 'Patricia')
```

定义每个变量的取值列表：

```
domains = {
    'John': [1, 2, 3],
    'Anna': [1, 3],
    'Tom': [2, 4],
    'Patricia': [2, 3, 4],
}
```

定义各种场景中的约束。在这种情况下，指定以下三个约束：

- John、Anna 和 Tom 应该对应不同值。
- Tom 对应的值应该比 Anna 对应的值大。
- 如果 John 对应的值是奇数，那么 Patricia 对应的值应该是偶数，反之亦然。

使用以下代码：

```
constraints = [
    (('John', 'Anna', 'Tom'), constraint_unique),
    (('Tom', 'Anna'), constraint_bigger),
    (('John', 'Patricia'), constraint_odd_even),
]
```

使用前面的变量和约束初始化 CspProblem 对象：

```
problem = CspProblem(variables, domains, constraints)
```

计算解决方案并打印出来：

```
print('\nSolutions:\n\nNormal:', backtrack(problem))
```

使用 MOST_CONSTRAINED_VARIABLE 启发式算法计算解决方案：

```
print('\nMost constrained variable:', backtrack(problem,
        variable_heuristic = MOST_CONSTRAINED_VARIABLE))
```

使用 HIGHEST_DEGREE_VARIABLE 启发式算法计算解决方案：

```
print('\nHighest degree variable:', backtrack(problem,
        variable_heuristic=HIGHEST_DEGREE_VARIABLE))
```

使用 LEAST_CONSTRAINING_VALUE 启发式算法计算解决方案：

```
print('\nLeast constraining value:', backtrack(problem,
        value_heuristic=LEAST_CONSTRAINING_VALUE))
```

使用 MOST_CONSTRAINED_VARIABLE 启发式算法和 LEAST_CONSTRAINING_VALUE 启发式算法计算解：

```
print('\nMost constrained variable and least constraining value:',
        backtrack(problem, variable_heuristic=MOST_CONSTRAINED_
VARIABLE,
        value_heuristic=LEAST_CONSTRAINING_VALUE))
```

使用 HIGHEST_DEGREE_VARIABLE 启发式算法和 LEAST_CONSTRAINING_VALUE 启发式算法计算解决方案：

```
print('\nHighest degree and least constraining value:',
        backtrack(problem, variable_heuristic=HIGHEST_DEGREE_
VARIABLE,
        value_heuristic=LEAST_CONSTRAINING_VALUE))
```

使用最小冲突启发式算法计算解决方案：

```
print('\nMinimum conflicts:', min_conflicts(problem))
```

完整的代码在 constrained_problem. py 文件中给出。运行代码，输出如图 10 - 6 所示。

```
Solutions:

Normal: {'Patricia': 2, 'John': 1, 'Anna': 3, 'Tom': 4}

Most constrained variable: {'Patricia': 2, 'John': 3, 'Anna': 1, 'Tom': 2}

Highest degree variable: {'Patricia': 2, 'John': 1, 'Anna': 3, 'Tom': 4}

Least constraining value: {'Patricia': 2, 'John': 1, 'Anna': 3, 'Tom': 4}

Most constrained variable and least constraining value: {'Patricia': 2, 'John': 3, 'Anna': 1, 'Tom': 2}

Highest degree and least constraining value: {'Patricia': 2, 'John': 1, 'Anna': 3, 'Tom': 4}

Minimum conflicts: {'Patricia': 4, 'John': 1, 'Anna': 3, 'Tom': 4}
```

图 10 - 6　用最小冲突启发式算法计算解决方案

可以检查约束，查看解决方案是否满足所有约束。

10.9 求解区域着色问题

本节将使用约束满足问题来解决区域着色问题。

区域着色问题的框架如图 10-7 所示。

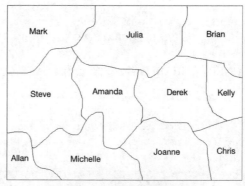

图 10-7 区域着色问题的框架

在图 10-7 中，每个区域都标有名称。目标是用四种颜色进行着色，这样相邻区域就不会有相同的颜色。

创建一个新的 Python 文件并导入以下包：

```
from simpleai.search import CspProblem, backtrack
```

定义指定值应该不同的约束：

```
#定义强加相邻区域应该不同约束的函数
def constraint_func(names, values):
    return values[0] != values[1]
```

定义 main 函数并指定变量名称列表：

```
if __name__ == '__main__':
    #指定变量名称列表
    names = ('Mark', 'Julia', 'Steve', 'Amanda', 'Brian',
            'Joanne', 'Derek', 'Allan', 'Michelle', 'Kelly')
```

定义可能的颜色列表：

```
    #定义可能的颜色列表
    colors = dict((name, ['red', 'green', 'blue', 'gray']) for name in
names)
```

需要将地图信息转换成算法能够理解的形式。下面通过指定彼此相邻的变量的列表来定义约束：

```
#定义约束
constraints = [
    (('Mark', 'Julia'), constraint_func),
    (('Mark', 'Steve'), constraint_func),
    (('Julia', 'Steve'), constraint_func),
    (('Julia', 'Amanda'), constraint_func),
    (('Julia', 'Derek'), constraint_func),
    (('Julia', 'Brian'), constraint_func),
    (('Steve', 'Amanda'), constraint_func),
    (('Steve', 'Allan'), constraint_func),
    (('Steve', 'Michelle'), constraint_func),
    (('Amanda', 'Michelle'), constraint_func),
    (('Amanda', 'Joanne'), constraint_func),
    (('Amanda', 'Derek'), constraint_func),
    (('Brian', 'Derek'), constraint_func),
    (('Brian', 'Kelly'), constraint_func),
    (('Joanne', 'Michelle'), constraint_func),
    (('Joanne', 'Amanda'), constraint_func),
    (('Joanne', 'Derek'), constraint_func),
    (('Joanne', 'Kelly'), constraint_func),
    (('Derek', 'Kelly'), constraint_func),
]
```

使用变量和约束来初始化对象：

```
#解决问题
problem = CspProblem(names, colors, constraints)
```

解决问题并打印解决方案：

```
#打印解决方案
output = backtrack(problem)
print('\nColor mapping:\n')
for k, v in output.items():
    print(k, ' == >', v)
```

完整的代码在 coloring. py 文件中给出。运行代码，输出如图 10 - 8 所示。

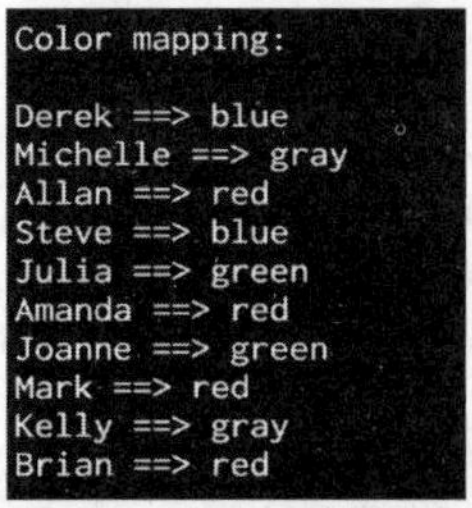

图 10 - 8　区域着色输出

如果基于此输出对区域进行着色，将得到图 10-9 所示的结果。

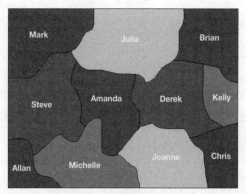

图 10-9　区域着色问题的解

可以发现没有两个相邻区域具有相同的颜色。

10.10　构建一个 8 字谜求解器

8 字谜是 15 字谜的变体。本节将使用 A* 算法来解决这个问题。这种算法用于在图中找到解的路径，是 Dijkstra 算法和贪婪最佳优先搜索的结合。A* 算法不会盲目猜测下一步去哪里，而是选择看起来最有希望的一个。在每个节点上，生成所有可能性的列表，然后选择达到目标所需成本最小的一个。

在定义成本函数时，在每个节点都需要计算成本。这个成本基本上由两部分组成：第一个成本是到达当前节点的成本；第二个成本是从当前节点到达目标的成本。

由成本的组成可以看到，第二个成本基本上是一个不完美的估计。如果它是完美的，那么 A* 算法将很快得出解决方案。但通常不是这样。找到解决问题的最佳途径需要一些时间。然而，A* 在寻找最优路径方面是有效的，并且是目前最流行的技术之一。

下面使用 A* 算法来构建一个 8 字谜求解器。这是 simpleai 包中给出的解决方案的变体。创建一个新的 Python 文件并导入以下包：

```
from simpleai.search import astar, SearchProblem
```

定义一个包含解决 8 字谜的方法的类：

```
#包含解决字谜的类
class PuzzleSolver(SearchProblem):
```

重写 actions 方法，使其与当前问题保持一致：

```
# 获得可以移动到空白空间的可能的列表的操作方法
def actions(self, cur_state):
    rows = string_to_list(cur_state)
    row_empty, col_empty = get_location(rows, 'e')
```

检查空白空间的位置并创建新操作：

```
actions = []
if row_empty > 0:
    actions.append(rows[row_empty - 1][col_empty])
if row_empty < 2:
    actions.append(rows[row_empty + 1][col_empty])
if col_empty > 0:
    actions.append(rows[row_empty][col_empty - 1])
if col_empty < 2:
    actions.append(rows[row_empty][c ol_empty + 1])

return actions
```

重写 result 方法。将字符串转换为列表并提取空白的位置。通过更新位置生成结果：

```
#移动一片空白空间后返回结果状态
def result(self, state, action):
    rows = string_to_list(state)
    row_empty, col_empty = get_location(rows, 'e')
    row_new, col_new = get_location(rows, action)

    rows[row_empty][col_empty], rows[row_new][col_new] = \
            rows[row_new][col_new], rows[row_empty][col_empty]

    return list_to_string(rows)
```

检查目标是否已经达到：

```
#如果状态是目标状态,则返回 true
def is_goal(self, state):
    return state = = GOAL
```

定义 heuristic 方法，使用曼哈顿距离计算当前状态与目标状态之间的距离：

```
#使用曼哈顿距离返回目标状态的估计值
def heuristic(self, state):
    rows = string_to_list(state)

    distance = 0
```

计算距离：

```
    for number in '12345678e':
        row_new, col_new = get_location(rows, number)
```

```
            row_new_goal, col_new_goal = goal_positions[number]

            distance + = abs(row_new - row_new_goal) + abs(col_new -
col_new_goal)

        return distance
```

定义一个将列表转换为字符串的函数：

```
#将列表转换为字符串
def list_to_string(input_list):
    return '\n'.join(['-'.join(x) for x in input_list])
```

定义一个将字符串转换为列表的函数：

```
#将字符串转换为列表
def string_to_list(input_string):
    return [x.split('-') for x in input_string.split('\n')]
```

定义一个函数来获取网格中给定元素的位置：

```
#查找输入元素的二维位置
def get_location(rows, input_element):
    for i, row in enumerate(rows):
        for j, item in enumerate(row):
            if item = = input_element:
                return i, j
```

定义初始状态和想要实现的最终目标：

```
#想要达到的最终目标
GOAL = '''1 -2 -3
4 -5 -6
7 -8 -e'''

#起点
INITIAL = '''1 -e -2
6 -3 -4
7 -5 -8'''
```

创建一个变量来跟踪每个数字的目标位置：

```
#为"12345678e"中的每个数字创建一个目标位置的缓存
goal_positions = []
rows_goal = string_to_list(GOAL)
```

```
for number in '12345678e':
    goal_positions[number] = get_location(rows_goal, number)
```

使用前面定义的初始状态创建 A* 求解器对象，并提取结果：

```
#创建求解器对象
result = astar(PuzzleSolver(INITIAL))
```

打印解决方案：

```
#打印结果
for i, (action, state) in enumerate(result.path()):
    print()
    if action == None:
        print('Initial configuration')
    elif i == len(result.path()) - 1:
        print('After moving', action, 'into the empty space. Goal
achieved! ')
    else:
        print('After moving', action, 'into the empty space')

    print(state)
```

完整的代码在 puzzle.py 文件中给出。运行代码，会得到一个很长的输出，如图 10 – 10 所示。

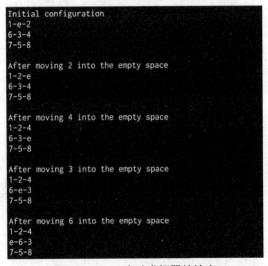

图 10 – 10　8 字谜求解器的输出

如果向下滚动显示，将看到达成解决方案所采取的步骤。最后的输出结果如图 10 – 11 所示。

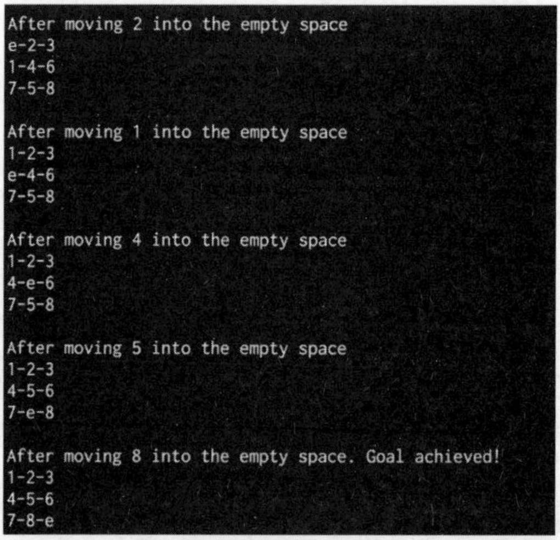

图 10 –11　8 字谜求解器的最终输出结果——目标已经实现

从图 10 –11 中可以看出，目标实现了，谜题解开了。

10.11　构建迷宫求解器

本节将用 A* 算法来解一个迷宫。迷宫问题示例如图 10 –12 所示。

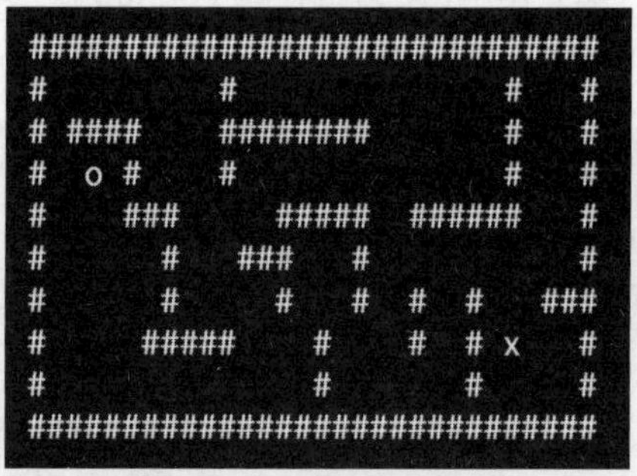

图 10 –12　迷宫问题示例

在图 10 –12 中，#表示障碍物；o 表示起点；x 表示终点。目标是找到从起点到终点的最短路径。下面介绍如何用 Python 实现。以下的解决方案是 simpleai 包中提供的解决方案的变体。创建一个新的 Python 文件并导入以下包：

```
import math
from simpleai.search import SearchProblem, astar
```

创建一个包含解决问题所需方法的类：

```
#类包含了解决问题的方法
class MazeSolver(SearchProblem):
```

定义初始化方法：

```
#初始化方法
def __init__(self, board):
    self.board = board
    self.goal = (0, 0)
```

提取起点和终点位置：

```
for y in range(len(self.board)):
    for x in range(len(self.board[y])):
        if self.board[y][x].lower() == "o":
            self.initial = (x, y)
        elif self.board[y][x].lower() == "x":
            self.goal = (x, y)

super(MazeSolver, self).__init__(initial_state = self.initial)
```

重写 actions 方法。在每个位置，需要检查移动到相邻位置的成本，然后附加所有可能的操作。如果相邻位置走不通，则不考虑该操作：

```
#定义为达成解决方案采取行动的方法
def actions(self, state):
    actions = []
    for action in COSTS.keys():
        newx, newy = self.result(state, action)
        if self.board[newy][newx] != "#":
        actions.append(action)

        return actions
```

重写 result 方法。根据当前状态和输入操作，更新 x 和 y 坐标：

```
#根据操作更新状态
def result(self, state, action):
    x, y = state

    if action.count("up"):
        y -= 1
    if action.count("down"):
        y += 1
    if action.count("left"):
        x -= 1
    if action.count("right"):
        x += 1
```

```
    new_state = (x, y)

    return new_state
```

检查是否已经达到目标：

```
#检查是否已经达到目标
def is_goal(self, state):
    return state == self.goal
```

需要定义 cost 函数。这是移动到相邻位置的成本，对于垂直/水平和对角线方向的移动是不同的。代码如下：

```
#计算采取行动的成本
def cost(self, state, action, state2):
    return COSTS[action]
```

定义将要使用的 heuristic 方法。在这种情况下，将使用欧几里得距离：

```
#用来得出解决方案的 heuristic
def heuristic(self, state):
    x, y = state
    gx, gy = self.goal

    return math.sqrt((x - gx) ** 2 + (y - gy) ** 2)
```

定义 main 函数并定义之前讨论的映射：

```
if __name__ == "__main__":
    # 定义路线图
    MAP = """
    ##############################
    #         #              #   #
    # ####    ########       #   #
    #  o#     #              #   #
    #   ###    #####   ######     #
    #    #  ###   #              #
    #    #    #   #   #   #   ###
    #    #####   #   # #x   #
    #         #       #   #
    ##############################
    """
```

将路线图信息转换为列表：

```
#将路线图信息转换为列表
print(MAP)
MAP = [list(x) for x in MAP.split("\n") if x]
```

定义在路线图上移动的成本。对角线方向的移动比水平或垂直方向的移动更昂贵：

```
#定义在路线图中移动的成本
cost_regular = 1.0
cost_diagonal = 1.7
```

将成本分配给相应的移动：

```
#创建成本字典
COSTS = {
    "up": cost_regular,
    "down": cost_regular,
    "left": cost_regular,
    "right": cost_regular,
    "up left": cost_diagonal,
    "up right": cost_diagonal,
    "down left": cost_diagonal,
    "down right": cost_diagonal,
}
```

使用前面的自定义类创建求解器对象：

```
#创建求解器对象
problem = MazeSolver(MAP)
```

在路线图上运行求解器并提取结果：

```
#运行求解器
result = astar(problem, graph_search=True)
```

从结果中提取路径：

```
#提取路径
path = [x[1] for x in result.path()]
```

打印输出：

```
#打印结果
print()
for y in range(len(MAP)):
    for x in range(len(MAP[y])):
        if (x, y) == problem.initial:
            print('o', end=' ')
        elif (x, y) == problem.goal:
            print('x', end=' ')
        elif (x, y) in path:
            print('·', end=' ')
```

```
        else:
            print(MAP[y][x], end = '')

print()
```

完整的代码在 maze. py 文件中给出。运行代码，输出如图 10 – 13 所示。

图 10 – 13   迷宫问题的解

从图 10 – 13 中可以看出，该算法留下了一串点，并找到了从起点 o 到终点 x 的解。

10. 12   本章小结

在本章中，主要学习了启发式搜索技术的工作原理、不知情搜索和知情搜索的区别、约束满足问题以及如何使用这种范式解决问题、局部搜索技术（模拟退火），并实现了一个字符串问题的贪婪搜索。然后使用约束满足问题解决了区域着色问题。最后，讨论了 A* 算法，以及如何用它构建 8 字谜和迷宫求解器来找到最优解路径。

在下一章中，将讨论遗传算法及其应用。

遗传算法和遗传编程

在本章中，将学习 GA（Genetic Algorithm，遗传算法）。首先描述什么是 GA；然后讨论进化算法和 GP（Genetic Programming，遗传编程）的概念及其与遗传算法的关系，还将学习 GA 的基本构件，包括交叉、变异和适应度函数；最后将使用这些概念来构建各种系统。

本章涵盖以下主题：

- 进化学派
- 进化算法和 GA
- GA 中的基本概念
- 用预定义的参数生成位模式
- 可视化进化过程
- 符号回归问题的求解
- 构建智能机器人控制器
- 遗传编程用例

11.1　进化学派

正如在 1.4 节中提到的，研究 GA 和 GP 的计算机科学和数据科学研究人员是 Pedro Domingos 定义的进化学派的一部分。从某些方面来说，这个学派并不是最重要的。联结学派在阳光下度过他们的一天，似乎在聚光灯下享受他们的时光。正如 Domingos 博士所强调的，随着中央处理器将越来越快，这一领域的研究越来越多，如果未来几年这一领域出现新的令人兴奋的前沿研究，不要感到惊讶。他们已经为该领域作出了许多强有力的创新贡献，并将继续这样做。

11.2　进化算法和 GA

GA 是一种进化算法。为了理解 GA，首先需要讨论进化算法。进化算法是一种应用进化原理解决问题的元启发式优化算法。进化的概念就像人们在自然界中发现的一样，很像环境主动驱动通过进化达成的"解决方案"，直接利用问题的函数和变量来达成解决方案。但是在遗传算法中，任何给定的问题都被编码在由算法操纵的位模式中。

计算机自主解决问题是人工智能和机器学习的中心目标。GA 是一种进化算法，可以自动解决问题，而不需要用户事先知道或指定解决方案的形式或结构。在最抽象的层面上，GA 是一种系统的、独立于领域的算法，让计算机自动解决问题，从问题描述开始。

进化算法的基本步骤如下：

（1）随机生成数据点或个体的初始种群。GA 定义的个体是具有某些特征或特性的种群成员。在算法的后续步骤中，将确定这些特征是否能使个体适应环境并存活足够长的时间来生成后代。

（2）循环执行以下步骤，直到终止：

①评估种群中每个个体的健康状况。

②选择最好的个体下一代。

③通过交叉和变异操作生成新的个体以产生后代。

④评估新个体的个体适度。

⑤用新的个体代替最少的个体。

个体适应度是用一个预先确定的适应度函数来确定的。这就是"测试者的生存"这句话发挥作用的地方。

然后取这些被选择的个体，通过交叉和变异产生下一代个体。将在 11.3 节中讨论交叉和变异的概念。现在，把这些技术看作是将被选择的个体当作父母来生成下一代的机制。

一旦执行交叉和变异，就会生成一组新的个体，它们将与旧的个体竞争下一代的位置。通过删除最弱的个体并用后代代替它们，以提高种群的整体健康水平。然后继续迭代，直到达到期望的整体精度。

GA 是一种进化算法，在这种算法中，使用启发式算法来寻找解决问题的位模式。通过不断地迭代一个种群来得到一个解决方案。

通过产生包含更好个体的新种群来做到这一点。应用概率算法，如选择、重组和变异，以生成下一代个体。个体被表示为字符串，其中每个字符串都是潜在解决方案的编码版本。

适应度函数用于评估每个字符串的适应度，这个函数也称为评价函数。GA 应用受大自然启发的运算符，这就是命名法与生物科学中的概念密切相关的原因。

11.3　GA 中的基本概念

为了构建 GA，需要理解几个关键的概念。这些概念被广泛用于 GA 领域，以构建各种问题的解决方案。GA 最重要的一个方面是随机性。为了迭代，它依赖于个体的随机抽样，这意味着这个过程是非确定性的，所以，如果多次运行相同的算法，可能会得到不同的解决方案。

现在定义种群这个概念。种群是一组可能的候选解。在 GA 中，单一的最佳解决方案不是在任何给定的阶段保持的，而是一组潜在的解决方案，其中一个可能是最佳的，但其他解决方案在搜索过程中也发挥了重要作用。因为解的数量是被跟踪的，所以不太可能陷入局部最优。陷入局部最优是其他优化技术面临的经典问题。

了解了种群和 GA 的随机性质，就来谈谈算法。当生成下一代个体时，算法试图确保它们来自当前一代中最优秀的个体。

变异是实现这一点的方法之一。GA 对当前一代的一个或多个个体进行随机改变，以产生新的候选解。这种变化称为变异。现在这种变化可能会使这个个体比现有个体更好或更差。

下一个需要定义的概念是交叉（又称重组）。这与生殖在进化过程中的作用直接相关。GA 试图结合当前一代的个体来创建一个新的解决方案。它结合了每个父母个体的一些特征来生成这个后代。这个过程称为交叉。目标是用种群中"更好"的个体产生的后代来代替当前一代中"更差"的个体。

为了应用交叉和变异，就需要有选择标准。选择的概念受到自然选择理论的启发。在每次迭代过程中，GA 通过一个选择过程来选择最弱的个体，并且终止较弱的个体。这就是测试概念发挥作用的地方。选择过程是用一个计算个体密度的函数来实现的。

11.4   用预定义的参数生成位模式

11.3 节已经介绍了 GA 的基本概念，下面介绍如何使用这些概念来解决一些问题。需要使用一个名为 DEAP 的 Python 包，可以登录网站 http://deap. readthedocs. io/en/master 找到关于它的所有细节。用以下命令安装这个包文件：

```
$ pip 3 install deap
```

现在包已经安装好了，需要快速测试一下。通过输入以下命令进入 Python shell：

```
$ python3
```

进入 Python shell 后，输入以下命令：

```
>>> import deap
```

如果没有输出错误信息，表示安装成功。

在本节中，将使用最大（One Max）算法的变体。该算法试图生成一个包含最大数 1 的位串。这是一个简单的算法，但是为了更好地理解如何使用 GA 实现解决方案，熟悉 DEAP 包是有帮助的。在这种情况下，可以生成包含预定数量的 1 的位串。底层结构和部分代码类似于 DEAP 包中使用的例子。

创建一个新的 Python 文件并导入以下内容：

```
import random

from deap import base, creator, tools
```

假设生成一个长度为 75 的位模式，其中包含 45 个 1。下面定义 eval_func 函数，用于实现这一目标：

```
#定义 eval_func 函数
def eval_func(individual):
    target_sum = 45
    return len(individual) - abs(sum(individual) - target_sum)
```

eval_func 函数中使用的公式在 1 的数量等于 45 时达到最大值，个体的长度是 75。当 1
的数量等于 45 时，返回值将是 75。

现在定义一个函数来创建 toolbox。首先，为 fitness 函数定义一个 create 对象，并跟踪个
体。这里使用的 Fitness 类是一个抽象类，它需要定义权重属性。下面使用正权重构建最大
化的适应度：

```
# 定义 create_toolbox 函数
def create_toolbox(num_bits):
    creator.create("FitnessMax", base.Fitness, weights = (1.0,))
    creator.create("Individual", list, fitness = creator.FitnessMax)
```

在 create_toolbox 函数中，第一行代码创建了一个名为 FitnessMax 的单目标最大化；第二
行关于创建个体。第一个创建的个体是一个列表。为了产生这个个体，必须使用 creator 对
象创建一个 Individual 类。fitness 属性将使用之前定义的 FitnessMax。

toolbox 是 DEAP 常用的一种对象，用于存储各种函数及其参数。下面创建这个对象：

```
#初始化 toolbox
toolbox = base.Toolbox()
```

现在将开始向这个 toolbox 注册各种函数。从随机数生成器开始，生成一个 0 ~ 1 的随机
整数，即生成位串：

```
#生成属性
toolbox.register("attr_bool", random.randint, 0, 1)
```

注册 individual 函数。initRepeat 方法有三个参数：个体的容器类、用于填充容器的函数
以及函数重复执行的次数：

```
    #初始化结构
    toolbox.register("individual", tools.initRepeat, creator.
Individual, toolbox.attr_bool, num_bits)
```

通过注册 population 函数，将种群定义为个体列表：

```
    #将种群定义为个体列表
    toolbox.register("population", tools.initRepeat, list, toolbox.
individual)
```

现在需要注册基因操作符以及之前定义的评估函数，它将作为适应度函数。生成有 45 个 1 的个体（位模式）：

```
#注册 evaluate 运算符
toolbox.register("evaluate", eval_func)
```

使用 cxTwoPoint 方法注册 mate（交叉）运算符：

```
#注册交叉运算符
toolbox.register("mate", tools.cxTwoPoint)
```

使用 mutFlipBit 方法注册 mutate（变异）运算符。需要使用 indpb 指定每个属性被变异的概率：

```
#注册一个变异运算符
toolbox.register("mutate", tools.mutFlipBit, indpb = 0.05)
```

使用 selTournament 方法注册 select（选择）运算符。它规定了选择哪些个体生成下一代：

```
#选择生成下一代的运算符
toolbox.register("select", tools.selTournament, tournsize = 3)

return toolbox
```

这是 11.3 节讨论的所有概念的实现。toolbox 生成器函数在 DEAP 中很常见，因为将在本章中使用它，因此花一些时间来理解 toolbox 是如何生成的非常重要。

从位模式的长度开始定义 main 函数：

```
if __name__ == "__main__":
    #定义位数
    num_bits = 75
```

使用前面定义的 create_ toolbox 函数定义一个 toolbox：

```
#使用以上参数定义 toolbox
toolbox = create_toolbox(num_bits)
```

使用随机数生成器可以获得可重复的结果：

```
#为随机数生成器生成种子
random.seed(7)
```

使用 toolbox 对象中可用的方法创建初始种群，如 500 个个体。随机更改这个数字并进行实验：

```
#创建500个个体的初始种群
population = toolbox.population(n =500)
```

定义交叉和变异的概率。同样，这些参数是由用户定义的。因此，可以更改这些参数，观察它们如何影响结果：

```
#定义交叉概率和变异概率
probab_crossing, probab_mutating = 0.5, 0.2
```

定义迭代直到进程终止所需的世代数。如果增加了世代的数量，就给了它更多的周期来提高种群的流动性：

```
#定义世代数
num_generations = 60
```

使用 fitness 函数评估种群中的所有个体：

```
print('\nStarting the evolution process')

#评估整个种群
fitnesses = list(map(toolbox.evaluate, population))
for ind, fit in zip(population, fitnesses):
    ind.fitness.values = fit
```

开始迭代每一代：

```
print('\nEvaluated', len(population), 'individuals')

#迭代
for g in range(num_generations):
    int("\n ===== Generation", g)
```

在每一代中，使用前面注册到 toolbox 的 select 函数选择下一代个体：

```
#选择下一代个体
offspring = toolbox.select(population, len(population))
```

克隆选择的个体：

```
#克隆选择的个体
offspring = list(map(toolbox.clone, offspring))
```

使用前面定义的概率值对下一代个体应用交叉和变异。完成后，重置适应度值：

```
#对后代应用交叉和变异
for child1, child2 in zip(offspring[::2], offspring[1::2]):
    #交叉两个个体
    if random.random() < probab_crossing:
        toolbox.mate(child1, child2)

        #"忘记"子代的适应度值
        del child1.fitness.values
        del child2.fitness.values
```

使用前面定义的相应概率值将变变应用于下一代个体。完成后，重置适应度值：

```
#应用变异
for mutant in offspring:
    #变异一个个体
    if random.random() < probab_mutating:
        toolbox.mutate(mutant)
        del mutant.fitness.values
```

评估具有无效适应度的个体：

```
        #评估具有无效适应度的个体
        invalid_ind = [ind for ind in offspring if not ind.fitness.
valid]
        fitnesses = map(toolbox.evaluate, invalid_ind)
        for ind, fit in zip(invalid_ind, fitnesses):
            ind.fitness.values = fit

        print('Evaluated', len(invalid_ind), 'individuals')
```

用下一代种群替换此代种群：

```
#种群完全被后代种群取代
population[:] = offspring
```

打印当前一代的统计数据，观察进展如何：

```
        #收集一个列表中的所有适应度并打印统计
        fits = [ind.fitness.values[0] for ind in population]

        length = len(population)
        mean = sum(fits) /length
        sum2 = sum(x*x for x in fits)
        std = abs(sum2 /length - mean**2)**0.5

        print('Min =', min(fits), ', Max =', max(fits))
```

```
        print('Average = ', round(mean, 2), ', Standard deviation = ',
                round(std, 2))

    print("\n==== End of evolution")
```

打印最终的输出：

```
    best_ind = tools.selBest(population, 1)[0]
    print('\nBest individual:\n', best_ind)
    print('\nNumber of ones:', sum(best_ind))
```

完整的代码在 bit_counter. py 文件中给出。运行代码，会看到迭代被打印出来。开始时，输出如图 11－1 所示。

```
Starting the evolution process

Evaluated 500 individuals

===== Generation 0
Evaluated 297 individuals
Min = 58.0 , Max = 75.0
Average = 70.43 , Standard deviation = 2.91

===== Generation 1
Evaluated 303 individuals
Min = 63.0 , Max = 75.0
Average = 72.44 , Standard deviation = 2.16

===== Generation 2
Evaluated 310 individuals
Min = 65.0 , Max = 75.0
Average = 73.31 , Standard deviation = 1.6

===== Generation 3
Evaluated 273 individuals
Min = 67.0 , Max = 75.0
Average = 73.76 , Standard deviation = 1.41
```

图 11－1　进化初始输出（0～3 代）

最后，会看到类似图 11－2 所示的输出，表明进化的结束。

```
===== Generation 57
Evaluated 306 individuals
Min = 68.0 , Max = 75.0
Average = 74.02 , Standard deviation = 1.27

===== Generation 58
Evaluated 276 individuals
Min = 69.0 , Max = 75.0
Average = 74.15 , Standard deviation = 1.18

===== Generation 59
Evaluated 288 individuals
Min = 69.0 , Max = 75.0
Average = 74.12 , Standard deviation = 1.24

==== End of evolution

Best individual:
 [1, 1, 0, 1, 1, 0, 1, 0, 1, 0, 0, 1, 0, 1, 0, 1, 1, 1, 1, 0, 1, 0, 0, 1, 1,
, 1, 1, 1, 0, 0, 1, 0, 0, 1, 1, 0, 0, 1, 1, 0, 1, 1, 0, 0, 0, 1, 0, 0, 1, 1,
, 1, 0, 0, 0, 1]

Number of ones: 45
```

图 11－2　进化最终输出

从图 11 - 2 中可以看出，进化过程在 60 代后结束（零索引）。一旦进化完成，最好的个体被挑选出来并打印在输出中。它在最佳个体中有 45 个 1，这是结果的确认，因为在评价函数中目标和是 45。

11.5　可视化进化过程

本节介绍如何可视化进化过程。在 DEAP 包中，用协方差矩阵适应进化策略（Covariance Matrix Adaptation Evolution Strategy，CMA - ES）算法来可视化进化。这是一种进化算法，用于解决连续域中的非线性问题。CMA - ES 是健壮的、研究良好的，并且被认为是进化算法中"最先进"的算法。现在通过深入研究源代码来看看它是如何工作的。下面的代码是 DEAP 包中所示示例的一个微小变化。

创建一个新的 Python 文件并导入以下包：

```
import numpy as np
import matplotlib.pyplot as plt
from deap import algorithms, base, benchmarks, \
        cma, creator, tools
```

定义一个函数来创建 toolbox，使用负权重定义一个 FitnessMin 函数：

```
#创建 toolbox 函数
def create_toolbox(strategy):
    creator.create("FitnessMin", base.Fitness, weights = ( -1.0,))
    creator.create("Individual", list, fitness = creator.FitnessMin)
```

创建 toolbox 并注册 evaluate 函数，代码如下所示：

```
toolbox = base.Toolbox()
toolbox.register("evaluate", benchmarks.rastrigin)

#产生随机种子
np.random.seed(7)
```

注册 generate 和 update 方法。这将使用生成 - 更新范例，并根据策略生成一个种群，然后根据该种群更新策略：

```
    toolbox.register("generate", strategy.generate, creator.
Individual)
    toolbox.register("update", strategy.update)

    return toolbox
```

定义 main 函数以及个体数量和世代数量：

```
if __name__ == "__main__":
    #问题大小
    num_individuals = 10
    num_generations = 125
```

在开始该过程之前，定义一个策略：

```
#使用 CMA - ES 算法定义策略
strategy = cma.Strategy(centroid =[5.0] * num_individuals, sigma =5.0,
        lambda_ =20 * num_individuals)
```

基于策略创建 toolbox：

```
#基于上述策略创建 toolbox
toolbox = create_toolbox(strategy)
```

创建一个 HallOfFame 对象。HallOfFame 对象包含了种群中曾经存在过的最好个体。该对象始终保持排序格式，其中的第一个元素是在进化过程中具有最佳适应度值的个体：

```
# 创建 Hall of Fame 对象
hall_of_fame = tools.HallOfFame(1)
```

使用 Statistics 方法注册统计信息：

```
#注册相关统计数据
stats = tools.Statistics(lambda x: x.fitness.values)
stats.register("avg", np.mean)
stats.register("std", np.std)
stats.register("min", np.min)
stats.register("max", np.max)
```

定义 logbook 来记录进化记录。它基本上是按时间顺序排列的字典：

```
logbook = tools.Logbook()
logbook.header = "gen", "evals", "std", "min", "avg", "max"
```

定义对象来编译所有数据：

```
#将编译数据的对象
sigma = np.ndarray((num_generations, 1))
axis_ratio = np.ndarray((num_generations, 1))
diagD = np.ndarray((num_generations, num_individuals))
fbest = np.ndarray((num_generations,1))
best = np.ndarray((num_generations, num_individuals))
std = np.ndarray((num_generations, num_individuals))
```

迭代各代：

```
for gen in range(num_generations):
    #生成一个新的种群
    population = toolbox.generate()
```

使用 fitness 函数评估个体：

```
#评估个体
fitnesses = toolbox.map(toolbox.evaluate, population)
for ind, fit in zip(population, fitnesses):
    ind.fitness.values = fit
```

根据种群更新策略：

```
#使用评估个体更新策略
toolbox.update(population)
```

用当前一代个体更新 Hall of Fame 对象和统计数据：

```
#使用当前评估的种群更新 Hall of Fame 对象和统计数据
hall_of_fame.update(population)
record = stats.compile(population)
logbook.record(evals=len(population), gen=gen, **record)

print(logbook.stream)
```

保存数据以便绘图：

```
        #沿进化过程保存更多数据以进行绘图
        sigma[gen] = strategy.sigma
        axis_ratio[gen] = max(strategy.diagD)**2/min(strategy.
diagD)**2
        diagD[gen, :num_individuals] = strategy.diagD**2
        fbest[gen] = hall_of_fame[0].fitness.values
        best[gen, :num_individuals] = hall_of_fame[0]
        std[gen, :num_individuals] = np.std(population, axis=0)
```

定义 x 轴并绘制统计数据：

```
    # x 轴将是评估数
    x = list(range(0, strategy.lambda_ * num_generations, strategy.
lambda_))
    avg, max_, min_ = logbook.select("avg", "max", "min")
    plt.figure()
    plt.semilogy(x, avg, "--b")
```

```
plt.semilogy(x, max_, "--b")
plt.semilogy(x, min_, "-b")
plt.semilogy(x, fbest, "-c")
plt.semilogy(x, sigma, "-g")
plt.semilogy(x, axis_ratio, "-r")
plt.grid(True)
plt.title("blue: f-values, green: sigma, red: axis ratio")
```

绘制进度图：

```
plt.figure()
plt.plot(x, best)
plt.grid(True)
plt.title("Object Variables")

plt.figure()
plt.semilogy(x, diagD)
plt.grid(True)
plt.title("Scaling (All Main Axes)")

plt.figure()
plt.semilogy(x, std)
plt.grid(True)
plt.title("Standard Deviations in All Coordinates")

plt.show()
```

完整的代码在 visualization.py 文件中给出。运行代码，会输出四个截图。

图 11 – 3 显示了各种参数。

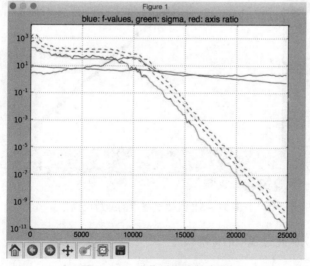

图 11 – 3　进化过程中的参数

图 11 – 4 所示为进化过程中的对象变量。

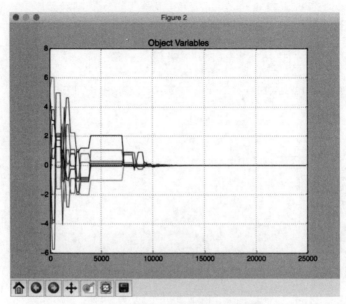

图 11 – 4   进化过程中的对象变量

图 11 – 5 所示为进化过程中的缩放比例。

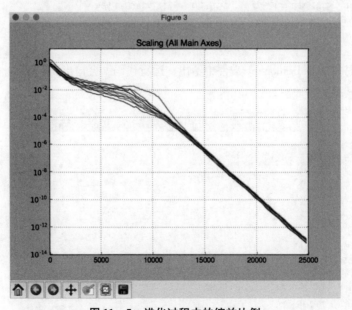

图 11 – 5   进化过程中的缩放比例

图 11 – 6 所示为进化过程中的标准偏差。

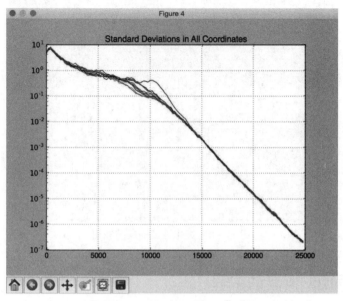

图 11 – 6　进化过程中的标准偏差

接着开始打印进度。在开始时，输出如图 11 – 7 所示。

```
gen    evals   std       min       avg       max
0      200     188.36    217.082   576.281   1199.71
1      200     250.543   196.583   659.389   1869.02
2      200     273.081   199.455   683.641   1770.65
3      200     215.326   111.298   503.933   1579.3
4      200     133.046   149.47    373.124   790.899
5      200     75.4405   131.117   274.092   585.433
6      200     61.2622   91.7121   232.624   426.666
7      200     49.8303   88.8185   201.117   373.543
8      200     39.9533   85.0531   178.645   326.209
9      200     31.3781   87.4824   159.211   261.132
10     200     31.3488   54.0743   144.561   274.877
11     200     30.8796   63.6032   136.791   240.739
12     200     24.1975   70.4913   125.691   190.684
13     200     21.2274   50.6409   122.293   177.483
14     200     25.4931   67.9873   124.132   199.296
15     200     26.9804   46.3411   119.295   205.331
16     200     24.8993   56.0033   115.614   176.702
17     200     21.9789   61.4999   113.417   170.156
18     200     21.2823   50.2455   112.419   190.677
19     200     22.5016   48.153    111.543   166.2
20     200     21.1602   32.1864   106.044   171.899
21     200     23.3864   52.8601   107.301   163.617
22     200     23.1008   51.1226   109.628   185.777
23     200     22.0836   51.3058   106.402   179.673
```

图 11 – 7　进化过程的初始输出

最后，输出如图 11 – 8 所示。

从图 11 – 7 和图 11 – 8 中可以看出，随着进步，所有的值都在下降。这表明它正在融合。

```
100    200    2.38865e-07    1.12678e-07    5.18814e-07    1.23527e-06
101    200    1.49444e-07    5.56979e-08    3.3199e-07     7.98774e-07
102    200    1.11635e-07    2.07109e-08    2.41361e-07    7.96738e-07
103    200    9.50257e-08    3.69117e-08    1.94641e-07    5.75896e-07
104    200    5.63849e-08    2.09827e-08    1.26148e-07    2.887e-07
105    200    4.42488e-08    1.64212e-08    8.6972e-08     2.58639e-07
106    200    2.34933e-08    1.28302e-08    5.47789e-08    1.54658e-07
107    200    1.74434e-08    7.13185e-09    3.64705e-08    9.88235e-08
108    200    1.17157e-08    6.32208e-09    2.54673e-08    7.13075e-08
109    200    8.73027e-09    4.60369e-09    1.79681e-08    5.88066e-08
110    200    6.39874e-09    1.92573e-09    1.43229e-08    4.00087e-08
111    200    5.31196e-09    2.05551e-09    1.13736e-08    3.16793e-08
112    200    3.15607e-09    1.72427e-09    7.28548e-09    1.67727e-08
113    200    2.3789e-09     1.01164e-09    5.01177e-09    1.24541e-08
114    200    1.38424e-09    6.43112e-10    2.94696e-09    9.25819e-09
115    200    1.04172e-09    2.87571e-10    2.06068e-09    7.90436e-09
116    200    6.08685e-10    4.32905e-10    1.4704e-09     3.80221e-09
117    200    4.51515e-10    2.1538e-10     9.23627e-10    2.2759e-09
118    200    2.77204e-10    1.46869e-10    6.3507e-10     1.44637e-09
119    200    2.06475e-10    7.54881e-11    4.41427e-10    1.33167e-09
120    200    1.3138e-10     5.97282e-11    2.98116e-10    8.60453e-10
121    200    9.52385e-11    6.753e-11      2.32358e-10    5.45441e-10
122    200    7.55001e-11    4.1851e-11     1.72688e-10    5.05054e-10
123    200    5.52125e-11    3.2216e-11     1.23505e-10    3.10081e-10
124    200    4.38068e-11    1.32871e-11    8.94929e-11    2.57202e-10
```

图 11 -8   进化进度的最终输出

11.6   符号回归问题的求解

GA 应用于大量行业和领域，从财务到流量优化，GA 的应用几乎层出不穷。本节将介绍另一个简单的例子，如何使用遗传编程来解决符号回归问题。重要的是要理解遗传编程和 GA 不一样，遗传编程是一种进化算法，其中的解以计算机程序的形式出现。每一代个体都是计算机程序，它们的能力水平与其解决问题的能力相对应。这些程序在每次迭代时都用 GA 进行修改。遗传编程是 GA 的应用。

谈到符号回归问题，在这里有一个多项式表达式需要近似。这是一个经典的回归问题，需要估计潜在的函数。在本例中，将使用表达式：

$$f(x) = 2x^3 - 3x^2 + 4x - 1$$

这里讨论的代码是 DEAP 包中给出的符号回归问题的变体。创建一个新的 Python 文件并导入以下内容：

```
import operator
import math
import random

import numpy as np
from deap import algorithms, base, creator, tools, gp
```

定义一个除法函数，用来处理被 0 除的错误：

```
#定义新函数
def division_operator(numerator, denominator):
    if denominator = = 0:
        return 1

    return numerator / denominator
```

定义将用于适应性计算的评估函数，需要定义一个可调用的函数来对输入个体进行计算：

```
#定义求值函数
def eval_func(individual, points):
    #在可调用函数中转换树表达式
    func = toolbox.compile(expr = individual)
```

计算前面定义的函数和原始表达式之间的均方误差：

```
    #计算均方误差
    mse = ((func(x) - (2 * x**3 - 3 * x**2 + 4 * x - 1))**2 for x in
points)
    return math.fsum(mse) / len(points)
```

定义一个函数来创建 toolbox。为了在这里创建 toolbox，需要定义一组原语。这些原语是将在进化过程中使用的运算符。它们是个体的基础。原语将是基本的算术函数：

```
#定义 toolbox 函数
def create_toolbox():
    pset = gp.PrimitiveSet("MAIN", 1)
    pset.addPrimitive(operator.add, 2)
    pset.addPrimitive(operator.sub, 2)
    pset.addPrimitive(operator.mul, 2)
    pset.addPrimitive(division_operator, 2)
    pset.addPrimitive(operator.neg, 1)
    pset.addPrimitive(math.cos, 1)
    pset.addPrimitive(math.sin, 1)
```

接下来，声明一个局部常量。局部常量是一种没有固定值的特殊终端类型。当一个给定的程序将这样一个局部常量附加到树中时，这个函数就被执行了，然后将结果作为一个常量终端插到树中。

这些常量终端可以取值 -1、0 或 1：

```
pset.addEphemeralConstant("rand101", lambda: random.randint(-1,1))
```

参数的默认名称是 ARGx。下面将它重命名为 x：

```
pset.renameArguments(ARG0 = 'x')
```

使用 creator 定义 FitnessMin 对象和 Individual 对象来完成它：

```
    creator.create("FitnessMin", base.Fitness, weights = (-1.0,))
    creator.create("Individual", gp.PrimitiveTree, fitness = creator.
FitnessMin)
```

创建 toolbox 和 register 函数。注册过程与前面部分类似：

```
    toolbox = base.Toolbox()

    toolbox.register("expr", gp.genHalfAndHalf, pset = pset, min_ = 1,
max_ = 2)
    toolbox.register("individual", tools.initIterate, creator.
Individual, toolbox.expr)
    toolbox.register("population", tools.initRepeat, list, toolbox.
individual)
    toolbox.register("compile", gp.compile, pset = pset)
    toolbox.register("evaluate", eval_func, points = [x/10. for x in
range( -10,10)])
    toolbox.register("select", tools.selTournament, tournsize = 3)
    toolbox.register("mate", gp.cxOnePoint)
    toolbox.register("expr_mut", gp.genFull, min_ = 0, max_ = 2)
    toolbox.register("mutate", gp.mutUniform, expr = toolbox.expr_mut,
pset = pset)

    toolbox.decorate("mate", gp.staticLimit(key = operator.
attrgetter("height"), max_value = 17))
    toolbox.decorate("mutate", gp.staticLimit(key = operator.
attrgetter("height"), max_value = 17))

    return toolbox
```

定义 main 函数，并从设定随机数生成器开始：

```
if __name__ == "__main__":
    random.seed(7)
```

创建 toolbox 对象：

```
toolbox = create_toolbox()
```

使用 toolbox 对象中可用的方法定义初始种群，使用 450 个个体的数量是可以改变的。
也定义 HallOfFame 对象：

```
population = toolbox.population(n = 450)
hall_of_fame = tools.HallOfFame(1)
```

构建 GA 时，统计数据非常有用。定义 Statistics 对象：

```
stats_fit = tools.Statistics(lambda x: x.fitness.values)
stats_size = tools.Statistics(len)
```

使用之前定义的对象注册统计信息：

```
mstats = tools.MultiStatistics(fitness = stats_fit, size = stats_size)
mstats.register("avg", np.mean)
```

```
mstats.register("std", np.std)
mstats.register("min", np.min)
mstats.register("max", np.max)
```

定义交叉概率、变异概率和世代数：

```
probab_crossover = 0.4
probab_mutate = 0.2
num_generations = 60
```

使用上述参数运行进化算法：

```
population, log = algorithms.eaSimple(population, toolbox,
        probab_crossover, probab_mutate, num_generations,
        stats = mstats, halloffame = hall_of_fame, verbose = True)
```

完整的代码在 symbol_regression. py 文件中给出。运行代码，进化过程的初始输出如图 11 – 9 所示。

| | | fitness | | | | size | | | |
gen	nevals	avg	max	min	std	avg	max	min	std
0	450	18.6918	47.1923	7.39087	6.27543	3.73556	7	2	1.62449
1	251	15.4572	41.3823	4.46965	4.54993	3.80222	12	1	1.81316
2	236	13.2545	37.7223	4.46965	4.06145	3.96889	12	1	1.98861
3	251	12.2299	60.828	4.46965	4.70055	4.19556	12	1	1.9971
4	235	11.001	47.1923	4.46965	4.48841	4.84222	13	1	2.17245
5	229	9.44483	31.478	4.46965	3.8796	5.56	19	1	2.43168
6	225	8.35975	22.0546	3.02133	3.40547	6.38889	15	1	2.40875
7	237	7.99309	31.1356	1.81133	4.08463	7.14667	16	1	2.57782
8	224	7.42611	359.418	1.17558	17.0167	8.33333	19	1	3.11127
9	237	5.70308	24.1921	1.17558	3.71991	9.64444	23	1	3.31365
10	254	5.27991	30.4315	1.13301	4.13556	10.5089	25	1	3.51898

图 11 – 9 进化过程的初始输出

进化过程的最终结果如图 11 – 10 所示。

36	209	1.10464		22.0546	0.0474957		2.71898	26.4867	46	1	5.23289
37	258	1.61958		86.0936	0.0382386		6.1839	27.2111	45	3	4.75557
38	257	2.03651		70.4768	0.0342642		5.15243	26.5311	49	1	6.22327
39	235	1.95531		185.328	0.0472693		9.32516	26.9711	48	1	6.00345
40	234	1.51403		28.5529	0.0472693		3.24513	26.6867	52	1	5.39811
41	230	1.4753		70.4768	0.0472693		5.4607	27.1	46	3	4.7433
42	233	12.3648		4880.09	0.0396503		229.754	26.88	53	1	5.18192
43	251	1.807		86.0936	0.0396503		5.85281	26.4889	50	1	5.43741
44	236	9.30096		3481.25	0.0277886		163.888	26.9622	55	1	6.27169
45	231	1.73196		86.7372	0.0342642		6.8119	27.4711	51	2	5.27807
46	227	1.86086		185.328	0.0342642		10.1143	28.0644	56	1	6.10812
47	235	12.5214		4923.66	0.0342642		231.837	29.1022	54	1	6.45898
48	232	14.3469		5830.89	0.0322462		274.536	29.8244	58	3	6.24093
49	242	2.56984		272.833	0.0322462		18.2752	29.9267	51	1	6.31446
50	227	2.80136		356.613	0.0322462		21.0416	29.7978	56	4	6.50275
51	243	1.75099		86.0936	0.0322462		5.70833	29.8089	56	1	6.62379
52	253	10.9184		3435.84	0.0227048		163.602	29.9911	55	1	6.66833
53	243	1.80265		48.0418	0.0227048		4.73856	29.88	55	1	7.33084
54	234	1.74487		86.0936	0.0227048		6.0249	30.6067	55	1	6.85782
55	220	1.58888		31.094	0.0132398		3.82809	30.5644	54	1	6.96669
56	241	1.46711		103.287	0.00766444		6.81157	30.6689	55	3	6.6806
57	250	17.0896		6544.17	0.00424267		308.689	31.1267	60	4	7.25837
58	231	1.66757		141.584	0.00144401		7.35306	32	52	1	7.23295
59	229	2.22325		265.224	0.00144401		13.388	33.5489	64	1	8.38351
60	248	2.60303		521.804	0.00144401		24.7018	35.2533	58	1	7.61506

图 11 – 10 进化过程的最终结果

从图 11-9 和图 11-10 中可以看到 min 列的值越来越小，说明方程解的近似解误差越来越小。

11.7 构建智能机器人控制器

本节将介绍如何使用 GA 构建智能机器人控制器。现在有一张地图，上面到处都是目标。

地图如图 11-11 所示。符号"#"表示机器人需要打击的目标。

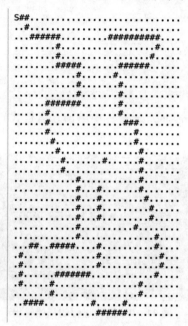

图 11-11 一张地图，上面有智能机器人需要打击的目标，目标用符号"#"表示

图 11-11 中有 124 个目标。机器人控制器的任务是自动遍历地图并消耗所有这些目标。这个程序是 DEAP 包提供的人工蚂蚁程序的变体。

创建一个新的 Python 文件并导入以下包：

```
import copy
import random
from functools import partial
import numpy as np
from deap import algorithms, base, creator, tools, gp
```

创建 RobotController 类来控制机器人：

```
class RobotController(object):
    def __init__(self, max_moves):
```

```
        self.max_moves = max_moves
        self.moves = 0
        self.consumed = 0
        self.routine = None
```

定义方向和动作：

```
self.direction = ["north", "east", "south", "west"]
self.direction_row = [1, 0, -1, 0]
self.direction_col = [0, 1, 0, -1]
```

定义_reset 函数：

```
def _reset(self):
    self.row = self.row_start
    self.col = self.col_start
    self.direction = 1
    self.moves = 0
    self.consumed = 0
    self.matrix_exc = copy.deepcopy(self.matrix)
```

定义_conditional 函数：

```
def _conditional(self, condition, out1, out2):
    out1() if condition() else out2()
```

定义 turn_left 函数：

```
def turn_left(self):
    if self.moves < self.max_moves:
        self.moves += 1
        self.direction = (self.direction - 1) % 4
```

定义 turn_right 函数：

```
def turn_right(self):
    if self.moves < self.max_moves:
        self.moves + = 1
        self.direction = (self.direction + 1) % 4
```

定义控制机器人如何前进的 move_forward 方法：

```
    def move_forward(self):
        if self.moves < self.max_moves:
            self.moves + = 1
```

```
            self.row = (self.row + self.direction_row[self.direction])
% self.matrix_row
            self.col = (self.col + self.direction_col[self.direction])
% self.matrix_col

            if self.matrix_exc[self.row][self.col] == "target":
                self.consumed += 1

            self.matrix_exc[self.row][self.col] = "passed"
```

定义一种感知目标的 sense_target 函数。如果机器人看到前方的目标，则相应地更新矩阵：

```
    def sense_target(self):
        ahead_row = (self.row + self.direction_row[self.direction]) %
self.matrix_row
        ahead_col = (self.col + self.direction_col[self.direction]) %
self.matrix_col
        return self.matrix_exc[ahead_row][ahead_col] == "target"
```

如果机器人看到前方有目标，则创建相关函数并返回：

```
    def if_target_ahead(self, out1, out2):
        return partial(self._conditional, self.sense_target, out1,
out2)
```

定义 run 方法：

```
def run(self,routine):
    self._reset()
    while self.moves < self.max_moves:
        routine()
```

定义一个遍历输入地图的 traverse_map 函数。符号"#"表示地图上的所有目标，符号"S"表示起点，符号"."表示空格：

```
def traverse_map(self, matrix):
    self.matrix = list()
    for i, line in enumerate(matrix):
        self.matrix.append(list())

        for j, col in enumerate(line):
            if col == "#":
                self.matrix[-1].append("target")
```

```
            elif col == ".":
                self.matrix[ -1].append( "empty")

            elif col == "S":
                self.matrix[ -1].append( "empty")
                self.row_start = self.row = i
                self.col_start = self.col = j
                self.direction = 1

    self.matrix_row = len( self.matrix)
    self.matrix_col = len( self.matrix[0])
    self.matrix_exc = copy.deepcopy( self.matrix)
```

根据输入参数的数量定义 Prog 类来生成函数：

```
class Prog(object):
    def _progn(self, * args):
        for arg in args:
            arg()

    def prog2(self, out1, out2):
        return partial( self._progn, out1, out2)

    def prog3(self, out1, out2, out3):
        return partial( self._progn, out1, out2, out3)
```

定义个体评估的 eval_func 函数：

```
def eval_func(individual):
    global robot, pset

    #将树表达式转换为函数式代码
    routine = gp.compile( individual, pset)
```

运行程序：

```
#运行生成的例程
robot.run( routine)
return robot.consumed
```

定义 create_toolbox 函数来创建 toolbox 并添加原语：

```
def create_toolbox():
    global robot, pset
    pset = gp.PrimitiveSet( "MAIN", 0)
    pset.addPrimitive( robot.if_target_ahead, 2)
```

```
pset.addPrimitive(Prog().prog2, 2)
pset.addPrimitive(Prog().prog3, 3)
pset.addTerminal(robot.move_forward)
pset.addTerminal(robot.turn_left)
pset.addTerminal(robot.turn_right)
```

使用 fitness 函数创建对象类型：

```
creator.create("FitnessMax", base.Fitness, weights = (1.0,))
creator.create("Individual", gp.PrimitiveTree, fitness = creator.
FitnessMax)
```

创建 toolbox 并注册所有函数：

```
toolbox = base.Toolbox()

#属性生成器
toolbox.register("expr_init", gp.genFull, pset = pset, min_ = 1,
max_ = 2)

#结构初始化器
toolbox.register("individual", tools.initIterate, creator.
Individual, toolbox.expr_init)
toolbox.register("population", tools.initRepeat, list, toolbox.
individual)

toolbox.register("evaluate", eval_func)
toolbox.register("select", tools.selTournament, tournsize = 7)
toolbox.register("mate", gp.cxOnePoint)

toolbox.register("expr_mut", gp.genFull, min_ = 0, max_ = 2)
toolbox.register("mutate", gp.mutUniform, expr = toolbox.expr_mut,
pset = pset)

return toolbox
```

定义 main 函数，并从设定随机数发生器开始：

```
if __name__ == "__main__":
    global robot

    #为随机数生成器生成种子
    random.seed(7)
```

使用初始化参数创建 RobotController 对象：

```
#定义最大移动次数
max_moves = 750

#创建机器人
robot = RobotController(max_moves)
```

使用前面定义的 create_toolbox 函数创建 toolbox：

```
#创建 toolbox
toolbox = create_toolbox()
```

从输入文件读取地图数据：

```
#读取地图数据
with open('target_map.txt', 'r') as f:
    robot.traverse_map(f)
```

定义一个有 400 个个体的种群，定义 hall_of_fame 对象：

```
#定义种群和 hall_of_fame 对象
population = toolbox.population(n=400)
hall_of_fame = tools.hall_of_fame(1)
```

记录 stats：

```
#注册 stats
stats = tools.Statistics(lambda x: x.fitness.values)
stats.register("avg", np.mean)
stats.register("std", np.std)
stats.register("min", np.min)
stats.register("max", np.max)
```

定义交叉概率、变异概率和世代数：

```
#定义参数
probab_crossover = 0.4
probab_mutate = 0.3
num_generations = 50
```

使用前面定义的参数运行进化算法：

```
#运行算法解决问题
algorithms.eaSimple(population, toolbox, probab_crossover,
        probab_mutate, num_generations, stats,
        halloffame=hall_of_fame)
```

完整的代码在 robot. py 文件中给出。运行代码，进化进程的初始输出如图 11 − 12 所示。

gen	nevals	avg	std	min	max
0	400	1.4875	4.37491	0	62
1	231	4.285	7.56993	0	73
2	235	10.8925	14.8493	0	73
3	231	21.72	22.1239	0	73
4	238	29.9775	27.7861	0	76
5	224	37.6275	31.8698	0	76
6	231	42.845	33.0541	0	80
7	223	43.55	33.9369	0	83
8	234	44.0675	34.5201	0	83
9	231	49.2975	34.3065	0	83
10	249	47.075	36.4106	0	93
11	222	52.7925	36.2826	0	97
12	248	51.0725	37.2598	0	97
13	234	54.01	37.4614	0	97
14	229	59.615	37.7894	0	97
15	228	63.3	39.8205	0	97
16	220	64.605	40.3962	0	97
17	236	62.545	40.5607	0	97
18	233	67.99	38.9033	0	97
19	231	66.4025	39.6574	0	97
20	221	69.785	38.7117	0	97
21	244	65.705	39.0957	0	97
22	230	70.32	37.1206	0	97
23	241	67.3825	39.4028	0	97

图 11 − 12　进化过程的初始输出

进化过程的最终输出如图 11 − 13 所示。

26	214	71.505	36.964	0	97
27	246	72.72	37.1637	0	97
28	238	73.5975	36.5385	0	97
29	239	76.405	35.5696	0	97
30	246	78.6025	33.4281	0	97
31	240	74.83	36.5157	0	97
32	216	80.2625	32.6659	0	97
33	220	80.6425	33.0933	0	97
34	247	78.245	34.6022	0	97
35	241	81.22	32.1885	0	97
36	234	83.6375	29.0002	0	97
37	228	82.485	31.7354	0	97
38	219	83.4625	30.0592	0	97
39	212	88.64	24.2702	0	97
40	231	86.7275	27.0879	0	97
41	229	89.1825	23.8773	0	97
42	216	87.96	25.1649	0	97
43	218	86.85	27.1116	0	97
44	236	88.78	23.7278	0	97
45	225	89.115	23.4212	0	97
46	232	88.5425	24.187	0	97
47	245	87.7775	25.3909	0	97
48	231	87.78	26.3786	0	97
49	238	88.8525	24.5115	0	97
50	233	87.82	25.4164	1	97

图 11 − 13　进化过程的最终输出

从图 11 − 13 中可以看出，标准偏差随着算法的进步而不断减少，这表明它正在收敛。在这个输出中只显示了 50 代。如果运行下一代，可以期待这些值会进一步收敛。

11. 8　遗传编程用例

正如前面章节中讨论的，GA（遗传算法）和 GP（遗传编程，进化学派）是机器学习的"五个学派"之一，如图 11 − 14 所示。

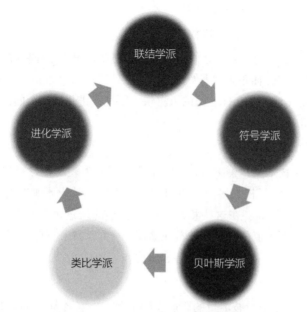

图 11 – 14　五个学派（Pedro Domingos）

　　从早期开始，GP 已经取得了各种进步。文献涵盖了成千上万的 GP 应用，其中包含了许多 GP 已经成功应用的用例。本节将列出一些更重要的用例。

　　下面开始讨论 GP 已经成功应用的一般类型的问题，然后回顾 GP 的每个主要应用领域的代表性子集。根据多年来研究人员的经验，GP 表现很好的领域有以下几个。

1. 未知或不太了解的领域

　　这是相关变量之间的相互关系未知或了解不多的领域（或怀疑当前的理解可能是错误的领域）。GP（和其他进化算法）的优点之一是探索不太了解的领域。如果在能够理解问题领域，并且还有其他的分析工具和方法可以提供高质量的解决方案，但没有 GP 的随机搜索过程中固有的不确定性时使用 GP。

　　另外，当没有很好理解问题领域时，GP 已经产生了结果。GP 可以帮助确定哪些属性和维度是相关的，提供新颖和创造性的解决方案，揭示属性之间意想不到的关系，并发现可以应用于其他领域的新概念。

　　找到最终解决方案的大小和形状是问题的主要部分。如果解决方案的形式是已知的，那么用于固定大小表示的替代搜索机制（如 GA）可能更有效，因为它们不必发现解决方案的大小和形状。

2. 数据丰富可获得的

　　特别是 GP，以及一般的机器学习和搜索技术，通常需要大量的测试数据来执行。找到问题的相关数据集可能是一大障碍。但在大数据集随时可用的情况下，这可能是数据科学家的梦想，提出一些问题可能是一个好主意，这些问题可以仅仅因为数据可用而提出。

　　如果测试数据尽可能干净和准确，这也是有帮助的。然而，GP 算法可以处理数据中一定量的噪声，尤其适用于最小化过度设置。

3. 近似解决方案是可以接受的领域

GP 在近似解是可接受的，或者近似解是最佳可能的情况下工作良好。进化，尤其是 GP 近似解通常是"足够好"，而不是"最好"。如果一只熊在树林里追你，你不必是世界上跑得最快的人，而只需比熊或跑在你旁边的人更快。因此，进化算法倾向于在近似可行且可接受的领域表现得最好。

4. 微小但价值很高的改进

研究发现，GP 在技术工作集中的高经济重要性领域中表现良好。在这些领域中，以前的研究人员可能已经花费了相当多的时间和精力，并且"技术水平"趋于先进，所以很难改进现有的解决方案。然而，在这些相同的领域，小的改进可能是非常有价值的，因此，GP 有时可以作出小而有价值的贡献，如石油勘探、材料管理和金融应用。

现在介绍 GA 和 GP 在一些行业中的特定应用。

1. 电影

与其他职业一样，电影特技演员的职业生涯很短。一家名为 NaturalMotion 的初创公司通过 GP 用令人难以置信的、逼真的效果来生成运动中的人。这些虚拟演员以真实世界的精度摔倒、跳跃和其他特技表演，可以像真人一样对施加在它们身上的力做出反应，并展示各种栩栩如生的动作。所有这些只需用计算机编程就能实现。电影只是开始。在接下来的几年里，NaturalMotion 公司计划在下一代视频游戏中释放这些栩栩如生的形象。

NaturalMotion 是由前牛津大学研究人员托尔斯滕·莱尔（Torsten Reil）和科尔姆·梅西（Colm Massey）创办的一家新公司。到目前为止，该公司有一种称为 Endorphin 的软件，它利用神经网络和人工进化来生产能够像人类一样精确行走、奔跑、摔倒和飞行的软件自动机。

2. 电脑游戏

如今，每个人都迷恋深度学习算法。这些算法在许多领域和基准测试中都取得了令人印象深刻的成果。但是 GP 并不懒散。由于丹尼斯·威尔逊和法国图卢兹大学的一些同事的工作，已经观察到一些令人印象深刻的结果。他们在 GP 上的工作已经能够在相当多的经典游戏中胜过人类。威尔逊和他的研究团队展示了 GP 如何在 2013 年匹配深度学习成名的标志性任务中，与深度学习算法的性能相匹配——在街机电子游戏（如 Pong、Breakout 和 Space Invaders）中超越人类的能力。

威尔逊证明，GP 可以产生与深度学习相当甚至更好的、令人印象深刻的结果。

3. 文件压缩

第一个无损压缩技术使用 GP 进化的图像非线性预测器。该算法基于相邻像素子集的灰度值来预测像素的灰度。结合模型描述的预测误差可以表示图像的压缩版本。使用霍夫曼编码对图像进行压缩。在各种图像上的结果显示了使用 GP 压缩的良好结果。在某些情况下，GP 的性能已经超过了一些最好的人类设计的无损压缩算法。

4. 金融交易

有效市场假说是经济学的一个基本原则。它建立在这样一个理念上，即每个市场参与者都有完美的信息，他们的行为是理性的。如果有效市场假说是正确的，每个人都应该给市场中的所有资产分配相同的价格，并商定一个价格。如果价格差异不存在，就没有办法击败市场。无论是商品市场、货币市场还是股票市场，没有一个市场参与者是平等的，而且有相当大的疑问，有效市场确实存在。市场流动性越差，市场效率就越低。因此，人们继续研究股票市场，试图找到击败它的方法。有些人和公司根据它们的历史记录提出了一个令人信服的理由，即市场是可以击败的。具体例子如下。

- 沃伦·巴菲特（Warren Buffet）和伯克希尔·哈撒韦（Berkshire Hathaway）。
- 彼得·林奇（Peter Lynch）和富达麦哲伦基金（the Fidelity Magellan Fund）。
- 雷伊·达里奥（Ray Dalio）和布里奇沃特联合公司（Bridgewater Associates）。
- 吉姆·西蒙斯（Jim Simons）与文艺复兴技术（Renaissanc Technologies）。

后两个例子在很大程度上依赖于计算机算法来实现市场击败结果。

博弈论一直是经济学家用来试图理解市场的标准工具，但越来越多地被人类和计算机代理的模拟所补充。GP 越来越多地被用作这些社会系统模拟的一部分。

GP 广泛应用于金融交易、时间序列预测和经济建模领域。

5. 其他应用

- 最优化：GA 和 GP 常用于最优化问题，在这些问题中，给定一组约束条件下的目标函数，数值必须最大化或最小化。
- 并行化：GA 还具有并行处理能力，并被证明是解决需要并行处理问题的有效方法。并行化是遗传算法和遗传规划研究的一个活跃领域。
- 神经网络：GA 用于训练神经网络，特别是循环神经网络。
- 经济学：GA 通常用于模拟经济系统，如蛛网模型、博弈论均衡解和资产定价。
- 图像处理：也用于各种数字图像处理（DIP）任务，如密集像素匹配。
- 调度应用：GA 可用于解决许多调度问题，尤其是时间表问题。简单解释一下，当有一组资源、一组活动，以及活动和资源之间的一组依赖关系时，时间表问题就出现了。例如，大学的课程表包括教室、教授和学生，在时间表安排后，希望大部分学生能够选修自己想学的所有课程。
- 参数化设计：通过改变参数和开发更好的解决方案，GA 已被用于设计车辆、机械和飞机。
- DNA 分析：GA 可以而且已经被用于利用样品光谱数据确定 DNA 结构。
- 多模态优化：GA 是解决多模态优化问题的一个很好的方法，因为多模态优化问题有多个最优解。
- 旅行商问题：GA 已用于解决旅行商问题及其所有相关应用，如车辆路径和机器人轨迹问题，这是一个组合问题，采用新的交叉和包装策略。

希望读者了解 GP 和 GA 的以上应用后，也能想出自己独特的应用程序，并利用所获得的知识推动这一领域向前发展。

11.9   本章小结

在本章中，主要学习了 GA 及其基本概念。首先介绍了进化算法和 GP，以及它们与 GA 的关系。然后讨论了 GA 的基本构件，包括种群、交叉、变异、选择和适应度函数的概念。之后学习了如何用预先定义的参数生成位模式，讨论了如何使用 CMA－ES 算法可视化进化过程，学习了如何在这个范式中解决符号回归问题。最后使用这些概念构建了一个智能机器人控制器，以遍历地图并消耗所有目标。

在下一章中，将学习云和云上的人工智能负载并了解主要云提供商提供的产品、服务和特征。

12

第 12 章

云上人工智能

在本章中，将了解云和云上的人工智能工作负载，讨论将人工智能项目迁移到云的好处和风险。还将了解主要云提供商提供的产品、服务和特征，并了解这些提供商是市场领导者的原因。

本章涵盖以下主题：

- 公司迁移到云的原因
- 顶级云提供商
- 亚马逊网络服务
- 微软 Azure
- 谷歌云平台

12.1　公司迁移到云的原因

如今，任何地方都很难不涉及"云"这个术语。我们当今的社会已经到了临界点，大大小小的企业都看到将工作负载迁移到云的好处大于成本和风险。例如，截至 2019 年，美国国防部正在选择一家云提供商，并授予一份为期 10 年、价值 100 亿美元的合同。将系统迁移到云有许多优势，但公司迁移到云的主要原因之一是其弹性能力。

在内部环境中部署新项目时，我们总是要从容量规划开始。容量规划是企业为确定新系统高效运行所需的硬件数量而进行的工作。根据项目的规模，这种硬件的成本可能高达数百万美元。因此，完成这一过程可能需要几个月时间，原因之一是购买硬件可能需要许多批准。我们不能责怪企业如此缓慢和明智地做出这些决定。

尽管对于这些采购事先已有很好的计划和想法，但还会出现购买设备的数量或动力不足的情况。也许同样常见的情况是，购买了太多的设备，或者设备对于手头的项目来说是多余的。出现这种情况的原因是，在许多情况下很难事先确定需求。

此外，即使我们在一开始就正确地获得了所需的容量，需求也可能会继续增长，所以必须重新执行资源调配过程，或者需求可能是可变的。例如，网站在白天有很多流量，但到了晚上需求会下降很多。在这种情况下，当使用内部部署环境时，我们别无选择，只能考虑最坏的情况并购买足够的资源，以便能够满足高峰时期的需求，但当需求下降时，资源将被浪费。

以上所有问题在云环境中都不存在。所有主要的云提供商都以不同的方式提供弹性环境。用户不仅可以轻松扩大规模，还可以轻松缩小规模。例如，如果一个网站有可变的流量，就可以把处理流量的服务器放在负载平衡器后面并设置警报，自动添加更多的服务器来处理流量峰值和其他警报，以便在高峰期过去后终止服务器。

12.2　顶级云提供商

考虑到云引发的海啸，许多供应商都在竞相抑制对云服务的需求。然而，就像科技市场经常出现的情况一样，只有少数公司已经登上了顶峰，占据了这个领域。本节将介绍一些顶级云提供商。

1. 亚马逊网络服务

亚马逊网络服务（Amazon Web Services，AWS）是云的先驱之一。自 2006 年推出以来，AWS 在备受尊敬的 Gartner 魔力象限中，无论是愿景还是执行力都名列前茅。自成立以来，AWS 一直占据着云市场的很大一部分。对于传统企业和初创企业来说，AWS 都是一个有吸引力的选择。根据 Gartner 的说法："AWS 是最常被选择用于战略性全组织采用的提供商。"

AWS 还拥有一个顾问团队，致力于帮助客户部署 AWS 服务，并教他们如何最好地利用可用的服务。总之，可以肯定地说，AWS 是最成熟、最先进的云提供商，拥有客户成功的良好记录，以及 AWS Marketplace 中强大的稳定合作伙伴。

在 flip 方面，由于 AWS 是领导者，所以它们并不总是最便宜的选择。对 AWS 的另一个打击是，由于它们高度重视率先推出新服务和特征，所以愿意快速推出可能不完全成熟和特征完整的服务，然后在发布后解决问题。客观地说，这并不是 AWS 独有的策略，其他云提供商也发布了自身服务的测试版。此外，由于亚马逊在云以外的市场竞争，一些潜在客户为了不填充无底洞而与其他提供商合作的情况并不少见。例如，由于沃尔玛在电子商务领域的激烈竞争，它不惜一切代价避免使用 AWS。

2. 微软 Azure

在过去的几年里，微软 Azure 在 Gartner 魔力象限中排名第二，落后于 AWS，在执行能力上明显落后于 AWS。但是，它们只落后于 AWS，而且是强有力的二号云提供商。

微软的解决方案吸引了托管传统工作负载和全新云部署的客户，但原因不同。

传统工作负载通常由传统上是微软客户的客户端在 Azure 上运行，并试图利用它以前在该技术堆栈中的投资。

对于全新的云部署，Azure 云服务具有吸引力，因为微软为应用程序开发、专业平台即服务（Platform as a Service，PaaS）特征、数据存储、机器学习和物联网（Internet of Things，IoT）服务提供了强大的产品。

战略性地致力于微软技术堆栈的企业已经能够在生产中部署许多大规模的应用程序。当开发人员完全投入到微软的产品套件时，Azure 特别闪耀，如 .NET 应用程序，然后在 Azure 上部署它们。微软拥有深厚的市场渗透能力的另一个原因是其经验丰富的销售人员和广泛的合作伙伴网络。

此外，微软意识到，下一场技术之战不会围绕操作系统展开，而是在云中展开，它们对采用非微软操作系统变得越来越开放。例如，截至目前，大约一半的 Azure 工作负载运行在 Linux 或其他开源操作系统和技术堆栈上。

Gartner 的一份报告指出："微软对未来有着独特的愿景，包括通过原生的第一方产品引入技术合作伙伴，如来自 VMware、NetApp、Red Hat、Cray 和 Databricks 的产品。"

不利的一面是，有一些关于可靠性、停机时间和服务中断的报告，以及一些客户对微软技术支持质量的质疑。

3. 谷歌云平台

2018 年，谷歌凭借其谷歌云平台（Google Cloud Platform，GCP）产品闯入了著名的 Gartner 领导者象限，在独家俱乐部中仅加入了 AWS 和 Azure。2019 年，GCP 仍与其两位最大竞争对手处于同一象限。然而，就市场份额而言，GCP 远远排在第三位。

GCP 最近加强了它们的销售人员，拥有雄厚的财力和强烈的发展势头，所以不要低估它们。

谷歌作为机器学习领导者是无可争议的，因此 GCP 拥有强大的大数据和机器学习产品也就不足为奇了。但 GCP 也取得了一些进展，吸引了寻求托管传统工作负载［如思爱普（SAP）和其他传统客户关系管理系统（Customer Relationship Management，CRM）］的大型企业。

谷歌围绕机器学习、自动化、容器和网络的内部创新，以及 TensorFlow 和 Kubernetes 等产品，推动了云开发。GPS 的技术产品围绕着它们对开源的贡献。

但是，请注意将云战略完全集中在 GCP。在最近的一份报告中，Gartner 宣称："谷歌在处理企业账户时表现出流程和程序的不成熟，这有时会让公司很难与之进行交易。"以及"与这个魔力象限中的其他供应商相比，谷歌拥有的经验丰富的托管服务提供商（Managed Service Providers，MSP）和以基础设施为中心的专业服务合作伙伴少得多。"

同时，Gartner 也指出："谷歌正在积极瞄准这些缺点。"

Gartner 还指出谷歌的渠道需要发展。

4. 阿里巴巴云

阿里巴巴云于 2017 年首次出现在 Gartner 的魔力象限中，截至 2019 年，阿里巴巴名为阿里云的云产品仍属于小众玩家类别。

Gartner 只评估了该公司总部位于新加坡的国际服务。

阿里巴巴云是中国的市场领导者，许多中国企业以及中国政府通过使用阿里巴巴作为它们的云提供商得到了很好的服务。然而，如果中国决定取消对其他国际云供应商的一些限制，这种市场份额的很大一部分可能会被放弃。

该公司在中国为构建混合云提供支持。但是，在国外，它主要用于以云为中心的工作负载。2018 年，它与 VMware 和 SAP 建立了合作伙伴关系。

阿里巴巴拥有一套服务，其范围可与其他全球提供商的服务组合相媲美。

该公司与阿里巴巴集团的密切关系有助于云服务成为希望在中国开展业务的国际公司的桥梁，以及中国公司走出中国的桥梁。

阿里巴巴似乎还没有 AWS、Azure 和 GCP 等竞争对手的服务和特征深度。在许多地区，服务仅适用于特定的计算实例。它们还需要加强 MSP 生态系统、第三方企业软件集成和运营工具。

5. 甲骨文云基础设施

2017 年，Oracle 的云产品作为愿景者首次出现在 Gartner 的魔力象限中。但在 2018 年，由于 Gartner 的评估标准发生了变化，Oracle 被移至利基（Niche）玩家地位。截至 2019 年，它一直存在。

Oracle 云基础设施（Oracle Cloud Infrastructure，OCI）是 2016 年推出的第二代服务，旨在逐步淘汰传统产品，现在称为 OCI 经典。

OCI 提供虚拟化和裸机服务器，只需点击一下鼠标即可安装和配置 Oracle 数据库和容器服务。

OCI 吸引了使用 Oracle 工作负载的客户，他们只需要基本的基础架构即服务（Infrastructure as a Service，IaaS）特征。

甲骨文的云战略依赖于其应用程序、数据库和中间件。

甲骨文在吸引其他云提供商的人才以加强其产品方面取得了一些进展。它在赢得新业务和让现有甲骨文客户迁移到 OCI 云方面也取得了一些进展。然而，甲骨文要赶上三巨头还有很长的路要走。

6. IBM 云

在大型机时代，IBM 是无可争议的计算王者。当我们开始远离大型机，个人计算机变得无处不在时，IBM 就不再是计算王者。IBM 再次试图在这一新的范式转变中夺回领导地位。IBM 云是 IBM 应对这一挑战的方案。

IBM 的多样化云服务包括容器平台、无服务器服务和专业的平台即服务。它们由用于混合架构的 IBM 私有云补充。

像其他一些较低层的云提供商一样，IBM 对其现有客户很有吸引力，这些客户强烈倾向于从大蓝（Big Blue，IBM 的昵称）购买大部分技术。

这些现有客户通常有传统的工作负载。IBM 还在利用这些长期关系，将这些客户转变为新兴的 IBM 解决方案，如沃森的人工智能。

IBM 受益于大量运行关键生产服务的现有客户，这些客户刚刚开始适应云的使用。IBM 能够很好地帮助这些现有客户拥抱云并开始他们的转型之旅。

像 Oracle 一样，IBM 正在打一场艰难的战斗，以从 AWS、Azure 和谷歌那里获得市场份额。

12.3　亚马逊网络服务

我们现在将关注前三大云提供商。你可能已经知道，云提供商提供的不仅仅是人工服务，还有从准系统计算和存储服务，一直到非常复杂的高级服务。与前面章节的内容一样，本节将从亚马逊网络服务（AWS）开始，具体深入地研究云提供商提供的人工智能和机器学习服务。

12.3.1　亚马逊 SageMaker

亚马逊 SageMaker 于 2017 年在美国内华达州拉斯维加斯举行的亚马逊年度 re：Invent 大会上发布。SageMaker 是一个机器学习平台，用户能够通过这个平台在云中创建、训练和部署机器学习（Machine Learning，ML）模型。

数据科学家在日常工作中常用的工具是 Jupyter 笔记本。这些笔记本是包含计算机代码（如 Python）和富文本元素（如段落、公式、图形和网址）的文档。Jupyter 笔记本很容易被人类理解，因为它们包含分析、描述和结果（图形、表格等），并且也是可以在线或在笔记本电脑上处理的可执行程序。

我们可以把亚马逊 SageMaker 想象成一台打着类固醇的 Jupyter 笔记本。这些是 SageMaker 相对于传统 Jupyter 笔记本的一些优势。换句话说，这些是不同的类固醇食物：

（1）SageMaker 是一个完全托管的机器学习服务，因此用户不必担心升级操作系统或安装驱动程序。

（2）SageMaker 提供了一些最常见的机器学习模型的实现。这些实现是高度优化的，在某些情况下，运行速度比相同算法快 10 倍。此外，如果 SageMaker 没有提供现成的机器学习模型，可以引入自己的算法。

（3）SageMaker 为各种工作负载提供了适量的支持。可以从亚马逊提供的各种机器类型中选择可以用来训练或部署算法的机器类型。如果只是在试用 SageMaker，可以使用 ml. t2. medium 机器，这是可以使用 SageMaker 的最小机器之一。如果需要一些真实的能力，可以增加计算机实例，如一个 ml. p3dn. 24xlarge 机器。这样一个实例提供的能量相当于几年前的称为一台超级计算机的能量，需要花费数百万美元来购买。

SageMaker 可以在整个机器学习管道中提高工作效率。具体包括以下几个方面。

（1）数据准备：SageMaker 可以与许多其他 AWS 服务无缝集成，如 S3、RDS、DynamoDB 和 Lambda，使机器学习算法搜集和准备数据变得简单。

（2）算法选择和训练：开箱即用，SageMaker 拥有多种针对速度和准确性进行优化的高性能、可扩展的机器学习算法。这些算法可以在 PB 级数据集上执行训练，并且可以将性能提高到类似实现的 10 倍。以下是 SageMaker 附带的一些算法：BlazingText、深度预测、因子分解机器、K－Means 值、随机切割森林（Random Cut Forest，RCF）、目标检测、图像分类、神经主题模型（Neural Topic Model，NTM）、IP 洞察、最近邻（K－NN）、潜在狄利克雷分配（Latent Dirichlet Allocation，LDA）、线性学习者、Object2Vec、主成分分析（Principal Component Analysis，PCA）、语义分割、序列对序列、XGBoost。

（3）算法调整和优化：SageMaker 提供自动模型调整，又称为超参数调整。通过使用相同的输入数据集在指定的超参数范围内运行相同的算法来运行多次迭代，从而确定模型的最佳参数集。随着训练工作的进行，记分卡会保留模型的最佳表现版本。"最佳"的定义是基于预先定义指标的。

举个例子，假设要解决一个二进制分类问题。目标是通过训练一个 XGBoost 算法模型来最大化算法的曲线下面积（Area Under the Curve，AUC）。可以为该算法调整超参数：alpha、eta、min_child_weight 和 max_depth。

为了找到这些超参数的最佳值，可以为超参数指定一个值范围。将启动一系列训练工作，并根据哪个版本提供最高的 AUC 来存储最佳超参数集。

SageMaker 的自动模型调整既可以用于 SageMaker 的内置算法，也可以用于定制算法。

（4）算法部署：在 SageMaker 中部署模型分为以下两步。

- 创建端点配置，指定用于部署模型的最大似然计算实例。
- 启动一个或多个机器学习模型计算实例来部署模型，并将 URI 暴露给用户可以预测的调用。

端点配置应用编程接口接受机器学习模型实例类型和实例的初始计数。在神经网络的情况下，配置可以包括图形处理器支持的实例类型。端点配置应用编程接口按照上一步的定义提供基础设施。

SageMaker 部署支持一次性和批量预测。批量预测可以对存储在 S3 或其他 AWS 存储解决方案中的数据集进行预测。

（5）集成和调用：SageMaker 提供了多种与服务交互的接口和界面。具体如下。

- Web 应用编程接口：SageMaker 有一个 Web 应用编程接口，可以用来控制和调用 SageMaker 服务器实例。
- SageMaker 应用编程接口：与其他服务一样，亚马逊也有一个 SageMaker 应用编程接口，支持的编程语言包括 Go、C++、Java、JavaScript、Python、PHP、Ruby 和 Java。
- Web 界面：如果熟悉 Jupyter 笔记本，就会觉得用 SageMaker 也很方便，因为与 SageMaker 交互的网络界面是 Jupyter 笔记本。
- AWS 命令行界面。

12.3.2　Alexa、Lex 和 Polly：对话智能体

在前几章中，讨论了 Alexa 及其在家庭中日益普遍的存在。本节将深入研究为 Alexa 提供动力的技术，以及如何创建自己的对话机器人。

亚马逊 Lex 是一个构建对话代理的服务，与其他聊天机器人一样，是我们这一代人通过图灵测试的尝试，在前面几章已经讨论过了。还要过一段时间，才会有人将与 Alexa 的对话和与人类的对话混淆起来。然而，亚马逊和其他公司在让这些对话变得越来越自然方面不断

取得进展。Lex 使用与 Alexa 相同的技术，快速构建复杂的自然语言、对话代理或聊天机器人。对于简单的情况，不需要任何编程就可以构建一些聊天机器人。但是，以 AWS Lambda 为集成技术，可以将 Lex 与 AWS 栈中的其他服务进行集成。

因为将在后面章节中介绍如何创建聊天机器人，所以这里不再详述。

12.3.3　亚马逊 Comprehend：自然语言处理

亚马逊 Comprehend 是由 AWS 提供的自然语言处理服务（Natural Language Processing，NLP）。它使用机器学习来分析内容，执行实体识别并发现隐式和显式关系。一些公司开始意识到，它们每天生成的大量数据中包含有价值的信息。可以从客户电子邮件、支持单、产品评论、呼叫中心对话和社交媒体互动中获得有价值的信息。到目前为止，试图获得这些信息的成本高得令人望而却步，但像亚马逊 Comprehend 这样的服务使大量数据分析具有成本效益。

这项服务的另一个优点是，它是另一项完全受管理的 AWS 服务，因此无须调配服务器、安装驱动程序和升级软件。使用起来很简单，不需要在自然语言处理方面有丰富的经验就能很快地提高工作效率。

与其他 AWS AI/ML 服务一样，亚马逊 Comprehend 与 AWS Lambda 和 AWS Glue 等其他 AWS 服务进行了集成。具体应用如下。

（1）用例：亚马逊 Comprehend 可以扫描文档和识别文档中的模式。这种能力可以应用于一系列用例。客户的体验是积极的还是消极的还可以用于情感分析和按主题组织文档。例如，亚马逊 Comprehend 可以分析来自与客户的社交媒体互动的文本，识别关键短语。

（2）控制台：亚马逊 Comprehend 可以从 AWS 管理访问，将数据纳入服务的最简单方法之一是使用亚马逊 S3。然后，可以调用亚马逊 Comprehend 服务来分析文本中的关键短语和关系。Comprehend 服务可以为每个用户请求返回一个置信分数，以确定精确度的置信水平，置信水平越高，服务越有置信度，也可以轻松处理单个请求或批量处理多个请求。

亚马逊 Comprehend 提供了六种不同的应用编程接口：

- 关键短语提取：识别关键短语和术语。
- 情感分析：返回文本的整体含义，可以是积极的、消极的、中性的或混合的。
- 语法：标记文本以定义单词边界，并在单词的不同词类中标记单词，如名词和动词。
- 实体识别：识别和标记文本中的不同实体，如人、地点和公司。
- 语言检测：识别书写文本的主要语言。这项服务可以识别 100 多种语言。
- 自定义分类：构建自定义文本分类模型。

（3）行业特定服务：亚马逊 Comprehend Medical 于 2018 年在 AWS re：Invent 上发布。它是专门为医疗行业构建的，可以识别行业专用术语。亚马逊 Comprehend 还提供了一个特定的医学命名实体和关系提取应用编程接口。AWS 不存储或使用来自亚马逊 Comprehend Medical 的任何文本输入，用于将来的机器学习训练。

12.3.4　亚马逊 Rekognition：识别图像和视频

需要注意的是，亚马逊用 k 而不是 c 来命名它的识别服务（Rekognition）。Rekognition 可以执行图像和视频分析，并且将此特征添加到应用程序中。亚马逊 Rekognition 已经预处理了数百万张有标签的图像。因此，服务可以快速识别以下内容。

- 对象类型：椅子、桌子、汽车等。
- 名人：演员、政治家、运动员等。
- 人物：面部分析、面部表情、面部质量、用户验证等。
- 文本：将图像识别为文本并将其转换为文本。
- 场景：跳舞、庆祝、吃饭等。
- 不适当的内容：成人、暴力或视觉干扰内容。

Rekognition 已经识别了数十亿个图像和视频，并利用它们不断变得越来越好。深度学习在图像识别领域的应用可以说是过去几年中最成功的机器学习应用，Rekognition 利用深度学习提供了令人印象深刻的结果。使用亚马逊 Rekognition 并不要求具有高水平的机器学习专业知识。因为 Rekognition 提供了一个简单的 API，只需将一个图像和一些参数传递给服务即可。随着 Rekognition 被使用得越多，它收到的输入数据就越多，从这些输入数据中学到的东西也越多。此外，亚马逊还在继续增强和增加服务的新特征和功能。

Rekognition 最受欢迎的一些用例和应用程序如下。

- 对象、场景和活动检测：Rekognition 可以识别成千上万种不同类型的对象（如汽车、房屋、椅子等）和场景（如城市、商场、海滩等）。在分析视频时，可以识别画面中正在发生的特定活动，如"清空汽车后备厢"或"儿童玩耍"。
- 性别识别：Rekognition 可用于有根据的猜测，以确定图像中的人是男性还是女性。特征不应用作一个人性别的唯一识别因素。它不应该以这种方式使用。例如，如果一个男演员戴着长假发和耳环演一个角色，他可能会被识别为女性。
- 面部识别和分析：面部识别系统的用途之一是从图像或视频中识别和验证一个人。这项技术已经存在了几十年，但直到最近，它的应用才变得更加流行、便宜和可用，这在很大程度上归功于深度学习技术和 Rekognition 等服务的普及。面部识别技术是当今许多应用的动力，如照片共享和存储服务，也是智能手机认证工作的第二个因素。

识别到是一张脸后，就可能需要进一步的面部分析。Rekognition 可以帮助确定的一些属性包括：眼睛睁开或闭上、心情（幸福的、悲哀的、愤怒的、惊讶的、厌恶的、平静的、困惑的、害怕的）、毛色、眼睛颜色、胡子或胡须、眼镜、年龄范围、性别和人脸型。

当需要在几秒内搜索并组织数百万张图像，生成元数据标签（如一个人的情绪）或识别一个人时，这些检测到的属性非常有用。

- 路径跟踪：Rekognition 可以使用视频文件在场景中跟踪一个人的路径。例如，如果我们看到一张图像中包含一个人的行李箱周围有包，要想知道这个人是从行李箱中取出包并到达，还是要将包放入行李箱并离开，就可以通过路径分析视频来做出正确判断。

- 不安全内容的检测：Rekognition 可以识别图像和视频内容中潜在的不安全或不适当的内容，它可以提供详细的标签，根据之前确定的标准准确控制对这些资产的访问。
- 名人识别：名人可以在图像和视频库中被快速识别，以对图像和视频进行分类。该功能可用于营销、广告和媒体行业用例。
- 图像中文本的识别：识别出图像包含文本后，就要将该图像中的字母和单词转换为文本。例如，如果 Rekognition 不仅能识别出物体是牌照，而且能将牌照图像转换成文本，就能很容易根据机动车部门的记录对其进行索引，并跟踪个人及其行踪。

12.3.5　亚马逊 Translation

亚马逊 Translation 是亚马逊的另一项服务，可以将大量用一种语言编写的文本翻译成另一种语言。亚马逊 Translation 是按次付费的，所以只有在提交要翻译的内容时才会收费。截至 2019 年 10 月，亚马逊 Translation 支持 32 种语言，如表 12 – 1 所示。

表 12 – 1　亚马逊 Translation 支持的语言及语言代码

语言	语言代码
阿拉伯语	ar
中文（简体）	zh
中文（繁体）	zh – TW
捷克语	cs
丹麦语	da
荷兰语	nl
英语	en
芬兰语	fi
法语	fr
德语	de
希腊语	el
希伯来语	he
印地语	hi
匈牙利语	hu
印度尼西亚语	id

语言	语言代码
意大利语	it
日语	ja
韩语	ko
马来语	ms
挪威语	no
波斯语	fa
波兰语	pl
葡萄牙语	pt
罗马尼亚语	ro
俄语	ru
西班牙语	es
瑞典语	sv
泰国语	th
土耳其语	tr
乌克兰语	uk
乌尔都语	ur
越南语	vi

除了少数例外，这些语言中的大多数都可以从一种语言翻译成另一种语言。用户还可以向字典中添加项目，以自定义术语，并包括特定于其组织或用例的术语，如品牌和产品名称。

亚马逊 Translate 使用机器学习和连续学习模型来随着时间的推移提高其翻译的性能。

可以通过三种不同的方式访问该服务，就像可以访问许多 AWS 服务一样：

- 使用 AWS 控制台翻译小的文本片段并对服务进行采样。
- 使用 AWS 应用编程接口访问 Translate 服务（支持的语言有 C＋＋、Go、Java、JavaScript、.NET、Node.js、PHP、Python 和 Ruby）。
- 使用 AWS 命令行界面访问 Translate 服务。

下面介绍 Translate 服务的用途。

许多公司将 Translate 与其他外部服务结合使用。此外，Translate 可以与其他 AWS 服务集成。例如，Translate 可以与 Comprehend 结合使用，从社交媒体源中拉出预定的实体、情感或关键词，然后翻译提取的术语。在另一个例子中，该服务可以与亚马逊 S3 配对来翻译文档库，并与亚马逊 Polly 用一种翻译语言进行会话。

然而，使用 Translate 并不表示不再需要人类译者。一些公司正在将 Translate 与人工翻译配对，以提高翻译的速度。

12.3.6　亚马逊机器学习

在有亚马逊 SageMaker 之前，有亚马逊机器学习（Machine Learning，ML）。亚马逊 ML 是一个更简单的服务，对于一些用例来说，它仍然是一个强大的工具。亚马逊 ML 最初于 2015 年 4 月在美国旧金山的 AWS 峰会上发布。亚马逊 ML 让所有技能水平的开发人员都可以轻松使用机器学习技术。亚马逊 ML 提供可视化工具和向导，指导用户完成创建机器学习模型的过程，而无须学习复杂的 ML 算法和技术。模型准备好后，亚马逊 ML 很容易就能获得预测。应用程序可以使用简单的应用编程接口，而不必实现定制的预测代码，所有这些都在一个完全托管的服务中。

12.3.7　亚马逊 Transcribe：转录

2017 年，re：Invent 大会上发布的另一项服务是亚马逊 Transcribe。用户可以把亚马逊 Transcribe 当成自己的私人秘书，一边说话一边做笔记。

亚马逊 Transcribe 是一种自动语音识别（Automatic Speech Recognition，ASR）服务，可以在各种应用程序中添加语音到文本的特征。亚马逊 Transcribe 应用编程接口可以分析存储的音频文件。该服务返回包含转录语音的文本文件。亚马逊 Transcribe 也可以实时使用，即可以接收现场音频流并生成包含转录文本的实时流。

亚马逊 Transcribe 可用于转录客户服务电话，并且为音频和视频内容生成字幕。该服务支持常见的音频格式，如 WAV 和 MP3。它可以为每个单词生成一个时间戳。这有助于使用生成的文本快速定位原始音频源。像其他亚马逊 ML 服务一样，亚马逊 Transcribe 不断从正在处理的文本中学习，以不断改进服务。

12.3.8　亚马逊 Textract：文档分析

机器学习中最难的问题之一是识别笔迹。每个人的笔迹都是不同的，有的笔迹很难识别，有时甚至我们写的字几分钟后自己就看不懂了。虽然亚马逊还没有掌握破译这种笔迹的方法，但亚马逊 Textract 服务可以将包含文本的图像转换为同等文本。如果能够将扫描和传真这些文档转换为文本，并且为它们编制索引，就可以为用户提供很大的价值。

亚马逊 Textract 可以从文档、表单和表格中提取文本，并自动检测文档的布局和关键页面元素，也可以识别嵌入式表单或表格中的数据，并在页面的上下文中提取这些数据。然后，这些信息可以与其他 AWS 服务集成，并用作 AWS Lambda 调用的输入，或者作为亚马逊 Kinesis 的流。

12.4　微软 Azure

了解了 AWS 之后，本节将介绍微软在云服务领域的产品特性：微软 Azure。

12.4.1　微软 Azure 机器学习工作室

微软 Azure 机器学习工作室是微软对亚马逊 SageMaker 的回答。机器学习工作室是一个协作工具，具有简单的拖放界面，可以构建、测试和部署机器学习模型。机器学习工作室支持模型发布，模型发布可以被其他应用程序使用，也可以与商业智能工具（如 Excel）集成。具体应用如下。

（1）机器学习工作室的交互式工作空间：在第 3 章中了解了机器学习管道，机器学习工作室的交互式工作空间简化了管道开发，可以将数据输入工作空间，转换数据，然后通过各种数据操作和统计特征分析数据，最后生成预测。开发机器学习管道通常是一个迭代过程，工作空间使这种迭代开发变得简单。在修改各种函数及其参数时，能够可视化和分析模型的性能，直到用户对结果满意为止。

微软 Azure 机器学习工作室提供了一个交互式的可视化工作空间，可以轻松地构建、测试和迭代预测分析模型。可以用拖放的方式将数据集带入工作区，还可以将分析模型拖到交互式画布上，并将它们连接在一起形成初始实验，然后可以在机器学习工作室中运行。如果结果不令人满意，可以修改实验参数并反复运行，直到结果令人满意。性能令人满意时，就可以将训练实验转换为预测实验，并将其发布为 Web 服务，以便用户和其他服务可以访问该模型。

学习工作室不需要任何编程。实验通过可视化连接数据集和模块来构建预测分析模型。

（2）机器学习工作室入门：使用 Azure 创建一个免费的层账户。在编写本文时，免费账户的好处如下。

- 12 个月的免费产品，如虚拟机、存储和数据库。
- 不符合免费等级的服务可获得 200 美元的积分。
- 除非特别升级到付费账户，否则不会自动收费。
- Azure 有超过 25 种产品始终免费，包括无服务器产品和人工智能服务。

创建账户后，即可访问 Azure 机器学习工作室。

登录后，将在界面左侧看到以下选项卡。

- 项目：项目是实验、数据集、笔记本和其他资源的集合。
- 实验：可以创建、编辑、运行和保存实验。
- 网络服务：实验可以作为网络服务进行部署和展示。
- 笔记本：工作室还支持 Jupyter 笔记本。
- 数据集：已上传到工作室的数据集。
- 训练模型：在实验中训练并保存的模型。
- 设置：用于配置账户和资源。

（3）图库：Azure 机器学习图库是一个数据科学社区可以共享解决方案的地方，这些解决方案是使用 Cortana Intelligence Suite 的组件创建的。

（4）实验的组成部分：实验由数据集和分析模块组成，它们可以连接起来构建预测分析模型。有效的实验具有以下特征：

- 实验至少有一个数据集和一个模块。
- 数据集只能连接到模块。
- 模块可以连接到数据集或其他模块。
- 模块的所有输入端口都必须与数据流有某种连接。
- 必须设置每个模块所需的所有参数。

实验可以从头开始创建，也可以使用现有实验作为模板。

（5）数据集：数据集是已经上传到 Azure 机器学习工作室以便在实验中使用的数据。Azure 机器学习工作室包含几个样本数据集，可以根据需要上传更多数据集。

（6）模块：模块是一种可以处理数据的算法。Azure 机器学习工作室有多种模块，包括数据接收、训练职能、评分函数和验证过程。

更多具体示例：

- ARFF 转换模块：将 .NET 序列化数据集转换为属性关系文件格式（Attribute Relation File Format，ARFF）。
- 计算基本统计模块：计算基本统计值，如平均值、标准偏差等。
- 线性回归模块：创建基于梯度下降的在线线性回归模型。
- 评分模块：对经过训练的分类或回归模型进行评分。

一个模块可能有一组可用于配置模块内部算法的参数。

（7）模型部署：预测分析模型准备就绪后，就可以在 Azure 机器学习工作室将其部署为网络服务。

12.4.2　微软 Azure 机器学习服务

Azure 机器学习（Azure Machine Learning，AML）服务是一个平台，数据科学家和数据工程师可以用这个平台大规模训练、部署、自动化和管理机器学习模型。用户可以使用该服务基于 Python 库创建强大的应用程序和工作流。Azure 机器学习服务是一个框架，开发人员可以在这个框架中使用预定义的数据集训练模型，然后将模型包装为 Docker 容器中的网络服务，并使用各种容器编排器部署模型。

可以用两种方式访问和使用 Azure 机器学习服务：软件开发工具包和服务可视化界面。

Azure 机器学习服务与 Azure 机器学习工作室是类似的服务，在有些情况下，微软可能会决定将它们合并在一起，或者放弃其中的一项。如果微软反对其中的一项，就可以肯定微软将提供一种新方法，将在其中一个服务中开发的工作流和应用程序迁移到另一个服务中。

Azure 机器学习服务与 Azure 机器学习工作室的区别如表 12-2 所示。

表 12 – 2　**Azure 机器学习服务与 Azure 机器学习工作室的区别**

Azure 机器学习服务	Azure 机器学习工作室
• 训练和评分模型的混合部署。模型可以在现场训练，也可以部署在云上，反之亦然 • 自由地使用不同框架和机器实例类型 • 支持自动最大似然和自动超参数调整	• 初学者的理想选择 • 可以快速创建标准实验，但更难定制 • 全面管理的服务 • 内部不可用

表 12 – 3 显示了每种服务的差异和特征。

表 12 – 3　**Azure 服务的差异和特征**

特征	Azure 机器学习工作室	Azure 机器学习服务软件开发工具包	Azure 机器学习服务视觉界面
发布年份	2015	2018	2019 年（预览版）
用户编程接口	基于网络	基于应用编程接口	基于网络
云支持	是	是	是
本地部署	否	是	否
工具支持	基于网络	• 可视化工作室 • Azure 笔记本 • Python 语言接口	基于网络
支持图形处理器	否	是	是
内置算法	• 分类 • 回归 • 聚集 • 时间序列 • 文本分析 • 异常侦查	可以导入外部包	• 分类 • 回归 • 聚集
自动超参数调整	否	是	否
自动机器学习	否	是	否
易延展性	不易延展	Python 包可以通过 pip 轻松安装	不易延展
Python 支持	是	是	是
R 支持	是	否	还没有
内置容器	否	是	否

12.4.3   微软 Azure 认知服务

微软 Azure 认知服务如下。

- 决策服务：可以构建提供建议和支持高效决策的应用程序。
- 视觉服务：支持能够识别、区别、说明、索引、调节图像和视频的应用程序。
- 语音服务：将语音转换为文本，并将文本转换为自然发音的语音，还可以执行从一种语言到另一种语言的翻译。此外，它支持说话者的验证和识别。
- 搜索服务：Bing 搜索支持可以添加到应用程序中，使用户能够通过一个应用编程接口调用搜索数十亿个网页、图像、视频和新闻文章。
- 语言服务：使应用程序能够使用预先构建的脚本处理自然语言，以评估文本情感并确定文本的含义。

12.5   谷歌云平台

前面章节了解了微软 Azure 提供的服务，本节将讨论另一个替代云平台：谷歌云平台（Google Cloud Platform，GCP）。首先，将讨论谷歌云平台的人工智能中心服务。

12.5.1   人工智能中心

谷歌云平台中可用的服务之一是人工智能中心。人工智能中心是一个完全托管的即插即用人工智能组件存储库，支持创建端到端的机器学习管道。人工智能中心提供了多种现成的机器学习算法和企业级的协作能力，让公司私下托管它们的机器学习工作流，并促进重用和共享。还可以在谷歌云以及其他环境和云提供商上将模型部署到生产中。

人工智能中心于 2018 年发布，因此处于早期阶段。鉴于谷歌对人工智能研究的重视，预计人工智能中心将迅速成熟，并继续以更快的速度提供更多的特征和功能。

- 组件和代码发现：人工智能中心是一个内容存储库，允许用户快速发现高质量的内容。可以通过人工智能中心访问的一些发行商有谷歌人工智能、谷歌云人工智能、谷歌云合作伙伴。如果在企业内部使用人工智能中心，用户还可以找到公司内部其他团队构建的其他组件。
- 协作：人工智能中心提高了用户的工作效率，并允许他们避免重复劳动。人工智能中心提供高度精细的控制，只与组织内应该有权访问组件的用户共享组件。它还为用户提供了访问由谷歌工程师和研究人员创建的预定义机器学习算法，以及 Azure 合作伙伴和其他发行商共享的其他代码的途径。
- 部署：人工智能中心支持针对特定业务需求修改、定制算法和管道，还为训练模型的部署提供了直观的机制。这些模型可以部署在谷歌云上，也可以部署在其他环境和云提供商中。

12.5.2　谷歌云人工智能构件

除了可以与亚马逊 SageMaker 和微软 Azure 机器学习工作室相提并论的人工智能中心，谷歌云还提供了类似于 AWS 和 Azure 所提供的完全托管服务，这些服务简化了机器学习在文本、语言、图像和视频方面的应用。谷歌在谷歌云人工智能构件下组织了许多这样的托管服务。对于这些托管服务中的许多服务，可以使用两种方式与它们进行交互：自动机器学习用于定制模型，应用编程接口用于预训练模型。自动机器学习和应用编程接口可以单独使用，也可以一起使用。

- 谷歌云自动机器学习定制模型：用户可以通过自动机器学习服务使用谷歌最先进的迁移学习和神经架构搜索技术，为各种用例创建特定领域的定制模型。
- 谷歌云预先训练的应用编程接口：当处理常见用例时，谷歌服务的用户可以使用预先训练的应用编程接口而变得高效，且无须事先训练模型。预先训练的应用编程接口被持续透明地升级，以提高这些模型的速度和准确性。
- 视觉人工智能和自动视觉：用户可以通过自动视觉或使用预先训练的视觉应用编程接口模型从图像中获得信息。这项服务可以检测情绪、理解文本等。要使用该服务，可以使用自定义图像模型上传和分析图像。该服务具有易于使用的可视化界面，可以优化模型的准确性、延迟和大小。结果可以导出到云中的其他应用程序或位于边缘的设备阵列。谷歌云的视觉应用编程接口提供了强大的预训练机器学习模型，可以使用 RESTful 和 RPC 应用编程接口调用来访问。该服务可以快速标记图像并进行分类。这项服务是经过预处理的，已经包含了数百万个类别。它还可以用于面部识别和分析，以及识别图像中的字幕并将其转换为文本。
- 自动机器学习视频智能和视频智能应用编程接口：自动机器学习视频智能服务有一个简单的界面，可以使用自定义模型识别、跟踪和分类视频中的对象。这项服务不需要广泛的编程或人工智能背景，可用于需要自定义标签的应用程序，这些标签无法由预先训练的视频智能应用编程接口生成。视频智能应用编程接口具有预先训练的模型，可以识别各种常见的对象、场景和活动。除了存储的视频，它还支持流式视频。随着越来越多的图像被处理，它会随着时间的推移而自动、透明地改进。
- 自动机器学习翻译和翻译应用编程接口：很少或没有编程经验的开发人员和翻译人员都可以创建生产质量模型。翻译应用编程接口使用预先训练的神经网络算法来提供世界级的机器翻译，在某些情况下，机器翻译开始与人类水平相媲美。
- 自动机器学习自然语言和自然语言应用编程接口：该服务可用于文本分类、实体提取和情感检测，所有这些都有一个简单易用的应用编程接口。用户可以利用自动机器学习自然语言界面来提供数据集，并确定将使用哪些定制模型。自然语言应用编程接口具有预先训练好的模型，用户可以使用这个应用编程接口访问自然语言理解（Natural Language Understanding，NLU）特征，包括实体分析、情感分析、内容分类、实体情感分析和语法分析。

- 对话流：对话流（Dialogueflow）是一种开发服务，用于创建对话代理。它可以用来建立聊天机器人，使互动自然且丰富。用户使用该服务开发一次代理，然后可以将其部署到各种平台，包括谷歌助手、脸书信使、Slack、Alexa 语音服务。

- 文本到语音：谷歌云文本到语音可以将文本转换为类似人类的语音，语音超过 180 种，跨越 30 种语言和口音。例如，它可以模仿美国口音或英国口音，也可以使用语音合成（WaveNet）和谷歌开发的神经网络来提供高保真音频。用户可以调用该应用编程接口并创建逼真的交互。不难想象，这项技术将很快被嵌入到各种客户服务应用中。

- 语音到文本：可以将此服务视为与文本转换为语音功能相反的服务。如果文本到语音是声音，语音到文本提供了耳朵。谷歌云语音到文本能够利用神经网络模型将音频文件转换成文本。这些模型的复杂性对服务的用户来说是完全隐藏的，用户可以调用一个易于使用的应用编程接口来调用它。截至本文编写时，该应用编程接口支持超过 120 种语言和变体。它可以在应用程序中启用语音命令、转录呼叫中心对话、在工作流中与其他谷歌和非谷歌服务集成、实时处理音频和预先录制的版本。

- 自动机器学习表：用户可以使用自动机器学习表在结构化数据上构建和部署机器学习模型。对于许多用例，该服务需要很少甚至不需要编码，因此它可以大大提高部署速度。在这些情况下，配置是通过类似向导的界面完成的。当需要编码时，自动机器学习表支持 Colab 笔记本。这些笔记本是功能强大的笔记本，类似于 Jupyter 笔记本，具有许多附加功能，易于使用和与其他用户协作。该服务与领域无关，因此可以解决各种各样的问题。截至 2019 年 10 月，该服务仍未普遍提供，但可以在其测试版中访问。

- 推荐人工智能：这项谷歌服务可以大规模提供高度个性化的产品推荐。二十多年来，谷歌一直在其旗下网站上提供推荐，如谷歌广告、谷歌搜索和 YouTube。推荐人工智能利用这一经验，即用户能够在广泛的应用程序和用例中提供个性化的推荐，以满足单个客户的需求和偏好。截至本文编写之时，该产品还处于测试阶段，通常不可用。

12.6   本章小结

在本章中，介绍了所有主要的技术公司都参与了一场高收益的军备竞赛，以成为云领导者。纵观计算的历史，随着不同技术的出现，最常见的结果是一竞争者主宰了这个领域，而所有其他的竞争者都在边缘生存。云可能是计算史上最重要的技术。当客户决定他们更喜欢的云提供商是谁时，即使他们现在可能还没有意识到正在做出的决定，将自己锁定在该云提供商的生态系统中，并且很难从中解脱出来再转向另一个云提供商。

云提供商意识到这一点的重要性，并急于与竞争对手的能力相匹配。在分析前三大云提供商的机器学习产品时，我们清楚地看到了这一点。它们很难区分彼此，同时试图在每一项服务和功能上针锋相对。在未来几年里，看到这些云产品如何发展，以及这些提供商将提供什么样的新服务，尤其是在人工智能和机器学习领域，将是令人兴奋的。

　　作为技术专家，他们的一个缺点是很难跟上所有有趣的游戏和技术，但如果没有别的，探索它们应该也是一个令人兴奋的旅程。

　　说到游戏，在下一章中，将探索如何利用人工智能来构建游戏，以便更好地使用前面所学的概念。

13

第13章

用人工智能构建游戏

在本章中，将学习如何使用组合搜索的人工智能技术构建游戏。在其最基本的形式中，它可以被认为是一种暴力方法搜索，即探索每一种可能的解决方案。首先将找到一种算法来缩短搜索，而不是尝试每一种可能性。然后使用这种算法来有效地提出赢得一组游戏的策略。最后将使用这些算法为不同的游戏构建智能机器人。

本章涵盖以下主题：

- 游戏中的搜索算法
- 组合搜索
- 安装 easyAI 库
- 构建一个拿走最后一枚硬币游戏的机器人
- 构建一个玩井字游戏的机器人
- 构建两个玩四子棋的机器人
- 构建两个相互对抗的机器人

13.1　游戏中的搜索算法

搜索算法通常在游戏中用来制定策略。该算法搜索可能的游戏动作，并选择最好的一个。实施这些搜索时需要考虑各种参数，如速度、准确性、复杂性等。这些算法考虑给定当前游戏状态的所有可能的移动，然后评估每个可能的移动以确定最佳移动。这些算法的目标是找到最终能赢得比赛的最佳策略。同样，每个游戏都有一套不同的规则和约束。这些算法在探索最佳移动时会考虑这些规则和约束。

没有对手的游戏比有对手的游戏更容易优化。多玩家的游戏玩法变得更加复杂。现在考虑一个两人游戏。对于玩家试图赢得游戏的每一个动作，对方玩家都会做出阻止玩家获胜的动作。因此，当搜索算法从当前状态找到最佳的一组移动时，它不能只移动而不考虑对方玩家的对策。这意味着搜索算法需要在每次移动后不断重新评估。

下面讨论计算机如何感知任何给定的游戏。可以把一个游戏想象成一棵搜索树，该树中的每个节点代表一个未来状态。例如，如果你正在玩井字游戏（零和十字），可以构建一棵树来表示所有可能的移动。首先从树根开始，这是游戏的开始节点。该节点将有几个代表各种可能移动的子节点。反过来，在对手移动更多的动作后，这些子节点将拥有更多代表游戏状态的子节点。树的终端节点代表游戏的最终动作。这场比赛要么以平局告终，要么其中一名选手获胜。搜索算法通过这棵树进行搜索，以在游戏的每一步做出决定。接下来，将学习各种搜索技术，包括如何进行详尽的组合搜索，以帮助用户在井字游戏中永不失败，并解决各种其他问题。

13.2　组合搜索

搜索算法似乎解决了为游戏增加智能的问题，但也有一个缺点，这些算法采用一种称为穷举搜索的搜索类型，也称为暴力搜索。它基本上探索了整个搜索空间，并测试了所有可能的解决方案。这意味着算法在获得最优解之前必须探索所有可能的解。

随着游戏变得越来越复杂，暴力搜索可能不是最好的方法，因为可能性的数量变得巨大，搜索很快变得难以计算。为了解决这个问题，可以使用组合搜索。组合搜索是指搜索算法使用启发式算法有效地探索解空间，以减小搜索空间的大小。这在国际象棋或围棋等游戏中非常有用。

使用剪枝策略可以有效地进行组合搜索。这些策略通过消除那些明显的问题来避免测试所有可能的解决方案。这有助于节省时间和精力。既然已经了解了穷举组合搜索及其局限性，现在将开始探索采取捷径的方法，即"修剪"搜索树，并避免必须测试每一个组合。在接下来的几小节中，将探索一些特定的算法，以能够进行组合搜索。

13.2.1　Minimax 算法

既然前面已经简单讨论了组合搜索，现在介绍组合搜索算法所采用的启发式方法。这些启发式方法是用来加速搜索的策略，而 Minimax 算法就是组合搜索使用的一种策略。当两个球员互相对抗时，他们的目标是截然相反的。每个球员都想赢，所以双方都需要预测对方球员要做什么才能赢得比赛。牢记这一点，Minimax 算法试图通过策略来实现这一点。它会试图最小化对手试图最大化的特征。

如前所述，蛮力只能在简单的游戏中是有效的。在更复杂的情况下，计算机无法通过所有可能的状态来找到最佳的游戏性。在这种情况下，计算机可以尝试使用启发式算法基于当前状态计算最佳移动。计算机构建一棵树，从树根开始，评估哪些动作对对手有利。该算法知道对手将采取哪些动作，前提是对手将采取对自己最有利的动作，从而对计算机最不利。这个结果是树的终端节点之一，计算机使用这个位置向后工作。计算机可用的每个选项都可以分配一个值，然后它可以选择最高的值来采取行动。

13.2.2　α - β 修剪

Minimax 算法是一种有效的策略，但它仍然会探索树中不相关的部分。当发现节点上的指示器显示该子树中不存在解决方案时，无须评估该子树。但是 Minimax 算法搜索保守地探索了一些子树。

α–β 算法会避免搜索树中没有解决方案的部分。这个过程称为修剪，α–β 修剪是一种策略，用于避免搜索树中不包含解决方案的部分。参数 α 和 β 是指在计算过程中使用的两个界限，用于限制可能的解决方案集的值（这是基于已经探索过的树的部分）。α 是可能解的数量的最大下限；β 是可能解的数量的最小上限。

如前所述，可以根据当前状态为每个节点分配一个值。当算法将任何新节点视为解决方案的潜在路径时，可以计算出节点值的当前估计值是否在 α 和 β 之间。这就是修剪搜索的方式。

13.2.3　Negamax 算法

Negamax 算法是现实世界中经常使用的 Minimax 算法的变体。两人游戏通常是零和游戏，这意味着一个玩家的损失等于另一个玩家的收益，反之亦然。Negamax 算法广泛使用这个属性得出一个策略来增加它赢得游戏的机会。

就游戏而言，给定位置对第一个玩家的价值就是对第二个玩家的价值的否定。每个玩家都在寻找一个能对对手造成最大伤害的招式。移动产生的值应该使对手获得的值最少。这两种方式都可以无缝地工作，这意味着可以使用一种方法来评估位置。这就是 Negamax 算法在简单性方面优于 Minimax 算法的地方。Minimax 算法要求第一个玩家选择最大值的移动，而第二个玩家必须选择最小值的移动。这里也使用 α–β 修剪。现在已经了解了一些最流行的组合搜索算法，下面安装 easyAI 库，这样就可以构建一些人工智能，并看到这些算法的实际应用。

13.3　安装 easyAI 库

在本章中，将使用 easyAI 库。这是一个人工智能框架，它提供了构建双人游戏所需的所有特征。运行以下命令安装库：

```
$ pip3 install easyAI
```

为了使用一些预先构建的例程，一些文件要是可访问的。为了便于使用，本书提供的代码包含一个名为 easyAI 的文件夹。需要确保将此文件夹与代码文件放在同一个文件夹中。这个文件夹基本上是 easyAI GitHub 存储库的一个子集：https://github.com/Zulko/easyAI。

13.4　构建一个拿走最后一枚硬币游戏的机器人

这个游戏中有一堆硬币，每个玩家轮流从堆中取出一些硬币。可以从堆中取出的硬币数量有一个下限和一个上限。游戏的目标是避免拿走堆中的最后一枚硬币。这个例子是 easyAI 库中给出的游戏的变体。下面看看如何构建一个计算机可以与用户对抗的游戏。

创建一个新的 Python 文件并导入以下包：

```
from easyAI import TwoPlayersGame, id_solve, Human_Player, AI_Player
from easyAI.AI import TT
```

创建一个类来处理游戏的所有操作。该类继承了 easyAI 库中的基类 TwoPlayersGame。要使代码正常运行，必须定义几个参数。第一个是 players 变量。稍后将讨论 player 对象。使用以下代码创建类：

```
class LastCoinStanding(TwoPlayersGame):
    def __init__(self, players):
        #定义 players 变量,必要的参数
        self.players = players
```

定义将要开始游戏的玩家。玩家从 1 开始编号。所以，在这种情况下，玩家 1 开始游戏：

```
#定义开始游戏的玩家的必要的参数
self.nplayer = 1
```

定义硬币的数量。玩家可以在硬币中自由选择任何号码。在这种情况下，选择 25：

```
#堆内硬币总数
self.num_coins = 25
```

定义在任何一次移动中可以取出的硬币的最大数量，也可以自由选择该参数的任何数字。在案例中选择 4：

```
#定义每次移动中可以取出的最大硬币数量
.self.max_coins = 4
```

定义所有可能的移动。在这种情况下，玩家可以在每次移动中获得 1、2、3 或 4 枚硬币：

```
#定义所有可能的移动
def possible_moves(self):
    return [str(x) for x in range(1, self.max_coins + 1)]
```

定义一个方法来取出硬币并记录堆中剩余的硬币数量：

```
#移除硬币
def make_move(self, move):
    self.num_coins - = int(move)
```

通过检查剩余硬币的数量来检查是否有人赢得了游戏：

```
#对手是否拿走最后一枚硬币
def win(self):
    return self.num_coins < = 0
```

在有人赢了游戏后停止游戏：

```
#当有人赢了时停止游戏
def is_over(self):
    return self.win()
```

使用 win 方法计算分数。定义这个方法是有必要的：

```
#计算分数
def scoring(self):
    return 100 if self.win() else 0
```

定义一种方法来显示堆中硬币的当前数量：

```
#显示堆中剩余的硬币数量
def show(self):
    print(self.num_coins, 'coins left in the pile')
```

定义 main 函数，从定义换位表开始。游戏中使用换位表来存储位置和移动，以加快算法速度。

输入以下代码：

```
if __name__ == "__main__":
    #定义换位表
    tt = TT()
```

定义获取硬币数量的 ttentry 方法。这是一个可选方法，用于创建描述游戏的字符串：

```
#定义方法
LastCoinStanding.ttentry = lambda self: self.num_coins
```

下面用人工智能来解决这个游戏。函数 id_solve 使用迭代深化来求解给定的博弈。它基本上决定了谁可以用所有的路径赢得一场比赛。它会回答以下问题：

- 第一个玩家能否通过完美的玩法来强行获胜？
- 计算机会一直输给完美的对手吗？

函数 id_solve 多次探索游戏的 Negamax 算法中的各种选项。该函数总是从游戏的初始状态开始，需要不断增加深度才能继续，直到分数表明有人会赢或输。函数中的第二个参数获取将要尝试的深度列表。在这种情况下，将尝试从 2 到 20 的所有值：

```
#求解游戏
result, depth, move = id_solve(LastCoinStanding,
        range(2, 20), win_score = 100, tt = tt)
print(result, depth, move)
```

开始对抗计算机游戏：

```
#开始游戏
game = LastCoinStanding([AI_Player(tt), Human_Player()])
game.play()
```

完整的代码在 coins. py 文件中给出。这是一个交互式程序，所以需要用户的输入。如果运行代码，用户将基本上是在和计算机对抗。用户的目标是迫使计算机拿走最后一枚硬币，这样玩家就能赢得比赛。运行该代码，最初将获得图 13 - 1 所示的输出。

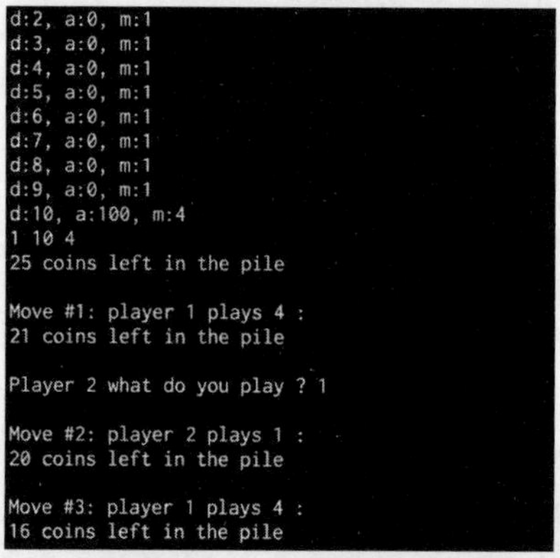

图 13 - 1　拿走最后一枚硬币游戏的初始输出

如果向下滚动显示，将在结尾看到图 13 - 2 所示的输出。

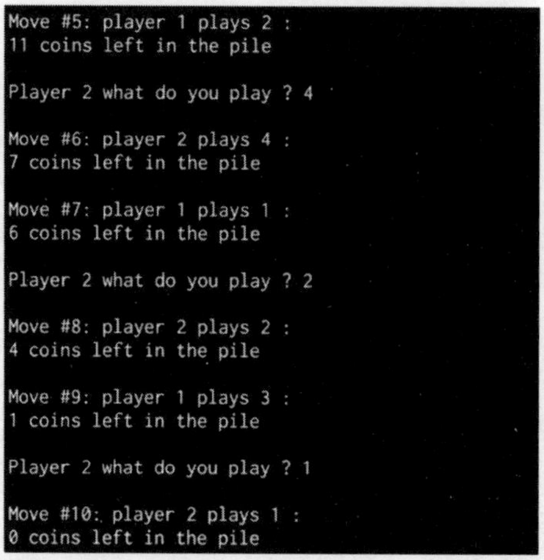

图 13 - 2　拿走最后一枚硬币游戏的最终输出

从图 13 – 2 中可以看出，计算机赢得了游戏，因为用户拿走了最后一枚硬币。

下面为井字游戏构建一个机器人。

13.5　构建一个玩井字游戏的机器人

井字游戏可能是世界上最著名的游戏之一。本节将介绍如何构建一个计算机可以与用户对抗的游戏。这是 easyAI 库中给出的井字游戏的一个小变体。

创建一个新的 Python 文件并导入以下包：

```
from easyAI import TwoPlayersGame, AI_Player, Negamax
from easyAI.Player import Human_Player
```

定义一个包含所有游戏方法的类。从定义玩家和谁先开始游戏开始：

```
class GameController(TwoPlayersGame):
    def __init__(self, players):
        #定义玩家
        self.players = players

        #定义谁先开始游戏
        self.nplayer = 1
```

使用一个从 1 排到 9 排的 3 × 3 棋盘：

```
#定义棋盘
self.board = [0] * 9
```

定义一种方法来计算游戏中所有可能的移动：

```
#定义可能的移动
def possible_moves(self):
    return [a + 1 for a, b in enumerate(self.board) if b == 0]
```

定义移动后更新棋盘的方法：

```
#移动
def make_move(self, move):
    self.board[int(move) - 1] = self.nplayer
```

定义一种方法判断某位玩家是否输掉了比赛。检查某位玩家在一行是否有三个连续标记：

```
#玩家在一行是否有三个标记
def loss_condition(self):
```

```
    possible_combinations = [[1,2,3],[4,5,6],[7,8,9],
        [1,4,7],[2,5,8],[3,6,9],[1,5,9],[3,5,7]]

    return any([all([(self.board[i-1] == self.nopponent)
            for i in combination]) for combination in possible_
combinations])
```

使用 loss_condition 方法检查游戏是否完成：

```
#检查游戏是否结束
def is_over(self):
    return (self.possible_moves() == []) or self.loss_condition()
```

定义当前进度的方法：

```
#显示当前位置
def show(self):
    print('\n'+'\n'.join([' '.join([['.', 'O', 'X'][self.board[3*j+i]]
        for i in range(3)]) for j in range(3)]))
```

使用 loss_condition 方法计算得分：

```
#计算得分
def scoring(self):
    return -100 if self.loss_condition() else 0
```

定义 main 函数并从定义算法开始。Negamax 将作为这款游戏的人工智能算法。算法的步骤数可以提前指定。在这种情况下，步骤数选择 7：

```
if __name__ == "__main__":
    #定义算法
    algorithm = Negamax(7)
```

开始游戏：

```
#开始游戏
GameController([Human_Player(), AI_Player( algorithm)]).play()
```

完整的代码在 tic_tac_toe.py 文件中给出。这是一个互动游戏，玩家可以与计算机玩。运行代码，井字游戏的初始输出如图 13－3 所示。

向下滚动显示，井字游戏的最终输出如图 13－4 所示。

从图 13－4 中可以看出，比赛以平局结束。本节已经研究了可以与游戏玩家对抗的机器人。下一节构建两个机器人来互相对抗——玩四子棋（Connect Four）。

```
. . .
. . .
. . .

Player 1 what do you play ? 5

Move #1: player 1 plays 5 :

. . .
. O .
. . .

Move #2: player 2 plays 1 :

X . .
. O .
. . .

Player 1 what do you play ? 9

Move #3: player 1 plays 9 :

X . .
. O .
. . O
```

图 13－3　井字游戏的初始输出

```
X O X
. O .
. X O

Player 1 what do you play ? 4

Move #7: player 1 plays 4 :

X O X
O O .
. X O

Move #8: player 2 plays 6 :

X O X
O O X
. X O

Player 1 what do you play ? 7

Move #9: player 1 plays 7 :

X O X
O O X
O X O
```

图 13－4　井字游戏的最终输出

13.6　构建两个玩四子棋的机器人

四子棋是一款很受欢迎的双人游戏，以米尔顿·布拉德利（Milton Bradley）商标销售。它又称为“连续四个”或“向上四个”。在这个游戏中，玩家轮流将光盘放入由六行七列组成的垂直网格中。目标是一行得到四个光盘。这是 easyAI 库中给出的四子棋连接的变体。下面介绍如何构建这个游戏。在这个游戏中，将创建两个互相对抗的机器人，而不是与计算机对抗。每个机器人将使用不同的算法来看谁赢。

创建一个新的 Python 文件并导入以下包：

```
import numpy as np
from easyAI import TwoPlayersGame, Human_Player, AI_Player, \
       Negamax, SSS
```

定义一个包含游戏所需的所有方法的类：

```
class GameController(TwoPlayersGame):
    def __init__(self, players, board = None):
        #定义玩家
        self.players = players
```

用六行七列定义棋盘：

```
#定义棋盘的配置
self.board = board if (board != None) else (
    np.array([[0 for i in range(7)] for j in range(6)]))
```

定义谁将开始游戏。在这种情况下，让玩家 1 开始游戏：

```
#定义谁先开始游戏
self.nplayer = 1
```

定义位置：

```
#定义位置
self.pos_dir = np.array([[[i, 0], [0, 1]] for i in range(6)] +
        [[[0, i], [1, 0]] for i in range(7)] +
        [[[i, 0], [1, 1]] for i in range(1, 3)] +
        [[[0, i], [1, 1]] for i in range(4)] +
        [[[i, 6], [1, -1]] for i in range(1, 3)] +
        [[[0, i], [1, -1]] for i in range(3, 7)])
```

定义 possible_moves 方法来获得所有可能的移动：

```
#定义可能的移动
def possible_moves(self):
    return [i for i in range(7) if (self.board[:, i].min() == 0)]
```

定义 make_move 方法来控制如何移动：

```
#定义如何移动
def make_move(self, column):
    line = np.argmin(self.board[:, column] != 0)
    self.board[line, column] = self.nplayer
```

定义 show 方法显示当前状态：

```
#显示当前状态
def show(self):
    print('\n' + '\n'.join(
            ['0 1 2 3 4 5 6', 13 * '-'] +
            [' '.join([['.', 'O', 'X'][self.board[5 - j][i]]
                for i in range(7)]) for j in range(6)]))
```

定义一种计算失败的 loss_condition 方法。当有机器人在一条线上得了四分时，这个玩家就赢了：

```
#定义 loss_condition
def loss_condition(self):
    for pos, direction in self.pos_dir:
        streak = 0
        while (0 <= pos[0] <= 5) and (0 <= pos[1] <= 6):
            if self.board[pos[0], pos[1]] == self.nopponent:
                streak += 1
                if streak == 4:
                    return True
            else:
                streak = 0

            pos = pos + direction

    return False
```

使用 loss_condition 方法检查游戏是否结束：

```
#检查游戏是否结束
def is_over(self):
    return (self.board.min() > 0) or self.loss_condition()
```

计算分数：

```
#计算分数
def scoring(self):
    return -100 if self.loss_condition() else 0
```

定义 main 函数，从定义算法开始。然后，这两种算法将相互对抗。Negamax 算法将用于第一台计算器显示器，SSS* 算法将用于第二台计算器显示器。SSS* 是一种搜索算法，通过以最佳优先方式遍历树来进行状态空间搜索。这两种算法都将提前考虑的回合次数作为输入参数。在这种情况下，用 5 来表示这两种情况：

```
if __name__ == '__main__':
    #定义将使用的算法
```

```
        algo_neg = Negamax(5)
        algo_SSS = SSS(5)
```

开始玩游戏：

```
#开始玩游戏
game = GameController([AI_Player(algo_neg), AI_Player(algo_sss)])
game.play()
```

打印结果：

```
#打印结果
if game.loss_condition():
    print('\nPlayer', game.nopponent, 'wins.')
else:
    print("\nIt's a draw.")
```

完整的代码在 connect_four.py 文件中给出。这不是一个互动游戏而是代码将一种算法与另一种算法进行比较。Negamax 算法是第一个玩家；SSS* 算法是第二个玩家。

运行代码，四子棋游戏的初始输出如图 13 – 5 所示。

向下滚动显式，四子棋游戏的最终输出如图 13 – 6 所示。

图 13 – 5　四子棋游戏的初始输出　　图 13 – 6　四子棋游戏的最终输出

从图 13 – 6 中可以看出，玩家 2 赢得了比赛。下面再介绍一个游戏：Hexapawn。

13.7　构建两个相互对抗的机器人

Hexapawn 是一个两人游戏，从 $N \times M$ 大小的棋盘开始。棋子放在棋盘的两边，目标是将一个棋子一直推进到棋盘的另一端。国际象棋的标准棋子规则适用这个游戏。这是 easyAI

库中给出的 Hexapawn 实例的变体。将构建两个机器人并互相对抗。

创建一个新的 Python 文件并导入以下包：

```
from easyAI import TwoPlayersGame, AI_Player, \
        Human_Player, Negamax
```

定义一个包含控制游戏所需的所有方法的类。首先定义每边棋子的数量和棋盘的长度。
创建包含位置的元组列表：

```
class GameController(TwoPlayersGame):
    def __init__(self, players, size = (4, 4)):
        self.size = size
        num_pawns, len_board = size
        p = [[(i, j) for j in range(len_board)] \
                for i in [0, num_pawns - 1]]
```

为每个玩家分配方向、目标和棋子：

```
for i, d, goal, pawns in [(0, 1, num_pawns - 1,
        p[0]), (1, -1, 0, p[1])]:
    players[i].direction = d
    players[i].goal_line = goal
    players[i].pawns = pawns
```

定义玩家并指定谁先开始：

```
#定义玩家
self.players = players

#定义谁先开始
self.nplayer = 1
```

定义用于识别棋盘上 B6 或 C7 等位置的字母：

```
#定义字母
self.alphabets = 'ABCDEFGHIJ'
```

定义一个 lambda 函数，将字符串转换为元组：

```
#将 B4 转换为(1,3)
self.to_tuple = lambda s: (self.alphabets.index(s[0]),
        int(s[1:]) - 1)
```

定义一个 lambda 函数，将元组转换为字符串：

```
#将(1,3)转换为B4
self.to_string = lambda move: ''.join([self.alphabets[
        move[i][0]] + str(move[i][1] + 1)
        for i in (0, 1)])
```

定义一种计算可能移动的方法：

```
#定义可能的移动
def possible_moves(self):
    moves = []
    opponent_pawns = self.opponent.pawns
    d = self.player.direction
```

如果玩家没有发现对手棋子在某个位置，那么这是一个有效的移动：

```
for i, j in self.player.pawns:
    if (i + d, j) not in opponent_pawns:
        moves.append(((i, j), (i + d, j)))

    if (i + d, j + 1) in opponent_pawns:
        moves.append(((i, j), (i + d, j + 1)))

    if (i + d, j - 1) in opponent_pawns:
        moves.append(((i, j), (i + d, j - 1)))

return list(map(self.to_string, [(i, j) for i, j in moves]))
```

定义如何移动并基于此更新棋子：

```
#定义如何移动
def make_move(self, move):
    move = list(map(self.to_tuple, move.split(' ')))
    ind = self.player.pawns.index(move[0])
    self.player.pawns[ind] = move[1]

    if move[1] in self.opponent.pawns:
        self.opponent.pawns.remove(move[1])
```

定义失败条件。如果一个玩家在一条线上得到4，那么对手输了：

```
#定义失败条件
def loss_condition(self):
    return (any([i == self.opponent.goal_line
            for i, j in self.opponent.pawns])
            or (self.possible_moves() == []) )
```

使用 loss_condition 方法检查游戏是否结束：

```
#检查游戏是否结束
def is_over(self):
    return self.loss_condition()
```

打印当前状态：

```
#显示当前状态
def show(self):
    f = lambda x: '1' if x in self.players[0].pawns else (
            '2' if x in self.players[1].pawns else '.')

    print("\n".join([" ".join([f((i, j)) for j in
      range(self.size[1])]) for i in range(self.size[0])]))
```

定义 main 函数，并定义 scoring lambda 函数：

```
if __name__ == '__main__':
    #计算分数
    scoring = lambda game: -100 if game.loss_condition() else 0
```

定义要使用的算法。在这种情况下，将使用 Negamax 算法，它可以提前计算 12 步，并使用 scoring lambda 函数进行评分：

```
#定义算法
algorithm = Negamax(12, scoring)
```

开始玩游戏：

```
    #开始玩游戏
    game = GameController([AI_Player(algorithm),
            AI_Player(algorithm)])
    game.play()
    print('\nPlayer', game.nopponent, 'wins after', game.nmove,
'turns')
```

完整的代码在 hexapawn. py 文件中给出。这不是一个互动游戏，而是构建了两个互相对抗的机器人。运行代码，Hexapawn 游戏的初始输出如图 13 – 7 所示。

向下滚动显示，Hexapawn 游戏的最终输出如图 13 – 8 所示。

从图 13 – 8 中可以看出，玩家 1（Player 1）赢得了比赛。

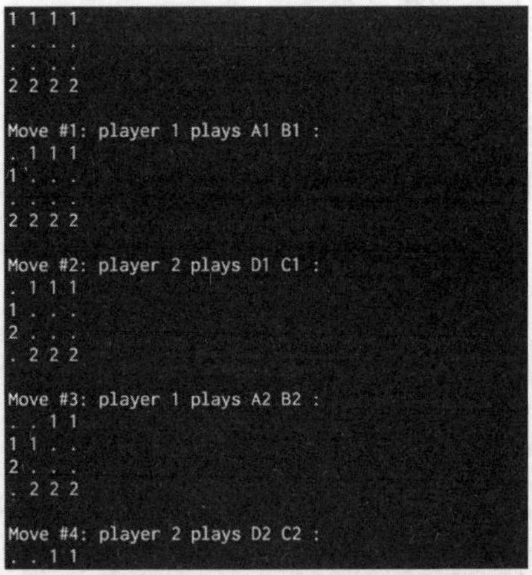

```
1 1 1 1
. . . .
. . . .
2 2 2 2

Move #1: player 1 plays A1 B1 :
. 1 1 1
1 . . .
. . . .
2 2 2 2

Move #2: player 2 plays D1 C1 :
. 1 1 1
1 . . .
2 . . .
. 2 2 2

Move #3: player 1 plays A2 B2 :
. . 1 1
1 1 . .
2 . . .
. 2 2 2

Move #4: player 2 plays D2 C2 :
. . 1 1
```

图 13－7　Hexapawn 游戏的初始输出

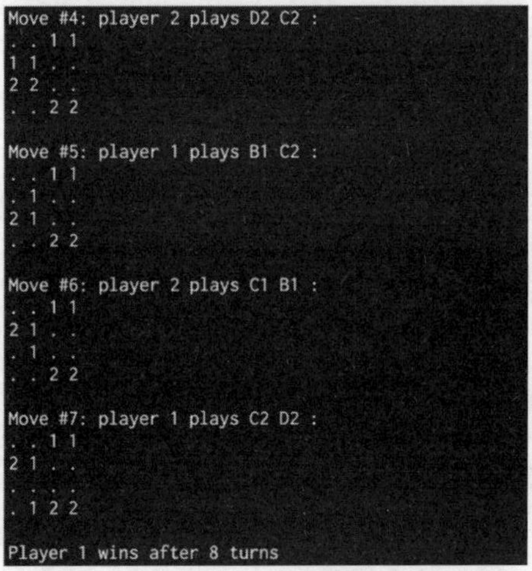

```
Move #4: player 2 plays D2 C2 :
. . 1 1
1 1 . .
2 2 . .
. . 2 2

Move #5: player 1 plays B1 C2 :
. . 1 1
. 1 . .
2 1 . .
. . 2 2

Move #6: player 2 plays C1 B1 :
. . 1 1
2 1 . .
. 1 . .
. . 2 2

Move #7: player 1 plays C2 D2 :
. . 1 1
2 1 . .
. . . .
. 1 2 2

Player 1 wins after 8 turns
```

图 13－8　Hexapawn 游戏的最终输出

13.8　本章小结

在本章中，讨论了如何使用组合搜索技术来构建游戏，以及使用这些类型的搜索算法来有效地提出赢得游戏的策略。这些算法可以为更复杂的游戏构建机器人并解决各种各样的问题。另外，还讨论了组合搜索以及如何使用它来加快搜索过程，学习了 Minimax 算法、$\alpha-\beta$ 修剪算法和 Negamax 算法的使用，即使用这些算法构建了拿走最后一枚硬币游戏、井字游戏、四子棋和 Hexapawn 游戏的机器人。

在下一章中，将学习语音识别并建立一个自动识别口语单词的系统。

14

构建语音识别器

在本章中，将学习语音识别。首先讨论如何处理语音信号，并学习如何可视化各种音频信号。然后通过各种技术学习建立一个语音识别系统。

本章涵盖以下主题：

- 语音信号概述
- 可视化音频信号
- 将音频信号转换到频域
- 生成音频信号
- 合成音调以生成音乐
- 提取语音特征
- 识别口语单词

14.1   语音信号概述

语音识别是理解人类所说的单词的过程。语音信号是用麦克风捕捉的，系统试图理解被捕捉的单词。语音识别广泛应用于人机交互、智能手机、语音转录、生物识别系统、安全等领域。

在分析语音信号之前，了解它们的性质是很重要的。这些信号可能是各种信号的复杂混合。语音信号的不同特征导致了它的复杂性，包括情感、口音、语言和噪音。

由于这种复杂性，很难定义一套健壮的规则来分析语音信号。相比之下，人类在理解语音方面表现突出，尽管它可以有如此多的变化，但人类似乎做起来相对容易。为了让机器能像人类一样做同样的事情，首先需要帮助它们像人类一样理解语音信号。

研究人员致力于语音的各个方面和应用，如理解口语单词、识别说话者是谁、识别情绪和口音。本节将着重于理解口语单词。语音识别是人机交互领域的重要一步。如果想建造能与人类互动的认知机器人，就需要机器人用自然语言与人类交谈。这也是近年来自动语音识别成为众多研究者关注的原因。下面介绍如何处理语音信号并构建一个语音识别器。

14.2   可视化音频信号

本节将介绍如何可视化音频信号。首先学习如何从文件中读取并使用音频信号，以更好理解音频信号的结构。当使用麦克风录制音频文件时，它们会对实际音频信号进行采样并存储为数字化版本。真正的音频信号是连续的有值波，这意味着通过麦克风不能按原样存储它们，而是需要对某一频率的信号进行采样，并将其转换为离散的数值形式。

最常见的是，扩音频信号以 44 100 Hz 采样，即语音信号的每秒都被分解成 44 100 个部分，每个时间戳的值都存储在一个输出文件中，以每 1/44 100 s 保存一次音频信号的值。在这种情况下，音频信号的采样频率是 44 100 Hz。通过选择高采样频率，使音频信号是连续的。下面介绍如何可视化一个音频信号。

创建一个新的 Python 文件并导入以下包：

```python
import numpy as np
import matplotlib.pyplot as plt
from scipy.io import wavfile
```

定义 wavfile. read 方法读取输入音频文件，返回两个值（采样频率和音频信号）：

```python
#读取音频文件
sampling_freq, signal = wavfile.read('random_sound.wav')
```

打印音频信号的形状、数据类型和持续时间：

```python
#显示参数
print('\nSignal shape:', signal.shape)
print('Datatype:', signal.dtype)
print('Signal duration:', round(signal.shape[0] /float(sampling_
freq), 2), 'seconds')
```

规范化信号：

```python
#规范化信号
signal = signal /np.power(2, 15)
```

从 numpy 数组中提取前 50 个值进行绘图：

```python
#提取前 50 个值
signal = signal[:50]
```

以毫秒（ms）为单位构建时间轴：

```python
#以毫秒为单位构建时间轴
time_axis = 1000 * np.arange(0, len(signal), 1) /float(sampling_freq)
```

绘制音频信号：

```python
#绘制音频信号
plt.plot(time_axis, signal, color = 'black')
```

```
plt.xlabel('Time (milliseconds)')
plt.ylabel('Amplitude')
plt.title('Input audio signal')
plt.show()
```

完整的代码在 audio_plotter. py 文件中给出。运行代码，输入音频信号的可视化如图 14 – 1 所示。

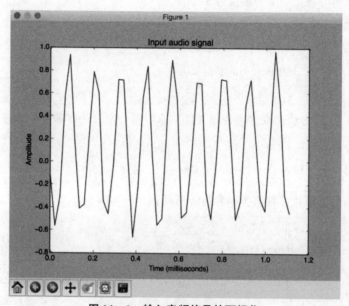

图 14 – 1　输入音频信号的可视化

图 14 – 1 显示了输入音频信号的前 50 个样本。输入音频信号输出如图 14 – 2 所示。

```
Signal shape: (132300,)
Datatype: int16
Signal duration: 3.0 seconds
```

图 14 – 2　输入音频信号输出

图 14 – 2 中打印的输出显示了从音频信号中提取的信息。

14.3　将音频信号转换到频域

为了分析音频信号，首先需要了解潜在的频率成分。本节将了解如何从音频信号中提取有意义的信息。音频信号由不同频率、相位和振幅的正弦波混合而成。

如果我们仔细分析频率成分，就可以发现很多特征。任何给定的音频信号都以其在频谱中的分布为特征。为了将时域信号转换到频域，需要使用数学工具，如傅里叶变换。如果读者需要快速复习傅里叶变换，可以链接 http://www. thefouriertransform. com 网址查看资料。下面介绍如何将音频信号从时域转换到频域。

创建一个新的 Python 文件并导入以下包：

```
import numpy as np
import matplotlib.pyplot as plt
from scipy.io import wavfile
```

使用 wavfile. read 方法读取输入音频文件，返回两个值（采样频率和音频信号）：

```
#读取音频文件
sampling_freq, signal = wavfile.read('spoken_word.wav')
```

规范化音频信号：

```
#规范化音频信号
signal = signal /np.power(2, 15)
```

提取音频信号的长度和一半长度：

```
#提取音频信号的长度
len_signal = len(signal)

#提取一半长度
len_half = np.ceil((len_signal + 1) /2.0).astype(np.int)
```

将傅里叶变换应用于音频信号：

```
#应用傅里叶变换
freq_signal = np.fft.fft(signal)
```

规范化频域信号，取平方：

```
#规范化
freq_signal = abs(freq_signal[0:len_half]) /len_signal

#取平方
freq_signal ** = 2
```

针对偶数和奇数情况调整傅里叶变换信号：

```
#提取频率交换信号的长度
len_fts = len(freq_signal)

#调整奇数和偶数情况下的信号
if len_signal % 2:
    freq_signal[1:len_fts] * = 2
```

```
else:
    freq_signal[1:len_fts -1] * = 2
```

提取频率值信号，单位为 dB：

```
#提取以 dB 为单位的频率值信号
signal_power = 10 * np.log10(freq_signal)
```

构建 X 轴，在本例中是以 kHz 为单位测量的频率：

```
#构建 X 轴
x_axis = np.arange(0, len_half, 1) * (sampling_freq /len_signal) /
1000.0
```

绘制图形：

```
#绘制图形
plt.figure()
plt.plot(x_axis, signal_power, color = 'black')
plt.xlabel('Frequency (kHz)')
plt.ylabel('Signal power (dB)')
plt.show()
```

完整的代码在 frequency_transformer. py 文件中给出。运行代码，输出如图 14 – 3 所示。

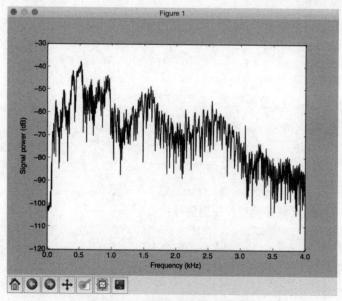

图 14 – 3   音频信号变换的可视化

图 14 – 3 显示了信号在整个频谱中的强度。在这种情况下，信号的频率在较高的频率处下降。

14.4　生成音频信号

前面章节介绍了音频信号的工作原理，本节将介绍如何生成音频信号。下面可以使用 NumPy 包来生成各种音频信号。由于音频信号是正弦曲线的混合，所以可以用于产生带有一些预定参数的音频信号。

创建一个新的 Python 文件并导入以下包：

```
import numpy as np
import matplotlib.pyplot as plt
from scipy.io.wavfile import write
```

定义输出音频文件的名称：

```
#将保存音频的输出文件
output_file = 'generated_audio.wav'
```

指定音频参数，如持续时间、采样频率、音调频率、最小值和最大值：

```
#指定音频参数
duration = 4              #单位秒
sampling_freq = 44100 #单位 Hz
tone_freq = 784
min_val = -4 * np.pi
max_val = 4 * np.pi
```

使用定义的参数生成音频信号：

```
#生成音频信号
t = np.linspace(min_val, max_val, duration * sampling_freq)
signal = np.sin(2 * np.pi * tone_freq * t)
```

给信号添加一些噪声：

```
#在信号中加入一些噪声
noise = 0.5 * np.random.rand(duration * sampling_freq)
signal += noise
```

规范化和缩放音频信号：

```
#将音频信号缩放至 16 位整数值
scaling_factor = np.power(2, 15) - 1
signal_normalized = signal /np.max(np.abs(signal))
signal_scaled = np.int16(signal_normalized * scaling_factor)
```

将生成的音频信号保存在输出文件中：

```
#将音频信号保存在输出文件中
write(output_file, sampling_freq, signal_scaled)
```

提取用于绘图的前 200 个值：

```
#从音频信号中提取前 200 个值
signal = signal[:200]
```

以毫秒（ms）为单位构建时间轴：

```
#以毫秒为单位构建时间轴
time_axis = 1000 * np.arange(0, len(signal), 1) / float(sampling_freq)
```

绘制音频信号：

```
#绘制音频信号
plt.plot(time_axis, signal, color = 'black')
plt.xlabel('Time (milliseconds)')
plt.ylabel('Amplitude')
plt.title('Generated audio signal')
plt.show()
```

完整的代码在 audio_generator. py 文件中给出。运行代码，输出如图 14 – 4 所示。

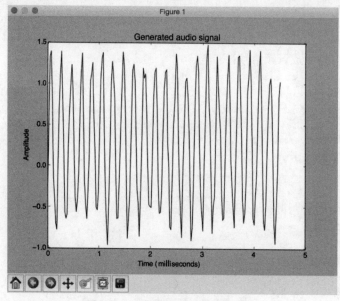

图 14 – 4   音频信号生成的可视化

使用媒体播放器播放 generated_audio. wav 文件，这将是一个混合了 784 Hz 信号和噪音信号的信号。

14.5　合成音调以生成音乐

14.4 节介绍了如何生成一个简单的音频信号，但它不是很有意义。信号中只有一个频率。本节将利用这一原理，将不同的音调拼接在一起来合成音乐。下面将使用标准音调（如 A、C、G 和 F）来生成音乐。要查看这些标准音调的频率映射关系，可以查看以下链接 http://www.phy.mtu.edu/~suits/notefreqs.html。

下面用这些信息来合成音乐。

创建一个新的 Python 文件并导入以下包：

```
import json
import numpy as np
import matplotlib.pyplot as plt
from scipy.io.wavfile import write
```

定义一个基于输入参数生成音调的函数：

```
#根据输入参数合成音调
def tone_synthesizer(freq, duration, amplitude=1.0, sampling_
freq=44100):
    #构建时间轴
    time_axis = np.linspace(0, duration, duration * sampling_freq)
```

使用指定的参数构建音频信号并返回：

```
#构建音频信号
signal = amplitude * np.sin(2 * np.pi * freq * time_axis)

return signal.astype(np.int16)
```

定义 main 函数和输出音频文件名称：

```
if __name__ == '__main__':
    #输出文件的名称
    file_tone_single = 'generated_tone_single.wav'
    file_tone_sequence = 'generated_tone _sequence.wav'
```

从音调映射文件加载音调，该文件包含从音调名称（如 A、C 和 G）到相应频率的映射：

```
#来源:http://www.phy.mtu.edu/~suits/notefreqs.html
mapping_file = 'tone_mapping.json'
# 从映射文件加载音调到频率图
```

```
with open(mapping_file, 'r') as f:
    tone_map = json.loads(f.read())
```

生成持续时间为 3 s 的 F 音调：

```
#设置输入参数以生成 F 音调
tone_name = 'F'
#时间
duration = 3
#振幅
amplitude = 12000
#频率(Hz)
sampling_freq = 44100
```

提取相应的音调频率：

```
#提取音调频率
tone_freq = tone_map[tone_name]
```

使用之前定义的 tone_synthesizer 函数生成音调：

```
#使用上述参数生成音调
synthesized_tone = tone_synthesizer(tone_freq, duration,
amplitude, sampling_freq)
```

将生成的音频信号写入输出文件：

```
#将音频信号写入输出文件
write(file_tone_single, sampling_freq, synthesized_tone)
```

现在生成一个音调序列，让它听起来像音乐。定义一个音调序列，其持续时间以秒为单位：

```
#定义音调序列,持续时间以秒为单位
tone_sequence = [('G', 0.4), ('D', 0.5), ('F', 0.3), ('C', 0.6), ('A', 0.4)]
```

基于音调序列构建音频信号：

```
#根据上述序列构建音频信号
signal = np.array([])
for item in tone_sequence:
    #提取音调名称
    tone _name = item[0]
```

对于每个音调，提取相应的频率：

```
#提取相应频率的音调
freq = tone_map[tone_name]
```

提取相应的音调持续时间：

```
#提取音调持续时间
duration = item[1]
```

使用 tone_synthesizer 函数合成音调：

```
#合成音调
synthesized_tone = tone_synthesizer(freq, duration, amplitude,
sampling_freq)
```

将其附加到主输出音频信号上：

```
#附加输出信号
signal = np.append(signal, synthesized_tone, axis=0)
```

将主输出音频信号保存到输出文件：

```
#将主输出音频信号保存在输出文件中
write(file_tone_sequence, sampling_freq, signal)
```

完整的代码在 synthesizer. py 文件中给出。运行代码，将生成两个输出文件 generated_tone_single. wav 和 generated_tone_sequence. wav。

可以使用媒体播放器播放以上两个音频文件，测试一下该文件的声音。

14.6 提取语音特征

前面章节已经学习了如何将时域信号转换到频域。

频率特征广泛用于所有语音识别系统。前面讨论的概念是对这个想法的介绍，但是现实世界中的频率特征要复杂一点。将信号转换到频率后，就需要确保它以特征向量的形式可用。这就要用到 MFCC（Mel Frequency Cepstral Coefficients）工具。MFCC 是一种可以从音频信号中提取频率特征的工具。

为了从音频信号中提取频率特征，MFCC 首先提取频率谱。然后使用滤波器组和离散余弦变换来提取特征。如果读者有兴趣进一步探索多特征 MFCC，可以查看链接 http://practicalcryptography. com/miscellaneous/machine – learning/guide – mel – frequency – cepstral – coefficients – mfccs。

本节将使用一个名为 python_speech_features 的包来提取 MFCC 特征。可以查看链接 http://python – speech – features. readthedocs. org/en/latest 了解该包信息。

这个代码包中的 features 文件夹中包含使用此包所需的文件。下面介绍如何提取 MFCC 特征。

创建一个新的 Python 文件并导入以下包：

```python
import numpy as np
import matplotlib.pyplot as plt
from scipy.io import wavfile
from python_speech_features import mfcc, logfbank
```

读取输入音频文件，提取前 10 000 个样本进行分析：

```python
#读取输入音频文件
sampling_freq, signal = wavfile.read('random_sound.wav')

#取前 10 000 个样本进行分析
signal = signal[:10000]
```

提取 MFCC 特征：

```python
#提取 MFCC 特征
features_mfcc = mfcc(signal, sampling_freq)
```

打印 MFCC 参数：

```python
#打印 MFCC 参数
print('\nMFCC:\nNumber of windows =', features_mfcc.shape[0])
print('Length of each feature =', features_mfcc.shape[1])
```

绘制 MFCC 特征：

```python
#绘制 MFCC 特征
features_mfcc = features_mfcc.T
plt.matshow(features_mfcc )
plt.title('MFCC')
```

提取滤波器组的特征：

```python
#提取滤波器组的特征
features_fb = logfbank(signal, sampling_freq)
```

打印滤波器组参数：

```python
#打印滤波器组参数
print('\nFilter bank:\nNumber of windows =', features_fb.shape[0])
print('Length of each feature =', features_fb.shape[1])
```

绘制特征图：

```
#绘制特征图
features_fb = features_fb.T
plt.matshow(features_fb)
plt.title('Filter bank')

plt.show()
```

完整的代码在 feature_extractor. py 文件中给出。运行代码，会显两个截图。

图 14 – 5 显示了 MFCC 的特征。

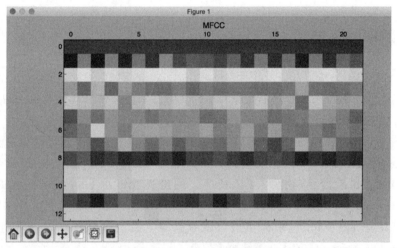

图 14 – 5　MFCC 的特征图

图 14 – 6 显示了过滤器组的特征。

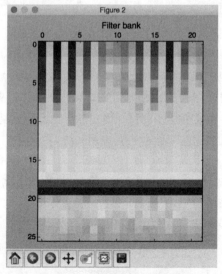

图 14 – 6　滤波器组的特征图

还将打印输出图 14 - 7 所示的内容。

```
MFCC:
Number of windows = 22
Length of each feature = 13

Filter bank:
Number of windows = 22
Length of each feature = 26
```

图 14 - 7   MFCC 和滤波器组的功能输出

从图 14 - 5 ~ 图 14 - 7 中可以看出，将声音转换成图片非常有用，可以以不同的方式分析声音，并得出原本可能会错过的信息。

14.7 识别口语单词

前面已经学习了分析语音信号的所有技术，本节将介绍如何识别口语单词。语音识别系统将音频信号作为输入，并识别正在说的单词。隐马尔可夫模型（Hidden Markov Models，HMM）将用于这项任务。

HMM 非常擅长分析序列数据。音频信号是时间序列信号，是序列数据的表现。假设输出是由经历一系列隐藏状态的系统产生的，目标是找出这些隐藏状态，这样就可以识别语音信号中的单词。如果读者有兴趣深入研究，可以查看链接 https://web. stanford. edu/ ~ jurafsky/slp3/A. pdf。

下面将使用 hmmlearn 包来构建语音识别系统。关于这个包可以查看链接 http://hmmlearn. readthedocs. org/en/latest 了解更多信息。

运行以下命令来安装 hmmlearn 包：

```
$ pip3 install hmmlearn
```

为了训练语音识别系统，需要每个单词的音频文件数据集。这里将在网址 https://code. google. com/archive/p/hmm - speech - recognition/downloads 中下载数据集。

为了便于使用，代码包中提供了一个 data 文件夹，其中包含所有音频文件。这个数据集包含 7 个不同的单词。每个单词都有一个相关的文件夹，文件夹中有 15 个音频文件。其中，14 个文件用于训练，1 个文件用于测试。请注意，这实际上是一个非常小的数据集。在现实世界中，将使用更大的数据集来构建语音识别系统。现在使用这个数据集来建立一个系统来识别口语单词。

下面将为每个单词建立一个 HMM，并存储所有模型以供参考。当用户需要识别未知音频文件中的单词时，将在所有模型中运行这个文件并选择得分最高的一个。

创建一个新的 Python 文件并导入以下包：

```
import os
import argparse
```

```
import warnings

import numpy as np
from scipy.io import wavfile

from hmmlearn import hmm
from python_speech_features import mfcc
```

定义一个函数来解析输入参数。需要指定包含训练语音识别系统所需音频文件的输入文件夹：

```
#定义一个函数来解析输入参数
def build_arg_parser():
    parser = argparse.ArgumentParser(description = 'Trains the HMM-based
speech recognition system')
    parser.add_argument("--input-folder", dest = "input_folder",
required = True, help = "Input folder containing the audio files for
training")
    return parser
```

定义一个类来训练 HMM：

```
#定义一个类来训练 HMM
class ModelHMM(object):
    def __init__(self, num_components = 4, num_iter = 1000):
        self.n_components = num_components
        self.n_iter = num_iter
```

定义协方差类型和 HMM 类型：

```
self.cov_type = 'diag'
self.model_name = 'GaussianHMM'
```

初始化变量，存储每个单词的模型：

```
self.models = []
```

使用指定的参数定义模型：

```
self.model = hmm.GaussianHMM(n_components = self.n_components,
        covariance_type = self.cov_type, n_iter = self.n_iter)
```

定义一种训练模型的方法：

```
#参数 training_data 是一个二维的 numpy 数组，每行有 13 个元素
def train(self, training_data):
    np.seterr(all = 'ignore')
```

```
        cur_model = self.model.fit(training_data)
        self.models.append(cur_model)
```

定义一种计算输入数据得分的方法：

```
#对输入数据运行 HMM
def compute_score(self, input_data):
    return self.model.score(input_data)
```

定义一个函数，为训练数据集中的每个单词建立一个模型：

```
#定义一个函数为每个单词建立一个模型
def build_models(input_folder):
    #初始化变量以存储所有模型
    speech_models = []
```

解析输入目录：

```
#解析输入目录
for dirname in os.listdir(input_folder):
    #获取子文件夹的名称
    subfolder = os.path.join(input_folder, dirname)

    if not os.path.isdir(subfolder):
        Continue
```

提取标签：

```
#提取标签
label = subfolder[subfolder.rfind('/') + 1:]
```

初始化变量以存储训练数据：

```
#初始化变量
X = np.array([])
```

创建用于训练的文件列表：

```
#创建用于训练的文件列表
#在每个文件夹中保留一个文件用于测试
training_files = [x for x in os.listdir(subfolder) if x.endswith('.wav')]
[:-1]

        #遍历训练文件并构建模型
        for filename in training_files:
            #提取当前文件路径
            filepath = os.path.join(subfolder, filename)
```

从当前文件读取音频信号：

```
#从输入文件中读取音频信号
sampling_freq, signal = wavfile.read(filepath)
```

提取 MFCC 特征：

```
#提取 MFCC 特征
with warnings.catch_warnings():
    warnings.simplefilter('ignore')
    features_mfcc = mfcc(signal, sampling_freq)
```

将数据点追加到变量 X：

```
#将数据点追加到变量 X
if len(X) == 0:
    X = features_mfcc
else:
    X = np.append(X, features_mfcc, axis=0)
```

初始化 HMM 模型：

```
#创建 HMM 模型
model = ModelHMM()
```

使用训练数据训练模型：

```
#训练 HMM 模型
model.train(X)
```

保存当前单词的模型：

```
#保存当前单词的模型
speech_models.append((model, label))

#重置变量
model = None

return speech_models
```

定义一个函数在测试数据集上运行测试：

```
#定义一个函数来对输入文件运行测试
def run_tests(test_files):
    #分类输入数据
    for test_file in test_files:
        #读取输入文件
        sampling_freq, signal = wavfile.read(test_file)
```

提取 MFCC 特征：

```
#提取 MFCC 特征
with warnings.catch_warnings():
    warnings.simplefilter('ignore')
    features_mfcc = mfcc(signal, sampling_freq)
```

定义变量以存储最高分和输出标签：

```
#定义变量
max_score = -float('inf')
output_label = None
```

迭代每个模型以选择最佳模型：

```
#通过所有 HMM 运行当前特征向量并选择得分最高的模型
for item in speech_models:
    model, label = item
```

评估分数并与最高分数进行比较：

```
score = model.compute_score(features_mfcc)
if score > max_score:
    max_score = score
    predicted_label = label
```

打印输出：

```
#打印预测输出
start_index = test_file.find('/') + 1
end_index = test_file.rfind('/')
original_label = test_file[start_index:end_index]
print('\nOriginal: ', original_label)
print('Predicted:', predicted_label)
```

定义 main 函数，从输入参数中获取输入文件夹：

```
if __name__ == '__main__':
    args = build_arg_parser().parse_args()
    input_folder = args.input_folder
```

为输入文件夹中的每个单词建立一个 HMM：

```
#为每个单词建立一个 HMM
speech_models = build_models(input_folder)
```

在每个文件夹中保存了一个文件供测试。使用该文件查看模型的准确性：

```
#测试文件:每个子文件夹中的第 15 个文件
test_files = []
for root, dirs, files in os.walk(input_folder):
    for filename in (x for x in files if '15' in x):
        filepath = os.path.join(root, filename)
        test_files.append(filepath)

run_tests(test_files)
```

完整的代码在 speech_recognizer. py 文件中给出。确保数据文件夹与代码文件放在同一个文件夹中。按以下方式运行代码：

```
$ python3 speech_recognizer.py --input-folder data
```

运行代码，输出如图 14 - 8 所示。

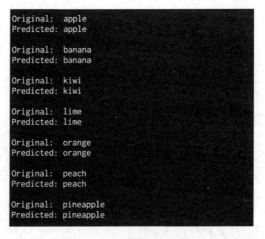

图 14 - 8　识别的单词输出

从图 14 - 8 中可以看出，语音识别系统能够正确识别所有的单词。

14.8　本章小结

在本章中，主要学习了语音识别。首先讨论了语音信号和相关的概念，学会了可视化音频信号，讨论了使用傅里叶变换将时域音频信号变换到频域，并使用预定义的参数生成了音频信号。然后使用以上概念和技术将音调拼接在一起合成了音乐，讨论了多特征 MFCC 模型及其在现实世界中的使用，实现了如何从语音中提取频率特征。最后使用所有这些技术构建了一个语音识别系统。

在下一章中，将讨论自然语言处理以及如何通过建模和分类使用它来分析文本数据。

15

第15章

自然语言处理

在本章中，将学习自然语言处理（Natural Language Processing，NLP）。正如前面几章中所讨论的，拥有能够理解人类语言的计算机是真正让计算机变得更加有用的突破之一。NLP为实现这种突破提供了基础。

首先讨论和使用各种概念（如标记、词干提取和词形还原）来处理文本。然后讨论词袋模型以及如何使用它来分类文本。例如，使用机器学习来分析句子的情感。最后讨论主题建模，并且实现一个系统来识别给定文档中的主题。

本章涵盖以下主题：
- 包的引入和安装
- 标记文本数据
- 使用词干提取将单词转换为基本形式
- 使用词形还原将单词转换为基本形式
- 将文本数据分成块
- 使用词袋模型提取术语出现的频率
- 构建类别预测器
- 构建性别识别器
- 构建情感分析器
- 使用潜在狄利克雷分配的主题建模

15.1　包的引入和安装

NLP 已经成为现代系统的重要组成部分。它广泛应用于搜索引擎、对话界面、文档处理器等。机器可以很好地处理结构化数据，但是当处理自由格式文本时，对于它们来说就很难了。NLP 的目标是开发算法，使计算机能够理解自由格式的文本，从而理解语言。

处理自由格式的自然语言最具挑战性的事情之一就是变化的数量。语境在如何理解一个句子中起着非常重要的作用。人类天生擅长理解语言。人类如何如此容易和直观地理解语言还不清楚。如果用过去的知识和经验来理解对话，即使没有明确的语境，人类也能很快理解别人在说什么。

为了解决这个问题，研究人员开始使用机器学习方法开发各种应用程序。构建这样的应用程序需要获取大量的文本，然后在这些文本数据上训练算法，以执行各种任务，如文本分类、情感分析和主题建模。这些算法被训练成检测输入文本数据中的模式，并从中得出结果。

　　在本章中，将讨论用于分析文本和构建 NLP 应用程序的各种底层概念。这将使我们能够理解如何从给定的文本数据中提取有意义的信息。下面将使用 Python 中的 NLTK（Natural Language Toolkit）包来构建这些应用程序。运行以下命令来安装包：

```
$ pip3 install nltk
```

读者可以在官网 http://www.nltk.org 找到更多关于 NLTK 包的信息。

为了访问 NLTK 包提供的所有数据集，需要下载数据库。通过输入以下命令打开 Python：

```
$ python3
```

在 Python 中输入以下代码下载数据：

```
>>> import nltk
>>> nltk.download()
```

在本章中，还将使用 gensim 包。gensim 是一个语义建模库，对许多应用程序都很有用。可以运行以下命令来安装：

```
$ pip3 install gensim
```

还需要 pattern 包来使 gensim 正常工作。运行以下命令来安装：

```
$ pip3 install pattern
```

读者可以在 https://radimrehurek.com/gensim 中找到更多关于 gensim 包的信息。现在已经安装了 NLTK 和 gensim，下一节将讨论标记文本数据。

15.2　标记文本数据

在处理文本时，需要把它分解成更小的部分进行分析。为此，可以应用标记化。标记化是将文本分成一组片段（如单词或句子）的过程。这些片段称为标记。根据需要，可以自定义方法将文本分成许多标记。下面介绍如何使用 NLTK 标记输入文本。

创建一个新的 Python 文件并导入以下包：

```
from nltk.tokenize import sent_tokenize, \
        word_tokenize, WordPunctTokenizer
```

定义将用于标记的输入文本：

```
#定义输入文本
input_text = "Do you know how tokenization works? It's actually \
   quite interesting! Let's analyze a couple of sentences and \
   figure it out."
```

将输入文本分成句子标记：

```
#句子标记
print("\nSentence tokenizer:")
print(sent_tokenize(input_text))
```

将输入文本分成单词标记：

```
#单词标记
print("\nWord tokenizer:")
print(word_tokenize(input_text))
```

使用 WordPunct 标记将输入文本分成单词点标记：

```
# 单词点标记
print("\nWord punct tokenizer:")
print(WordPunctTokenizer().tokenize(input _text))
```

完整的代码在 tokenizer. py 文件中给出。运行代码，输出如图 15 - 1 所示。

```
Sentence tokenizer:
['Do you know how tokenization works?', "It's actually quite interesting!", "Let's analyze a couple of se
ntences and figure it out."]

Word tokenizer:
['Do', 'you', 'know', 'how', 'tokenization', 'works', '?', 'It', "'s", 'actually', 'quite', 'interesting'
, '!', 'Let', "'s", 'analyze', 'a', 'couple', 'of', 'sentences', 'and', 'figure', 'it', 'out', '.']

Word punct tokenizer:
['Do', 'you', 'know', 'how', 'tokenization', 'works', '?', 'It', "'", 's', 'actually', 'quite', 'interest
ing', '!', 'Let', "'", 's', 'analyze', 'a', 'couple', 'of', 'sentences', 'and', 'figure', 'it', 'out', '.
']
```

图 15 - 1　标记输出

句子标记将输入文本分成句子。当涉及标点符号时，单词的两种标记的表现不同。例如，单词 "It's" 被点标记和常规标记分开的方式不同。

15.3　使用词干提取将单词转换为基本形式

处理文本意味着要处理大量变化的形式。因此，必须处理同一单词的不同形式，并使计算机能够理解这些不同的单词具有相同的基本形式。例如，sing 这个词可以以多种形式出现，如 singer、sing、song、sung 等，这组单词有相似的意思。这个过程称为词干提取。词干提取是产生词根/基本词的形态变体的一种方式。人类可以很容易地识别这些基本形式并推导出上下文。

在分析文本时，提取这些基本形式很有用。这样做能够从输入文本中提取有用的统计数据。词干提取是实现这一点的一种方法。词干分析器的目标是将不同形式的单词简化成一个共同的基本形式。它基本上是一个启发式的过程，去掉单词的末端来提取它们的基本形式。

下面介绍如何使用 NLTK 包来实现这一过程。

创建一个新的 Python 文件并导入以下包：

```
from nltk.stem.porter import PorterStemmer
from nltk.stem.lancaster import LancasterStemmer
from nltk.stem.snowball import SnowballStemmer
```

定义一些输入单词：

```
input_words = ['writing', 'calves', 'be', 'branded', 'horse',
'randomize', 'possibly', 'provision', 'hospital', 'kept', 'scratchy',
'code']
```

分别创建 PorterStemmer、LancasterStemmer 和 SnowballStemmer 词干对象：

```
#创建各种词干对象
porter = PorterStemmer()
lancaster = LancasterStemmer()
snowball = SnowballStemmer('english')
```

为表格显示创建一个名称列表，并相应地格式化输出文本：

```
#为表格创建名称列表
stemmer_names = ['PORTER', 'LANCASTER', 'SNOWBALL']
formatted_text = '{:>16}' * (len(stemmer_names) + 1)
print('\n', formatted_text.format('INPUT WORD', * stemmer_names),
      '\n', '='*68)
```

遍历单词，并使用三个词干分析器对单词进行词干提取：

```
#提取每个单词并显示输出
for word in input_words:
    output = [word, porter.stem(word),
            lancaster.stem(word), snowball.stem(word)]
    print(formatted_text.format(* output))
```

完整的代码在 stemmer.py 文件中给出。运行代码，输出如图 15 - 2 所示。

INPUT WORD	PORTER	LANCASTER	SNOWBALL
writing	write	writ	write
calves	calv	calv	calv
be	be	be	be
branded	brand	brand	brand
horse	hors	hors	hors
randomize	random	random	random
possibly	possibl	poss	possibl
provision	provis	provid	provis
hospital	hospit	hospit	hospit
kept	kept	kept	kept
scratchy	scratchi	scratchy	scratchi
code	code	cod	code

图 15 - 2　词干输出

下面具体说明这里使用的三种词干提取算法。这些算法基本上都在努力实现同一个目标，它们之间的区别在于得出单词基本形式的严格程度。

Porter 是最不严格的，Lancaster 是最严格的。从图 15 – 2 中的输出会注意到差异。词干分析器在 possibly 或 provision 等词上表现不同。从 Lancaster 词干分析器获得的词干输出有点模糊，因为它大大减少了单词，同时，算法速度快。一个好的经验法则是使用 Snowball，因为这是速度和严格程度之间的一个很好的平衡。

15.4 使用词形还原将单词转换为基本形式

词形还原是将单词简化为基本形式的另一种方法。在 15.3 节中，我们看到从这些词干分析器中获得的一些基本形式没有意义。词形还原是将一个词的不同形式组合在一起的过程，这样它们就可以作为一个单独的项目来分析。词形还原就像词干提取，但它给单词带来了语境。所以，它把意思相似的词和一个词联系起来。例如，三个词干都说 calves 的基本形式是 calv，但这不是真词。词形还原采用更结构化的方法来解决这个问题。下面列举一些词形还原的例子：

* rocks：rock
* corpora：corpus
* worse：bad

词形还原过程使用单词的词汇和形态分析。它通过去除词尾（如 ing 或 ed）来获得基本形式。任何单词的基本形式都被称为词形还原。如果把 calves 这个词形还原，应该得到 calf 作为输出。需要注意的是，输出取决于单词是动词还是名词。下面介绍如何使用 NLTK 包来实现这一点。

创建一个新的 Python 文件并导入以下包：

```
from nltk.stem import WordNetLemmatizer
```

定义一些输入单词。这里将使用与 15.3 节相同的一组词，以便比较输出：

```
input_words = ['writing', 'calves', 'be', 'branded', 'horse',
'randomize', 'possibly', 'provision', 'hospital', 'kept', 'scratchy',
'code']
```

创建一个 lemmatizer 对象：

```
#创建 lemmatizer 对象
lemmatizer = WordNetLemmatizer()
```

为表格显示创建一个 lemmatizer 名称列表，并相应地设置文本格式：

```
#创建一个用于显示的 lemmatizer 名称列表
lemmatizer_names = ['NOUN LEMMATIZER', 'VERB LEMMATIZER']
```

```
formatted_text = '{:>24}' * (len(lemmatizer_names) + 1)
print('\n', formatted_text.format('INPUT WORD', * lemmatizer_names),
        '\n', '='*75)
```

遍历单词，并使用名词和动词的词形对单词进行词形还原：

```
#词形还原每个单词并显示输出
for word in input_words:
    output = [word, lemmatizer.lemmatize(word, pos = 'n'),
            lemmatizer.lemmatize(word, pos = 'v')]
    print(formatted_text.format( * output))
```

完整的代码在 lemmatizer. py 文件中给出。运行代码，输出如图 15 - 3 所示。

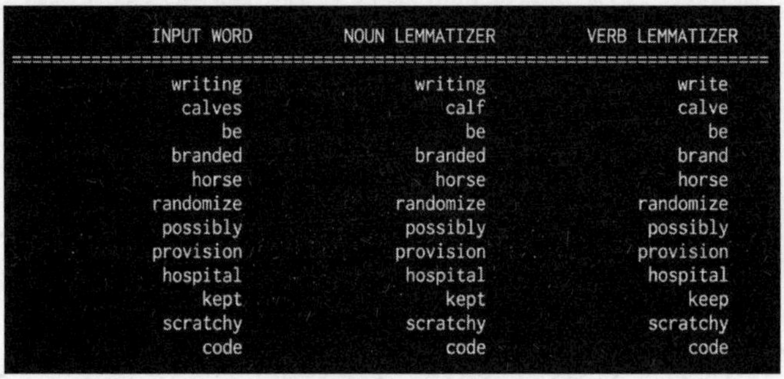

图 15 - 3   词形还原输出

从图 15 - 3 中可以看出，名词的词形还原和动词的词形还原在 writing 或 calves 等词汇上的表现方式不同。如果将这些输出与词干分析输出进行比较，会发现也存在差异。词形还原的输出都是有意义的，而词干分析的输出可能有意义，也可能没有意义。

15.5   将文本数据分成块

文本数据通常需要分成几部分进行进一步分析，这个过程称为组块。这在文本分析中经常使用。根据具体的问题，将文本分成块的条件可能会有所不同。这与标记化不同，虽然标记化也是将文本分成几部分。在组块过程中，可以不遵守任何约束，除了输出组块需要有意义的事实。

当处理大型文本文档时，将文本分成块以提取有意义的信息变得非常重要。在本节中，将介绍如何将输入文本分成块。

创建一个新的 Python 文件并导入以下包：

```
import numpy as np
from nltk.corpus import brown
```

定义一个函数将输入文本分成块。其中，第一个参数是输入文本；第二个参数是每个块中的字符数：

```
#将输入文本分成块
#每个块包含N个字符
def chunker(input_data, N):
    input_words = input_data.split(' ')
    output = []
```

迭代单词并使用输入参数将它们分成块。该函数返回一个列表：

```
cur_chunk = []
count = 0
for word in input_words:
    cur_chunk.append(word)
    count + = 1
    if count = = N:
        output.append(' '.join(cur_chunk))
        count, cur_chunk = 0, []

output.append(' '.join(cur_chunk))

return output
```

定义 main 函数，并从 Brown 语料库中读取输入文本。在这种情况下，将读取 12 000 个字符，也可以随机读取任意数量的字符：

```
if __name__ = = '__main__':
    #从 Brown 语料库读取 12 000 个字符
    input_data = ' '.join(brown.words()[:12000])
```

定义每个组块中的字符数：

```
#定义每个组块中的字符数
chunk_size = 700
```

将输入文本分成块并显示输出：

```
chunks = chunker(input_data, chunk_size)
print('\nNumber of text chunks = ', len(chunks), '\n')
for i, chunk in enumerate(chunks):
    print('Chunk', i +1, ' ==>', chunk[:50])
```

完整的代码在 text_chunker. py 文件中给出。运行代码，输出如图 15 – 4 所示。

图 15 – 4 中显示了每个块的前 50 个字符。

现在已经探索了文本分块技术，下面开始研究执行文本分析的方法。

```
Number of text chunks = 18

Chunk 1 ==> The Fulton County Grand Jury said Friday an invest
Chunk 2 ==> '' . ( 2 ) Fulton legislators `` work with city of
Chunk 3 ==> . Construction bonds Meanwhile , it was learned th
Chunk 4 ==> , anonymous midnight phone calls and veiled threat
Chunk 5 ==> Harris , Bexar , Tarrant and El Paso would be $451
Chunk 6 ==> set it for public hearing on Feb. 22 . The proposa
Chunk 7 ==> College . He has served as a border patrolman and
Chunk 8 ==> of his staff were doing on the address involved co
Chunk 9 ==> plan alone would boost the base to $5,000 a year a
Chunk 10 ==> nursing homes In the area of `` community health s
Chunk 11 ==> of its Angola policy prove harsh , there has been
Chunk 12 ==> system which will prevent Laos from being used as
Chunk 13 ==> reform in recipient nations . In Laos , the admini
Chunk 14 ==> . He is not interested in being named a full-time
Chunk 15 ==> said , `` to obtain the views of the general publi
Chunk 16 ==> '' . Mr. Reama , far from really being retired , i
Chunk 17 ==> making enforcement of minor offenses more effectiv
Chunk 18 ==> to tell the people where he stands on the tax issu
```

图 15－4　文本分块输出

15.6　使用词袋模型提取术语出现的频率

使用词袋模型进行文本分析的主要目标之一是将文本转换成数字形式，以便在机器学习中使用。为了分析包含数百万字的文本文档，需要先提取文本并将其转换为数字形式。

机器学习算法需要数字数据来处理，以便能够分析数据并提取有意义的信息。这就是词袋模型的由来。该模型从文档中提取词汇，并使用文档术语矩阵构建模型。词袋模型可以将每个文档表示为一个词袋，只需记录字数，不用考虑语法细节和词序。

文档术语矩阵基本上是一个表格，它给出了文档中出现的各种单词的数量。因此，文本文档可以表示为各种单词的加权组合，也可以设置阈值，以选择更有意义的词。在某种程度上，词袋模型正在构建文档中所有单词的直方图，这些单词将被用作文本分类的特征向量。

分析以下句子。

- 第一句：The children are playing in the hall。
- 第二句：The hall has a lot of space。
- 第三句：Lots of children like playing in an open space。

以上三个句子中有以下 14 个唯一的单词：

- the
- children
- are
- playing
- in
- hall
- has
- a
- lot

- of
- space
- like
- an
- open

现在使用以上单词在每个句子中出现的次数来构建每个句子的直方图。每个特征向量都是 14 维的，因为有 14 个唯一的单词。

- 第一句：[2, 1, 1, 1, 1, 1, 0, 0, 0, 0, 0, 0, 0, 0]
- 第二句：[1, 0, 0, 0, 0, 1, 1, 1, 1, 1, 1, 0, 0, 0]
- 第三句：[0, 1, 0, 1, 1, 0, 0, 0, 1, 1, 1, 1, 1, 1]

现在已经用词袋模型提取了这些特征，因此可以使用机器学习算法来分析这些数据。

下面介绍如何在 NLTK 包中构建一个词袋模型。创建一个新的 Python 文件并导入以下包：

```
import numpy as np
from sklearn.feature_extraction.text import CountVectorizer
from nltk.corpus import brown
from text_chunker import chunker
```

从 Brown 语料库中读取输入数据。这里将使用 5 400 个单词，也可以随机尝试使用任意数量的单词：

```
#从 Brown 语料库中读取数据
input_data = ' '.join(brown.words()[:5400])
```

定义每个组块中的字符数：

```
#每个组块中的字符数
chunk_size = 800
```

将输入文本分成组块：

```
text_chunks = chunker(input_data, chunk_size)
```

将组块转换为字典项目：

```
#将组块转换为字典项目
chunks = []
for count, chunk in enumerate(text_chunks):
    d = {'index': count, 'text': chunk}
    chunks.append(d)
```

提取文档术语矩阵，得到每个单词的计数。下面使用 CountVectorizer 方法来实现这一点，该方法接收两个输入参数。其中，第一个参数 min_df 是最小文档频率；第二个参数

max_df 是最大文档频率。频率是指单词在文本中出现的次数：

```
#提取文档术语矩阵
count_vectorizer = CountVectorizer(min_df = 7, max_df = 20)
document_term_matrix = count_vectorizer.fit_transform([chunk['text']
for chunk in chunks])
```

用词袋模型提取单词并显示出来。词汇表是指在上一步中提取的不同单词列表：

```
#提取词汇并显示
vocabulary = np.array(count_vectorizer.get_feature_names())
print("\nVocabulary:\n", vocabulary)
```

生成要显示的名称：

```
#生成组块名称
chunk_names = []
for i in range(len(text_chunks)):
    chunk_names.append('Chunk - ' + str(i + 1))
```

打印文档术语矩阵：

```
#打印文档术语矩阵
print("\nDocument term matrix:")
formatted_text = '{:>12}' * (len(chunk_names) + 1)
print('\n', formatted_text.format('Word', * chunk_names), '\n')
for word, item in zip(vocabulary, document_term_matrix.T):
    #item 是 csr_matrix 数据结构
    output = [word] + [str(freq) for freq in item.data]
    print(formatted_text.format( * output))
```

完整的代码在 bag_of_words. py 文件中给出。运行代码，输出如图 15 - 5 所示。

Word	Chunk-1	Chunk-2	Chunk-3	Chunk-4	Chunk-5	Chunk-6	Chunk-7
and	23	9	9	11	9	17	10
are	2	2	1	1	2	2	1
be	6	8	7	7	6	2	1
by	3	4	4	5	14	3	6
county	6	2	7	3	1	2	2
for	7	13	4	10	7	6	4
in	15	11	15	11	13	14	17
is	2	7	3	4	5	5	2
it	8	6	8	9	3	1	2
of	31	20	20	30	29	35	26
on	4	3	5	10	6	5	2
one	1	3	1	2	2	1	1
said	12	5	7	7	4	3	7
state	3	7	2	6	3	4	1
that	13	8	9	2	7	1	7
the	71	51	43	51	43	52	49
to	11	26	20	26	21	15	11
two	2	1	1	1	1	2	2
was	5	6	7	7	4	1	3
which	7	4	5	4	3	1	1
with	2	2	1	2	2	2	3

图 15 - 5　文档术语矩阵输出

所有的单词以及每个块中相应的计数都可以在词袋模型文档术语矩阵中看到。

现在已经统计了单词，下面在此基础上开始根据单词的频率做一些预测。

15.7 构建类别预测器

类别预测器用于预测给定文本所属的类别。这在文本分类中经常用来对文本文档进行分类。搜索引擎经常使用这个工具来排序搜索结果的相关性。例如，假设要预测给定的句子是属于体育、政治还是科学。为此，本节将构建一个数据语料库并训练一个算法，该算法可用于对未知数据的推断。

为了构建这个类别预测器，将使用一个称为术语频率 – 反向文档频率（Term Frequency – Inverse Document Frequency，tf – idf）的指标。在一组文档中，需要了解每个单词的重要性。tf – idf 表示给定的单词对于一组文档中的文档有多重要。

现在分析 tf – idf 的第一部分。tf（术语频率）基本上表示给定文档中每个单词出现的频率。由于不同的文档有不同的单词数，直方图中的确切数字会有所不同。为了公平起见，这里需要规范化直方图。因此，将每个单词的数量除以给定文档中的总单词数，以获得术语频率。

tf – idf 的第二部分是 idf（反向文档频率），它表示给定文档集中某个单词对文档的独特程度。在计算词频时，假设所有的单词都同等重要。但是这里不能仅仅依靠每个单词的出现频率，因为像 and、or 和 the 这样的单词会出现很多。为了平衡这些常用词的出现频率，需要降低它们的权重，增加稀有词的权重。这有助于类别预测器识别每个文档特有的单词，这反过来又有助于类别预测器形成一个独特的特征向量。

为了计算这个统计数据，需要计算带有给定单词的文档数量的比率，并将其除以文档总数。这个比率本质上是包含给定单词的文档的分数，然后采用该比率的负算法来计算 idf。最后，将 tf 和 idf 结合起来形成一个特征向量，然后对文档进行分类。这项工作是对文本进行更深入分析以获得更深含义的基础，如情感分析、文本上下文或主题分析。下面介绍如何建立一个类别预测器。

创建一个新的 Python 文件并导入以下包：

```
from sklearn.datasets import fetch_20newsgroups
from sklearn.naive_bayes import MultinomialNB
from sklearn.feature_extraction.text import TfidfTransformer
from sklearn.feature_extraction.text import CountVectorizer
```

定义用于训练的类别映射。在这种情况下，将使用虚拟类别。该字典对象中的关键字引用 scikit – learn 数据集中的名称：

```
#定义类别映射
category_map = {'talk.politics.misc': 'Politics', 'rec.autos':
'Autos', 'rec.sport.hockey': 'Hockey', 'sci.electronics': 'Electronics',
'sci.med': 'Medicine'}
```

使用 fetch_20newsgroups 函数获取训练数据集：

```
#获取训练数据集
training_data = fetch_20newsgroups(subset = 'train',
        categories = category_map.keys(), sh uffle = True, random_state = 5)
```

使用 CountVectorizer 对象提取术语计数：

```
#构建计数器并提取术语计数
count_vectorizer = CountVectorizer()
train_tc = count_vectorizer.fit_transform(training_data.data)
print("\nDimensions of training data:", train_tc.shape)
```

创建 tf - idf 转换器，并使用以下数据对其进行训练：

```
#创建 tf - idf 转换器
tfidf = TfidfTransformer()
train_tfidf = tfidf.fit_transform(train_tc)
```

定义一些用于测试的示例输入句子：

```
#定义测试数据
input_data = [
    'You need to be careful with cars when you are driving on slippery
roads',
    'A lot of devices can be operated wirelessly',
    'Players need to be careful when they are close to goal posts',
    'Political debates help us understand the perspectives of both
sides'
]
```

使用训练数据训练多项式朴素贝叶斯分类器：

```
#训练多项式朴素贝叶斯分类器
classifier = MultinomialNB().fit(train_tfidf, training_data.target)
```

使用计数器转换输入数据：

```
#使用计数器转换输入数据
input_tc = count_vectorizer.transform(input_data)
```

使用 tf - idf 转换器对矢量化数据进行转换，使其可以在推理模型中运行：

```
#使用 tf - idf 转换器对矢量化数据进行转换
input_tfidf = tfidf.transform(input_tc)
```

使用 tf - idf 转换后的向量预测输出：

```
#预测输出类别
predictions = classifier.predict(input_tfidf)
```

打印测试数据中每个样本的输出类别：

```
#打印输出
for sent, category in zip(input_data, predictions):
    print('\nInput:', sent, '\nPredicted category:', \
            category_map[training_data.target_names[category]])
```

完整的代码在 category_predictor. py 文件中给出。运行代码，输出如图 15 – 6 所示。

```
Dimensions of training data: (2844, 40321)

Input: You need to be careful with cars when you are driving on slippery roads
Predicted category: Autos

Input: A lot of devices can be operated wirelessly
Predicted category: Electronics

Input: Players need to be careful when they are close to goal posts
Predicted category: Hockey

Input: Political debates help us understand the perspectives of both sides
Predicted category: Politics
```

图 15 – 6　类别预测器输出

从图 15 – 6 中可以直观地看到预测的类别是正确的。接下来，将介绍文本分析的另一种形式——性别识别。

15.8　构建性别识别器

性别识别是一个有趣的问题，远非一门精确的科学。我们可以很快想到男性和女性都可以使用的名字：Dana、Angel、Lindsey、Morgan、Jessie、Chris、Payton、Tracy、Stacy、Jordan、Robin、Sydney。

此外，在美国将会有许多不遵循英语规则的种族名称。一般来说，我们可以对各种各样的名字进行有根据的猜测。在这个简单的例子中，将使用启发式算法来构造一个特征向量，并使用它来训练一个分类器。这里将使用的启发式算法将使用给定名字的最后 N 个字符。例如，如果名字以 ia 结尾，很可能是女性的名字，如 Amelia 或 Genelia。另外，如果名字以 rk 结尾，很可能是男性的名字，如 Mark 或 Clark。由于要使用的确切字符数不确定，所以将使用参数找出最佳答案。下面介绍具体代码实现。

创建一个新的 Python 文件并导入以下包：

```
import random

from nltk import NaiveBayesClassifier
from nltk.classify import accuracy as nltk_accuracy
from nltk.corpus import names
```

定义一个从输入单词中提取最后 N 个字符的函数：

```
#从输入单词中提取最后 N 个字符作为特征
def extract_features(word, N=2):
    last_n_letters = word[-N:]
    return {'feature': last_n_letters.lower()}
```

定义 main 函数并从 scikit – learn 包中提取训练数据。该数据包含带标签的男性和女性姓名：

```
if __name__ == '__main__':
    #使用 NLTK 包中可用的带标签的名称创建训练数据
    male_list = [(name, 'male') for name in names.words('male.txt')]
    female_list = [(name, 'female') for name in names.words('female.
txt')]
    data = (male_list + female_list)
```

给随机数生成器设定种子并打乱数据：

```
#生成随机数
random.seed(5)

#打乱数据
random.shuffle(data)
```

创建一些将用于测试的示例名称：

```
#创建测试数据
input_names = ['Alexander', 'Danielle', 'David', 'Cheryl']
```

定义将用于训练和测试的数据百分比：

```
#定义用于训练和测试的数据百分比
num_train = int(0.8 * len(data))
```

最后 N 个字符将被用作特征向量来预测性别。此参数将被更改，以查看性别如何变化。在这种情况下，设置为从 1 到 6：

```
#迭代不同的长度来比较准确度
for i in range(1, 6):
    print('\nNumber of end letters:', i)
    features = [(extract_features(n, i), gender) for (n, gender) in data]
```

将数据分为训练数据和测试数据：

```
    train_data, test_data = features[:num_train], features[num_train:]
```

使用训练数据构建一个朴素贝叶斯分类器：

```
classifier = NaiveBayesClassifier.train(train_data)
```

使用 NLTK 包中可用的内置精度方法计算分类器的准确度：

```
#计算分类器的准确度
accuracy = round(100 * nltk_accuracy(classifier, test_data), 2)
print('Accuracy = ' + str(accuracy) + '% ')
```

预测输入测试列表中每个名字的输出：

```
#使用经过训练的分类器模型预测输入名字的输出
for name in input_names:
    print(name, '==>', classifier.classify(extract_features(name, i)))
```

完整的代码在 gender_identifier. py 文件中给出。运行代码，输出如图 15－7 所示。

```
Number of end letters: 1
Accuracy = 74.7%
Alexander ==> male
Danielle ==> female
David ==> male
Cheryl ==> male

Number of end letters: 2
Accuracy = 78.79%
Alexander ==> male
Danielle ==> female
David ==> male
Cheryl ==> female

Number of end letters: 3
Accuracy = 77.22%
Alexander ==> male
Danielle ==> female
David ==> male
Cheryl ==> female
```

图 15－7　性别识别输出 1

图 15－7 显示了测试数据的准确度和预测输出。向下滚动显示，输出如图 15－8 所示。

```
Number of end letters: 4
Accuracy = 69.98%
Alexander ==> male
Danielle ==> female
David ==> male
Cheryl ==> female

Number of end letters: 5
Accuracy = 64.63%
Alexander ==> male
Danielle ==> female
David ==> male
Cheryl ==> female
```

图 15－8　性别识别输出 2

从图 15－8 中可以看出，准确度在两个字符处达到峰值，然后开始下降。接下来，介绍另一个有趣的问题——分析文本的情感。

15.9　构建情感分析器

情感分析是确定一篇文本情感的过程。例如，它可以用来确定电影评论是正面的还是负面的。这是自然语言处理最受欢迎的应用之一。我们也可以添加更多的类别，这取决于具体的问题。这种技术可以用来了解人们对产品、品牌或话题的感觉。它经常用来分析营销活动、民意调查、社交媒体、电子商务网站上的产品评论等。下面介绍如何确定一部电影评论的情绪。

现在使用朴素贝叶斯分类器来构建这个情感分析器。首先，从文本中提取所有独特的单词。NLTK 包需要将这些数据以字典的形式排列，这样才能接收这些数据。文本数据被分成训练数据集和测试数据集后，朴素贝叶斯分类器将被训练来将电影评论分类为正面或负面。然后，可以计算并显示表示正面和负面评论的信息量最大的单词。这个信息很有趣，因为它显示了用什么词来表示各种反应。

下面看看这是如何实现的。创建一个新的 Python 文件并导入以下包：

```
from nltk.corpus import movie_reviews
from nltk.classify import NaiveBayesClassifier
from nltk.classify.util import accuracy as nltk_accuracy
```

定义一个函数，根据输入的单词构造一个字典对象并返回：

```
#从单词输入列表中提取特征
def extract_features(words):
    return dict([(word, True) for word in words])
```

定义 main 函数并加载已标记的电影评论：

```
if __name__ == '__main__':
    #从语料库加载评论
    fileids_pos = movie_reviews.fileids('pos')
    fileids_neg = movie_reviews.fileids('neg')
```

从电影评论中提取特征，并对其进行相应标记：

```
#从评论中提取特征
features_pos = [(extract_features(movie_reviews.words(
        fileids=[f])), 'Positive') for f in fileids_pos]
features_neg = [(extract_features(movie_reviews.words(
        fileids=[f])), 'Negative') for f in fileids_neg]
```

定义训练数据集和测试数据集的分配。在这种情况下，数据集将分配 80% 用于训练，20% 用于测试：

```
#定义训练数据集和测试数据集的分配(80% 和 20% )
threshold = 0.8
num_pos = int(threshold * len(features_pos))
num_neg = int(threshold * len(features_neg))
```

分离用于训练和测试的特征向量:

```
#创建训练数据集和测试数据集
features_train = features_pos[:num_pos] + features_neg[:num_neg]
features_test = features_pos[num_pos:] + features_neg[num_neg:]
```

打印用于训练和测试的数据点数量:

```
#打印使用的数据点数量
print('\nNumber of training datapoints:', len(features_train))
print('Number of test d atapoints:', len(features_test))
```

使用训练数据训练一个朴素贝叶斯分类器,并使用 NLTK 包中可用的内置精度方法计算准确度:

```
#训练一个朴素贝叶斯分类器
classifier = NaiveBayesClassifier.train(features_train)
print('\nAccuracy of the classifier:', nltk_accuracy(
        classifier, features_test))
```

打印前 N 个信息量最大的单词:

```
N = 15
print('\nTop ' + str(N) + ' most informative words:')
for i, item in enumerate(classifier.most_informative_features()):
    print(str(i +1) + '. ' + item[0])
    if i == N - 1:
        Break
```

定义用于测试的例句:

```
#测试输入电影评论
input_reviews = [
    'The costumes in this movie were great',
    'I think the story was terrible and the characters were very weak',
    'People say that the director of the movie is amazing',
    'This is such an idiotic movie. I will not recommend it to anyone.'
    ]
```

迭代样本数据并预测输出：

```
print("\nMovie review predictions:")
for review in input_reviews:
    print("\nReview:", review)
```

计算每个类别的概率：

```
#计算概率
probabilities = classifier.prob_classify(extract_features(review.split()))
```

从概率中选择最大值：

```
#选择概率最大值
predicted_sentiment = probabilities.max()
```

打印预测的输出类别（正面或负面情绪）：

```
#打印输出
print("Predicted sentiment:", predicted_sentiment)
print("Probability:", round(probabilities.prob(predicted_sentiment),2))
```

完整的代码在 sentiment_analyzer. py 文件中给出。运行代码，输出如图 15 - 9 所示。

图 15 - 9 显示了前 15 个信息量最大的单词。如果向下滚动显示，输出如图 15 - 10 所示。

```
Number of training datapoints: 1600
Number of test datapoints: 400

Accuracy of the classifier: 0.735

Top 15 most informative words:
1. outstanding
2. insulting
3. vulnerable
4. ludicrous
5. uninvolving
6. astounding
7. avoids
8. fascination
9. symbol
10. seagal
11. affecting
12. anna
13. darker
14. animators
15. idiotic
```

图 15 - 9   情绪分析输出

从图 15 - 10 中可以直观地看到预测是正确的。

本节构建了一个复杂的情感分析器。接下来，将继续我们在 NLP 领域的旅程，并学习潜在狄利克雷分配（Latent Dirchlet Allocation, LDA）的基础。

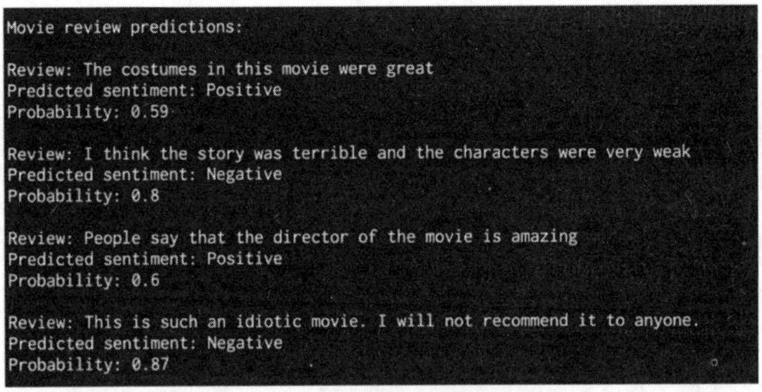

```
Movie review predictions:

Review: The costumes in this movie were great
Predicted sentiment: Positive
Probability: 0.59

Review: I think the story was terrible and the characters were very weak
Predicted sentiment: Negative
Probability: 0.8

Review: People say that the director of the movie is amazing
Predicted sentiment: Positive
Probability: 0.6

Review: This is such an idiotic movie. I will not recommend it to anyone.
Predicted sentiment: Negative
Probability: 0.87
```

图 15 – 10　电影评论情绪的输出

15.10　使用潜在狄利克雷分配的主题建模

主题建模是识别文本数据中对应于主题的模式的过程。如果文本包含多个主题，则可以使用这种技术来识别和分离输入文本中的主题。这种技术可以用来发现给定文档集中隐藏的主题结构。

使用主题建模可以最佳方式组织文档，然后用于分析。关于主题建模算法，需要注意的是，它们不需要有标签的数据。这就像无监督学习，因为它会自己识别模式。考虑到互联网上生成的大量文本数据，主题建模非常重要，因为它能够对大量数据进行汇总，否则这是不可能的。

潜在狄利克雷分配（LDA）是一种主题建模技术，其基本概念是给定的文本是多个主题的组合。例如，"数据可视化是金融分析中的一个重要工具"这句话有多个主题，如数据、可视化和金融。这种组合有助于识别大型文档中的文本。它是一个统计模型，试图捕捉概念并基于它们创建模型。该模型假设文档是基于这些主题过程中随机生成的。一个主题是一个混合词汇的分布。下面介绍如何在 Python 中进行主题建模。

本节将使用 gensim 库。15.1 节中已经安装了这个库。在继续之前，确保已经安装了这个库。

创建一个新的 Python 文件并导入以下包：

```
from nltk.tokenize import RegexpTokenizer
from nltk.corpus import stopwords
from nltk.stem.snowball import SnowballStemmer
from gensim import models, corpora
```

定义一个函数来加载输入数据。输入文件包含 10 个以行分隔的句子：

```
#加载输入数据
def load_data(input_file):
    data = []
```

```
    with open(input_file, 'r') as f:
        for line in f.readlines():
            data.append(line[:-1])

    return data
```

定义一个函数来处理输入文本，并将文本标记化：

```
#用于标记、删除停用词和词干提取的处理器功能
def process(input_text):
    #创建正则表达式标记器
    tokenizer = RegexpTokenizer(r'\w+')
```

对标记的文本进行词干提取：

```
#创建 SnowballStemmer 词干分析器
stemmer = SnowballStemmer('english')
```

需要从输入文本中删除停用词，因为它们不添加信息。先获取停用词列表：

```
#获取停用词列表
stop_words = stopwords.words('english')
```

标记输入字符串：

```
#标记输入字符串
tokens = tokenizer.tokenize(input_text.lower())
```

删除停用词：

```
#删除停用词
tokens = [x for x in tokens if not x in stop_words]
```

标记单词并返回列表：

```
#标记单词
tokens_stemmed = [stemmer.stem(x) for x in tokens]

return tokens_stemmed
```

定义 main 函数，并从文件 data.txt 中加载输入数据：

```
if __name__ == '__main__':
    #加载输入数据
    data = load_data('data.txt')
```

标记文本：

```
#定义句子标记
tokens = [process(x) for x in data]
```

根据标记的句子定义词典：

```
#根据句子标记定义词典
dict_tokens = corpora.Dictionary(tokens)
```

使用句子标记定义文档术语矩阵：

```
#定义文档术语矩阵
doc_term_mat = [dict_tokens.doc2bow(token) for token in tokens]
```

将提供主题的数量作为输入参数。在这种情况下，指定输入文本有两个不同的主题：

```
#定义 LDA 模型的主题数量
num_topics = 2
```

生成 LDA 模型：

```
#生成 LDA 模型
ldamodel = models.ldamodel.LdaModel(doc_term_mat,
        num_topics=num_topics, id2word=dict_tokens, passes=25)
```

打印每个主题的前五个贡献单词：

```
    num_words = 5
    print('\nTop ' + str(num_words) + 'contributing words to each
topic:')
    for item in ldamodel.print_topics(num_topics=num_topics, num_
words=num_words):
        print('\nTopic', item[0])

        #打印贡献词及其相对贡献
        list_of_strings = item[1].split(' + ')
        for text in list_of_strings:
            weight = text.split('*')[0]
            word = text.split('*')[1]
            print(word, '==>', str(round(float(weight) * 100, 2)) + '% ')
```

完整的代码在 topic_modeler. py 文件中给出。运行代码，输出如图 15 – 11 所示。

从图 15 – 11 中可以看出，已经很好地将数学和历史这两个主题分开。如果看一下文本文件，可以验证每一句不是关于数学就是关于历史的。

```
Top 5 contributing words to each topic:

Topic 0
mathemat ==> 2.7%
structur ==> 2.6%
set ==> 2.6% .
formul ==> 2.6%
tradit ==> 1.6%

Topic 1
empir ==> 4.7%
expand ==> 3.3%
time ==> 2.0%
peopl ==> 2.0%
histor ==> 2.0%
```

图 15 – 11   主题建模器的输出

15.11   本章小结

在本章中，主要学习了自然语言处理中的各种基本概念。首先，讨论了文本标记以及如何将输入文本分成多个标记，学习了如何使用词干提取和词形还原将单词简化为基本形式，并使用文本分块器根据预先定义的条件将输入文本分成块。然后，讨论了词袋模型，并为输入文本构建了文档术语矩阵。之后，学习了如何使用机器学习对文本进行分类，并用启发式方法构造了一个性别识别器；还使用机器学习来分析电影评论的情绪。最后，讨论了主题建模，并实现了一个系统来识别给定文档中的主题。

在下一章中，将学习聊天机器人的基本概念及其应用，并创建自己的聊天机器人。

16

第16章

聊天机器人

在本章中，将学习聊天机器人。主要了解聊天机器人的基本概念及其应用，还将学习如何创建自己的聊天机器人。

本章涵盖以下主题：

- 聊天机器人的未来
- 当代聊天机器人
- 聊天机器人的基本概念
- 架构良好的聊天机器人
- 聊天机器人平台
- 使用 Dialogflow 创建聊天机器人

16.1　聊天机器人的未来

很难准确预测未来几年人工智能将如何颠覆我们的社会。就像核技术已经被用于发展核武器和为核电站提供动力一样，人工智能也可以用于崇高的事业或邪恶的目的。不难想象，世界各地的军队都拥有利用人工智能技术的强大武器。例如，使用目前的"离线"技术可以制造一架无人机，它可以对照片中的目标人物进行追捕，直到消灭这个人为止。

即使该技术被用于更具建设性的用例，也很难预测未来几年技术将如何颠覆。有各种研究预测，在某种程度上，由于人工智能推动着生产率提高，整个行业将不再需要像过去那么多的工人。两个容易实现的机器人例子是卡车运输行业和呼叫中心行业。

在过去的几年里，语音界面已经越来越多地突破和渗透到我们的生活中。像 Alexa、Siri 和 Google Home 这样的应用程序已经开始嵌入我们的生活和文化中。此外，微信、Facebook Messenger、WhatsApp 和 Slack 等消息平台为企业创造了与人互动的机会，并有可能将这些互动货币化。这些消息平台变得如此流行和普及，以至于在 2019 年，四大服务的活跃用户数超过了四大社交网络平台（41 亿 vs 34 亿）。

过去几年里，呼叫中心行业已经发生了巨大的变化。随着聊天机器人、云和语音生物识别技术的使用和不断进步，公司可以改善客户服务，用更少的员工处理更多的电话。

目前还没有做到这一点，但很容易想象，在未来 5 年或 10 年，当用户打电话给银行时，只有最不寻常的特殊情况需要人工干预，很大一部分电话将自动处理。

这种趋势只会继续加速。目前，没有人会将大多数聊天机器人对话与人类对话混淆。但是随着它们在接下来的几年里变得更好，感觉会更自然和流畅。当用户拨打呼叫中心的电话时，除了要解决问题之外，有时还有抱怨或发泄。随着聊天机器人变得越来越好，它们将能够展示我们所感知的同情和理解。此外，它们可以访问用户之前的所有通话，并且能够通过记住之前对话的片段来建立融洽的关系。

例如，聊天机器人很快就会记得用户提到了自己孩子的名字，用户下次打电话时，它会问你孩子的情况。此外，就像现在的情况一样，当用户通过网络、电话等不同方式与银行沟通时，或者当用户与银行分行的人交谈时，聊天机器人能够访问用这些方式输入的信息，并使用它更好、更快地为用户服务。再说一遍，现在还没有到那一步，但是有一天人们可能会选择打电话给客服，而不是使用其他方式，如在线访问，因为这样会更快、更有效。例如，我发现自己越来越多地使用 Alexa，因为它越来越好，我也越来越熟悉它的特点和怪癖。

不仅仅是 Alexa，还有其他智能家居助手，它们都具有以下功能：

- 播放音乐
- 设置警报
- 创建购物清单
- 获取天气预报
- 控制房子周围的装置
- 订购在线商务商品
- 预订机票

但这种体验可能会变得更加复杂。随着这些智能家居助手变得更好，至少在某些方面会超过我们。例如，除非以这种方式对聊天机器人进行编程，否则它们永远不会感到沮丧。

关于人工智能，尤其是聊天机器人，它们持续进步的伦理影响是一个永恒的话题。随着聊天机器人变得越来越好，越来越像人类，监管机构可能会迫使企业在用户与聊天机器人交谈时公开对话内容。这可能不是一个坏的规则。然而，我们可能会到达这样一个地步，聊天机器人是如此之好，以至于即使一开始就披露了，也很快就会忘记另一端是一台计算机，而不是一个理解和同情我们的人。

谷歌 Duplex 就是一个很好的、听起来很自然的聊天机器人。可以打开网址 https://www.youtube.com/watch? v = D5VN56jQMWM 看到具体演示。

这项技术比较常用，在安卓或 iPhone 手机上就可以使用。

毫无疑问，聊天机器人将会越来越流行，如用于家里、车上、可穿戴设备的衣服、呼叫中心，以及我们的手机上。根据一项估计，全球聊天机器人市场预计将从 2019 年的 42 亿美元增长到 2024 年的 157 亿美元，综合年增长率为 30.2%。

本节讨论了聊天机器人在未来几年的发展趋势。在下一节中，将回到现实中来，并且就如何利用现有的聊天机器人技术、目前可用的工具创建出色的应用程序提出一些建议。

16.2　当代聊天机器人

在 16.1 节中，讨论了随着人工智能技术的发展未来几年可能会发生的事情。就像任何技术一样，我们不应该等到一切都完善了，而是应该重点关注今天可能发生的事情，以及使自己开发的应用程序尽可能有用和让用户有好的体验。

为了利用现有的技术，并且考虑到当前的聊天机器人仍然需要使用特定的域数据和意图进行编程，我们应该制定一个好的设计和计划来编程实现聊天机器人。从明确定义的目标开始，避免试图提出一个广泛的解决方案。目前，在一个定义明确的领域中的聊天机器人比试图成为"万能的杰克"的聊天机器人更有可能表现出色并发挥作用。一个旨在在在线商务体验期间提供支持的聊天机器人不能用于诊断汽车问题，必须在该领域重新编程。将聊天机器人清晰地聚焦在一个特定的目标和空间上，很可能会为用户创造更好的体验。

为了说明这一点，我将分享一个个人故事。几年前，我参观了美国迈阿密的一家餐馆。众所周知，英语是美国最常见的语言，但在迈阿密不太常见。我们看了菜单，点了饮料，然后点了开胃菜。在点主菜时，我决定和服务员聊几句。我忘记了我的具体问题，但这是一个类似于"你喜欢住在迈阿密吗?"他脸上惊慌失措的表情告诉我，他不明白这个问题，无论我解释多少次，他都不打算解释。为了让他安心，我改用西班牙语，才完成了我们的小聊天。

这里的要点是，服务员知道"餐厅英语"以及完成餐厅交易所需的所有短语和互动。但其他一切都超出了他的舒适范围。同样，在开发聊天机器人时，只要它停留在预期的域中，就能够与用户进行通信。如果开发聊天机器人是为了接受餐厅预订，而用户的意图是获得医疗诊断，它将无法提供帮助。

今天的聊天机器人仍然功能有限。尽管可以用 Alexa、Siri 和 Google Home 做很多事情，但目前它们只能完成特定的任务，还不具有人类的某些特征，如同理心、讽刺和批判性思维。在目前状态下，聊天机器人将能够以更加以人为中心的方式完成重复的事务性任务。

在聊天时，人们通常期望在对话中有一定程度的共同兴趣，因此，对话将以这样一种方式进行，即会用回答来提供后续问题，以及提供信息和促进对话的回答。使用一点俚语会让机器人更加真实和迷人。

在深入研究聊天机器人的设计之前，先介绍一些在开发过程中需要了解的基本概念。

16.3　聊天机器人的基本概念

在开发代码之前，让我们设置一个基线，并访问一些与聊天机器人相关的定义。

（1）代理（Agent）：代理是一个可以处理所有对话并路由所有必要操作的系统。这是一个自然语言理解模块，经常接受训练以满足特定用途的需求。

（2）意图（Intents）：当两个人交流时，他们都有一个开始交流的原因。这可能就像追上一个朋友，弄清楚他们一直在做什么一样简单。可能是他们中的一个想卖东西之类的。这些"意图"分为三大类：

- 演讲者试图娱乐：有人给你讲了一个笑话。
- 演讲者试图告知：有人问现在几点了，或者温度是多少，他们会得到答案。
- 演讲者试图说服：议题是试图推销一些东西。

对于大多数聊天机器人来说，它们的角色是执行所有命令和任务。因此，它们需要执行的第一个任务是确定用户的意图。意图包含上下文、训练阶段、动作和参数，以及响应等元素。

（3）上下文（Context）：语境用于给讨论提供连贯性和影响力，保留对话中已经使用过的关键概念。

（4）实体（Entities）：基本上将一组词归入一个定义的实体。例如，钢笔、铅笔、纸、橡皮和笔记本可以被称为文具。因此，Dialogflow 提供了已经训练好的预构建实体，或者可以构建定制实体并训练它们。这有助于减少训练短语的冗余。

（5）集成（Integration）：像 Dialogflow 和 Lex 这样的聊天机器人平台可以与大多数最受欢迎的对话和消息平台集成，如谷歌助手、Facebook Messenger、Kik 和 Viber 等。

（6）履行（Fulfillment）：Fulfillment 是一种连接服务，可以根据最终用户的表情采取行动，并将动态响应发送回用户。例如，如果用户正在查找员工的详细信息，Fulfillment 服务可以从数据库中获取详细信息，并立即用结果响应用户。

（7）言论（Utterances）：每当我们与某人交谈时，用稍微不同的方式问同样的问题是完全正常的。例如，我们可能会问"今天过得怎么样？"，但是有很多种方法可以问同样的问题。例如：

- 告诉我你的一天。
- 你今天过得好吗？
- 今天过得怎么样？
- 工作怎么样？

人类天生擅长从话语中解释意义并回答提问者想问的问题，而不是他们实际问的问题。例如，对"你今天过得好吗？"需要回答是或不是。但是作为人类，我们有足够的能力来理解真正的意义可能是"告诉我你的一天。"

许多聊天机器人平台越来越擅长不需要用户说出每一句话，而是能够进行一些"模糊"匹配，并且不要求每一个组合都有条目。

（8）Wake wordsc（唤醒词）：许多聊天机器人，如 Alexa 或 Siri，会保持休眠状态，直到它们被"唤醒"并准备好接收命令。要唤醒它们，需要一个"唤醒词"。对于 Alexa 而言，最常用的唤醒词是"Alexa"。对于 Siri 而言，默认的唤醒词是"Hey Siri"。

（9）启动词（Launch words）：聊天机器人被唤醒后，很多时候我们希望聊天机器人为我们执行一个动作，所以需要"启动"这个动作。一些启动词的例子有：

- 命令
- 告诉我
- 增加
- 发动

可以把启动词想象成命令。

（10）插槽值或实体（Slot values or entities）：插槽值是将被转换成参数的单词。下面看几个例子：

- 点<u>牛奶</u>
- 告诉我<u>意大利</u>的首都
- 把<u>面包</u>加到购物清单上
- 打开<u>烤箱</u>

插槽值已加下划线。插槽值可以有插槽类型，就像参数可以有参数类型（整数、字符串等）一样。有些插槽类型是内置的，客户也可以创建插槽类型。插槽类型的一些示例有：

- 国家名称
- 电子邮件地址
- 电话号码
- 日期

一些聊天机器人平台将插槽类型称为实体。

（11）错误计划和默认情况（Error Planning and Default Cases）：一个设计良好的聊天机器人应该总是优雅地处理不可预见的情况。当聊天机器人没有针对特定交互的编程答案时，它应该能够显示出尽可能优雅地处理不可预见情况的默认行为。例如，如果聊天机器人的功能是在美国预订国内航班，但用户请求包机飞往加拿大温哥华，聊天机器人应该能够优雅地告诉用户它们只服务美国城市，并再次询问他们的目的地。

（12）Webhook：Webhook 是 HTTP 推送应用编程接口或网络回调。它又称为反向应用编程接口，因为一旦事件发生，它就会将数据从应用程序发送到应用程序使用者。它消除了使用者持续轮询应用程序的需要。

本节已经介绍了能够更好地使用聊天机器人所需了解的基本概念，下面介绍如何创建一个有用的、架构良好的聊天机器人。

16.4　架构良好的聊天机器人

要使聊天机器人有用和有效，它必须具备某些特点。拥有这些特点的聊天机器人称为"架构良好"的聊天机器人。下面列出并定义这些特点。

（1）适应性：适应性强的聊天机器人能够理解和适应所有收到的话语。即使是没有明确编程的话语，也应该有一个优雅的回应，让聊天机器人用户回到正轨，或者利用这个机会将用户转接到直播运营商。

（2）个性化：作为人类，我们喜欢感受特别，喜欢听到自己的名字，也喜欢别人记住我们的一些小事（孩子的名字、母校等）。一个个性化的聊天机器人会记住以前的互动和它们收集的关于个人用户的信息。

（3）有效：聊天机器人应该可以帮助用户。这超越了传统的平台可用性。当然，聊天机器人应该随时准备提供帮助并在需要的时候被访问。对于传统交互式语音响应（Interactive Voice Response，IVR）系统中的导航树，在它们预测用户试图执行的意图之前，用户必须按下许多数字。这种类型的系统可用性低。

（4）相关度：一个可关联的聊天机器人会给用户一种感觉，即它们确实在进行正常的对话。

现在已经准备好继续开发聊天机器人了。但是，在开发之前，应该了解一下主要的聊天机器人平台，这些平台是聊天机器人开发和分发的基础。

16.5　聊天机器人平台

应用广泛的聊天机器人是由谷歌、AWS 和微软等主要供应商开发的平台实现的。在为聊天机器人选择技术堆栈时，应该仔细考虑它们提供的服务。这三家大厂商都提供了可靠且可扩展的云计算服务，将帮助用户根据需要实施和定制聊天机器人。到目前为止，最著名的可以轻松创建基于文本或语音机器人的平台如下：

- Dialogflow（谷歌，前身是 Api.ai）
- Azure Bot Service（微软）
- Lex（AWS）
- Wit.ai（脸书）
- Watson（IBM）

虽然可以用这里列出的平台以及其他流行的平台编写强大的聊天程序，但是现在将更深入地研究一个平台——Dialogflow。在聊天机器人服务中，Dialogflow 是初学者的一个强有力的选择。接下来，将讨论 Dialogflow 并使用这个平台创建聊天机器人。

16.6　使用 Dialogflow 创建聊天机器人

谷歌在机器学习和自然语言处理方面有着悠久的研究历史。关于自然语言处理的研究大多反映在它们的 Dialogflow 工具中。Dialogflow 集成了谷歌云语音到文本 API 和其他第三方服务，如谷歌助手、亚马逊 Alexa 和 Facebook Messenger。

无须编写一行代码就可以创建提供大量功能的聊天机器人。首先回顾如何在没有代码的情况下，仅仅使用 GCP（谷歌云平台）控制台来配置聊天机器人。在本节中，将使用 Python 语言演示聊天机器人如何与其他服务集成。

在开始创建机器之前，需要完成以下设置：

（1）使用谷歌账户在官网 https://dialogflow.com 免费注册。

（2）设置需要接受 Dialogflow 请求的所有权限以管理整个 GCP 服务的数据，并与谷歌助手集成。

（3）访问 https://console.dialogflow.com 的 Dialogflow 控制台。

（4）通过选择主要语言（稍后可以添加其他语言）和谷歌项目标识符来创建一个新代理。启用计费和其他设置需要 GCP 控制台中的项目名称。如果没有存在的项目，可以创建一个新的项目。

现在已经注册并准备好了，下面开始设置 Dialogflow。

16.6.1　设置 Dialogflow

当用户首次登录 Dialogflow 平台时，需要设置某些权限，否则，Dialogflow 平台将无法正常工作，如图 16 – 1 所示。

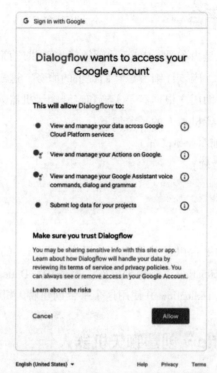

图 16 – 1　GCP 控制台访问 Dialogflow 平台的权限

Dialogflow 中的开发利用了 16.3 节中讨论过的两个主要概念：意图（Intents）和上下文（Context）。意图用于识别用户与聊天机器人通话的目的，上下文赋予对话连贯性和影响力。

单击 Intents 选项卡，打开图 16 – 2 所示的界面。

图 16 – 2　基于 Dialogflow 平台创建意图

聊天机器人开发中的另一个重要概念是插槽类型。在 Dialogflow 中，将插槽类型称为实体（Entities）。实体能够识别对话中常见的或参数化重复出现的概念，可以内置或定制。实体的使用使聊天机器人更加通用和灵活。单击 Entities 选项卡，打开图 16 - 3 所示的界面。

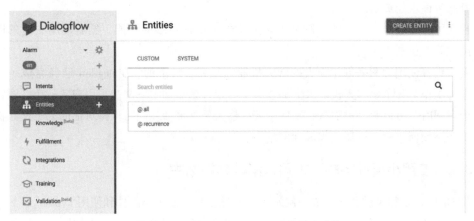

图 16 - 3　基于 Dialogflow 平台创建实体

下面从一个只使用意图的基本例子开始。首先创建代理，然后通过 Dialogflow 接口定义一些意图。可以通过编程来创建这些意图，但是为了保持示例简单，这里使用图形界面来创建意图。首先，设置回退意图。如果没有调用其他意图，将调用此意图，如图 16 - 4 所示。

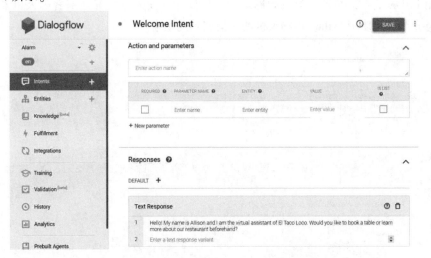

图 16 - 4　基于 Dialogflow 平台创建回退意图

从图 16 - 4 中可以看到，只需在立即尝试表单中写入即可获得答案。最初，当还没有创建意图时，聊天机器人将使用回退意图。有一个回退意图可以防止谈话陷入停顿。

当用户浏览默认回退意图时，会看到完整的响应（Responses）列表。从图 16 - 4 中可以看出，许多响应已经被定义了。当响应与一个意图匹配时，聊天机器人引擎将随机选择一个项目作为答案。

现在创造第一个意图。用户可以通过控制台实现这一点。确保已经填写了训练短语表格，这些是期望从用户那里触发意图的句子。这些句子构建得越精确和全面，聊天机器人在识别意图方面就越成功。

现在可以通过插入更多的意图来给聊天机器人增加更多的功能，然后使用右边的助手持续测试聊天机器人。

希望纯粹使用意图来创建强大的聊天机器人是完全可能的。Dialogflow 已经完成了大部分繁重的工作。为了使聊天机器人更加强大，可以开始添加上下文。当用户从一个意图转向另一个意图时，可以通过添加参数来使聊天机器人更加灵活，同时保持对话的上下文。接下来，将介绍如何将聊天机器人集成到网站中。

16.6.2 使用小部件将聊天机器人集成到网站中

将 Dialogflow 聊天机器人集成到网站中有两种方法：使用小部件和使用 Python。

下面将从使用小部件开始，这是更简单的方法。此方法使用 iframe 将 Dialogflow 集成到网页中。要使用此方法，从左侧菜单中单击 Integrations 选项卡，并确保启用了 Web Demo。复制 HTML 代码并将其粘贴到网页中，这样就能够在网站上使用聊天机器人了，如图 16 - 5 所示。

综上所述，使用小部件可以简单地集成聊天机器人。但是现在几乎无法控制机器人工作。使用 Python 将聊天机器人集成到网站中，可以让开发人员更好地部署聊天机器人。接下来，将介绍如何使用 Python 将聊天机器人集成到网站中。

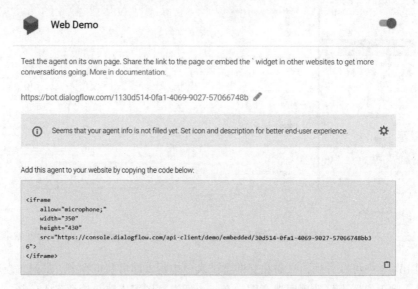

图 16 - 5　使用 iframe 将聊天机器人集成到网站中

16.6.3　使用 Python 将聊天机器人集成到网站中

调用 Dialogflow 聊天机器人的另一种方法是使用 Python。首先需要安装代码运行所需的包：

```
$ pip3 install Dialogflow
$ pip3 install google - api - core
```

运行以上代码，初始化一个客户端会话，该会话将意图作为输入并最终返回一个响应（即所谓的实现）和以十进制值表示的可信度。将想要得到答案的句子保存在 text_to_be_analyzed 变量中。通过添加句子来编辑脚本。使用 Python 可以创建更多的自定义逻辑。例如，可以捕捉一个意图，然后触发一个自定义操作：

```
#安装以下需求
#Dialogflow 0.5.1
#google - api - core 1.4.1

import Dialogflow
from google.api_core.exceptions import InvalidArgument

PROJECT_ID = 'google - project - id'
LANGUAGE_CODE = 'en - US'
GOOGLE_APPLICATION_CREDENTIALS = 'credentials.json'
SESSION_ID = 'current - user - id'

analyzed_text = "Hi! I'm Billy. I want tacos. Can you help me?"
session_client = Dialogflow.SessionsClient()
session = session_client.session_path(PROJECT_ID, SESSION_ID)

text_input = Dialogflow.types.TextInput(text = analyzed_text,
    language_code = LANGUAGE_CODE)
query_input = Dialogflow.types.QueryInput(text = text_input)
try:
    response = session_client.detect_intent(session = session,
    query_input = query_input)
except InvalidArgument:
    raise

print("Query text:", response.query_result.query_text)
print("Detected intent:",
    response.query_result.intent.display_name)
print("Detected intent confidence:",
    response.query_result.intent_detection_confidence)
print("Fulfillment text:",
    response.query_result.fulfillment_text)
```

以上代码需要一个 SESSION_ID 变量来标识当前会话的值。因此，建议使用用户的标识，以便于检索。

为了让 Python 代码工作，需要一个新的令牌。事实上，Dialogflow API 的 2.0 版本依赖于一个身份验证系统，该系统基于与 GCP 服务账户相关联的私钥，而不是访问令牌。使用这个程序，可以获得一个 JSON 格式的私钥。

1. Fulfillment 和 Webhook

现在已经确定了如何创建会话，接下来使用它来做一些有用的事情。会话能够向服务器发出请求，并接收能够满足所有请求的响应。在 Dialogflow 中，请求称为 Webhook，与响应对应。Fulfillment 是 Dialogflow 的一个有用的特性：使用 Fulfillment 可以与后端通信并生成动态响应。使用 Fulfillment 可以开发 Webhook，它接收并处理来自 Dialogflow 的请求，然后用 Dialogflowcompatible JSON 进行响应。

在 Dialogflow 中，当调用某些启用了 Webhook 的意图时，Webhook 用于从后端获取数据。来自意图的信息被传递给 Webhook 服务，然后返回一个响应。

因此，可以使用 ngrok 软件。ngrok 软件是一个网络隧道工具，可以用来调用 Webhook。它支持使用本地服务器测试应用编程接口和 Webhook。下面将使用的另一个工具是 Flask。Flask 是一个轻量级 Web 框架，可以创建一个用于调用外部应用程序的 Webhook 服务。在以下示例中，将调用的外部应用程序是 Dialogflow 代理。首先需要安装 Flask：

```
$ pip3 install Flask
```

要了解关于 Flask 的更多信息，可以访问 https://pypi. org/project/Flask。

2. 使用 Flask 创建 Webhook

首先，创建一个基本的 Flask 应用程序：

```
#导入 flask
from flask import Flask

#初始化 flask 应用程序
app = Flask(__name__)

#默认路径
@app.route('/')
def index():
    return 'Hello World'

#为 webhook 创建路径
@app.route('/webhook')
def webhook():
    return 'Hello World'

#运行应用程序
if __name__ = = '__main__':
    app.run()
```

使用以下命令测试应用程序：

```
$ python app.py or FLASK_APP = hello.py flask run
```

如果以上代码运行正常，则应用程序的初始版本正在工作。到目前为止，因为只使用本地服务器，因此其他外部客户端无法通过互联网访问 Webhook。为了将其集成为 Dialogflow 的 Webhook，需要将其部署在一个可以通过互联网访问的服务器上。这就是 ngrok 软件的作用。该软件可在官网 https://ngrok.io 下载。

使用以下命令运行 ngrok 软件：

```
$ ngrok http <port_number>
```

例如：

```
$ ngrok http 5000
```

输出如图 16 – 6 所示。

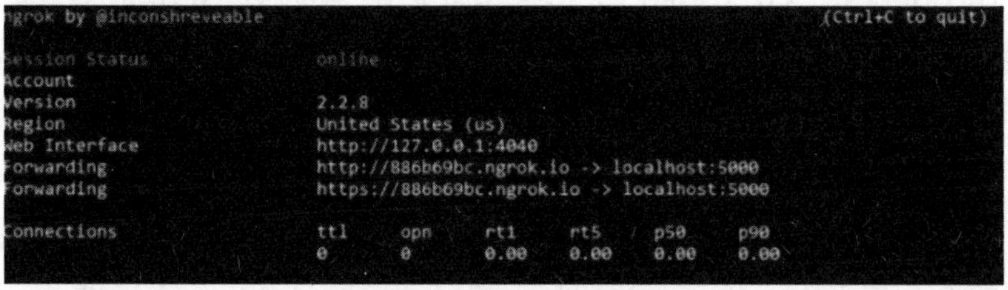

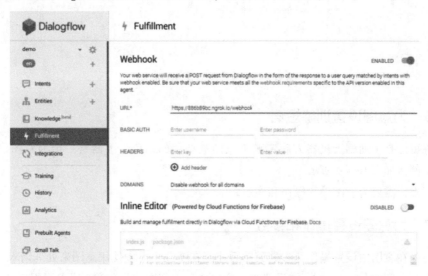

图 16 – 6　ngrok 初始化输出

接下来，将了解如何在 Dialogflow 中设置 Webhook。

16. 6. 4　在 Dialogflow 中设置 Webhook

要在 Dialogflow 中设置 Webhook，在左侧选项栏中单击 Fulfillment 选项卡，在右侧界面的 URL 文本框中输入 ngrok 生成的 Webhook 网址，如图 16 – 7 所示。

图 16 – 7　在 Dialogflow 中设置 Webhook

确保将后缀/webhook 添加到 URL 的末尾，即 https://886b89bc. ngrok. io/webhook，而不是 https://886b89bc. ngrok. io。也就是说，应该在/webhook 路由而不是索引路由上处理请求。

如果 URL 没有 webhook 后缀，应该会得到以下错误：

```
Webhook call failed. Error: 405 Method Not Allowed.
```

请更正网址，使其包含后缀，这样应该可以消除错误。

接下来，需要启用 Webhook 来支持意图和获取服务器数据。

16. 6. 5　为意图启用 Webhook

要为意图启用 Webhook，就要打开需要启用 Webhook 的意图，向下滚动到页面底部，并为此意图启用 "Enable webhook call for this intent" 选项，如图 16－8 所示。

当意图被启用时，它向 Webhook 发送一个请求，并返回一个响应。接下来，可以设置训练短语了。

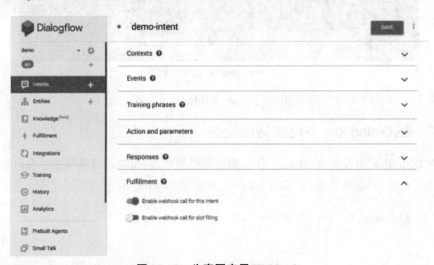

图 16－8　为意图启用 Webhook

16. 6. 6　为意图设置训练短语

训练短语是帮助聊天机器人确定哪个意图被调用的话语。下面是一个为意图设置训练短语的示例，如图 16－9 所示。

接下来，需要为意图设置操作和参数。

16. 6. 7　为意图设置操作和参数

需要先在意图中设置操作和参数，然后才能在 Webhook 中使用意图来处理请求。

在当前示例中，get_results 被设置为一个操作。当意图使用 POST 请求调用 Webhook 时，get_results 将作为操作被接收。如果存在多个可以调用 Webhook 的意图，那么这个操作将用

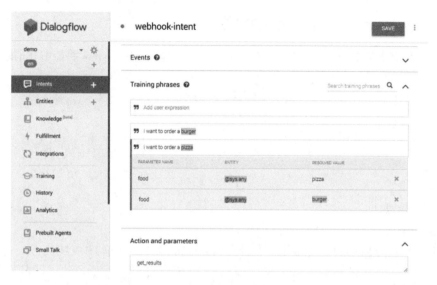

图 16 – 9　在 Dialogflow 中为意图设置训练短语

来对意图进行区分，并由此生成不同的响应。

因为还可以将参数传递给 Webhook，所以可以定义参数名及其值。在这个例子中，从简单操作开始，但最终要实现能让用户从餐馆订购食物。例如，用户可能会说："我想点汉堡和薯条"，聊天机器人会将此话语传递给后端进行验证、存储和处理，如图 16 – 10 所示。

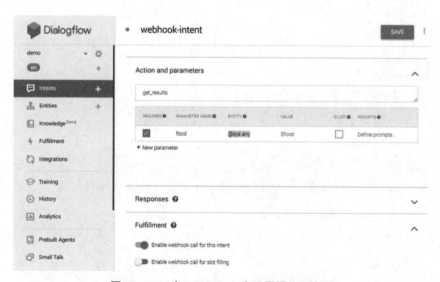

图 16 – 10　在 Dialogflow 中设置操作和参数

操作和参数是可选值。即使没有传递操作和参数，Webhook 也可以工作。为了区分没有操作的意图，可以在请求 JSON 中检查意图的名称。

16. 6. 8　从 Webhook 构建完整的响应

应该使用有效的 JSON 响应来构造 Webhook 响应。这样，Dialogflow 将能够在前端正确显示消息。

可以使用 Python 构建响应。以下是可用的响应类型：

- 简单响应
- 基本卡
- 建议
- 列表卡
- 浏览转盘
- 转盘响应

下面的代码为 Dialogflow 生成了一个带有 fulfillment 文本的简单 JSON 响应：

```python
# 导入 flask
from flask import Flask, request, make_response, jsonify
#初始化 flask 应用程序
app = Flask(__name__)

#默认路径
@app.route('/')
def index():
    return 'Hello World'

#响应函数
def results():
    #建立请求对
    req = request.get_json(force = True)

    #从 JSON 获取操作
    action = req.get('queryResult').get('action')

    #返回 fulfillment 响应
    return {'fulfillmentText': 'This is a webhook response'}

#为 webhook 创建路径
@app.route('/webhook', methods = ['GET', 'POST'])
def webhook():
    #返回响应
    return make_response(jsonify(results()))

#运行应用程序
if __name__ = = '__main__':
    app.run()
```

可以看到我们已经使用 action ＝ req. get（'queryResult'）. get（'action'）从请求中获取了 "action"。最初，这只是一个演示请求/响应（webhook/fulfillment）机制的非常简单的例子。用户应该会看到对该意图的以下响应：

This is a webhook response.

从这个响应可以看出，已经使用以下命令从请求中提取了操作：

```
action = req.get('queryResult').get('action')
```

虽然本例中没有使用操作，但执行以上语句可以提取操作。接下来，将介绍如何从服务器获得响应，以及如何根据响应来处理它。

16.6.9　检查来自 Webhook 的响应

通过窗口右侧的控制台，可以调用意图并检查响应。在当前示例中，响应如图 16－11 所示。

如果用户想调试和排除聊天机器人的故障，可以单击 DIAGNOSTIC INFO（诊断信息）。在诊断信息中可以查看所有 Dialogflow 请求的详细信息以及从 Webhook 发回的响应。如果 Webhook 中有错误，诊断信息也可以用于调试。

图 16－11　在 Dialogflow 中验证响应

16.7　本章小结

在本章中，首先了解了聊天机器人的潜在未来，以及随着它们的发展将如何影响人们的生活。然后，了解了当前聊天机器人技术的局限性，以及在当前的局限性下有哪些推荐的最佳实践，还了解了基本的聊天机器人概念和最受欢迎的聊天机器人平台。最后，深入研究了一个由谷歌开发的名为 Dialogflow 的聊天机器人平台。通过一个基本练习学习了如何使用 Webhook 与其他后端服务集成，并且在这个平台中逐步了解了如何测试聊天机器人的功能及其参数。

在下一章中，将学习如何训练序列数据并将其用于时间序列分析。

17

第 17 章

序列数据和时间序列分析

在本章中，将学习如何构建和使用序列学习模型。为了实现这一目标，首先要学习如何使用 Pandas 处理时间序列数据，包括对时间序列数据进行切片操作，以及如何从时间序列数据中滚动提取各种统计信息。然后，将学习并构建 HMM，并了解如何使用条件随机场（Conditional Random Fields，CRF）来分析字母序列。最后讨论如何使用目前所学的技术来分析股市数据。

本章涵盖以下主题：

- 理解序列数据
- 使用 Pandas 处理时间序列数据
- 对时间序列数据进行切片
- 对时间序列数据进行过滤和求和
- 从时间序列数据中提取统计数据
- 使用 HMM 生成数据
- 使用条件随机场识别字母序列
- 使用 HMM 分析股票市场数据

17.1　理解序列数据

在机器学习领域会遇到不同类型的数据，如图像、文本、视频和传感器读数。不同类型的数据需要不同类型的建模技术。序列数据是指顺序很重要的数据。在许多情况下，可以在自然场景下找到连续的数据。以下是一些具体例子。

（1）基因组序列数据：这是目前序列数据中最好、最重要的例子。基因出现的顺序是创造和维持生命最基本的层次。基因组序列包含了维持我们生存的信息。

（2）人类语言：我们在互相交流时，语言顺序极其重要。如果现在开始改变本书中词语的顺序，用不了多久这本书就会变得完全不可理解。

（3）计算机语言：在大多数计算机语言中，正确的输入顺序对于任意程序的正常运行都是至关重要的。例如，符号序列" >= "在许多计算机语言中表示"大于或等于"，但" => "在某些计算机语言中可能表示赋值，在有些语言中可能会产生语法错误。

时间序列数据是序列数据的一个子类。时间序列数据的一些例子如下。

（1）股票市场价格：股票价格就是时间序列数据。许多数据科学家都曾尝试使用数据科学技能来预测股票市场，但都因困难而转向其他话题和问题。股票预测很难的几个原因：

- 在经济周期的不同时期，股票对经济状况的反映是不同的。
- 影响股票价格的变量很多，这使它成为一个极其复杂的系统。
- 一些最剧烈的股票波动发生在市场交易时间之外，所以很难实时控制这些信息。

（2）应用程序日志：根据定义，应用程序日志有两个组成部分，即指示操作发生时间的时间戳和记录的信息或错误。

（3）物联网活动：物联网设备中的活动是按时间顺序发生的，因此可以用作时间序列数据。

时间序列数据是从任何数据源（如传感器、麦克风、股票市场等）获得的时间戳值。它具有许多重要的特征，需要对这些特征建模才能进行有效的分析。

时间序列数据中某些参数的测量是按规则的时间间隔进行的。这些测量值被排列并存储在时间线上，它们出现的顺序至关重要，该顺序用于从数据中提取模式。

下面将介绍如何构建描述时间序列数据和一般序列数据的模型，并通过这些模型理解时间序列变量的行为。然后，使用这些模型来预测和推断模型以前没有见过的值。

时间序列数据分析被广泛应用于金融、传感器数据分析、语音识别、经济、天气预报、制造业等领域。接下来，将使用 Pandas 包来处理与时间序列相关的操作。

Pandas 是一个强大且流行的 Python 包，用于数据操作和分析。具体来说，它提供了操作表结构的方法和操作。Pandas 这个名字来自术语——panel data（面板数据），这是一个计量经济学术语，是指包含多个时间段观测数据的数据集。

另外，还将使用一些其他有用的包，如 hmmlearn 和 pystruct。

运行以下命令来安装这些软件包：

```
$ pip3 install pandas
$ pip3 install hmmlearn
$ pip3 install pystruct
$ pip3 install cvxopt
$ pip3 install timeseries
```

如果在安装 cvxopt 时遇到错误，可以打开网址 http://cvxopt.org/install 找到相关的说明。如果已经成功安装了以上软件包，则可以继续下一节，了解如何使用 Pandas 处理时间序列数据。

17.2　使用 Pandas 处理时间序列数据

Pandas 可以说是 Python 中最重要的包，其中包含重要的方法。除了时间序列分析，Pandas 还可以执行更多操作：

- 集成索引的数据帧操作
- 从各种不同的文件格式中读取数据并将数据写入内存数据结构的方法

- 数据分类
- 数据过滤
- 缺失值插补
- 修正和展开数据集
- 基于标签的切片、索引和子集创建
- 高效的列插入和删除
- 按数据集上的操作分组
- 数据集的合并和连接

在本节中，将使用 Pandas 将一系列数字转换为时间序列数据，并且将其可视化。Pandas 提供了添加时间戳、组织数据以及高效操作数据的选项。

创建一个新的 Python 文件并导入以下包：

```
import numpy as np
import matplotlib.pyplot as plt
import pandas as pd
```

定义一个从输入文件读取数据的函数。参数 index 用于指示包含相关数据的列：

```
def read_data(input_file, index):
    #从输入文件中读取数据
    input_data = np.loadtxt(input_file, delimiter=',')
```

定义一个 lambda 函数，用于将字符串转换为 Pandas 日期格式：

```
#lambda 函数将字符串转换为 Pandas 日期格式
to_date = lambda x, y: str(int(x)) + '-' + str(int(y))
```

使用此 lambda 函数从输入文件的第一行获取开始日期：

```
#提取开始日期
start = to_date(input_data[0, 0], input_data[0, 1])
```

在执行操作时，Pandas 库需要结束日期是排他性的，因此需要将最后一行中的 date 字段增加一个月：

```
#提取结束日期
if input_data[-1, 1] == 12:
    year = input_data[-1, 0] + 1
    month = 1
else:
    year = input_data[-1, 0]
    month = input_data[-1, 1] + 1

end = to_date(year, month)
```

使用每月的开始日期和结束日期创建带有日期的索引列表：

```
#创建具有每月频率的日期列表
date_indices = pd.date_range(start, end, freq = 'M')
```

使用时间戳创建 Pandas 数据系列：

```
#向输入数据添加时间戳以创建时间序列数据
output = pd.Series(input_data[:, index], index = date_indices)

return output
```

定义 main 函数并指定输入文件：

```
if __name__ == '__main__':
    #输入文件名
    input_file = 'data_2D.txt'
```

指定包含数据的列：

```
#指定需要转换为时间序列数据的列
indices = [2, 3]
```

遍历列并读取每列中的数据：

```
#循环访问列并绘制数据
for index in indices:
    #将列转换为时间序列格式
    timeseries = read_data(input_file, index)
```

绘制时间序列数据：

```
    #绘制数据
    plt.figure()
    timeseries.plot()
    plt.title('Dimension ' + str(index - 1))

plt.show()
```

完整的代码在 timeseries. py 文件中给出。运行代码，会显示两个截图。

图 17 - 1 显示了第一维数据。

图 17 - 2 显示了第二维数据。

在本节中，学习了如何使用 Pandas 从外部文件加载数据，如何将其转换为时间序列格式，以及如何绘制和可视化数据。接下来，将学习如何进一步操作时间序列数据。

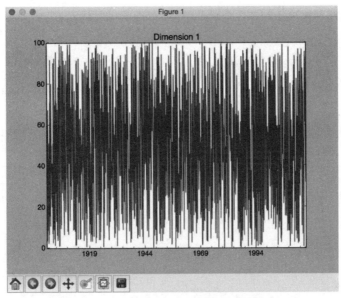

图 17-1　使用每天的数据绘制的第一维数据

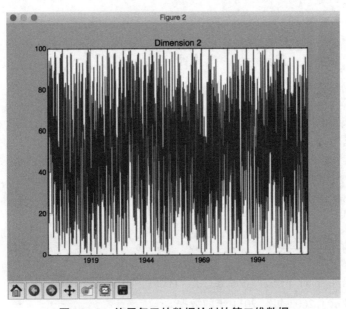

图 17-2　使用每天的数据绘制的第二维数据

17.3　对时间序列数据进行切片

现在已经加载了时间序列数据，这里将介绍如何对其进行切片。切片的过程是指将数据划分成各种子区间，以提取相关信息。这在处理时间序列数据集时非常有用。这里将使用时间戳来分割数据，而不是使用索引。

创建一个新的 Python 文件并导入以下包：

```python
import numpy as np
import matplotlib.pyplot as plt
import pandas as pd

from timeseries import read_data
```

从输入数据文件加载第三列：

```python
#加载输入数据
index = 2
data = read_data('data_2D.txt', index)
```

定义开始和结束年份，然后按年份绘制数据：

```python
#按年份绘制数据
start = '2003'
end = '2011'
plt.figure()
data[start:end].plot()
plt.title('Input data from ' + start + ' to ' + end)
```

定义开始和结束月份，然后按月份绘制数据：

```python
#按月份绘制数据
start = '1998 -2'
end = '2006 -7'
plt.figure()
data[start:end].plot()
plt.title('Input data from ' + start + ' to ' + end)

plt.show()
```

完整的代码在 slicer. py 文件中给出。运行代码，会显示两个图。

图 17 -3 显示了 2003 年至 2011 年的数据。

图 17 -4 显示了 1998 年 2 月至 2006 年 7 月的数据。

正如在 17. 2 节创建的图表中所看到的（图 17 - 1 和图 17 - 2），数据被"堆积在一起"很难看懂。使用每月的刻度量对数据进行切片，可以更容易地可视化数据的涨跌。在下一节中，将继续了解 Pandas 中可用的不同操作，如过滤和求和，以及如何使用该特征更好地分析和可视化数据集。

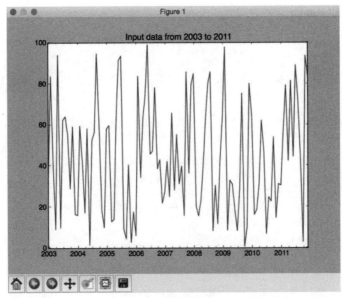

图 17 – 3　使用每月刻度绘制的数据（2003—2011 年）

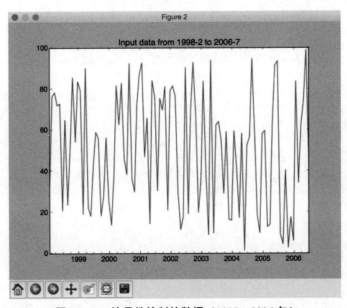

图 17 – 4　按月份绘制的数据（1998—2006 年）

17.4　对时间序列数据进行过滤和求和

　　Pandas 可以高效地处理时间序列数据并执行各种操作，如过滤和求和。Pandas 会通过设置条件过滤数据集，并根据条件返回正确的子集。时间序列数据也可以加载和过滤。下面介绍另一个例子来说明这一点。

创建一个新的 Python 文件并导入以下包：

```
import numpy as np
import pandas as pd
import matplotlib.pyplot as plt

from timeseries import read_data
```

定义输入文件名：

```
#输入文件名
input_file = 'data_2D.txt'
```

将第三和第四列加载到单独的变量中：

```
#加载数据
x1 = read_data(input_file, 2)
x2 = read_data(input_file, 3)
```

通过命名两个维度来创建 Pandas 数据帧对象：

```
#为切片数据创建 Pandas 数据帧
data = pd.DataFrame({'dim1': x1, 'dim2': x2})
```

通过指定开始和结束年份来绘制数据：

```
#绘制数据
start = '1968'
end = '1975'
data[start:end].plot()
plt.title('Data overlapped on top of each other')
```

使用条件过滤数据并显示。在这种情况下，将取 dim1 中小于 45 的所有值和 dim2 中大于 30 的所有值。

```
#使用条件过滤
#dim1 小于某个阈值
#dim2 大于某个阈值
data[(data['dim1'] < 45) & (data['dim2'] > 30)].plot()
plt.title('dim1 < 45 and dim2 > 30')
```

也可以在 Pandas 中增加两个系列。下面在给定的开始和结束日期之间添加 dim1 和 dim2：

```
#增加两个数据帧
plt.figure()
diff = data[start:end]['dim1'] + data[start:end]['dim2']
diff.plot()
```

```
plt.title('Summation(dim1 + dim2)')

plt.show()
```

完整的代码在 operator. py 文件中给出。运行代码，会显示三个截图。

图 17 - 5 显示了 1968 年到 1975 年的数据。

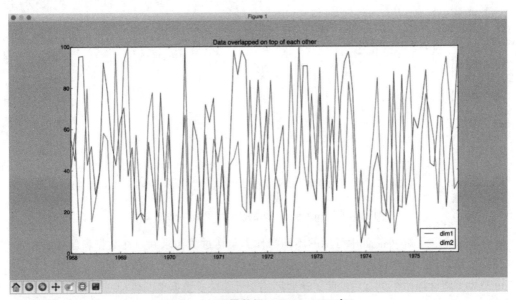

图 17 - 5　重叠数据（1968—1975 年）

图 17 - 6 显示了过滤后的数据。

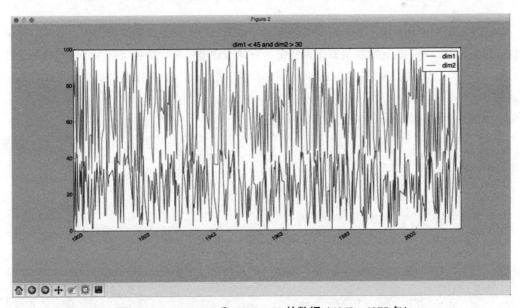

图 17 - 6　dim1 < 45 和 dim2 > 30 的数据（1968—1975 年）

图 17 – 7 显示了求和结果。

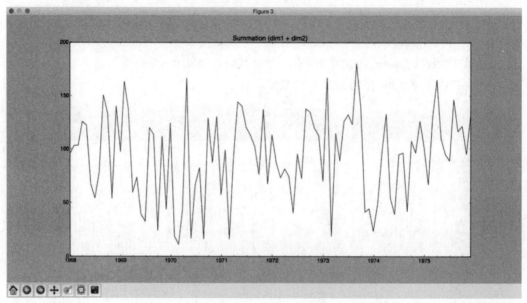

图 17 – 7   dim1 和 dim2 的总和（1968—1975 年）

在本节中，了解 Pandas 中可用的不同操作，包括过滤和求和。在数据科学中，在选择和训练模型之前，了解正在分析的数据集非常重要。Pandas 是实现这一目标的有用工具。在下一节中，将介绍两个更有用的库。这些库用于计算关于数据集的各种统计数据。

17.5   从时间序列数据中提取统计数据

为了从时间序列数据中提取有意义的信息，可以从中生成统计数据平均值、方差、相关性、最大值等。这些统计数据可以使用预定大小的滚动窗口来计算。当将一段时间内的统计数据可视化时，可能会看到有趣的模式。下面介绍一个如何从时间序列数据中提取统计数据的例子。

创建一个新的 Python 文件并导入以下包：

```
import numpy as np
import matplotlib.pyplot as plt
import pandas as pd

from timeseries import read_data
```

定义输入文件名：

```
#输入文件名
input_file = 'data_2D.txt '
```

将第三和第四列加载到单独的变量中：

```
#以时间序列格式加载输入数据
x1 = read_data(input_file, 2)
x2 = read_data(input_file, 3)
```

通过命名两个维度来创建 Pandas 数据帧：

```
#为切片数据创建 Pandas 数据帧
data = pd.DataFrame({'dim1': x1, 'dim2': x2})
```

沿每个维度提取最大值和最小值：

```
#提取最大值和最小值
print('\nMaximum values for each dimension:')
print(data.max())
print('\nMinimum values for each dimension:')
print(data.min())
```

提取前 12 行的总体平均值和行平均值：

```
#提取前 12 行的总体平均值和行平均值
print('\nOverall mean:')
print(data.mean())
print('\nRow-wise mean:')
print(data.mean(1)[:12])
```

使用能显示 24 个数据的窗口绘制滚动平均值：

```
#使用能显示 24 个数据的窗口绘制滚动平均值
data.rolling(center=False, window=24).mean().plot()
plt.title('Rolling mean')
```

打印相关系数：

```
#打印相关系数
print('\nCorrelation coefficients:\n', data.corr())
```

使用能显示 60 个数据的窗口绘制滚动相关性：

```
#使用能显示 60 个数据的窗口绘制滚动相关性
plt.figure()
plt.title('Rolling correlation')
data['dim1'].rolling(window=60).corr(other=data['dim2']).plot()

plt.show()
```

完整的代码在 stats_extractor. py 文件中给出。运行代码，会显示两个截图。
图 17 - 8 显示了滚动平均值。

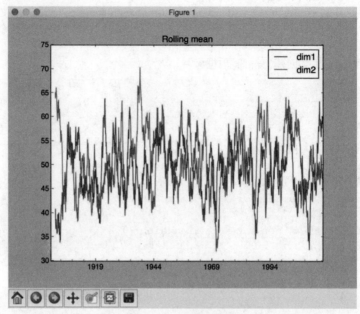

图 17 - 8   滚动平均值

图 17 - 9 显示了滚动相关性。

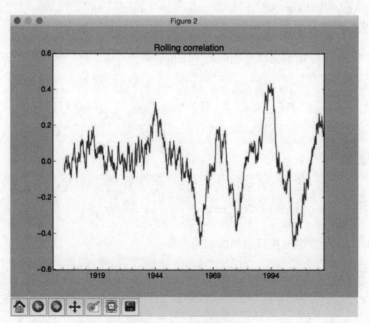

图 17 - 9   滚动相关性

还应该看到图 17 - 10 所示的输出。

```
Maximum values for each dimension:
dim1    99.98
dim2    99.97
dtype: float64

Minimum values for each dimension:
dim1    0.18
dim2    0.16
dtype: float64

Overall mean:
dim1    49.030541
dim2    50.983291
dtype: float64
```

图 17 – 10　最大和最小值以及总平均值

继续向下滚动显示，行平均值和相关系数如图 17 – 11 所示。

```
Row-wise mean:
1900-01-31    85.595
1900-02-28    75.310
1900-03-31    27.700
1900-04-30    44.675
1900-05-31    31.295
1900-06-30    44.160
1900-07-31    67.415
1900-08-31    56.160
1900-09-30    51.495
1900-10-31    61.260
1900-11-30    30.925
1900-12-31    30.785
Freq: M, dtype: float64

Correlation coefficients:
          dim1      dim2
dim1  1.00000   0.00627
dim2  0.00627   1.00000
```

图 17 – 11　行平均值和相关系数

图 17 – 10 和图 17 – 11 中的相关系数表示每个维度与所有其他维度的相关程度。相关性为 1.0 表示两个维度完全相关，而相关性为 0.0 表示两个维度完全不相关。例如，dim1 与 dim1 完全相关，dim2 与 dim2 完全相关，在任何混淆矩阵中都会是这种情况。也就是说，一个变量是完全相关的。此外，dim1 与 dim2 的相关性较低，这表示 dim1 预测 dim2 的能力较低。到目前为止，从所建模型和它们预测股票价格的能力来看，股民不会很快成为百万富翁。在下一节中，将学习一种分析时间序列数据的技术——隐马尔可夫模型（HMM）。

17.6　使用 HMM 生成数据

HMM 是一种分析序列数据的强有力的分析技术。它假设需要建模的系统是一个带有隐藏状态的马尔可夫过程。这意味着底层系统可以是一组可能状态中的一个。它经过一系列状态转换，产生一系列输出。因为只能观察输出，不能观察状态，所以这些状态对用户来说是隐藏的。HMM 的目标是对数据建模，以便推断未知数据的状态转换。

为了理解 HMM，下面以旅行推销员问题（Traveling Salesman Problem，TSP）的一个版

本为例进行说明。在本例中，推销员必须在以下三个城市之间出差：伦敦、巴塞罗那和纽约。他的目标是尽量减少旅行时间，这样就能发挥最大的效率。考虑到他的工作计划和时间表，现在有一组概率决定了他从城市 X 到城市 Y 的可能性。在表 17 – 1 中，$P(X{\to}Y)$ 表示从城市 X 到城市 Y 的概率。

表 17 – 1   推销员到不同城市的概率

城市	概率
P（伦敦→伦敦）	0.10
P（伦敦→巴塞罗那）	0.70
P（伦敦→纽约）	0.20
P（巴塞罗那→巴塞罗那）	0.15
P（巴塞罗那→伦敦）	0.75
P（巴塞罗那→纽约）	0.10
P（纽约→纽约）	0.05
P（纽约→伦敦）	0.60
P（纽约→巴塞罗那）	0.35

下面用一个转换矩阵来表示这些信息，如表 17 – 2 所示。

表 17 – 2   用转换矩阵表示概率信息

	伦敦	巴塞罗那	纽约
伦敦	0.10	0.70	0.20
巴塞罗那	0.75	0.15	0.10
纽约	0.60	0.35	0.05

现在已经掌握了所有的信息，下面继续设置问题描述。

推销员周二从伦敦开始他的旅程，并在周五计划一些事情。但这取决于他周五在哪里。他周五在巴塞罗那的概率有多大？表 17 – 2 将帮助我们弄清楚。

如果没有马尔可夫链来模拟这个问题，就不知道推销员旅行时间表是什么样子的。我们的目标是非常肯定地说，他将在某一天出现在每个城市。

如果用 T 表示转移矩阵，用 $X(i)$ 表示当前日期，那么：

$$X(i+1) = X(i).T$$

因为星期五离星期二还有 3 天，所以需要计算 $X(i+3)$。计算结果如下：

$$X(i+1) = X(i).T$$
$$X(i+2) = X(i+1).T$$
$$X(i+3) = X(i+2).T$$

即 $\qquad\qquad\qquad\qquad X(i+3) = X(i).\boldsymbol{T}^3$

将 $X(i)$ 设置为

$$X(i) = [0.10, 0.70, 0.20]$$

下一步是计算矩阵的立方。网上有许多工具可以用来执行矩阵运算，如 http://matrix.reshish.com/multiplication.php。

通过矩阵计算，可以得出推销员周四到每个城市的概率：

$$P(伦敦) = 0.31$$
$$P(巴塞罗那) = 0.53$$
$$P(纽约) = 0.16$$

从以上结果可以看出，他在巴塞罗那的可能性比在其他任何城市都高。这也有地理意义，因为巴塞罗那比纽约更靠近伦敦。下面介绍如何在 Python 中创建 HMM。

创建一个新的 Python 文件并导入以下包：

```
import datetime

import numpy as np
import matplotlib.pyplot as plt
from hmmlearn.hmm import GaussianHMM

from timeseries import read_data
```

从输入文件加载数据：

```
#加载输入数据
data = np.loadtxt('data_1D.txt', delimiter = ',')
```

提取第三列进行训练：

```
#提取数据列(第三列)进行训练
X = np.column_stack([data[:, 2]])
```

创建具有 5 个分量和对角协方差的高斯 HMM：

```
#创建高斯 HMM
num_components = 5
hmm = GaussianHMM(n_components = num_components,
        covariance_type = 'diag', n_iter = 1000)
```

训练 HMM：

```
#训练 HMM
print('\nTraining the Hidden Markov Model...')
hmm.fit(X)
```

打印 HMM 每个组成部分的平均值和方差值：

```
#打印 HMM 的统计数据
print('\nMeans and variances:')
for i in range(hmm.n_components):
    print('\nHidden state', i +1)
    print('Mean = ', round(hmm.means_[i][0], 2))
    print('Variance = ', round(np.diag(hmm.covars_[i])[0], 2))
```

使用训练好的 HMM 生成 1 200 个样本并绘制它们：

```
#使用 HMM 模型生成数据
num_samples = 1200
generated_data, _ = hmm.sample(num_samples)
plt.plot(np.arange(num_samples), generated_data[:, 0], c = 'black')
plt.title('Generated data')

plt.show()
```

完整的代码在 hmm.py 文件中给出。运行代码，输出如图 17-12 所示，其中显示了 1 200个生成的数据。

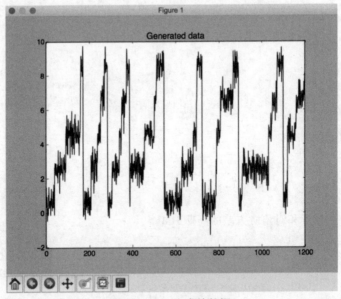

图 17-12   生成的数据

还将看到图 17-13 所示的输出。

从图 17-12 中可以看出，遍历不同的销售路线需要不同的时间。从图 17-13 中可以看出这些路线的平均值和方差值。

现在已经了解了 HMM，让我们了解另一个与时间序列分析相关的主题，在下一节中，将介绍条件随机场概率模型及其与 HMM 的区别。

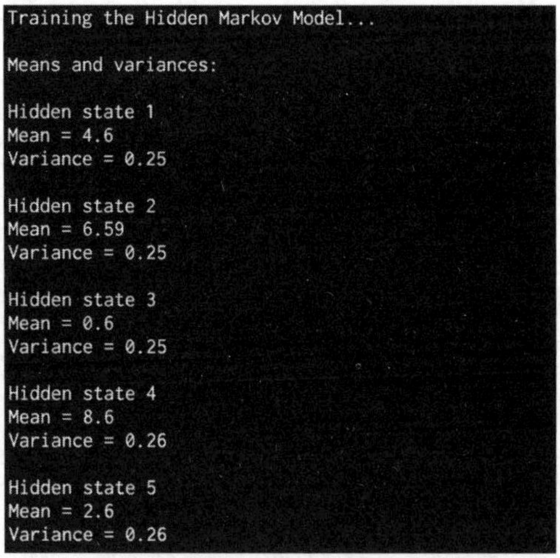

```
Training the Hidden Markov Model...

Means and variances:

Hidden state 1
Mean = 4.6
Variance = 0.25

Hidden state 2
Mean = 6.59
Variance = 0.25

Hidden state 3
Mean = 0.6
Variance = 0.25

Hidden state 4
Mean = 8.6
Variance = 0.26

Hidden state 5
Mean = 2.6
Variance = 0.26
```

图 17－13　HMM 训练

17.7　使用条件随机场识别字母序列

条件随机场（Conditional Random Fields，CRF）是常用于分析结构化数据的概率模型，可以标记和分割各种形式的序列数据。以下是应用 CRF 模型的一些最常见案例：

- 手写识别
- 字符电子识别
- 目标检测
- 命名实体识别
- 基因预测
- 图像分割法
- 词性标注
- 噪声降低

对于 CRF 模型，需要注意的是，它是与 HMM 有区别的模型。下面将此模型与 HMM 进行对比说明。

因为可以在标记的测量序列上定义条件概率分布，所以将利用这一点来建立一个 CRF 模型，然后在 HMM 中定义观察序列和标签的联合分布。

CRF 的主要优点之一是，它们本质上是有条件的。HMM 的情况并非如此。CRF 并不假定输出之间有任何独立性。HMM 假设任何给定时间的输出在统计上独立于先前的数据点。HMM 必须做出这种假设，以确保推理过程以稳健的方式工作。但是这个假设并不总是正确的，因为现实世界中的数据都有时间依赖性。

在自然语言处理、语音识别、生物技术等各种应用中，CRF 往往优于 HMM。下面将讨论如何使用 CRF 来分析和识别单词。

这是一个很好的用例，突出了 CRF 模型识别数据依赖关系的能力。英语单词的字母顺序绝不是随机的。例如，对于 random 这个词。第二个字母是元音的概率高于它是辅音的概率。单词中第二个字母将是字母 x 的概率不为 0，如 exempt、exact、exhibit 等。但是如果单词的第一个字母是 r，那么第二个字母是 x 的概率是多少呢？我们想不出符合那个标准的词。即使它们存在，也没有那么多，所以概率比较低。CRF 模型利用了这一事实。

创建一个新的 Python 文件并导入以下包：

```
import os
import argparse
import string
import pickle

import numpy as np
import matplotlib.pyplot as plt
from pystruct.datasets import load_letters
from pystruct.models import ChainCRF
from pystruct.learners import FrankWolfeSSVM
```

定义一个函数来解析输入参数。可以传递参数 C 作为输入值。参数 C 表示惩罚错误分类的程度。参数 C 的值越大，表示对训练中的错误分类施加了更大的惩罚，但是可能会导致过度适应模型。另外，如果为参数 C 选择一个较小的值，就会让模型更好地泛化。但这也意味着对训练数据点的错误分类施加了较小的惩罚。

```
def build_arg_parser():
    parser = argparse.ArgumentParser(description = 'Trains a
Conditional \
            Random Field classifier')
    parser.add_argument(" --C", dest = "c_val", required = False,
type = float,
            default = 1.0, help = 'C value to be used for training')
    return parser
```

定义一个类来处理建立 CRF 模型的所有特征。这里使用带有 FrankWolfeSSVM 的链式 CRF 模型：

```
#定义类来建立 CRF 模型
class CRFModel(object):
    def __init__(self, c_val = 1.0):
        self.clf = FrankWolfeSSVM(model = ChainCRF(),
                C = c_val, max_iter = 50)
```

定义一个函数来加载训练数据：

```
#加载训练数据
def load_data(self):
    alphabets = load_letters()
```

```
X = np.array(alphabets['data'])
y = np.array(alphabets['labels'])
folds = alphabets['folds']

return X, y, folds
```

定义一个函数来训练 CRF 模型：

```
#训练 CRF 模型
def train(self, X_train, y_train):
    self.clf.fit(X_train, y_train)
```

定义一个函数来评估 CRF 模型的准确性：

```
#评估 CRF 模型的准确性
def evaluate(self, X_test, y_test):
    return self.clf.score(X_test, y_test)
```

定义一个函数，在未知数据点上运行训练好的 CRF 模型：

```
#对未知数据运行 CRF 模型
def classify(self, input_data):
    return self.clf.predict(input_data)[0]
```

定义一个基于索引列表从字母表中提取子串的函数：

```
#将索引转换为字母
def convert_to_letters(indices):
    #创建所有字母的 numpy 数组
    alphabets = np.array(list(string.ascii_lowercase))
```

提取字母：

```
    #根据输入索引提取字母
    output = np.take(alphabets, indices)
    output = ''.join(output)

    return output
```

定义 main 函数并解析输入参数：

```
if __name__ == '__main__':
    args = build_arg_parser().parse_args()
    c_val = args.c_val
```

创建 CRF 模型对象：

```
#创建 CRF 模型对象
crf = CRFModel(c_val)
```

加载输入数据，并将其分为训练数据集和测试数据集：

```
#加载训练数据集和测试数据集
X, y, folds = crf.load_data()
X_train, X_test = X[folds == 1], X[folds != 1]
y_train, y_test = y[folds == 1], y[folds != 1]
```

训练 CRF 模型：

```
#训练 CRF 模型
print('\nTraining the CRF model...')
crf.train(X_train, y_train)
```

评估 CRF 模型的准确性并将评估结果打印出来：

```
#评估准确度分数
score = crf.evaluate(X_test, y_test)
print('\nAccuracy score =', str(round(score * 100, 2)) + '%')
```

在一些测试数据点上运行 CRF 模型并打印输出结果：

```
indices = range(3000, len(y_test), 200)
for index in indices:
    print("\nOriginal =", convert_to_letters(y_test[index]))
    predicted = crf.classify([X_test[index]])
    print("Predicted =", convert_to_lett ers(predicted))
```

完整的代码在 crf. py 文件中给出。运行代码，输出如图 17－14 所示。

```
Training the CRF model...

Accuracy score = 77.93%

Original  = rojections
Predicted = rojectiong

Original  = uff
Predicted = ufr

Original  = kiing
Predicted = kiing

Original  = ecompress
Predicted = ecomertig

Original  = uzz
Predicted = vex

Original  = poiling
Predicted = aciting
```

图 17－14　CRF 模型训练

如果向下滚动显示到最后，输出如图 17 – 15 所示。

```
Original  = abulously
Predicted = abuloualy

Original  = ormalization
Predicted = ormalisation

Original  = ake
Predicted = aka

Original  = afeteria
Predicted = ateteria

Original  = obble
Predicted = obble

Original  = hadow
Predicted = habow

Original  = ndustrialized
Predicted = ndusqrialyled

Original  = ympathetically
Predicted = ympnshetically
```

图 17 – 15   原始数据与预测输出

从图 17 – 14 和图 17 – 15 中可以看出，CRF 模型已经正确地预测了大多数单词与 HMM
的区别。在下一节中，将介绍如何使用 HMM 分析股票市场数据。

17.8   使用 HMM 分析股票市场数据

本节将使用 HMM 分析股票市场数据。这是一个数据已经组织好并加上时间戳的例子，
即 matplotlib 包中提供的数据集，该数据集中包含不同公司历年的股票价格。HMM 是能够分
析这种时间序列数据并提取底层结构的模型。下面使用这个模型来分析股票价格变化并生
成输出结果。

既不要期望该模型产生的结果会接近生产质量，也不要期望使用该模型进行实时交易
来赚钱。因为它只是提供一个基础，可以用来思考如何实现以上目标。如果读者有这样的倾
向，可以继续增强这个模型，并在不同的数据集上训练它，也许可以用它来处理当前的股票
市场数据。下面介绍具体示例。

创建一个新的 Python 文件并导入以下包：

```python
import datetime
import warnings

import numpy as np
import matplotlib.pyplot as plt
import yfinance as yf
from hmmlearn.hmm import GaussianHMM
```

加载 1970 年 9 月 4 日至 2016 年 5 月 17 日的历史股票报价，也可以自由选择任何日期
范围：

```
#从 matplotlib 包加载历史股票报价
start_date = datetime.date(1970, 9, 4)
end_date = datetime.date(2016, 5, 17)
intc = yf.Ticker('INTC').history(start = start_date, end = end_date)
```

计算每天收盘股价的差异百分比：

```
#计算收盘股价的差异百分比
diff_percentages = 100.0 * np.diff(intc.Close) / intc.Close[ : -1]
```

堆叠两个数据列以创建训练数据集：

```
#堆叠差异和交易值列以创建训练数据集
training_data = np.column_stack([diff_percentages, intc.Volume[ : -1]])
```

创建和训练具有 7 个分量和对角协方差的高斯 HMM：

```
#创建并训练高斯 HMM 模型
hmm = GaussianHMM(n_components = 7, covariance_type = 'diag', n_iter = 1000)
with warnings.catch_warnings():
    warnings.simplefilter('ignore')
    hmm.fit(training_data)
```

使用训练好的 HMM 生成 300 个样本，也可以选择生成任意数量的样本。

```
#使用生成样本
num_samples = 300
samples, _ = hmm.sample(num_samples)
```

绘制差异百分比：

```
#绘制差异百分比
plt.figure()
plt.title('Difference percentages')
plt.plot(np.arange(num_samples), samples[ : , 0], c = 'black')
```

绘制股票交易量：

```
#绘制股票交易量
plt.figure()
plt.title('Volume of shares')
plt.plot(np.arange(num_samples), samples[ : , 1], c = 'black')
plt.ylim (ymin = 0)

plt.show()
```

完整的代码在 stock_market. py 文件中给出。运行代码，会看到两个截图。

图 17 - 16 显示了用 HMM 生成的差异百分比。

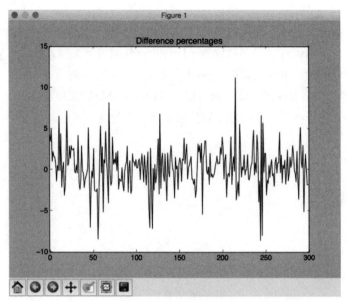

图 17 - 16　差异百分比

图 17 - 17 显示了使用 HMM 生成的股票交易量。

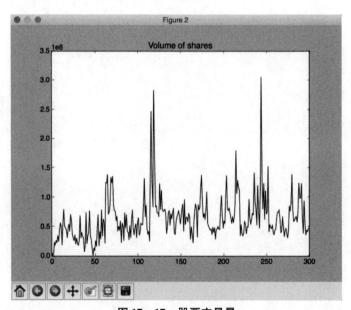

图 17 - 17　股票交易量

让读者根据数据集中的实际数据点来计算 HMM 预测值的准确性。然后使用它来产生交易信号。正如在本节开头提到的，不建议使用此代码来进行真实货币的使用交易。

17.9　本章小结

在本章中，首先，学习了如何构建时间序列学习模型，了解了如何使用 Pandas 处理时间序列数据，讨论了如何对时间序列数据进行切片及其他相关操作。然后，学习了如何以滚动窗口的方式从时间序列数据中提取各种统计数据，并通过实例构建 HMM。最后讨论了如何使用 CRF 模型分析字母序列，以及如何使用各种技术分析股票市场数据。

在下一章中，将学习如何在图像识别领域实现人工智能。

18

图像识别

在本章中，将学习对象检测和跟踪。首先，理解为什么图像识别对机器学习很重要。然后了解并安装一个流行的计算机视觉库——OpenCV。通过帧差分来了解如何检测视频中的运动物体，还将学习如何使用颜色空间和背景减法来跟踪对象。之后，将使用 CAMShift 算法构建一个交互式对象跟踪器，并学习如何构建一个基于光流的跟踪器。最后将讨论人脸检测和相关概念，如哈尔级联和积分图像，并使用这种技术来构建眼睛检测器和跟踪器。

本章涵盖以下主题：

- 图像识别的重要性
- 安装 OpenCV
- 帧差分
- 使用颜色空间跟踪对象
- 使用背景减法跟踪对象
- 使用 CAMShift 算法构建交互式对象跟踪器
- 基于光流的跟踪
- 人脸检测和跟踪
- 使用哈尔级联进行目标检测
- 使用积分图像进行特征提取
- 眼睛检测和跟踪

18.1　图像识别的重要性

从本书的主题中可以清楚地看到，人工智能，尤其是机器学习，是推动当今社会数字化转型的技术。能够"看见"是人类学习过程的一个重要组成部分。类似地，即使使用不同的方法来"看"，捕捉图像并识别这些图像中包含的内容对于计算机来说也是至关重要的，以便创建数据集来为机器学习管道提供信息并从这些数据中获得有用信息。

自动驾驶技术就是一个典型的例子。在这种情况下，计算机就像人类一样，需要能够在任何给定的时间内提取千兆字节有价值的数据，分析这些数据，并实时做出各种决定。根据世界卫生组织的数据，2013 年有 125 万人死于交通事故。当自动驾驶汽车投入使用时，其中很大一部分交通事故可能会被避免。

自动驾驶技术只是图像识别的一个应用，其应用几乎是无限的，只受我们想象力的限制。其他一些流行的应用如下。

- 自动图像分类：可以在谷歌照片上看到这方面的第一手例子，当上传照片到脸书时，会看到脸书如何给出关于谁在照片中的建议。
- 反向图像搜索：谷歌提供了一个功能——可以使用图像作为输入，而不是使用关键词作为输入并获得图像，谷歌提供图像包含什么的猜测。读者可以进入网址 https://images. google. com/尝试该用法。
- 光学字符识别：将图像转换为文本在很大程度上依赖于图像识别。
- 核磁共振成像和超声波解释：一些工具在识别癌症和其他疾病方面优于人类。

介绍了图像识别的一些实际应用后，下一节将介绍如何安装 OpenCV。

18.2　安装 OpenCV

OpenCV（Open Source Computer Vision）是一个开源的跨平台 Python 包，可以实现实时的计算机视觉。该工具起源于英特尔实验室。

OpenCV 可以与 TensorFlow、PyTorch 和 Caffe 结合使用。

在本章中，将使用一个名为 OpenCV 的包。可以在此处了解更多信息：http：//opencv. org。请确保在继续之前安装它。以下是在各种操作系统中使用 Python 3 安装 OpenCV 3 的链接：

- Windows

https：//solarianprogrammer. com/2016/09/17/install－opencv－3－with－python－3－on－windows

- Ubuntu

http：//www. pyimagesearch. com/2015/07/20/install－opencv－3－0－and－python－3－4－on－ubuntu

- Mac

http：//www. pyimagesearch. com/2015/06/29/install－opencv－3－0－and－python－3－4－on－osx

安装完后，接下来转到下一节，将讨论帧差分。

18.3　帧差分

帧差分是最简单的技术之一，可用于识别视频中的运动物体。直觉上，在大多数应用程序中，这是有趣的部分。如果有一个跑步者的视频，我们可能想分析跑步者跑步时的情况，而不是背景图像。当我们看电影时，主要关注最主要人物的说话和做事，而不倾向于关注背景中无聊的画面。

偶尔，也会有人在电影的背景中发现问题，就像在《权力的游戏》（Game of Thrones）中看到的那样，人们在背景中发现了一杯星巴克咖啡，但这是例外，而不是规则。

当我们观看实时视频流时，从视频流中捕获的连续帧之间的差分给出了很多信息。下面介绍如何获取并显示连续帧之间的差分。本节中的代码需要连接一个摄像头，因此确保机器上有摄像头。

创建一个新的 Python 文件并导入以下包：

```
import cv2
```

定义一个函数来计算帧差分。计算当前帧和下一帧之间的差：

```
#计算帧差分
def frame_diff(prev_frame, cur_frame, next_frame):
    #当前帧和下一帧之间的差
    diff_frames_1 = cv2.absdiff(next_frame, cur_frame)
```

计算当前帧和前一帧之间的差值：

```
#当前帧和前一帧的差值
diff_frames_2 = cv2.absdiff(cur_frame, prev_frame)
```

计算两个差帧之间的按位 "与" 并返回：

```
return cv2.bitwise_and(diff_frames_1, diff_frames_2)
```

定义一个从网络摄像头获取当前帧的函数。从视频捕获对象中读取当前帧：

```
#定义一个从网络摄像头获取当前帧的函数
def get_frame(cap, scaling_factor):
    #从视频捕获对象读取当前帧
    _, frame = cap.read()
```

根据缩放因子调整帧的大小并返回：

```
#调整图像
frame = cv2.resize(frame, None, fx = scaling_factor,
        fy = scaling_factor, interpolation = cv2.INTER_AREA)
```

将图像转换为灰度并返回：

```
#转换为灰度
gray = cv2.cvtColor(frame, cv2.COLOR_RGB2GRAY)

return gray
```

定义 main 函数并初始化视频捕获对象：

```
if __name__ = = '__main__':
    #定义视频捕获对象
    cap = cv2.VideoCapture(0)
```

定义缩放因子来调整图像大小：

```
#定义图像的缩放因子
scaling_factor = 0.5
```

捕获当前帧、下一帧以及之后的帧：

```
#捕获当前帧
prev_frame = get_frame(cap, scaling_factor)

#捕获下一帧
cur_frame = get_frame(cap, scaling_factor)

#捕获之后的帧
next_frame = get_frame(cap, scaling_factor)
```

不断重复，直到用户按下 Esc 键。计算帧差分：

```
#继续从网络摄像头读取帧
#直到用户按下 Esc 键
while True:
    #显示帧差分
    cv2.imshow('Object Movement', frame_diff(prev_frame,
            cur_frame, next_frame))
```

更新帧变量：

```
#更新帧变量
prev_frame = cur_frame
cur_frame = next_frame
```

从网络摄像头捕获下一帧：

```
#捕获下一帧
next_frame = get_frame(cap, scaling_factor)
```

检查用户是否按下了 Esc 键。如果是，则退出循环：

```
#检查用户是否按下了 Esc 键
key = cv2.waitKey(10)
if key == 27:
    break
```

退出循环后，确保所有窗口都已正确关闭：

```
#关闭所有窗口
cv2.destroyA llWindows()
```

完整的代码在 frame_diff. py 文件中给出。运行代码，会看到一个实时输出的窗口。如果你四处走动，会在这里看到自己的侧影，如图 18－1 所示。

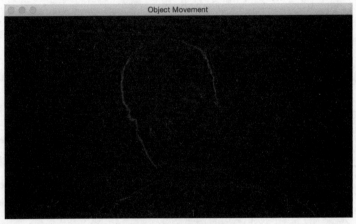

图 18－1   剪影图像

图 18－1 中的白线代表剪影。我们取得了什么成就？为什么这很重要？根据应用程序的不同，可能不需要原始图像提供的所有信息，因为原始图像中有太多的细节、对比度和颜色。以自动驾驶汽车为例，用户可能不在乎前面的车是红色还是绿色，他们更关心的是汽车是否正朝自己驶来，并即将撞上他们。通过过滤所有额外的非相关信息，系统中的其他算法能更有效地处理来自图像的相关信息，从而更快地对任何即将到来的危险作出反应。

这种过滤的另一个应用示例是，如果加载视频的空间有限或昂贵，就需要压缩图像，以使它们更有空间效率。读者还可以想出其他可能有用的场景，希望通过本书所讲的内容能激发读者的想象力和创造力。

通过帧差分获得的信息是有用的，但是不能用来构建健壮的跟踪器。因为它对噪音很敏感，也不能完全跟踪一个物体。为了构建一个健壮的对象跟踪器，需要确定根据对象的哪些特征来准确地跟踪，即颜色空间的使用，在下一节中将讨论使用颜色空间跟踪对象。

18. 4   使用颜色空间跟踪对象

可以使用各种颜色空间来表示图像。RGB 颜色空间可能是最受欢迎的，但它不适用于像对象跟踪这样的应用。因此，使用 HSV 颜色空间来代替。它是一个直观的颜色空间模型，更接近人类对颜色的感知。读者可以在 https：//en. wikipedia. org/wiki/HSL_and_HSV 中了解更多。

先将捕获的帧从 RGB 转换到 HSV 颜色空间，然后使用颜色阈值来跟踪任何给定的对象。需要注意的是，首先要知道对象的颜色分布，以便可以选择合适的阈值范围。

创建一个新的 Python 文件并导入以下包：

```
import cv2
import numpy as np
```

定义一个从网络摄像头获取当前帧的函数，从视频捕获对象中读取当前帧：

```
#定义一个从网络摄像头获取当前帧的函数
def get_frame(cap,scaling_factor):
    #从视频捕获对象读取当前帧
    _,frame = cap.read()
```

根据缩放因子调整帧的大小并返回：

```
#调整图像
frame = cv2.resize(frame, None, fx = scaling_factor,
        fy = scaling_factor, interpolation = cv2.INTER_AREA)

return frame
```

定义 main 函数，初始化视频捕获对象：

```
if __name__ == '__main__':
    #定义视频捕获对象
    cap = cv2.VideoCapture(0)
```

定义用于调整捕获帧大小的缩放因子：

```
#定义图像的缩放因子
scalin g_factor = 0.5
```

不断重复，直到用户按下 Esc 键。获取当前帧：

```
#继续从网络摄像头读取帧
#直到用户按下 Esc 键
while True:
    #获取当前帧
    frame = get_frame(cap, scaling_factor)
```

使用 OpenCV 中提供的内置函数将图像转换为 HSV 颜色空间：

```
#将图像转换为 HSV
hsv = cv2.cvtColor(frame, cv2.COLOR_BGR2HSV)
```

定义人类皮肤颜色的近似 HSV 颜色范围：

```
#定义 HSV 中的颜色范围
lower = np.array([0, 70, 60])
upper = np.array([50, 150, 255])
```

阈值化 HSV 图像以创建蒙版：

```
#对 HSV 图像设置阈值,仅获取颜色蒙版
mask = cv2.inRange(hsv, lower, upper)
```

计算蒙版和原始图像之间的按位"与"：

```
#蒙版和原始图像之间的按位"与"运算
img_bitwise_and = cv2.bitwise_and(frame, frame, mask=mask)
```

运行中间值模糊来平滑图像：

```
#运行中间值模糊
img_median_blurred = cv2.medianBlur(img_bitwise_and, 5)
```

显示输入和输出帧：

```
#显示输入和输出帧
cv2.imshow('Input', frame)
cv2.imshow('Output', img_median_blurred)
```

检查用户是否按下了 Esc 键。如果是，则退出循环：

```
#检查用户是否按下了 Esc 键
c = cv2.waitKey(5)
if c == 27:
    Break
```

退出循环后，确保所有窗口都已正确关闭：

```
#关闭所有窗口
cv2.destroyAllWindows()
```

完整的代码在 colorspaces. py 文件中给出。运行代码，会得到两个截图。
Input 窗口中是捕获的帧，如图 18 - 2 所示。

图 18 - 2　捕获的帧

Output 窗口中是皮肤蒙版，如图 18 – 3 所示。

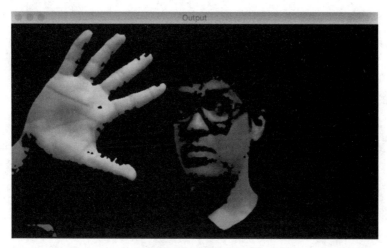

图 18 – 3 输出帧

从图 18 – 3 中可以看出，图像中只有一种颜色，它对应于任何皮肤。其他都是黑的。与 18.3 节中看到的类似，这里过滤了图像，使其只包含我们感兴趣的信息。在这种情况下，过滤是不同的，结果是还需进一步处理图像所需的信息。使用颜色跟踪对象的一些应用如下。

- 检测异常皮肤状况或变色。
- 只有看到人类皮肤颜色时才会开启的安全系统。这可以用于在港口检查是否有人藏在集装箱里。

在下一节中，将学习另一种称为背景减法的图像变换技术。

18.5 使用背景减法跟踪对象

背景减除是一种对给定视频中的背景建模的技术，然后使用该模型来检测运动对象。这种技术在视频压缩和视频监控中大量使用，在必须检测静态场景中的运动对象时表现良好。该算法的基本工作原理是检测背景，为其建立模型，然后从当前帧中减去它以获得前景。这个前景对应于移动的物体。

这里的主要步骤之一是建立背景模型。这与帧差分不同，因为背景减法不对连续的帧进行差分，而是实现背景建模并实时更新的一种能够适应移动基准的自适应算法。因此，它的性能比帧差分好得多。

创建一个新的 Python 文件并导入以下包：

```
import cv2
import numpy as np
```

定义一个函数来获取当前帧：

```
#定义一个从网络摄像头获取当前帧的函数
def get_frame(cap, scaling_factor):
    #从视频捕获对象,读取当前帧
    _, frame = cap.read()
```

调整帧的大小并返回：

```
#调整图像
frame = cv2.resize(frame, None, fx = scaling_factor,
        fy = scaling_factor, interpolation = cv2.INTER_AREA)

return frame
```

定义 main 函数并初始化视频捕获对象：

```
if __name__ == '__main__':
    #定义视频捕获对象
    cap = cv2.VideoCapture(0)
```

定义背景减法器对象：

```
#定义背景减法器对象
bg_subtractor = cv2.createBackgroundSubtractorMOG2()
```

定义 history（历史）和 learning_rate（学习率）。关于 history 变量的说明如下：

```
#定义用于学习的先前帧数。该因子控制算法的学习率。学习率是指模型了解背景的速率
#history 值越高表示学习速度越慢。可以使用此参数以查看它如何影响输出
history = 100

#定义 learning_rate
learning_rate = 1.0/history
```

不断重复，直到用户按下 Esc 键。从获取当前帧开始：

```
#继续从网络摄像头读取帧,直到用户按下 Esc 键
while True:
    #获取当前帧
    frame = get_frame(cap, 0.5)
```

使用前面定义的背景减法器对象计算蒙版：

```
#计算蒙版
mask = bg_subtractor.apply(frame, learningRate = learning_rate)
```

将蒙版从灰度图像转换为 RGB：

```
#将灰度图像转换为 RGB
mask = cv2.cvtColor(mask, cv2.COLOR_GRAY2BGR)
```

显示输入和输出图像：

```
#显示图像
cv2.imshow('Input', frame)
cv2.imshow('Output', mask & frame)
```

检查用户是否按下了 Esc 键。如果是，则退出循环：

```
#检查用户是否按下了 Esc 键
c = cv2.waitKey(10)
if c == 27:
    Break
```

退出循环后，确保释放视频捕获对象并正确关闭所有窗口：

```
#释放视频捕获对象
cap.release()

#关闭所有窗口
cv2.destroyAllWindows()
```

完整的代码在 background_subtraction. py 文件中给出。运行代码，将打开一个显示实时输出的窗口。如果你四处走动，会看到自己的大致轮廓，如图 18 - 4 所示。

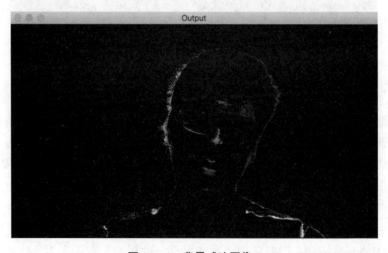

图 18 - 4　背景减法图像 1

一旦你停止走动，它就会开始褪色，因为你现在是背景的一部分。算法会将你视为背景的一部分，并相应地开始更新模型，如图 18 – 5 所示。

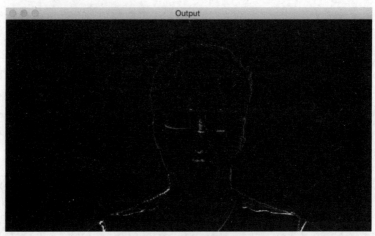

图 18 – 5　背景减法图像 2

当你保持静止时，它将继续褪色，如图 18 – 6 所示。

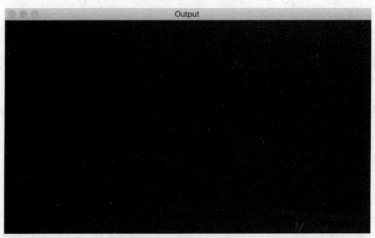

图 18 – 6　背景减法图像 3

图像更新过程表明当前场景是背景模型的一部分。

正如前面所述，只有物体在运动时才生成图像将节省大量存储空间。例如，一个摄像头不间断地聚焦在一个空荡荡的停车场上，可能比看着油漆变干更无聊，但如果安全系统足够智能，能够在帧中有运动物体时才进行记录，这样将能够更快地辨别视频中"有趣"的部分。

基于颜色空间可以跟踪有色物体，但必须先定义颜色。这似乎是限制性的！下一节将讨论如何用 CAMShift 算法在实时视频中选择并跟踪一个对象。这基本上是代表连续自适应 Meanshift 算法的自适应版本。

18.6　使用 CAMShift 算法构建交互式对象跟踪器

为了理解 CAMShift 算法，首先介绍 Meanshift 算法是如何工作的。因为要考虑给定帧中的感兴趣区域并跟踪这个物体，所以在它周围画了一个边界框，即感兴趣的区域。下面使用对象跟踪器在视频中跟踪这个对象。

为此，先根据该区域的颜色直方图选择一组点，然后计算质心（平均值）。如果这个质心的位置在边界框的几何中心，就知道物体没有移动。但是如果质心的位置不在这个边界框的几何中心，就知道物体已经移动了。这意味着也要移动边界框。质心的运动直接表示物体的运动方向。同时也需要移动边界框，以便新的质心成为这个边界框的几何中心。对每一帧都这样做，并实时跟踪对象。因此，这种算法称为 Meanshift，因为质心一直在移动，所以使用它来跟踪对象。

下面介绍 Meanshift 算法与 CAMShift 算法的关系。Meanshift 算法的问题之一是不允许对象的大小随时间变化。一旦画了一个边界框，无论物体离相机有多近或多远，它都会保持大小不变。因此，需要使用 CAMShift 算法，因为它可以根据对象的大小调整边界框的大小。如果读者想进一步探索，可以查看以下链接：http://docs. opencv. org/3. 1. 0/db/df8/tutorial_py_meanshift. html。

下面介绍如何建立一个跟踪器。

创建一个新的 Python 文件并导入以下包：

```
import cv2
import numpy as np
```

定义一个类来处理与对象跟踪相关的所有特征：

```
#定义一个类来处理与对象跟踪相关的特征
class ObjectTracker(object):
    def __init__(self, scaling_factor =0.5):
        #初始化视频捕获对象
        self.cap = cv2.VideoCapture(0)
```

捕获当前帧：

```
#从网络摄像头捕获当前帧
_, self.frame = self.cap.read()
```

设置缩放因子：

```
#捕获帧的缩放因子
self.scaling_factor = scaling_factor
```

调整帧的大小：

```
#自行调整帧的大小
.self.frame = cv2.resize(self.frame, None,
        fx = self.scaling_factor, fy = self.scaling_factor,
        interpolation = cv2.INTER_AREA)
```

创建一个窗口来显示输出：

```
#创建一个窗口来显示输出
cv2.namedWindow('Object Tracker')
```

设置鼠标回调函数从鼠标获取输入：

```
#设置鼠标回调函数来跟踪鼠标
cv2.setMouseCallback('Object Tracker', self.mouse_event)
```

初始化变量以跟踪边界框选择：

```
#初始化与边界框选择相关的变量
self.selection = None

#初始化与起始位置相关的变量
self.drag_start = None

#初始化与跟踪自我状态相关的变量
self.tracking_state = 0
```

定义一个函数来跟踪鼠标事件：

```
#定义跟踪鼠标事件的函数
def mouse_event(self, event, x, y, flags, param):
    #将 x 和 y 坐标转换为 16 位 numpy 整数
    x, y = np.int16([x, y])
```

当鼠标左键按下时，表示用户已经开始绘制边界框：

```
#检查是否发生了鼠标按键按下事件
if event = = cv2.EVENT_LBUTTONDOWN:
    self.drag_start = (x, y)
    self.tracking_state = 0
```

如果用户当前正在拖动鼠标来设置区域的大小，则跟踪宽度和高度：

```
#检查用户是否已经开始设置边界框
if self.drag_start:
    if flags & cv2.EVENT_FLAG_LBUTTON:
```

```
#提取边界框的尺寸
h, w = self.frame.shape[:2]
```

设置边界框的起始 x 和 y 坐标：

```
#获取初始位置
xi, yi = self.drag_start
```

获取坐标的最大值和最小值，使其与拖动鼠标绘制边界框的方向无关：

```
#获取最大值和最小值
x0, y0 = np.maximum(0, np.minimum([xi, yi], [x, y]))
x1, y1 = np.minimum([w, h], np.maximum([xi, yi], [x, y]))
```

重置选择变量：

```
#重置选择变量
self.selection = None
```

完成边界框：

```
#完成边界框
if x1 - x0 > 0 and y1 - y0 > 0:
    self.selection = (x0, y0, x1, y1)
```

如果选择完成，则设置标识，表示应该开始跟踪边界框内的对象：

```
else:
        #如果选择完成，开始跟踪
        self.drag_start = None
        if self.selection is not None:
            self.tracking_state = 1
```

定义跟踪对象的方法：

```
#定义跟踪对象的方法
def start_tracking(self):
    #迭代，直到用户按下 Esc 键
    while True:
        #从网络摄像头捕获帧
        _, self.frame = self.cap.read()
```

调整输入帧的大小：

```
#调整输入帧的大小
self.frame = cv2.resize(self.frame, None,
        fx = self.scaling_factor, fy = self.scaling_factor,
        interpolation = cv2.INTER_AREA)
```

创建一个帧的副本。稍后会用到它：

```
#创建帧的副本
vis = self.frame.copy()
```

将帧的颜色空间从 RGB 转换为 HSV：

```
#将帧的颜色空间转换为 HSV
hsv = cv2.cvtColor(self.frame, cv2.COLOR_BGR2HSV)
```

根据预先设定的阈值创建蒙版：

```
#根据预先设定的阈值创建蒙版
mask = cv2.inRange(hsv, np.array((0., 60., 32.)),
np.array((180., 255., 255.)))
```

检查用户是否选择了边界框：

```
#检查用户是否选择了边界框
if self.selection:
    #提取选定边界框的坐标
    x0, y0, x1, y1 = self.selection

    #提取跟踪窗口
    self.track_window = (x0, y0, x1 - x0, y1 - y0)
```

从 HSV 图像和蒙版中提取选择区域。基于以下内容计算选择区域的直方图：

```
#提取选择区域
hsv_roi = hsv[y0:y1, x0:x1]
mask_roi = mask[y0:y1, x0:x1]

#使用掩模计算 HSV 图像中感兴趣区域的直方图
hist = cv2.calcHist( [hsv_roi], [0], mask_roi,
    [16], [0, 180] )
```

规范化直方图：

```
#规范化和重塑直方图
cv2.normalize(hist, hist, 0, 255, cv2.NORM_MINMAX)
self.hist = hist.reshape( -1 )
```

从原始帧中提取选择区域：

```
#从原始帧中提取选择区域
vis_roi = vis[y0:y1, x0:x1]
```

计算选择区域的按位"非"。这仅用于显示目的：

```
#计算图像负片(仅用于显示)
cv2.bitwise_not(vis_roi, vis_roi)
vis[mask == 0] = 0
```

检查系统是否处于跟踪模式：

```
#检查系统是否处于跟踪模式
if self.tracking_state == 1:
    #重置选择变量
    self.selection = None
```

计算直方图反投影：

```
#计算 hsv_backproj
hsv_backproj = cv2.calcBackProject([hsv], [0],
        self.hist, [0, 180], 1)
```

计算直方图反投影和蒙版之间的按位"与"：

```
#计算直方图反投影和蒙版之间的按位"与"
hsv_backproj &= mask
```

定义跟踪器的终止标准：

```
#定义跟踪器的终止标准
term_crit = (cv2.TERM_CRITERIA_EPS | cv2.TERM_CRITERIA_COUNT, 10, 1)
```

将 CAMShift 算法应用于及 hsv_backproj：

```
#将 CAMShift 算法应用于 hsv_backproj
track_box, self.track_window = cv2.CamShift(hsv_backproj, self.track_window,
term_crit)
```

在对象周围画一个椭圆并显示出来：

```
#围绕对象绘制一个椭圆
cv2.ellipse(vis, track_box, (0, 255, 0), 2)
#显示输出实时视频
cv2.imshow('Object Tracker', vis)
```

如果用户按下 Esc 键，则退出循环：

```
#如果用户按下 Esc 键,则停止
c = cv2.waitKey(5)
```

```
if c == 27:
    break
```

退出循环后，确保所有窗口都已正确关闭：

```
#关闭所有窗口
cv2.destroyAllWindows()
```

定义 main 函数并开始跟踪：

```
if __name__ == '__main__':
    #启动跟踪器
    ObjectTracker().start_tracking()
```

完整的代码在 camshift. py 文件中给出。运行代码，将看到一个窗口，显示来自网络摄像头的实时视频。

绘制边界框后，确保将鼠标指针从最终位置移开。物体检测图像如图 18 – 7 所示。

图 18 – 7　物体检测图像 1

选择完成后，将鼠标指针移动到不同的位置以锁定边界框。此事件将启动跟踪过程，如图 18 – 8 所示。

现在四处移动物体，看看它是否还被跟踪，如图 18 – 9 所示。

从图 18 – 9 中可以看出，检测效果不错。可以移动物体，看看它是如何被实时跟踪的。

到目前为止，已经介绍了图像识别的许多应用，在实际应用中使用的技术可能比本章中使用的技术更复杂一点，但概念并没有什么不同。例如，美国国家橄榄球联盟用来在电视上设置 10 码的标记，美国职业棒球大联盟使用类似于本节中学习的技术来绘制击球区。最接近本节中示例的是温布尔登网球锦标赛用来确定网球落在哪里并确定它是否出界。在下一节中，将学习基于光流的跟踪。这是图像识别的另一种有用的技术。

图 18 - 8　物体检测图像 2

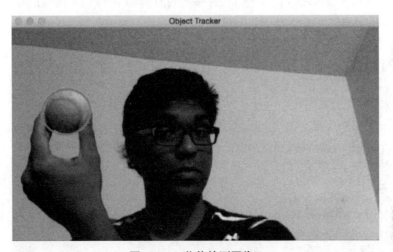

图 18 - 9　物体检测图像 3

18.7　基于光流的跟踪

2020 年 1 月，有消息称马丁·斯科塞斯（Martin Scorsese）执导的电影《爱尔兰人》（*The Irishman*）获得奥斯卡提名。这部电影详细描述了卡车司机、歹徒和卡车司机弗兰克·希兰［Frank Sheeran，由罗伯特·德尼罗（Robert DeNiro）饰演］的生活。在电影中，我们看到了德尼罗一生中的不同时期。从他 20 多岁到 80 多岁，我们在屏幕上看到德尼罗的一生，很明显是他，真的可以看出他是 20 岁还是 80 岁。

在以前的电影中，这可能是通过化妆实现的。对于这部电影来说，化妆并不能实现这个目的。取而代之的是，他们使用了特效，并用数码化妆修饰了德尼罗的脸。很神奇，对吧？

多年来，用计算机做出逼真的人脸极其困难，但好莱坞及其特效艺术家最终破解了密码。显然，他们使用的技术比本章中介绍的更复杂，但是光流是能够实现这一特征的基础技术。在视频中更换人脸之前，必须能够在视频中实时跟踪该人脸的移动。这是光流能够解决的问题之一。

光流是一种计算机视觉中的技术。它使用图像特征点来跟踪对象，即在实况视频的连续帧中跟踪单个特征点。在给定的帧中检测到一组特征点时，通过计算位移向量来跟踪并显示这些特征点在连续帧之间的运动。这些矢量称为运动矢量。有许多方法可以进行光流，但卢卡斯－卡纳德（Lucas－Kanade）方法可能是最受欢迎的。下面是介绍这种技术的原始论文：http://cseweb. ucsd. edu/classes/sp02/cse252/lucaskanade81. pdf。

第一步：从当前帧中提取特征点。对于提取的每个特征点，创建一个 3×3（像素）的图像块，特征点位于中心。假设每个图像块中的所有点都有相似的运动。该窗口的大小可以根据情况进行调整。

第二步：对于每个图像块，在前一帧中寻找其邻域中的匹配，然后根据误差度量选择最佳匹配。搜索区域大于 3×3，因为要寻找许多不同的 3×3 图像块来获得最接近当前图像块的图像块。获得最佳匹配后，从当前图像块中心点到前一帧中匹配图像块的路径将成为运动矢量。下面用同样的方式计算所有其他图像块的运动矢量。

创建一个新的 Python 文件并导入以下包：

```python
import cv2
import numpy as np
```

定义一个使用光流开始跟踪的函数。初始化视频捕获对象和约束因子：

```python
#定义一个函数来跟踪对象
def start_tracking():
    #初始化视频捕获对象
    cap = cv2.VideoCapture(0)
    #定义帧的约束因子
    scaling_factor = 0.5
```

定义要跟踪的帧数和要跳过的帧数：

```python
#要跟踪的帧数
num_frames_to_track = 5

#要跳过的帧数
num_frames_jump = 2
```

初始化与跟踪路径和帧索引相关的变量：

```python
#初始化变量
tracking_paths = []
frame_index = 0
```

定义跟踪参数，如窗口大小、最大级别和终止标准：

```
#定义跟踪参数
tracking_params = dict(winSize = (11, 11), maxLevel = 2,
        criteria = (cv2.TERM_CRITERIA_EPS | cv2.TERM_CRITERIA_
COUNT, 10, 0.03))
```

不断重复，直到用户按下 Esc 键。首先捕获当前帧并调整其大小：

```
#不断重复,直到用户按下 Esc 键
while True:
    #捕获当前帧
    _, frame = cap.read()

    #调整帧的大小
    frame = cv2.resize(frame, None, fx = scaling_factor,
            fy = scaling_factor, interpolation = cv2.INTER_AREA)
```

将帧从 RGB 转换为灰度：

```
#将帧转换为灰度
frame_gray = cv2.cvtColor(frame, cv2.COLOR_BGR2GRAY)
```

创建帧的副本：

```
#创建帧的副本
output_img = frame.copy()
```

检查跟踪路径的长度是否大于 0：

```
if len(tracking_paths) > 0:
    #获取图像
    prev_img, current_img = prev_gray, frame_gray
```

组织特征点：

```
#组织特征点
feature_points_0 = np.float32([tp[-1] for tp in \
        tracking_paths]).reshape(-1, 1, 2)
```

使用特征点和跟踪参数，基于先前和当前图像计算光流量：

```
#计算光流量
feature_points_1, _, _ = cv2.calcOpticalFlowPyrLK(
        prev_img, current_img, feature_points_0,
        None, **tracking_params)
```

```
#计算反向光流
feature_points_0_rev, _, _ = cv2.calcOpticalFlowPyrLK(
        current_img, prev_img, feature_points_1,
        None, **tracking_params)

#计算正向和反向光流
diff_feature_points = abs(feature_points_0 - \
        feature_points_0_rev).reshape(-1,2).max(-1)
```

提取好的特征点：

```
#提取好的特征点
good_points = diff_feature_points < 1
```

为新的跟踪路径初始化变量：

```
#初始化变量
new _ tracking _ path =[]
```

遍历所有好的特征点，并在它们周围画圆：

```
#遍历所有好的特征点
for tp, (x, y), good_points_flag in zip(tracking_paths,
            feature_points_1.reshape(-1,2), good_points):
    #如果标志不为真,则继续
    if not good_points_flag:
        Continue
```

附加 x 和 y 坐标，不要超过应该跟踪的帧数：

```
#追加 x 和 y 坐标，并检查其长度是否大于阈值
tp.append((x, y))
if len(tp) > num_frames_to_track:
    del tp[0]

new_tracking_paths.append(tp)
```

围绕该点画一个圆。更新跟踪路径并使用新的跟踪路径画线以显示移动：

```
#围绕特征点 cv2 画一个圆
cv2.circle(output_img, (x, y), 3, (0, 255, 0), -1)

#更新跟踪路径
tracking_paths = new_tracking_paths

#绘制直线
```

```
cv2.polylines(output_img, [np.int32(tp) for tp in \
        tracking_paths], False, (0, 150, 0))
```

跳过前面指定的帧数后进入条件判断：

```
#跳过正确数量的帧后进入此 if 条件
if not frame_index % num_frames_jump:
    #创建蒙版并绘制圆
    mask = np.zeros_like(frame_gray)
    mask[:] = 255
    for x, y in [np.int32(tp[-1]) for tp in tracking_paths]:
        cv2.circle(mask, (x, y), 6, 0, -1)
```

使用内置函数计算要跟踪的好的特征和参数，如蒙版、最大转角、质量等级、最小距离和块大小：

```
#计算好的特征以跟踪
feature_points = cv2.goodFeaturesToTrack(frame_gray,
        mask = mask, maxCorners = 500, qualityLevel = 0.3,
        minDistance = 7, blockSize = 7)
```

如果特征点存在，则将它们附加到跟踪路径：

```
#检查特征点是否存在
if feature_points is not None:
    for x, y in np.float32(feature_points).reshape(-1, 2):
        tracking_paths.append([(x, y)])
```

更新与帧索引和先前灰度图像相关的变量：

```
#更新变量
frame_index += 1
prev_gray = frame_gray
```

显示输出：

```
#显示输出
cv2.imshow('Optical Flow', output_img)
```

检查用户是否按下了 Esc 键。如果是，则退出循环：

```
#检查用户是否按下了 Esc 键
c = cv2.waitKey(1)
if c == 27:
    Break
```

定义 main 函数并开始跟踪。停止跟踪器后，确保所有窗口都已正确关闭：

```python
if __name__ == '__main__':
#启动跟踪器
start_tracking()

#关闭所有窗口
cv2.destroyAllWindows()
```

完整的代码在 optical_flow. py 文件中给出。运行代码，将显示一个实时视频的窗口，如图 18 – 10 所示。

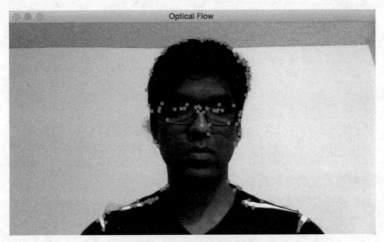

图 18 – 10   目标跟踪图像 1

如果目标四处移动，显示这些特征点移动的线条，如图 18 – 11 所示。

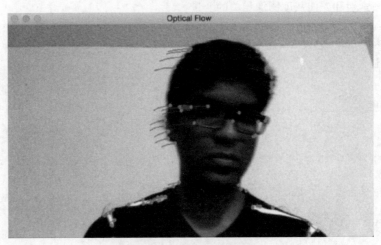

图 18 – 11   目标跟踪图像 2

如果目标朝相反的方向移动，线条也会相应地改变方向，如图 18 – 12 所示。

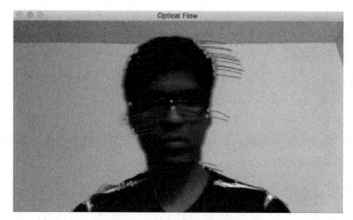

图 18 – 12　目标跟踪图像 3

下一节将介绍人脸检测和跟踪。

18.8　人脸检测和跟踪

人脸检测是指检测给定图像中人脸的位置。这经常与人脸识别混淆，人脸识别是识别人是谁的过程。典型的生物识别系统利用人脸检测和人脸识别来执行任务。它使用人脸检测来定位人脸，然后使用人脸识别来识别人。在本节中，将介绍如何在实时视频中自动检测人脸的位置并对其进行跟踪。

18.8.1　使用哈尔级联进行目标检测

哈尔级联是指基于哈尔特征的级联分类器。它是一种有效的机器学习技术，可以用来检测任何物体。保罗·维奥拉（Paul Viola）和迈克尔·琼斯（Michael Jones）在 2001 年具有里程碑意义的研究论文中首先提出了这种物体检测方法。可以在这里查看：https://www. cs. cmu. edu/~ efros/courses/LBMV07/Papers/viola – cvpr – 01. pdf。在论文中，他们描述了一种有效的机器学习技术，可用于检测任何物体。

他们将一系列简单的分类器级联为一个具有高精度性能的整体分类器。它绕过了构建一个单步分类器的过程，单步分类器具有很高的准确性。构建这样一个健壮的单步分类器是一个计算密集型的过程。

下面介绍一个检测网球的例子。为了建造一个探测器，需要一个可以学习网球样子的系统，它应该能够推断给定的图像中是否包含网球，还需要使用大量网球图像和不包含网球的图像来训练这个系统。这有助于系统学习如何区分对象。

如果建立的精确，就一定是复杂的，而且无法实时运行。如果太简单，可能就不准确。在机器学习领域中，速度和准确性之间的权衡是经常遇到的。ViolaJones 方法通过建立一组简单的分类器来解决这个问题。这些分类器被级联形成一个统一的分类器，这个分类器既健壮又准确。

下面介绍如何使用 ViolaJones 方法来进行人脸检测。为了构建一个检测人脸的机器学习系统，首先需要构建一个特征提取器。机器学习算法将使用这些特征来理解一张人脸的样子。这些特征又称哈尔特征。它们仅仅是图像上的子区域的和与差，所以易于计算。为了使哈尔特征对缩放具有鲁棒性，可以在多种图像尺寸下计算。如果想了解更多信息，可以查看链接：http://www.cs.ubc.ca/~lowe/425/slides/13 – ViolaJones.pdf。

将特征提取出来后，就将它们进行简单分类器的级联。然后检查图像中的各种矩形子区域，并不断删除不包含人脸的区域。这样可以快速得出最终答案。为了精确地计算这些特征，接下来介绍积分图像的使用。

18.8.2 使用积分图像进行特征提取

为了计算哈尔特征，必须计算图像中许多子区域的和与差。因为需要在多种图像尺寸下计算这些和与差，所以它是一个计算密集型的过程。为了建立一个实时系统，需要使用积分图像，如图 18 – 13 所示。

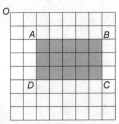

图 18 –13　矩形 ABCD 的面积

如果计算图 18 – 13 中矩形 *ABCD* 的面积，不需要遍历该矩形区域中的每个像素。假设 *OC* 表示由左上角点 *O* 和矩形右下对角上的点 *C* 的连线为对角线形成的矩形的面积（*OB*、*OD*、*OA* 同理）。要计算矩形 *ABCD* 的面积，可以使用以下公式：

$$矩形\ ABCD\ 的面积 = OC – (OB + OD – OA)$$

从这个公式可以看出，不需要迭代任何变量或重新计算任何矩形区域。公式右侧的所有值都已经可用，因为它们是在早期循环中计算的。可以直接用这些值来计算矩形 *ABCD* 的面积。实际上，就是考虑一个更大的矩形，*O* 和 *C* 代表相对的对角线的两个端点，然后"切掉"白色部分，以便只留下阴影区域。考虑到这一点，下面介绍如何构建一个人脸检测器。

创建一个新的 Python 文件并导入以下包：

```
import cv2
import numpy as np
```

加载对应于人脸检测的哈尔级联文件：

```
#加载哈尔级联文件
face_cascade = cv2.CascadeClassifier(
        'haar_cascade_files/haarcascade_frontalface_default.xml'

# 检查级联文件是否被正确加载
```

```
if face_cascade.empty():
        raise IOError('Unable to load the face cascade classifier xml
file')
```

初始化视频捕获对象并定义缩放因子：

```
#初始化视频捕获对象
cap = cv2.VideoCapture(0)

#定义缩放因子
scaling_factor = 0.5
```

不断重复，直到用户按下 Esc 键，捕获当前帧：

```
#不断重复,直到用户按下 Esc 键
while true
    #捕获当前帧
    _,frame = cap.read()
```

调整帧的大小：

```
#调整帧的大小
frame = cv2.resize(frame, None,
        fx = scaling_factor, fy = scaling_factor,
        interpolation = cv2.INTER_AREA)
```

将图像转换为灰度：

```
#将图像转换为灰度
gray = cv2.cvtColor(frame, cv2.COLOR_BGR2GRAY)
```

对灰度图像运行人脸检测器：

```
#在灰度图像上运行人脸检测器
face_rects = face_cascade.detectMultiScale(gray,1.3,5)
```

迭代检测到的人脸，并在它们周围绘制一个矩形：

```
#在人脸周围绘制一个矩形
for (x,y,w,h) in face_rects:
    cv2.rectangle(frame, (x,y), (x +w,y +h), (0,255,0), 3)
```

显示输出：

```
#显示输出
cv2.imshow('Face Detector', frame)
```

检查用户是否按下 Esc 键。如果是，则退出循环：

```
#检查用户是否按下 Esc 键
c = cv2.waitKey(1)
if c == 27:
    Break
```

退出循环后，确保释放视频捕获对象并正确关闭所有窗口：

```
#释放视频捕获对象
cap.release()

#关闭所有窗口
cv2.destroyAllWindows()
```

完整的代码在 face_detector. py 文件中给出。运行代码，输出如图 18 – 14 所示。

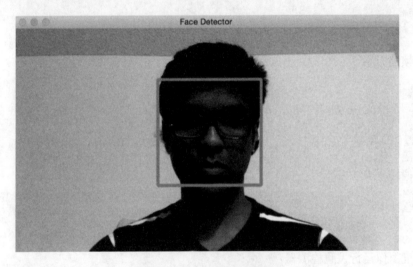

图 18 – 14   人脸检测图像

从人脸检测开始，将在下一节讨论类似的概念：眼睛检测和跟踪。

18. 9   眼睛检测和跟踪

眼睛检测的工作原理类似于人脸检测。但是使用的是眼睛级联文件，而不是人脸级联文件。创建一个新的 Python 文件并导入以下包：

```
import cv2
import numpy as np
```

加载对应于人脸和眼睛检测的哈尔级联文件：

```
#加载人脸和眼睛哈尔级联文件
face_cascade = cv2.CascadeClassifier('haar_cascade_files/haarcascade_
frontalface_default.xml')
eye_cascade = cv2.CascadeClassifier('haar_cascade_files/haarcascade_
eye.xml')

#检查人脸级联文件是否已正确加载
if face_cascade.empty():
    raise IOError('Unable to load the face cascade classifier xml
file')

#检查眼睛级联文件是否已正确加载
if eye_cascade.empty():
    raise IOError('Unable to load the eye cascade classifier xml
file')
```

初始化视频捕获对象并定义缩放因子：

```
#初始化视频捕获对象
cap = cv2.VideoCapture(0)

#定义缩放因子
ds_factor = 0.5
```

不断重复，直到用户按下 Esc 键：

```
#不断重复,直到用户按下 Esc 键
while True:
    #捕获当前帧
    _, frame = cap.read()
```

调整帧的大小：

```
#调整帧的大小
frame = cv2.resize(frame, None, fx = ds_factor, fy = ds_factor,
interpolation = cv2.INTER_AREA)、
```

将帧从 RGB 转换为灰度：

```
#将帧从 RGB 转换为灰度
gray = cv2.cvtColor(frame, cv2.COLOR_BGR2GRAY)
```

运行人脸检测器：

```
#在灰度图像上运行人脸检测器
faces = face_cascade.detectMultiScale(gray, 1.3, 5)
```

对于检测到的每张人脸，在该区域内运行眼睛检测器：

```
#对于检测到的每张人脸，运行眼睛检测器
for (x,y,w,h) in faces:
    #提取灰度人脸
    roi_gray = gray[y:y+h, x:x+w]
```

提取选择区域并运行眼睛检测器：

```
#提取彩色人脸
roi_color = frame[y:y+h, x:x+w]

#在灰度选择区域中运行眼睛检测器
eyes = eye_cascade.detectMultiScale(roi_gray)
```

在眼睛周围画圆并显示输出：

```
#在眼睛周围画圆
for (x_eye,y_eye,w_eye,h_eye) in eyes:
    center = (int(x_eye + 0.5*w_eye), int(y_eye + 0.5*h_eye))
    radius = int(0.3 * (w_eye + h_eye))
    color = (0,255,0)
    thickness = 3
    cv2.circle(roi_color, center, radius, color, thickness)

#显示输出
cv2.imshow('Eye Detector', frame)
```

如果用户按下 Esc 键，则退出循环：

```
#检查用户是否按下 Esc 键
c = cv2.waitKey(1)
if c == 27:
    Break
```

退出循环后，确保释放视频捕获对象并关闭所有窗口：

```
#释放视频捕获对象
cap.release()

#关闭所有窗口
cv2.destroyAllWindows()
```

完整的代码在 eye_detector. py 文件中给出。运行代码，输出如图 18-15 所示。

基于 18.8 节中的想法，可以使用本节中学习的技术为电影中屏幕上的角色添加眼镜（或胡须、胡子等）。

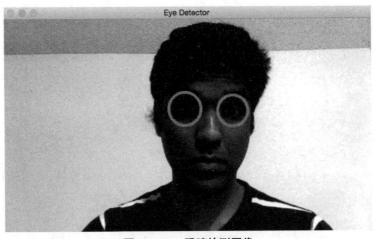

图 18 – 15　眼睛检测图像

另一个应用是跟踪卡车司机的眼睛，确定他们眨眼的速度，甚至可能是闭着眼睛，看他们是否累了，并要求或强迫他们停车。

18.10　本章小结

在本章中，主要学习了对象检测和跟踪。首先了解了如何在各种操作系统中安装支持 Python 的 OpenCV。然后了解了帧差分，并使用它来检测视频中的运动物体，又讨论了如何使用颜色空间跟踪人类皮肤，以及如何使用背景减法跟踪静态场景中的对象。使用 CAMShift 算法构建了一个交互式对象跟踪器。最后学会了如何建立一个基于光流的跟踪器，讨论了人脸检测技术，理解了哈尔级联和积分图像的概念，并且使用这种技术建造了一个眼睛探测器和跟踪器。

在下一章中，将讨论神经网络，并使用这些技术来构建光学字符识别系统。

19

第19章

神经网络

在本章中，将学习神经网络。首先介绍神经网络和相关库的安装。然后讨论感知器以及如何基于它们建立分类器。之后将深入学习单层神经网络和多层神经网络。稍后，将介绍如何使用神经网络来构建矢量量化器，最后使用循环神经网络分析序列数据，并基于神经网络构建一个光学字符识别系统。

本章涵盖以下主题：

- 神经网络简介
- 构建基于感知器的分类器
- 构建单层神经网络
- 构建多层神经网络
- 构建矢量量化器
- 使用循环神经网络分析序列数据
- 在光学字符识别数据库中可视化字符
- 构建光学字符识别系统

19.1 神经网络简介

人工智能的基本前提之一是构建能够执行通常需要人类智能任务的系统。人类的大脑在学习新概念方面是惊人的。为什么不用人脑的模型来构建系统呢？神经网络是一种设计用来模拟人脑学习过程的模型。

神经网络被设计成能够识别数据中的潜在模式并从中学习的模型，可以用于各种任务，如分类、回归和分割。但神经网络的缺点是需要将任何给定的数据转换成数字格式后，才能将其输入神经网络。例如，如果要处理许多不同类型的数据，包括视觉、文本和时间序列，就要弄清楚如何用神经网络可以理解的方式来表示问题。为了理解这个过程，下面介绍如何构建和训练一个神经网络。

19.1.1 构建神经网络

人类的学习过程是分层次的。人脑的神经网络中有不同的部分，每个阶段对应不同部分。有些部分会学习简单的东西，有些部分会学习更复杂的东西。现在分析一个视觉识别物体的例子。

当我们看到一个盒子时，人脑的一部分可能会识别一些简单的东西，如角和边。下一个部分可能会标识一般的形状，之后的部分标识了它是什么类型的对象。这个过程可能会因不同的大脑功能而不同，但我们是知道的。利用这种层次结构，人脑将任务分开，并识别给定的对象。

为了模拟人脑的学习过程，受上一段中讨论的生物神经元的启发使用多层神经元构建神经网络。神经网络中的每一层都是一组独立的神经元。一层中的每个神经元都与相邻层中的神经元相连。

19.1.2　训练神经网络

如果要训练的是 N 维输入数据，那么输入层将由 N 个神经元组成。如果训练数据中有 M 个不同的类，那么输出层将由 M 个神经元组成。输入层和输出层之间的层称为隐藏层。一个简单的神经网络将由几层组成，一个深度神经网络将由许多层组成。

那么如何使用神经网络对数据进行分类呢？首先要收集并标记适当的训练数据。每个神经元作为一个简单的函数，神经网络自我训练，直到误差低于某个阈值。误差是预测输出和实际输出之间的差异。根据误差的大小，神经网络会自我调整和重新训练，直到更接近解。

前面已经介绍了神经网络的抽象概念。下面要从实践中学习使用 NeuroLab 库——一个基于 NumPy 包实现基本神经网络算法的库。其界面类似于 MATLAB 中的神经网络工具箱（Neural Network Toolbox，NNT）包。读者可以在以下网址中了解更多关于 NeuroLab 库的信息：https://pythonhosted. org/neurolab。

运行以下命令来安装包文件：

```
$ pip3 install neurolab
```

安装完成后，就可以进入下一部分，即构建一个基于感知器的分类器。

19.2　构建基于感知器的分类器

神经元、树突和轴突构成了人脑的组成部分。同样，感知器是神经网络中最基本的结构。

神经网络的发展经历了许多变化。它们的发展是基于圣地亚哥·拉蒙·伊·卡哈尔（Santiago Ramon y Cajal）和查尔斯·斯科特·谢灵顿爵士（Sir Charles Scott Sherrington）的神经学研究。拉蒙·伊·卡哈尔是探索神经组织结构的先驱，他证明了：

- 神经元可以相互交流。
- 神经元与其他神经元在物理上是分开的。

利用拉蒙·伊·卡哈尔和谢灵顿的研究，沃伦·麦卡洛克（Warren McCulloch）和沃尔特·皮茨（Walter Pitts）在 1943 年发表的论文《神经活动内在思想的逻辑演算》（*A Logical*

Calculus of Ideas Immanent in Nervous Activity）中描述了一种借鉴神经元结构的体系结构，神经元具有类似于一阶逻辑句子的二元阈值激活特征。

图 19-1 所示是麦卡洛克和皮茨神经元的基本表示，又称为感知器。

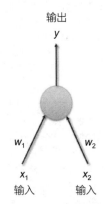

图 19-1 基本感知器功能

因此，感知器是许多神经网络的基本构件。它接收输入并对它们进行计算，然后产生输出。它使用简单的线性函数来做出决定。假设正在处理一个 N 维输入数据点，感知器计算这 N 个数字的加权和，然后加上一个常数产生输出。这个常数称为神经元的偏差。需要注意的是，这些简单的感知器可以用来设计复杂的深度神经网络。

在本章中，将看到如何使用这样的基本结构来执行机器学习。在后面的章节中，将看到更复杂的示例，以及神经网络的一些有趣的应用。许多神经网络的核心，无论它们多么复杂，都利用了感知器。这就是要重点理解这个概念的原因。下面介绍如何使用 NeuroLab 来构建一个基于感知器的分类器。

创建一个新的 Python 文件并导入以下包：

```
import numpy as np
import matplotlib.pyplot as plt
import neurolab as nl
```

从 data_perceptron. txt 文件中加载输入数据，每行包含以空格分隔的数字。其中，前两个数字是特征，最后一个数字是标签：

```
#加载输入数据
text = np.loadtxt('data_perceptron.txt')
```

将文本文件分成单独的数据点和标签：

```
#将文本分为单独的数据点和标签
data = text[:, :2]
labels = text[:, 2].reshape((text.shape[0], 1))
```

绘制数据点：

```
#绘制输入数据
plt.figure()
plt.scatter(data[:,0], data[:,1])
plt.xlabel('Dimension 1')
plt.ylabel('Dimension 2')
plt.title('Input data')
```

定义每个维度的最小值和最大值：

```
#为每个维度定义最小值和最大值
dim1_min, dim1_max, dim2_min, dim2_max = 0, 1, 0, 1
```

由于数据被分成两类，但只需要一位来表示输出，因此，输出层将包含一个神经元。

```
#输出层中的神经元数量
num_output = labels.shape[1]
```

因为有一个数据点是二维的数据集，所以定义一个具有两个输入神经元的感知器，其中为每个维度分配一个神经元。

```
#定义一个具有两个输入神经元的感知器,因为在输入数据中有两个维度
dim1 = [dim1_min, dim1_max]
dim2 = [dim2_min, dim2_max]
perceptron = nl.net.newp([dim1, dim2], num_output)
```

用训练数据训练感知器：

```
#训练感知器
error_progress = perceptron.train(data, labels, epochs = 100, show = 20,
lr = 0.03)
```

使用误差指标绘制训练进度图：

```
#绘制训练进度
plt.figure()
plt.plot(error_progress)
plt.xlabel('Number of epochs')
plt.ylabel('Training error')
plt.title('Training error progress')
plt.grid()

plt.show()
```

完整的代码在 perceptron_classifier.py 文件中给出。运行代码，会得到两个输出截图。图 19 – 2 显示了训练进度。

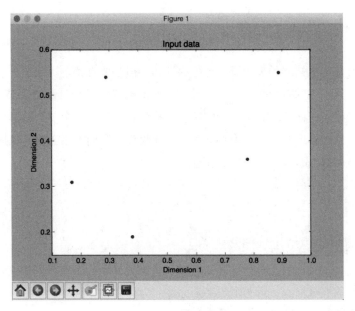

图 19 – 2　训练进度图

图 19 – 3 显示了训练误差。

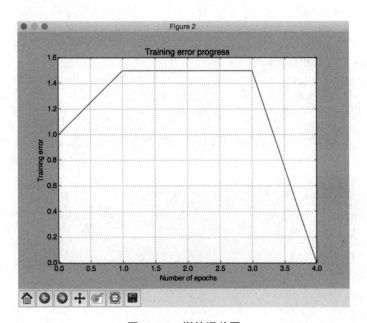

图 19 – 3　训练误差图

从图 19 – 2 和图 19 – 3 中可以看到，错误在第 4 个 epoch 结束时下降到 0，这正是模型想要的。如果误差为 0，则无法进一步改善。在下一节中，将增强模型并构建一个单层神经网络。

19.3   构建单层神经网络

拥有一个有几个感知器的模型是一个好的开始，但是要真正解决问题，这样一个简单的模型是不够的。人脑大约有 850 亿个神经元。虽然不能建立一个有那么多节点的神经网络，但是这个数字说明了应该如何解决复杂问题。在构建具有数十亿个节点的模型之前，先构建单层神经网络。这种单层神经网络由独立的神经元组成，它们作用于输入数据以产生输出。

创建一个新的 Python 文件并导入以下包：

```
import numpy as np
import matplotlib.pyplot as plt
import neurolab as nl
```

使用 data_simple_nn.txt 文件中的输入数据。这个文件中的每行数据都包含 4 个数字。其中，前两个数字构成数据点；后两个数字是标签。为什么需要给标签分配两个数字？因为数据集中有 4 个不同的类，所以需要用两个数字来表示。

加载输入数据：

```
#加载输入数据
text = np.loadtxt('data_simple_nn.txt')
```

将数据分成数据点和标签：

```
#将其分为数据点和标签
data = text[:, 0:2]
labels = text[:, 2:]
```

绘制输入数据：

```
#绘制输入数据
plt.figure()
plt.scatter(data[:,0], data[:,1])
plt.xlabel('Dimension 1')
plt.ylabel('Dimension 2')
plt.title('Input data')
```

提取每个维度的最小值和最大值（不需要像上一节那样硬编码）：

```
#提取每个维度的最小值和最大值
dim1_min, dim1_max = data[:,0].min(), data[:,0].max()
dim2_min, dim2_max = data[:,1].min(), data[:,1].max()
```

定义输出层中的神经元数量：

```
#定义输出层中的神经元数量
num_output = labels.shape[1]
```

使用上述参数定义单层神经网络：

```
#定义单层神经网络
dim1 = [dim1_min, dim1_max]
dim2 = [dim2_min, dim2_max]
nn = nl.net.newp([dim1, dim2], num_output)
```

使用训练数据训练神经网络：

```
#训练神经网络
error_progress = nn.train(data, labels, epochs =100, show =20, lr =0.03)
```

绘制训练进度：

```
#绘制训练进度
plt.figure()
plt.plot(error_progress)
plt.xlabel('Number of epochs')
plt.ylabel('Training error')
plt.title('Training error progress')
plt.grid()

plt.show()
```

定义一些样本测试数据点，并在这些数据点上运行分类器：

```
#在测试数据点上运行分类器
print('\nTest results:')
data_test = [[0.4, 4.3], [4.4, 0.6], [4.7, 8.1]]
for item in data_test:
    print(item, ' -- >', nn.sim([item])[0])
```

完整的代码在 simple_neural_network. py 文件中给出。运行代码，会得到两个截图。

图 19 - 4 显示了输入数据点。

图 19 - 5 显示了训练进度。

关闭图 19 - 4 和图 19 - 5 后，会输出训练轮数，如图 19 - 6 所示。

从图 19 - 5 中可以看出，误差很快开始减少，这表明训练有效地产生了越来越好的预测。在这种情况下，误差没有降到 0。但是如果让模型再运行几个轮数，预计误差会继续减少。如果能在二维图上找到这些测试数据点，就可以直观地验证预测输出是否正确。

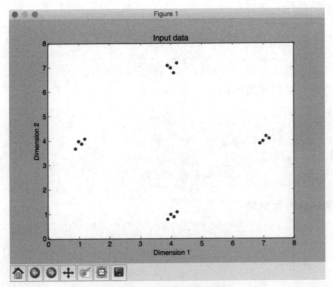

图 19 - 4　输入数据点图

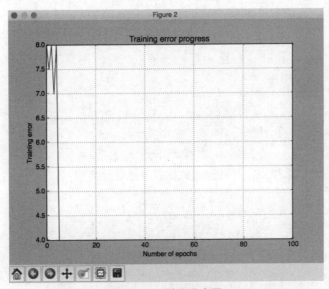

图 19 - 5　训练进度图

```
Epoch: 20; Error: 4.0;
Epoch: 40; Error: 4.0;
Epoch: 60; Error: 4.0;
Epoch: 80; Error: 4.0;
Epoch: 100; Error: 4.0;
The maximum number of train epochs is reached

Test results:
[0.4, 4.3] --> [ 0.  0.]
[4.4, 0.6] --> [ 1.  0.]
[4.7, 8.1] --> [ 1.  1.]
```

图 19 - 6　训练轮数

19.4　构建多层神经网络

19.3 节中已将模型从几个节点增强到了单层，虽然离 850 亿个节点还很远，但是可以朝着正确的方向再走一步。人脑不使用单层模型，一些神经元的输出成为其他神经元的输入，以此类推，具有这种特性的模型被称为多层神经网络。这种类型的架构产生了更高的精度，并且能够解决更复杂和更多样的问题。下面介绍如何使用 NeuroLab 构建多层神经网络。

创建一个新的 Python 文件并导入以下包：

```
import numpy as np
import matplotlib.pyplot as plt
import neurolab as nl
```

在 19.2 节和 19.3 节中已经介绍了如何使用神经网络作为分类器。

在本节中，将介绍如何使用多层神经网络作为回归器。根据公式 $y = 3x^2 + 5$ 生成一些样本数据点，然后对这些数据点进行规范化：

```
#生成一些训练数据
min_val = -15
max_val = 15
num_points = 130
x = np.linspace(min_val, max_val, num_points)
y = 3 * np.square(x) + 5
y /= np.linalg.norm(y)
```

重新调整前面的变量以创建训练数据集：

```
#创建数据和标签
data = x.reshape(num_points, 1)
labels = y.reshape(num_points, 1)
```

绘制输入数据：

```
#绘制输入数据
plt.figure()
plt.scatter(data, labels)
plt.xlabel('Dimension 1')
plt.ylabel('Dimension 2')
plt.title('Input data')
```

定义一个具有两个隐藏层的多层神经网络，也可以随机设计一个神经网络。对于这种情况，设定第一个隐藏层有 10 个神经元，第二个隐藏层有 6 个神经元。因为任务是预测值，因此输出层将包含 1 个神经元：

```
#定义具有两个隐藏层的多层神经网络
#第一个隐藏层由 10 个神经元组成
#第二个隐藏层由 6 个神经元组成
#输出层由 1 个神经元组成
nn = nl.net.newff([[min_val, max_val]], [10, 6, 1])
```

将训练算法设置为梯度下降：

```
#将训练算法设置为梯度下降
nn.trainf = nl.train.train_gd
```

使用生成的训练数据训练神经网络：

```
#训练神经网络
error_progress = nn.train(data, labels, epochs = 2000, show = 100,
goal = 0.01)
```

在训练数据点上运行神经网络：

```
#在训练数据点上运行神经网络
output = nn.sim(data)
y_pred = output.reshape(num_points)
```

绘制训练进度：

```
#绘制训练进度
plt.figure()
plt.plot(error_progress)
plt.xlabel('Number of epochs')
plt.ylabel('Error')
plt.title('Training error progress')
```

绘制预测输出：

```
#绘制预测输出
x_dense = np.linspace(min_val, max_val, num_points * 2)
y_dense_pred = nn.sim(x_dense.reshape(x_dense.size,1)).reshape(x_
dense.size)

plt.figure()
plt.plot(x_dense, y_dense_pred, '-', x, y, '.', x, y_pred, 'p')
plt.title('Actual vs predicted')

plt.show()
```

完整的代码在 multilayer_neural_network. py 文件中给出。运行代码，会得到三个截图。

图 19 - 7 显示了输入数据。

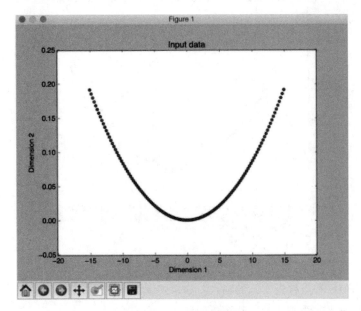

图 19 - 7 输入数据图

图 19 - 8 显示了训练过程。

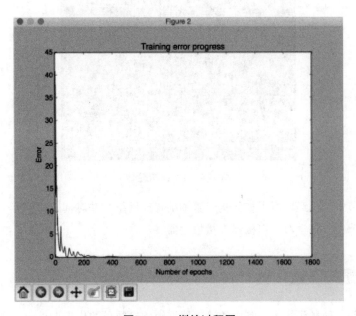

图 19 - 8 训练过程图

图 19 - 9 显示了覆盖在输入数据上的预测输出。

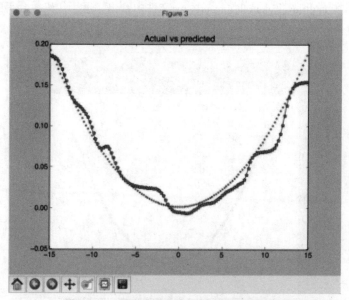

图 19 − 9　覆盖在输入数据上的预测输出图

　　预测的输出似乎有点接近实际的输入。如果继续训练多层神经网络并减少误差，会看到预测的输出将与输入曲线相匹配，甚至更精确。

　　训练轮数如图 19 − 10 所示。

```
Epoch: 100; Error: 1.9247718251621995;
Epoch: 200; Error: 0.15723294798079526;
Epoch: 300; Error: 0.021680213116912858;
Epoch: 400; Error: 0.1381761995539017;
Epoch: 500; Error: 0.04392553381948737;
Epoch: 600; Error: 0.02975401597014979;
Epoch: 700; Error: 0.014228560930227126;
Epoch: 800; Error: 0.0346207842970052;
Epoch: 900; Error: 0.035934053149433196;
Epoch: 1000; Error: 0.025833284445815966;
Epoch: 1100; Error: 0.013672412879982398;
Epoch: 1200; Error: 0.01776586425692384;
Epoch: 1300; Error: 0.043102426103846976;
Epoch: 1400; Error: 0.037998126096096611;
Epoch: 1500; Error: 0.02467030041520845;
Epoch: 1600; Error: 0.010094873168855236;
Epoch: 1700; Error: 0.01210866043021068;
The goal of learning is reached
```

图 19 − 10　训练轮数

　　在前面章节中，已经学习了如何构建基本的神经网络，并对基础知识有了初步的掌握和理解。在下一节中，将学习如何构建矢量量化器。

19.5　构建矢量量化器

　　矢量量化是一种量化技术，其中的输入数据由固定数量的代表点表示。这是一个数字四舍五入的 N 维等值。这种技术通常用于多个领域，如语音/图像识别、语义分析和图像/语音压缩。最佳矢量量化理论的历史可以追溯到 20 世纪 50 年代的贝尔实验室，在那里进行了使用离散化过程优化信号传输的研究。矢量量化神经网络的一个优点是具有很高的可解释性。下面介绍如何构建向量 c。

　　由于当前版本的 NeuroLab（v0.3.5）存在一些问题，运行以下代码将引发错误。幸运的是，这有一个解决方案，但涉及对 NeuroLab 包进行更改。更改 NeuroLab 包中 net.py 文件的第 179 行（layer_out.np['w'][n][st:i].fill(1.0)）到（layer_out.np['w'][n][int(st):int(i)].fill(1.0)）应该能解决这个问题。要求读者使用这种更改方法，直到在官方 NeuroLab 包中实现修复。

创建一个新的 Python 文件并导入以下包：

```
import numpy as np
import matplotlib.pyplot as plt
import neurolab as nl
```

从文件 data_vector_quantization.txt 中载入输入数据。这个文件中的每一行都包含 6 个数字。其中，前两个数字组成数据点；后 4 个数字组成一个热编码标签。总共有 4 类。

```
#加载输入数据
text = np.loadtxt('data_vector_quantization.txt')
```

将文本分成数据和标签：

```
#将文本分为数据和标签
data = text[:, 0:2]
labels = text[:, 2:]
```

定义一个有两层的神经网络。其中，输入层有 10 个神经元；输出层有 4 个神经元：

```
#定义一个两层的神经网络
#输入层有 10 个神经元、输出层有 4 个神经元
num_input_neurons = 10
num_output_neurons = 4
weights = [1/num_output_neurons] * num_output_neurons
nn = nl.net.newlvq(nl.tool.minmax(data), num_input_neurons, weights)
```

使用训练数据训练神经网络：

```
#训练神经网络
_ = nn.train(data, labels, epochs=500, goal=-1)
```

为了可视化输出聚类，创建一个点的输入网格：

```
#创建点的输入网格
xx, yy = np.meshgrid(np.arange(0, 10, 0.2), np.arange(0, 10, 0.2))
xx.shape = xx.size, 1
yy.shape = yy.size, 1
grid_xy = np.concatenate((xx, yy), axis =1)
```

使用神经网络评估点的输入网格：

```
#评估点的输入网格
grid_eval = nn.sim(grid_xy)
```

定义 4 个类：

```
#定义 4 个类
class_1 = data[labels[:,0] = = 1]
class_2 = data[labels[:,1] = = 1]
class_3 = data[labels[:,2] = = 1]
class_4 = data[labels[:,3] = = 1]
```

定义对应这 4 个类的网格：

```
#为所有 4 个类定义
grid_1 = grid_xy[grid_eval[:,0] = = 1]
grid_2 = grid_xy[grid_eval[:,1] = = 1]
grid_3 = grid_xy[grid_eval[:,2] = = 1]
grid_4 = grid_xy[grid_eval[:,3] = = 1]
```

绘制输出：

```
#绘制输出
plt.plot (class_1[:,0], class_1[:,1], 'ko',
        class_2[:,0], class_2[:,1], 'ko',
        class_3[:,0], class_3[:,1], 'ko',
        class_4[:,0], class_4[:,1], 'ko')
plt.plot(grid_1[:,0], grid_1[:,1], 'm.',
        grid_2[:,0], grid_2[:,1], 'bx',
        grid_3[:,0], grid_3[:,1], 'c^',
        grid_4[:,0], grid_4[:,1], 'y +')
plt.axis([0, 10, 0, 10])
plt.xlabel('Dimension 1')
plt.ylabel('Dimension 2')
plt.title('Vector quantization')

plt.show()
```

完整的代码在 vector_quantizer. py 文件中给出。运行代码，输出如图 19 – 11 所示，其中显示了输入数据点和聚类之间的边界。

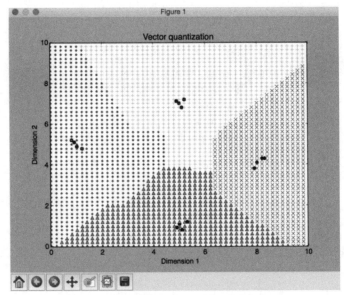

图 19 – 11   输入数据点和聚类之间的边界图

还应该看到图 19 – 12 所示输出。

```
Epoch: 100; Error: 0.0;
Epoch: 200; Error: 0.0;
Epoch: 300; Error: 0.0;
Epoch: 400; Error: 0.0;
Epoch: 500; Error: 0.0;
The maximum number of train epochs is reached
```

图 19 – 12   训练轮数

本节学习了如何使用矢量量化器构建神经网络。在下一节中，将学习如何使用循环神经网络（Recurrent Neural Networks，RNN）分析序列数据。

19.6   使用循环神经网络分析序列数据

到目前为止，所有的神经网络例子使用的都是静态数据。神经网络还可以有效地建立处理序列数据的模型。循环神经网络在序列数据建模方面非常出色。读者可以在以下网址了解更多关于循环神经网络的信息：https://www. jeremyjordan. me/introduction – to – recurrent – neural – networks/。

当处理时间序列数据时，通常不能使用通用的学习模型，而是需要捕获数据中的时间相关性，以便构建一个健壮的模型。下面介绍如何构建循环神经网络模型。

创建一个新的 Python 文件并导入以下包：

```
import numpy as np
import matplotlib.pyplot as plt
import neurolab as nl
```

定义一个函数来生成波形。从定义 4 个正弦波形开始：

```python
def get_data(num_points):
    #定义正弦波形
    wave_1 = 0.5 * np.sin(np.arange(0, num_points))
    wave_2 = 3.6 * np.sin(np.arange(0, num_points))
    wave_3 = 1.1 * np.sin(np.arange(0, num_points))
    wave_4 = 4.7 * np.sin(np.arange(0, num_points))
```

为整个波形定义不同的幅度：

```python
#创建变化的幅度
amp_1 = np.ones(num_points)
amp_2 = 2.1 + np.zeros(num_points)
amp_3 = 3.2 * np.ones(num_points)
amp_4 = 0.8 + np.zeros(num_points)
```

定义整体波形：

```python
    wave = np.array([wave_1, wave_2, wave_3, wave_4]).reshape(num_points * 4, 1)
    amp = np.array([[amp_1, amp_2, amp_3, amp_4]]).reshape(num_points * 4, 1)
    return wave, amp
```

定义一个函数来可视化神经网络的输出：

```python
#可视化输出
def visualize_output(nn, num_points_test):
    wave, amp = get_data(num_points_test)
    output = nn.sim(wave)
    plt.plot(amp.reshape(num_points_test * 4))
    plt.plot(output.reshape(num_points_test * 4))
```

定义 main 函数并创建波形：

```python
if __name__ == '__main__':
    #创建一些样本数据
    num_points = 40
    wave,amp = get_data(num_points)
```

构建具有两层的循环神经网络：

```python
#构建具有两层的循环神经网络
nn = nl.net.newelm([[-2, 2]], [10, 1], [nl.trans.TanSig(), nl.trans.PureLin()])
```

为每一层设置初始化函数：

```
#为每一层设置初始化函数
nn.layers[0].initf = nl.init.InitRand([-0.1, 0.1], 'wb')
nn.layers[1].initf = nl.init.InitRand([-0.1, 0.1], 'wb')
nn.init()
```

训练循环神经网络：

```
#训练循环神经网络
error_progress = nn.train(wave,amp,epochs = 1200,show =100,goal =0.01)
```

通过循环神经网络运行训练数据：

```
#通过循环神经网络运行训练数据
output = nn.sim(wave)
```

绘制输出：

```
#绘制输出
plt.subplot(211)
plt.plot(error_progress)
plt.xlabel('Number of epochs')
plt.ylabel('Error (MSE)')

plt.subplot(212)
plt.plot(amp.reshape(num_points * 4))
plt.plot(output.reshape(num_points * 4))
plt.legend(['Original', 'Predicted'])
```

在未知测试数据上测试循环神经网络的性能：

```
#在未知数据上测试循环神经网络的性能
plt.figure()

plt.subplot(211)
visualize_output(nn, 82)
plt.xlim([0, 300])

plt.subplot(212)
visualize_output(nn, 49)
plt.xlim([0, 300])

plt.show()
```

完整的代码在 recurrent_neural_network. py 文件中给出。运行代码，将显示两个输出图。
图 19－13 的上半部分显示了训练进度，下半部分显示了叠加在输入波形上的预测输出。

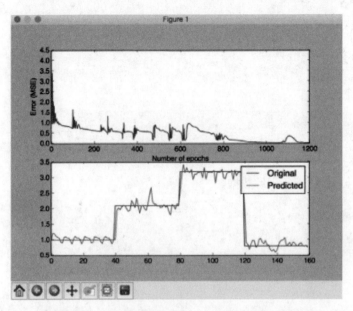

图 19－13　训练进度和叠加在输入波形上的输出曲线

图 19－14 的上半部分显示了神经网络如何模拟波形（增加了波形长度），下半部分显示了波形长度减少的情况。

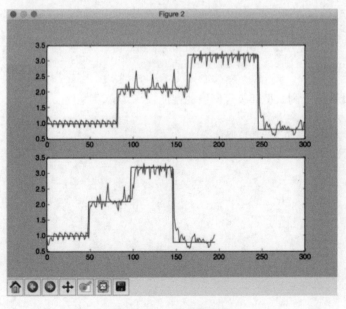

图 19－14　波形仿真图

训练轮数如图 19 - 15 所示。

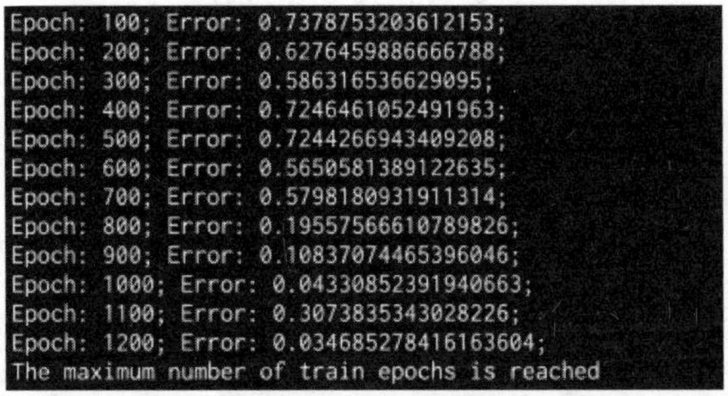

图 19 - 15　训练轮数

从图 19 - 15 中可以看出，误差不断减少，直到达到最大训练轮数。在本节中，介绍了如何使用神经网络来分析时间序列数据。在下一节中，将通过观察光学字符识别来演示神经网络的实际应用。

19.7　在光学字符识别数据库中可视化字符

神经网络也可以用于光学字符识别。这可能是它最常见的用例之一。将手写字符转换为计算机字符是许多计算机科学家试图解决的一个基本问题，但至今仍难以解决。虽然已经取得了巨大的进步，但是 100% 的准确性仍然遥不可及。为什么呢？

想想这个场景。你有没有写完字五分钟后，就看不懂自己的笔迹了？计算机也一直有这种问题。写出数字 6 的方法有无数种，其中一些看起来更像 0 或 5，而不是 6。也可能是写错了。

光学字符识别（Optical Character Recognition，OCR）是识别图像中手写字符的过程。在构建模型之前，需要先进入网址 http://ai. stanford. edu/ ~ btaskar/ocr 下载数据集 letter. data。为了方便起见，此文件已在代码包中提供。下面介绍如何加载数据和可视化字符。

创建一个新的 Python 文件并导入以下包：

```
import os
import sys

import cv2
import numpy as np
```

定义包含光学字符识别数据的输入文件：

```
#定义输入文件
input_file = 'letter.data'
```

定义从该文件加载数据所需的可视化和其他参数：

```
#定义可视化参数
img_resize_factor = 12
start = 6
end = -1
height, width = 16, 8
```

遍历该文件的行，直到用户按下 Esc 键。文件中的每一行都是用制表符分隔的。读取每一行，并将其放大到255：

```
#反复执行,直到用户按下 Esc 键
with open(input_file,' r ') as f:
    for line in f.readline():
        #读取数据
        data = NP.array([255 * float(x) for x in line.split(' \t ')
[start:end]])
```

将一维数组转换为二维图像：

```
#将数据转换为二维图像
img = np.reshape(data,(height,width))
```

缩放图像以实现可视化：

```
#缩放图像
img_scaled = cv2.resize(img,Nore,fx = img_resize_factor,fy = img_resize_
factor)
```

显示图像：

```
#显示图像
cv2.imshow('Image',img_scaled)
```

检查用户是否按下 Esc 键。如果是，则退出循环：

```
#检查用户是否按下 Esc 键
c = cv2.waitKey()
if c = = 27:
    break
```

完整的代码在 character_visualizer. py 文件中给出。运行代码，会得到一个字符的输出截图。可以继续按空格键来查看更多字符。例如，字母 o 的输出图如图 19 – 16 所示。字母 i 的输出图如图 19 – 17 所示。

到目前为止，还没有识别出任何字符。本节提出了可视化数据集的方法，并验证了模型可以做出准确的预测。在下一节中，将构建光学字符识别系统。

图 19-16 字母 o 的输出图

图 19-17 字母 i 的输出图

19.8 构建光学字符识别系统

现在已经学会了如何处理手写字符数据，下面使用神经网络来构建一个光学字符识别系统。

创建一个新的 Python 文件并导入以下包：

```python
import numpy as np
import neurolab as nl
```

定义输入文件：

```python
#定义输入文件
input_file = 'letter.data'
```

定义将要加载的数据点的数量：

```python
#定义要从输入文件加载的数据点数量
num_datapoints = 50
```

定义包含所有不同字符的字符串：

```python
#定义包含所有不同字符的字符串
orig_labels = 'omandig'
```

提取不同类别的数量：

```python
#计算不同字符的数量
num_orig_labels = len(orig_labels)
```

定义训练数据和测试数据的分割。将使用 90% 用于训练，10% 用于测试：

```python
#定义训练和测试参数
num_train = int(0.9 * num_data points)
num_test = num_data points - num_train
```

定义数据集提取参数：

```
#定义数据集提取参数
start = 6
end = -1
```

创建数据集：

```
#创建数据集
data = []
labels = []
with open(input_file, 'r') as f:
    for line in f.readlines():
        #以表格方式分割当前行
        list_vals = line.split('\t')
```

如果标签不在标签列表中，就跳过它：

```
#检查标签是否在标签列表中。如果没有就跳过它
if list_vals[1] not in orig_labels:
    continue
```

提取当前标签并将其附加到主列表中：

```
#提取当前标签并将其附加到主列表
label = np.zeros((num_orig_labels, 1))
label[orig_labels.index(list_vals[1])] = 1
labels.append(label)
```

提取字符向量并将其附加到主列表中：

```
#提取字符向量并将其附加到主列表
cur_char = np.array([float(x) for x in list_vals[start:end]])
data.append(cur_char)
```

创建数据集后，退出循环：

```
#创建了所需的数据集后，就退出循环
if len(data) >= num_datapoints:
    break
```

将列表转换为 numpy 数组：

```
#将数据和标签转换为 numpy 数组
data = np.asfarray(data)
labels = np.array(labels).reshape(num_datapoints, num_orig_labels)
```

提取维数：

```
#提取维数
num_dims = len(data[0])
```

创建前馈神经网络，并将训练算法设置为梯度下降：

```
#创建前馈神经网络
nn = nl.net.newff([[0,1]for _ in range(len(data[0]))]],
        [128,16,num_orig_labels])

#将训练算法设置为梯度下降
nn.trainf = nl.train.train_gd
```

训练神经网络：

```
#训练神经网络
error_progress = nn.train(data[:num_train,:], labels[:num_train,:],
        epochs =10000, show =100, goal =0.01)
```

预测测试数据的输出：

```
#预测测试数据的输出
print('\nTesting on unknown data:')
predicted_test = nn.sim(data[num_train:, :])
for i in range(num_test):
    print('\nOriginal:', orig_labels[np.argmax(labels[i])])
    print('Predicted:', orig_labels[np.argmax(predicted_test[i])])
```

完整的代码在 ocr. py 文件中给出。运行代码，输出如图 19 - 18 所示。

```
Epoch: 100; Error: 80.75182001223291;
Epoch: 200; Error: 49.823887961230206;
Epoch: 300; Error: 26.624261963923217;
Epoch: 400; Error: 31.131906412329677;
Epoch: 500; Error: 30.589610928772494;
Epoch: 600; Error: 23.129959531324324;
Epoch: 700; Error: 15.561849160600984;
Epoch: 800; Error: 9.52433563455828;
Epoch: 900; Error: 1.4032941634688987;
Epoch: 1000; Error: 1.1584148924740179;
Epoch: 1100; Error: 0.844934060039839;
Epoch: 1200; Error: 0.646187646028962;
Epoch: 1300; Error: 0.48881681329304894;
Epoch: 1400; Error: 0.4005475591737743;
Epoch: 1500; Error: 0.34145887283532067;
Epoch: 1600; Error: 0.29871068426249625;
Epoch: 1700; Error: 0.2657577763744411;
Epoch: 1800; Error: 0.23921810237252988;
Epoch: 1900; Error: 0.2172060084455509;
Epoch: 2000; Error: 0.19856823374761018;
Epoch: 2100; Error: 0.18253521958793384;
Epoch: 2200; Error: 0.16855895648078095;
```

图 19 - 18 训练轮数

它将一直持续到 10 000 轮次。完成后，输出如图 19 – 19 所示。

```
Epoch: 9500; Error: 0.032460181065798295;
Epoch: 9600; Error: 0.027044816600106478;
Epoch: 9700; Error: 0.022026328910164213;
Epoch: 9800; Error: 0.018353324233938713;
Epoch: 9900; Error: 0.015789692591368868;
Epoch: 10000; Error: 0.014064205770213847;
The maximum number of train epochs is reached

Testing on unknown data:

Original: o
Predicted: o

Original: m
Predicted: n

Original: m
Predicted: m

Original: a
Predicted: d

Original: n
Predicted: n
```

图 19 – 19   训练轮数

从图 19 – 17 ~ 图 19 – 19 中可以看出，模型得到了三个正确的结果。如果使用更大的数据集，训练时间会更长，那么应该能得到更高的精度。将这个问题留给读者，看看是否可以通过训练网络更长时间和调整模型配置来获得更高的精度和更好的结果。

希望本章内容能让读者对光学字符识别和神经网络更感兴趣。在随后的章节中，将回顾这项技术的许多其他用例，这项技术处于当前机器学习革命的前沿。

19. 9   本章小结

在这一章中，主要学习了神经网络。首先讨论了如何建立和训练神经网络，了解了感知器是神经网络中最基本的结构，并在此基础上建立了一个分类器，还学习了单层神经网络和多层神经网络。然后讨论了如何使用神经网络来构建矢量量化器，使用循环神经网络分析序列数据。最后，使用神经网络构建了一个光学字符识别系统。

在下一章中，将学习深度学习和卷积神经网络，并使用单层神经网络和 CNN 构建图像分类器。

第20章

卷积神经网络的深度学习

在本章中，将学习深度学习和卷积神经网络（Convolutional Neural Networks，CNN）。在过去的几年里，CNN 已经获得了很好的发展势头，尤其是在图像识别领域。首先讨论 CNN 的架构和内部使用的层的类型，了解如何使用 TensorFlow 包构建一个基于感知器的线性回归器。然后学习如何使用单层神经网络和 CNN 构建图像分类器。

图像分类器有许多应用。这是一个奇特的名字，但它只是计算机辨别物体的能力。例如，可以建立一个分类器来确定某样东西是不是热狗。这是一个轻松的例子，但是图像分类器也可以有生死攸关的应用。想象一架嵌入了图像分类软件的无人机，它可以区分平民和敌方战斗人员。在那种情况下，不能犯任何错误。

本章涵盖以下主题：

- CNN 的基础知识
- CNN 的结构
- CNN 的网络层类型
- 构建基于感知器的线性回归器
- 使用单层神经网络构建图像分类器
- 使用 CNN 构建图像分类器

20.1　CNN 的基础知识

CNN，尤其是生成式对抗网络（Generative Adversarial Networks，GAN），最近都出现在新闻中。GAN 是由伊恩·古德费勒（Ian Goodfellow）和他的同事最初在 2014 年开发的 CNN 的一个类别。在 GAN 中，两个神经网络在一个游戏中相互竞争（在博弈论的意义上）。给定一个数据集，GAN 学习创建类似于训练集的新数据示例。例如，虽然它可能有点慢，但有一个网站会生成不存在的人脸。

GAN 会让你的想象力自由驰骋，但是用这些生成的"人类"来制作电影当然是可能的。还有其他研究试图解决相反的问题。例如，给定一个图像，如何确定它是一个扫描图像还是一个真实的人？读者可以在网站 https://thispersondoesnotexist.com/中了解这个例子的详细内容。

只要不断刷新页面，它每次都会生成一个新的图像。GAN 最初是作为无监督学习的生成模型而创建的。GAN 也被证明对半监督学习、监督学习和强化学习有用。人工智能巨头之一 Yann LeCun 将 GAN 称为 ML[1] 中最近 10 年最有趣的想法。下面介绍 GAN 的一些应用。

（1）生成更多示例数据：数据是 ML 的组成部分。在某些情况下，因为不可能获得足够的数据来输入模型，所以使用 GAN 生成更多的输入数据是生成额外的质量数据以输入模型的好方法。

（2）安全性：ML 为许多行业提供了推动力。无论市场领域如何，网络安全始终是 C 套件的"重中之重"。GAN 被一些安全供应商用来处理网络攻击。简单来说，GAN 制造了假的入侵，这些入侵用来训练模型来识别这些威胁，从而能够挫败真正的攻击。

（3）数据操作：GAN 可用于"伪风格转移"，即修改示例的某些维度而不是完全修改。

GAN 可用于语音应用。给定一个演讲，可以训练一个 GAN 来重现原声。例如，将某人的视频用 GAN 进行修改后，就可以让他们说出从未说过的话。它们可能相当现实，或者可以改变视频或图像，看起来像不同的人。可以将这些技术应用到其他领域，如自然语言处理、语音处理等。GAN 可能会稍微调整一个句子，就改变句子的意思。

（4）隐私：作为安全策略的一部分，许多公司希望将一些数据保密，如国防和军事应用。可以使用 GAN 加密数据，如生成一次性密钥。

2016 年，谷歌开始研究，以便更好地利用 GAN。基本思想是让一个网络创建一个密钥，另一个网络试图破解它。

前面章节介绍了神经网络由具有权重和偏差的神经元组成。这些权重和偏差会在训练过程中进行调整，以形成一个表现良好的学习模型。每个神经元接收一组输入，以某种方式进行处理，然后输出一个值。

如果构建一个有很多层的神经网络，这就称为深度神经网络。人工智能中处理这些深度神经网络的分支称为深度学习。

普通神经网络的主要缺点之一是忽略了输入数据的结构，即所有数据在输入网络之前都被转换成一维数组。这可能对数字数据很有效，但是当处理图像时，事情就变得困难了。

因为灰度图像是二维结构，而且像素的空间排列有很多隐藏的信息，如果忽视这些信息，将会失去很多潜在的模式。这种情况下就可以使用 CNN（CNN 在处理图像时会考虑图像的二维结构）。

CNN 也由具有权重和偏差的神经元组成，这些神经元接收并处理输入数据，然后输出类别。网络的目标是从输入层的原始图像数据到输出层的正确类别。普通神经网络和 CNN 的区别在于使用的层的类型以及如何处理输入数据。CNN 假设输入是图像，并且可以提取特定于图像的属性。这使得 CNN 在处理图像方面更有效。现在已经了解了 CNN 的基本知识，下一节将介绍如何构建 CNN。

20.2　CNN 的结构

使用普通神经网络时，需要将输入数据转换成单个向量。这个向量作为神经网络的输入，然后通过神经网络的各个层。在这些层中，每个神经元都与前一层中的所有神经元相连。需要注意的是，每一层内的神经元并不相互连接，它们只与相邻层的神经元相连。网络中的最后一层是输出层，代表最终输出。

如果将这种结构用于图像，将变得很难管理。例如，有一个由 256×256 个 RGB 图像组成的图像数据集。由于数据集是 3 通道图像，因此权重为 $256 \times 256 \times 3 = 196\ 608$。注意，这只是针对单个神经元，每一层都会有多个神经元，因此权重的数量往往会快速增加。这意味着模型在训练过程中将有大量的参数需要调整。因此，它很快变得相当复杂和耗时。将每个神经元与前一层中的每个神经元连接起来，称为完全连接，显然是行不通的。

CNN 在处理数据时明确考虑了图像的结构，其中的神经元以 3 个维度排列（宽度、高度和深度）。当前层中的每个神经元都与前一层输出的一小块相连。这就像在输入图像上叠加了一个 $N \times N$ 滤波器。这与全连接层形成对比，在全连接层中，每个神经元都连接到前一层的所有神经元。

由于单个滤波器无法捕捉图像的所有细微差别，因此重复 M 次以确保捕捉到所有细节。这些滤波器充当特征提取器。如果观察这些滤波器的输出，就可以看到它们提取的特征，如边缘、角落等。对于 CNN 的初始层来说，也是如此。同样地，会发现后面的层将提取更高级别的特征。

CNN 是一个深度学习网络，通常用于识别图像。了解它如何识别图像将有助于了解它们是如何工作的。像任何其他神经网络一样，CNN 为图像中的元素分配权重和偏差，并能够将这些元素相互区分开来。

与其他分类模型相比，CNN 中使用的预处理较少。当使用经过足够训练的原始方法滤波器时，可以训练 CNN 模型来区分这些滤波器和特征。

可以将一个 CNN 架构的基本形态比作人脑中的神经元和树突，它的灵感来自视觉皮层。单个神经元会对视野受限区域的刺激做出反应，这个区域被称为感受野。这些视野的组合相互重叠，从而覆盖了整个视野。

CNN 与感知器神经网络

图像是像素值矩阵。为什么不能只关注输入图像？例如，7×7 图像可以被模糊化为 49×1 向量。然后，可以使用这种模糊衰减图像作为基于感知器的神经网络的输入。

当使用基本的二进制（黑、白）输入时，这种方法在执行类别预测时可能会显示平均精度分数，但是对于具有像素相关性的复杂图像来说，几乎没有精度。

先分析一下，通过思考人脑如何处理图像来获得一些理解。想象一个包含菱形的图像，如图 20 - 1 所示。人脑可以瞬间处理图像，并意识到它是一个钻石形状◆。

将图 20 - 1 中的图像扁平化，如图 20 - 2 所示。

图像扁平化后就没那么容易认出来吧？尽管如此，这是相同的信息。当使用传统的神经网络而不是 CNN 时，也会发生类似的情况。现在丢失了像素相邻时拥有的信息。

CNN 可以使用相关滤波器来捕捉图像中的空间和时间相关性。CNN 架构在数据集上表现更好，因为参数数量减少，而且权重被重用。

现在已经对有 CNN 的架构和图像处理有了更好的理解，下一节将介绍构成 CNN 的层。

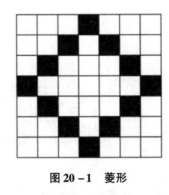

图 20 - 1　菱形

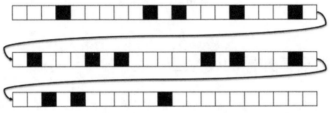

图 20 - 2　扁平化后的菱形

20.3　CNN 的网络层类型

CNN 通常使用以下类型的层，如图 20 - 3 所示。

- 输入层：该层采用原始图像数据。
- 卷积层：该层计算神经元和输入中各种小块之间的卷积。如果需要快速复习图像卷积，可以查看此链接：http://web. pdx. edu/~ jduh/courses/Archive/geog481w07/Students/Ludwig_ImageConvolution. pdf。卷积层基本上计算权重和前一层输出中的一个小块之间的点积。
- 修正线性单元（Rectified Linear Unit）层：该层对前一层的输出应用激活函数。这个函数通常类似于max$(0, x)$。需要这一层来增加网络的非线性，以便可以很好地推广到任何类型的特征。
- 池化层：该层对前一层的输出进行采样，从而得到尺寸更小的结构。在网络传输中池化层只保留突出的部分。最大池经常用于池化层，在给定的 $K \times K$ 窗口中选择最大值。
- 完全连接层：该层计算最后一层的输出分数，得到的输出大小为 $1 \times 1 \times L$。其中 L 是训练数据集中类的数量。

在网络中从输入层到输出层，输入图像从像素值转换成最终的类别分数。已经提出了许多不同的 CNN 架构，这是一个活跃的研究领域。模型的准确性和稳健性取决于许多因素层的类型、网络的深度、网络中各种类型层的排列、为每层选择的函数、训练数据等。

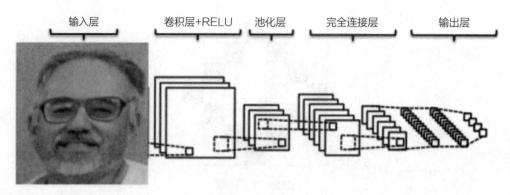

图 20 – 3　CNN 层

20.4　构建基于感知器的线性回归器

在建立 CNN 之前，先用一个更基本的模型来做准备，分析如何改进 CNN 的使用。在本节中，将介绍如何使用感知器建立线性回归模型。虽然前面章节中已经学习了线性回归，但是本节将介绍如何使用神经网络方法建立线性回归模型。

在本节中将使用 TensorFlow。这是一个流行的深度学习包，广泛用于构建各种现实世界的系统。下面在具体示例中熟悉它的工作原理。在使用之前安装该包。安装说明可以在 https：//www.tensorflow.org/get_started/os_setup 中查找。

验证安装后，创建一个新的 Python 文件并导入以下包：

```
import numpy as np
import matplotlib.pyplot as plt
import tensorflow as tf
```

定义要生成的数据点的数量：

```
#定义要生成的数据点的数量
num_points = 1200
```

使用公式 y = mx + c 定义将用于生成数据的参数：

```
#根据公式 y = mx + c 生成数据
data = []
m = 0.2
c = 0.5
for i in range(num_points):
    #生成参数 x
    x = np.random.normal(0.0, 0.8)
```

产生一些噪声来增加数据的变化：

```
#生成一些噪声
noise = np.random.normal(0.0, 0.04)
```

使用以下等式计算 y 的值：

```
#计算 y 值
y = m * x + c + noise

data.append([x, y])
```

迭代完成后，将数据分成输入和输出变量：

```
#分离 x 和 y
x_data = [d[0] for d in data]
y_data = [d[1] for d in data]
```

绘制数据：

```
#绘制生成的数据
plt.plot(x_data, y_data, 'ro')
plt.title('Input data')
plt.show()
```

为感知器生成权重和偏差。对于权重，将使用统一的随机数生成器，并将偏差设置为 0：

```
#生成权重和偏差
W = tf.Variable(tf.random_uniform([1], -1.0, 1.0))
b = tf.Variable(tf.zeros([1]))
```

使用 TensorFlow 变量定义方程：

```
#为 y 定义方程
y = W * x_data + b
```

定义损失函数。优化器将尽可能地最小化这个值。

```
#定义如何计算损失
loss = tf.reduce_mean(tf.square(y - y_data))
```

定义梯度下降优化器并指定损失函数：

```
#定义梯度下降优化器
optimizer = tf.train.GradientDescentOptimizer(0.5)
train = opt imizer.minimize(loss)
```

初始化所有的变量：

```
#初始化所有变量
init = tf.initialize_all_variables()
```

启动并运行 TensorFlow 会话：

```
#启动并运行 TensorFlow 会话
sess = tf.Session()
sess.run(init)
```

开始训练过程：

```
#开始迭代
num_iterations = 10
for step in range(num_iterations):
    # 运行会话
    sess.run(train)
```

打印训练过程的进度。随着迭代的进行，损失参数将继续降低：

```
#打印进度
print('\nITERATION', step +1)
print('W =', sess.run(W)[0])
print('b =', sess.run(b)[0])
print('loss =', sess.run(loss))
```

绘制生成的数据，并将预测模型覆盖在顶部。在这种情况下，模型是一条线：

```
#绘制输入数据
plt.plot(x_data, y_data, 'ro')

# 绘制预测输出线
plt.plot(x_data, sess.run(W) * x_data + sess.run(b))
```

设置绘图参数：

```
#设置绘图参数
plt.xlabel('Dimension 0')
plt.ylabel('Dimension 1')
plt.title('Iteration ' + str(step +1) + ' of ' + str(num_iterations))
plt.show()
```

完整的代码在 linear_regression. py 文件中给出。运行代码，输出如图 20 – 4 所示。

关闭图 20 – 4 所示的窗口，输出训练过程的第一次迭代图，如图 20 – 5 所示。

从图 20 – 5 中可以看出，线完全断开。关闭这个窗口以进入下一个迭代，如图 20 – 6 所示。

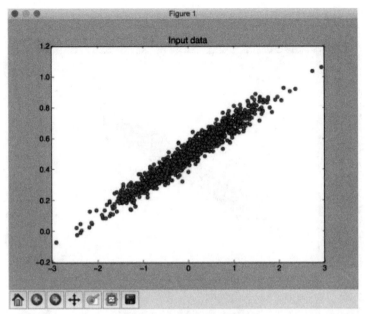

图 20 - 4　输入数据图

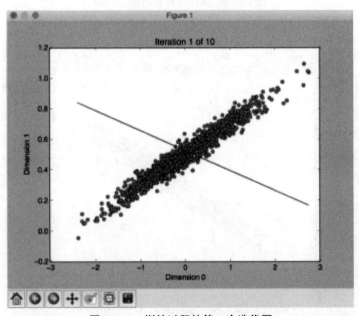

图 20 - 5　训练过程的第一次迭代图

　　图 20 - 6 中的线看起来更好，但还是断了。关闭这个窗口并继续迭代，如图 20 - 7 所示。

　　图 20 - 7 中的这条线越来越接近真实模型了。如果继续这样迭代，模型会变得更好。训练过程的第八次迭代图如图 20 - 8 所示。

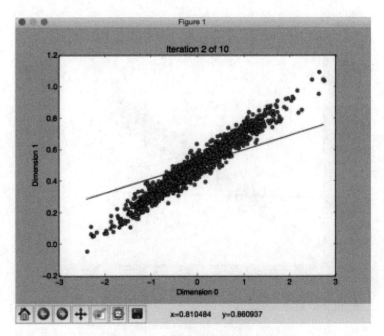

图 20 – 6 训练过程的后续迭代图

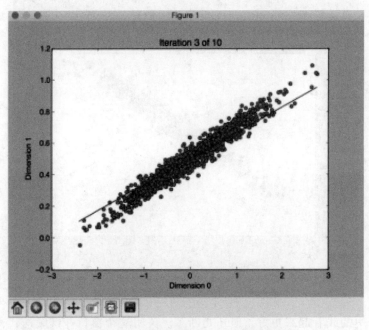

图 20 – 7 训练过程的另一个后续迭代图

图 20 – 8 中的这条线似乎很符合数据。然后，打印输出结果，如图 20 – 9 所示。
完成训练后，输出如图 20 – 10 所示。

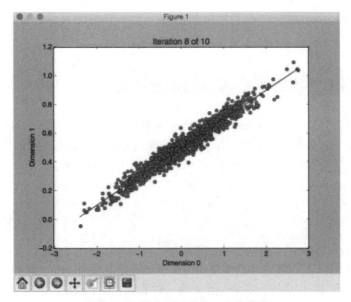

图 20 - 8　训练过程的第八次迭代图

```
ITERATION 1
W = -0.130961
b = 0.53005
loss = 0.0760343

ITERATION 2
W = 0.0917911
b = 0.508959
loss = 0.00960302

ITERATION 3
W = 0.164665
b = 0.502555
loss = 0.00250165

ITERATION 4
W = 0.188492
b = 0.500459
loss = 0.0017425
```

图 20 - 9　轮数的初始输出

```
ITERATION 7
W = 0.199662
b = 0.499477
loss = 0.00165175

ITERATION 8
W = 0.199934
b = 0.499453
loss = 0.00165165

ITERATION 9
W = 0.200023
b = 0.499445
loss = 0.00165164

ITERATION 10
W = 0.200052
b = 0.499443
loss = 0.00165164
```

图 20 - 10　数轮训练的最终输出

从图 20 - 10 中可以看到 w 和 b 的值是如何不断调整的，也可以看到损失是如何不断减少的，直到损失小到再也看不到它在减少。虽然能够很快获得一个好的结果，但是这只是神经网络解决的一个相当简单的问题。下一节将使用单层神经网络构建图像分类器。

20.5　使用单层神经网络构建图像分类器

本节将介绍如何使用 TensorFlow 创建一个单层神经网络，并使用这个单层神经网络构建一个图像分类器。下面将使用 MNIST 图像数据集来构建系统。它是一个包含手写数字图像的数据集。目标是建立一个可以正确识别每个图像中的数字的分类器。

创建一个新的 Python 文件并导入以下包：

```
import tensorflow as tf
from tensorflow.examples.tutorials.mnist import input_data
```

提取 MNIST 图像数据集。one_hot 标识指定将在标签中使用 onehot 编码。这意味着如果有 n 个类，那么给定数据点的标签将是长度为 n 的数组。这个数组中的每个元素对应于一个给定的类。要指定一个类，相应索引处的值将被设置为 1，其他值都将设置为 0：

```
#获取 MNIST 数据集
mnist = input_data.read_data_sets("./mnist_data", one_hot = True)
```

数据库中的图像是 28×28。需要将其转换为一维数组来创建输入层：

```
#图像是 28×28，因此创建输入层具有 784 个神经元(28×28 = 784)
x = tf.placeholder(tf.float32,[None,784])
```

创建带有权重和偏差的单层神经网络。数据库中有 10 个不同的数字。输入层的神经元数量为 784，输出层的神经元数量为 10：

```
#创建带有权重和偏差的单层神经网络有 10 个不同的位数,所以输出层应该有 10 个类
W = tf.Variable(tf.zeros([784,10]))
b = tf.Variable(tf.zeros([10]))
```

创建用于训练的等式：

```
#使用 y = W * x + b 为 y 创建等式
y = tf.matmul(x,W) + b
```

定义熵损失和梯度下降优化器：

```
#定义熵损失和梯度下降优化器
y_loss = tf.placeholder(tf.float32,[None,10])
loss = tf.reduce_mean(tf.nn.softmax_cross_entropy_with_
logits(logits =y, labels =y_loss))
optimizer = tf.train.GradientDescentOptimizer(0.5).minimize(loss)
```

初始化所有变量：

```
#初始化所有变量
init = tf.initialize_all_variables()
```

创建并运行一个 TensorFlow 会话：

```
#创建并运行会话
session = tf.Session()
session.run(init)
```

开始训练过程。这里将使用批处理进行训练，在批处理中，在当前批处理上运行优化器，然后在下一次迭代中继续下一个批处理。每次迭代的第一步是获取下一批要训练的图像：

```
#开始训练
num_iterations = 1200
batch_size = 90
for _ in range(num_iterations):
    #获取下一批图像
    x_batch, y_batch = mnist.train.next_batch(batch_size)
```

在这批图像上运行优化程序：

```
#在这批图像上训练
session.run(optimizer,feed_dict = {x: x_batch,y_loss: y_batch})
```

训练过程结束后，使用测试数据集计算准确率：

```
#使用预测的测试数据计算准确率
predicted = tf.equal(tf.argmax(y, 1), tf.argmax(y_loss, 1))
accuracy = tf.reduce_mean(tf.cast(predicted, tf.float32))
print('\nAccuracy =', session.run(accuracy, feed_dict = {
        x: mnist.test.images,
        y_loss: mnist.test.labels}))
```

完整的代码在 single_layer.py 文件中给出。运行代码，它会将数据下载到当前文件夹名为 mnist_data 的文件夹中。这是默认选项。如果想更改下载路径，可以使用输入参数。

运行代码后，输出如图 20 - 11 所示。

```
Extracting ./mnist_data/train-images-idx3-ubyte.gz
Extracting ./mnist_data/train-labels-idx1-ubyte.gz
Extracting ./mnist_data/t10k-images-idx3-ubyte.gz
Extracting ./mnist_data/t10k-labels-idx1-ubyte.gz

Accuracy = 0.921
```

图 20 - 11　准确率输出

从图 20 – 11 中可以看出，该模型的准确率为 0.921。这是一个相当低的分数。下一节将介绍如何改进 CNN 模型。

20.6　使用 CNN 构建图像分类器

20.5 节中的图像分类器表现不佳。在 MNIST 数据集上获得 92.1% 的准确率是相对容易的。下面介绍如何使用 CNN 来实现更高的准确率。使用与 20.5 节中相同的数据集构建一个图像分类器。

创建一个新的 Python 文件并导入以下包：

```
import argparse

import tensorflow as tf
from tensorflow.examples.tutorials.mnist import input_data
```

定义一个函数为每层中的权重创建值：

```
def get_weights(shape):
    data = tf.truncated_normal(shape, stddev = 0.1)
    return tf.Variable(data)
```

定义一个函数来为每层中的偏差创建值：

```
def get_biases(shape):
    data = tf.constant(0.1, shape = shape)
    return tf.Variable(data)
```

定义一个基于输入形状创建图层的函数：

```
def create_layer(shape):
    #获取权重和偏差
    W = get_weights(shape)
    b = get_biases([shape[ -1]])
    return W, b
```

定义一个函数来执行二维卷积：

```
def convolution_2d(x, W):
    return tf.nn.conv2d(x, W, strides =[1, 1, 1, 1],
            padding = 'SAME')
```

定义一个函数来执行 2 × 2 最大池操作：

```
def max_pooling(x):
    return tf.nn.max_pool(x,ksize =[1,2,2,1],
        strides =[1,2,2,1],padding = 'SAME ')
```

获取 MNIST 图像数据：

```
#获取 MNIST 图像数据
mnist = input_data.read_data_sets(args.input_dir, one_hot =True)
```

创建具有 784 个神经元的输入层：

```
#图像是 28 ×28,因此创建输入层具有 784 个神经元(28 ×28 = 784)
x = tf.placeholder(tf.float32,[None,784])
```

因为使用利用图像二维结构的 CNN，所以，把 x 转换成一个四维张量，其中第二个和第三个维度指定了图像维度：

```
#将 x 转换为四维张量
x_image = tf.reshape(x, [ -1, 28, 28, 1])
```

定义第一个卷积层，它将为图像中的每个 5 ×5 的块提取 32 个特征：

```
#定义第一个卷积层
W_conv1,b_conv1 = create_layer([5,5,1,32])
```

将图像与上一步中计算的权重张量（W_conv1）进行卷积，然后添加偏置张量。需要使用整流线性单元（Rectified Linear Unit，ReLU）函数：

```
#用权重张量卷积图像,加上偏置张量然后应用 ReLU 函数
h_conv1 =tf.nn.relu(convolution_2d(x_image,W_conv1) +b_conv1)
```

将 2 ×2 max_pooling 函数应用于上一步的输出（h_conv1）：

```
#应用 max_pooling 函数
h_pool1 =max_pooling(h_conv1)
```

定义第二个卷积层，为每个 5 ×5 的块提取 64 个特征：

```
#定义第二个卷积层
W_conv2,b_conv2 = create_layer([5,5,32,64])
```

将第一层中的输出（h_pool1）与上一步中计算的权重张量（W_conv2）进行卷积，然后将偏差张量加入其中，最后，需要将 ReLU 函数应用于输出：

```
#将第一层中的输出与权重张量进行卷积，加上偏置，然后使用 ReLU 函数
h_conv2 = tf.nn.relu(convolution_2d(h_pool1, W_conv2) + b_conv2)
```

将 2×2 max_pooling 函数应用于上一步的输出（h_conv2）：

```
#应用 max_pooling
h_pool2 = max_pooling(h_conv2)
```

现在图像尺寸缩小到 7×7，用 1 024 个神经元创建一个全连接层：

```
#定义一个全连接层
W_fc1, b_fc1 = create_layer([7 * 7 * 64, 1024])
```

重塑上一层的输出：

```
#重塑上一层的输出
h_pool2_flat = tf.reshape(h_pool2, [-1, 7 * 7 * 64])
```

将上一层的输出与全连接层的权重张量相乘，然后将偏差张量添加到其中，最后将 ReLU 函数应用于输出：

```
#将上一层的输出乘以权重张量，添加偏差，然后使用 ReLU 函数输出
h_fc1 = tf.nn.relu(tf.matmul(h_pool2_flat, W_fc1) + b_fc1)
```

为了减少过拟合，需要创建一个 dropout 层。为概率值创建一个 TensorFlow 占位符，它指定了一个神经元的输出在 dropout 期间被保留的概率：

```
#使用概率占位符为所有神经元定义 dropout 层
keep_prob = tf.placeholder(tf.float32)
h_fc1_drop = tf.nn.dropout(h_fc1, keep_prob)
```

定义具有 10 个输出神经元的输出层，对应于数据集中的 10 个类别。计算输出：

```
#定义输出层
W_fc2, b_fc2 = create_layer([1024, 10])
y_conv = tf.matmul(h_fc1_drop, W_fc2) + b_fc2
```

定义 loss 和 optimizer 函数：

```
#定义 loss 和 optimizer 函数
y_loss = tf.placeholder(tf.float32, [None, 10])
loss = tf.reduce_mean(tf.nn.softmax_cross_entropy_with_logits(y_conv, y_loss))
optimizer = tf.train.AdamOptimizer(1e-4).minimize(loss)
```

定义如何计算准确率：

```
#定义预测准确率
predicted = tf.equal(tf.argmax(y_conv,1),tf.argmax(y_loss,1))
accuracy = tf.reduce_mean(tf.cast(predicted,tf.float32))
```

初始化变量后创建并运行会话：

```
#创建并运行会话
sess = tf.InteractiveSession()
init = tf.initialize_all_variables()
sess.run(init)
```

开始训练过程：

```
#开始训练
num_iterations = 21000
batch_size = 75
print('\nTraining the model.')
for i in range(num_iterations):
    #获取下一批图像
    batch = mnist.train.next_batch(batch_size)
```

每 50 次迭代打印一次准确率进度：

```
#打印进度
if i % 50 == 0:
    cur_accuracy = accuracy.eval(feed_dict = {
            x: batch[0], y_loss: batch[1], keep_prob: 1.0})
    print('Iteration', i, ', Accuracy =', cur_accuracy)
```

对当前批次运行优化程序：

```
#在当前批次处理优化器上训练
optimizer.run(feed_dict = {x: batch[0],y_loss: batch[1],keep_prob: 0.5})
```

训练过程结束后，使用测试数据计算准确率：

```
#使用测试数据计算准确率
print('Test accuracy = ',Accuracy.eval(feed_dict = {
        x: mnist.test.images,y_loss: mnist.test.labels,
        keep_prob: 1.0})
```

完整的代码在 cnn. py 文件中给出。运行代码，输出如图 20 – 12 所示。

```
Extracting ./mnist_data/train-images-idx3-ubyte.gz
Extracting ./mnist_data/train-labels-idx1-ubyte.gz
Extracting ./mnist_data/t10k-images-idx3-ubyte.gz
Extracting ./mnist_data/t10k-labels-idx1-ubyte.gz

Training the model....
Iteration 0 , Accuracy = 0.0533333
Iteration 50 , Accuracy = 0.813333
Iteration 100 , Accuracy = 0.8
Iteration 150 , Accuracy = 0.906667
Iteration 200 , Accuracy = 0.84
Iteration 250 , Accuracy = 0.92
Iteration 300 , Accuracy = 0.933333
Iteration 350 , Accuracy = 0.866667
Iteration 400 , Accuracy = 0.973333
Iteration 450 , Accuracy = 0.933333
Iteration 500 , Accuracy = 0.906667
Iteration 550 , Accuracy = 0.853333
Iteration 600 , Accuracy = 0.973333
Iteration 650 , Accuracy = 0.973333
Iteration 700 , Accuracy = 0.96
Iteration 750 , Accuracy = 0.933333
```

图 20 – 12   准确率输出 1

当继续迭代时，准确率将不断提高，如图 20 – 13 所示。

```
Iteration 2900 , Accuracy = 0.973333
Iteration 2950 , Accuracy = 1.0
Iteration 3000 , Accuracy = 0.973333
Iteration 3050 , Accuracy = 1.0
Iteration 3100 , Accuracy = 0.986667
Iteration 3150 , Accuracy = 1.0
Iteration 3200 , Accuracy = 1.0
Iteration 3250 , Accuracy = 1.0
Iteration 3300 , Accuracy = 1.0
Iteration 3350 , Accuracy = 1.0
Iteration 3400 , Accuracy = 0.986667
Iteration 3450 , Accuracy = 0.946667
Iteration 3500 , Accuracy = 0.973333
Iteration 3550 , Accuracy = 0.973333
Iteration 3600 , Accuracy = 1.0
Iteration 3650 , Accuracy = 0.986667
Iteration 3700 , Accuracy = 1.0
Iteration 3750 , Accuracy = 1.0
Iteration 3800 , Accuracy = 0.986667
Iteration 3850 , Accuracy = 0.986667
Iteration 3900 , Accuracy = 1.0
```

图 20 – 13   准确率输出 2

从图 20 – 12 和图 20 – 13 中可以看出，CNN 的准确率比简单的神经网络高得多。与 20.5 节中没有使用 CNN 的情况相比，这实际上是相当大的改进。

20.7   本章小结

在本章中，主要学习了深度学习和 CNN。首先讨论了什么是 CNN 以及为什么使用 CNN，了解了 CNN 使用的各种类型的层。然后讨论了如何使用 TensorFlow 建立一个基于感知器的线性回归器。最后分别使用单层神经网络和 CNN 建立了图像分类器。

　　在下一章中，将了解 CNN 的另一个受欢迎的兄弟——循环神经网络（RNN）。像 CNN 一样，RNN 已经采取了变化，并且现在非常受欢迎。与以前的模型相比，它们取得了令人印象深刻的结果。在某些情况下，甚至超过了人类的表现。

参考文献

　　1. Yann LeCun's response to a question on Quora：https：//www. quora. com/What – are – some – recent – and – potentially – upcoming – breakthroughs – in – deep – learning

21

第 21 章

循环神经网络和其他深度学习模型

在本章中，将学习循环神经网络（Reccurrent Neural Networks，RNN）。与前面几章介绍的 CNN 一样，RNN 在过去几年中也获得了很好的发展势头。就 RNN 而言，它们广泛用于语音识别领域。如今的许多聊天机器人都建立在 RNN 技术基础上。RNN 在预测金融市场方面已经取得了一些成功。例如，预测一个包含单词序列文本中的下一个单词。

本章首先讨论 RNN 及其组件的体系结构。使用第 20 章中介绍的 TensorFlow 快速构建 RNN。然后学习如何使用单层神经网络构建 RNN 分类器。最后将使用 RNN 建立一个图像分类器。

本章涵盖以下主题：

- RNN 的基础
- RNN 的体系结构
- 语言建模用例
- 训练一个 RNN

21.1　RNN 的基础

RNN 是另一种流行的模式，目前备受关注。正如第 1 章中所讨论的，神经网络的研究，尤其是 RNN 的研究，是联结学派的领域（如 Pedro Domingos 的人工智能分类中所描述的）。神经网络经常用于解决 NLP 和自然语言理解（Natural Language Understanding，NLU）问题。

RNN 的数学原理有时会让人很难理解。在深入了解 RNN 的本质之前，要记住这一点：赛车手不需要完全了解赛车的机械结构，就能让它跑得快并赢得比赛。同样，我们不需要完全理解 RNN 的工作原理，就能用它做有用的、有时令人印象深刻的工作。Keras 库的创建者 Francois Chollet 这样描述长短期记忆（Long Short - Term Memory，LSTM）网络：

"你不需要了解 LSTM 细胞的所有具体结构；作为人类，理解它不应该是你的工作。只要记住 LSTM 细胞的目的：允许过去的信息在以后重新注入。"

现在学习神经网络的一些基础知识。顾名思义，神经网络的灵感来自人脑神经元的结构。神经网络中的神经元大致模仿了人脑神经元的结构和特征。关于人脑的结构，尤其是神经元，我们有很多不了解的地方。一般来说，一个人脑神经元接收输入，如果达到阈值，它就会得到一个输出。在数学术语中，人工神经元是一个数学函数的容器，它的唯一任务是通过将给定的输入应用于函数来传递输出。

现在已经了解了神经网络的基本结构和工作原理，下面了解一些用来触发神经网络的常见函数。这些函数通常被称为激活函数，因为它们在达到阈值时激活。可以使用任何类型的函数作为激活函数，但以下是一些常用的激活函数：

- Step 函数
- Sigmoid 函数
- Tanh 函数
- ReLU 函数

21.1.1　Step 函数

Step 函数是一个简单的函数。如果输出高于某个阈值，则该函数失效；否则不会。单位 Step 函数图如图 21 - 1 所示。

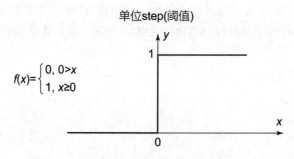

单位step(阈值)

$$f(x)=\begin{cases} 0, & 0>x \\ 1, & x\geq 0 \end{cases}$$

图 21 - 1　单位 Step 函数图

从图 21 - 1 中可以看出，如果 x 的值大于或等于 0，则输出为 1；如果 x 的值小于 0，则输出为 0。也就是说，Step 函数在 0 处是不可微的。神经网络通常使用反向传播和梯度下降来计算不同层的权重。由于 Step 函数在 0 处不可微，因此它不能向下进行梯度下降，并且在尝试更新其权重时失败。

为了解决这个问题，可以使用 Sigmoid 函数来代替。

21.1.2　Sigmoid 函数

Sigmoid 函数（又称逻辑函数）图如图 21 - 2 所示。

从图 21 - 2 中可以看出，Sigmoid 函数当 z（自变量）趋于负值时，函数值趋于 0；当 z 趋于正值时，函数值趋于 1。

Sigmoid 函数有一个缺点，它容易出现梯度消失的问题。在图 21 - 2 中可以看出，Sigmoid 函数值在 0 和 1 之间的小范围内具有陡峭的梯度。因此，在许多情况下，输入的大变化会导致输出的小变化。这个问题被称为梯度消失。这个问题随着网络层数的增加而呈指数增长，因此很难扩展使用这个函数的神经网络。

使用 Sigmoid 函数的原因之一是它的输出总是在 0 和 1 之间，可用于预测输出是概率的模型。因为概率总是在 0 和 1 之间，所以，在这些情况下，Sigmoid 是一个合适的函数。

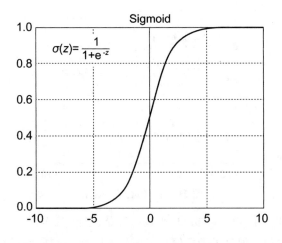

图 21 - 2　Sigmoid 函数图

下面学习 Tanh 函数，它克服了 Sigmoid 函数的一些问题。

21.1.3　Tanh 函数

Tanh(z) 函数是 Sigmoid 函数的改进版本。它的输出范围是 -1~1，而不是 0~1，如图 21 - 3 所示。

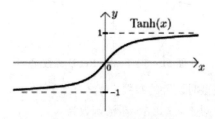

图 21 - 3　Tanh 函数图

使用 Tanh 函数而不是 Sigmoid 函数的主要原因是，Sigmoid 函数值以 0 为中心，所以导数更高。更高的梯度有助于产生更好的学习率，因此可以更快地训练模型。但是当使用 Tanh 函数时，梯度消失问题仍然存在。

下面将学习另一个函数：ReLU 函数。

21.1.4　ReLU 函数

ReLU 函数可能是 CNN 和 RNN 模型中最受欢迎的激活函数，如图 21 - 4 所示。当给定负值输入时，函数返回 0；当给定任何正值输入时，函数会将该值返回。所以，它可以写成

$$f(x) = \max(0, x)$$

ReLU 函数图如图 21 - 4 所示。

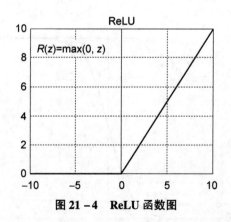

图 21 - 4   ReLU 函数图

在 ReLU 函数的变体中，Leaky ReLU 函数是最受欢迎的实现之一。对于正数，它返回与常规 ReLU 函数相同的值，但是对于负值，它不是返回 0，而是具有恒定的斜率（小于 1），如图 21 - 5 所示。

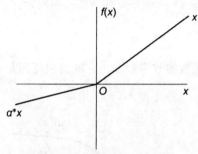

图 21 - 5   Leaky ReLU 函数图

该斜率是用户在建立模型时设置的参数。

斜率用 α 表示。例如，对于 $\alpha = 0.3$，激活函数为

$$f(x) = \max(0.3x, x)$$

Leaky ReLU 函数的优势在于，通过在所有值上受到 x 的影响，可以更好地利用所有输入给出的信息。

鉴于 ReLU 函数的特点和优势，它通常是用户首选的激活函数。

本节已经介绍了 RNN 的一些基本特性，并讨论了它们的一些关键函数，下一节将深入了解 RNN 的体系结构。

21.2   RNN 的体系结构

RNN 主要是利用序列中先前的信息。在传统的神经网络中，假设所有的输入和输出都是相互独立的，但是在某些领域和用例中，这个假设是不正确的，因为可以利用这种相互联系。

我将以自己为例。我相信在很多情况下，我可以根据我妻子开始的几句话来预测她接下来会说什么。我倾向于相信我的预测能力有很高的准确率。也就是说，如果你问我的妻子，她可能会告诉你一个完全不同的故事！谷歌的电子邮件服务 Gmail 也在使用类似的概念。该服务的用户会注意到，从 2019 年开始，当它认为自己可以完成一个句子时，就开始提出建议。如果猜对了，用户只要按 Tab 键，句子就完成了。如果没有，用户可以继续输入，它可能会根据新的输入给出不同的建议。虽然不了解这项服务的内部实现，但是可以假设它们正在使用 RNN 技术，因为 RNN 非常擅长这种问题。

RNN 被称为循环的原因是这些算法对序列的每个元素执行相同的任务，并且输出取决于先前的计算。也可以认为 RNN 有一个"记忆"，它存储了到目前为止已经发生和计算过的信息。理论上，RNN 能够从中提取信息的序列长度没有限制。实际上，它们通常以这样一种方式实现，即只向后看几步。这里有一个常用来代表 RNN 的图形，如图 21 - 6 所示。

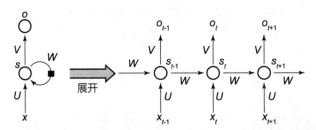

图 21 - 6 CNN 及其前向计算中涉及的计算的时间展开

资料来源：LeCun，Bengio and G. Hinton，2015，Deep learning，Nature

图 21 - 6 所示为完整网络展开或展开的 RNN。术语"展开"用于表示网络在整个序列中逐步展开。例如，如果前面的三个单词用来预测下一个单词，网络将被展开成一个三层网络，每个单词一层。三层 RNN 如图 21 - 7 所示。

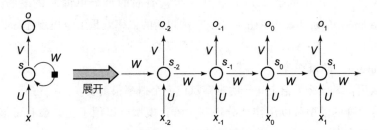

图 21 - 7 三层 RNN

资料来源：LeCun，Bengio and G. Hinton，2015，Deep learning，Nature

在图 21 - 6 中，x_t 是时间步长 t 的输入。在这种情况下，x_1 可以是对应于句子中第二个单词的独热属性。s_t 是时间步长 t 时的隐藏状态，可以把它想象成网络的记忆。s_t 是使用先前的隐藏状态和当前步骤的输入来计算的：

$$s_t = f(U_{x_t} + W_{s_{t-1}})$$

最常用的函数 f 是非线性函数，如 Tanh 或 ReLU。计算第一个隐藏状态所需的 s_{-1} 通常初始化为 0。

o_t 是步骤 t 的输出。例如，如果想预测一个句子中的下一个单词，它将是词汇中的概率向量：

$$o_t = \text{softmax}(V_{s_t})$$

这里有几点需要注意。可以把隐藏状态 s_t 想象成网络的记忆。s_t 捕获关于在所有前面的时间步骤中发生的信息。步骤 o_t 的输出仅基于时间 t 的存储器来计算。如前所述，实际上要复杂得多，因为 s_t 只能捕获有限数量的先前步骤的信息。

与传统的深度神经网络不同，RNN 在每一层使用不同的参数，在所有步骤中共享相同的参数（U、V 和 W，见图 21-6 和图 21-7）。这是因为每个步骤都在执行相同的任务，但是输入不同。这大大减少了需要跟踪的参数总数。

图 12-6 和图 12-7 有每个时间步骤的输出，但是根据任务的不同，这可能不是必需的。例如，在进行情感分析时，通常会对整句话的情感感兴趣，而不是对每个单独的单词感兴趣。同样，RNN 可能不需要在每个时间步骤都有输入。RNN 的主要特征是它的隐藏状态，它捕捉了一些关于序列的信息。

下面将学习如何使用 RNN 来预测句子中的下一个单词。

21.3　语言建模用例

本节的目标是建立一个使用 RNN 的语言模型。假设有一个包含 m 个单词的句子。语言模型预测观察句子的概率（在给定的数据集中）如下：

$$P(w_1, \cdots, w_m) = \prod_{i=1}^{m} P(w_i \mid w_1, \cdots, w_{i-1})$$

换句话说，一个句子的概率是给定出现在它前面的每个单词的概率的乘积。所以，"Please let me know if you have any questions" 这句话的概率就是给定出现在 questions 前面的 "Please let me know if you have any…" 的概率乘以给定出现在 "any" 前面的 "Please let me know if you have…" 的概率等。

这有什么用？为什么为给定句子的观察赋值一个概率很重要？

首先，像这样的模型可以用作评分机制。语言模型可以用来选择最有可能的下一个单词。直觉上，最有可能的下一个单词很可能是语法正确的。

语言建模有着重要的应用。因为它可以预测给定单词前面的单词概率，所以它可以用于自然文本生成（Nature Text Generation，NTG）。给定现有的单词序列，从具有最高概率的单词列表中建议一个单词，并且重复该过程，直到生成完整的句子。

注意，在前面的等式中，每个单词的概率取决于所有前面的单词。在更真实的情况下，由于计算或内存限制，模型可能很难表示长期依赖关系。由于这个原因，大多数模型通常只限于查看前面的少量单词。

在以上理论基础上开始编写一些代码，并学习如何训练 RNN 生成文本。

21.4 训练一个 RNN

正如本章开头所讨论的，RNN 的应用非常广泛，并且在众多行业中有所不同。本节只执行一个快速的例子，以便更清楚地理解 RNN 的基本机制。

下面将尝试用 RNN 模型模拟的输入数据是数学余弦函数。

定义输入数据，并将其存储到一个 numpy 数组中。

```
import numpy as np
import math
import matplotlib.pyplot as plt

input _ data = np.array([math.cos(x)for x in np.arange(200)])

plt.plot(input _ data[:50])
plt.show
```

以上语句将绘制数据，这样就可以可视化输入数据。输入数据的可视比如图 21 – 8 所示。

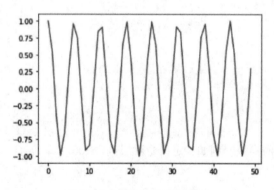

图 21 – 8 输入数据的可视化

现在将输入数据分成两组，这样就可以使用一部分进行训练，另一部分进行验证。从训练的角度来看，这可能不是最佳分割，但是为了简单起见，将数据直接分割到中间。

```
X = []
Y = []

size = 50
number_of_records = len(input_data) - size

for i in range(number_of_records - 50):
  X.append(input_data[i:i +size])
```

```
    Y.append(input_data[i+size])

X = np.array(X)
X = np.expand_dims(X, axis=2)

Y = np.array(Y)
Y = np.expand_dims(Y, axis=1)
```

打印训练数组结果的形状：

```
x.shape,y.shape
```

输出如下：

```
((100,50,1),(100,1))
```

创建验证集：

```
X_valid = []
Y_valid = []

for i in range(number_of_records - 50, number_of_records):
    X_valid.append(input_data[i:i+size])
    Y_valid.append(input_data[i+size])

X_valid = np.array(X_valid)
X_valid = np.expand_dims(X_valid, axis=2)

Y_valid = np.array(Y_valid)
Y_valid = np.expand_dims(Y_valid, axis=1)
```

定义 RNN 将使用的参数。例如，定义隐藏层包含 100 个单位：

```
learning_rate = 0.0001
number_of_epoch = 5
sequence_length = 50
hidden_layer_size = 100
output_layer_size = 1

back_prop_truncate = 5
min_clip_value = -10
max_clip_value = 10
```

定义不同层之间连接的权重：

```
W1 = np.random.uniform(0,1,(hidden_layer_size,sequence_length))
W2 = np.random.uniform(0,1,(hidden_layer_size,hidden_layer_size))
W3 = np.random.uniform(0,1,(output_layer_size,hidden_layer_size))
```

在以上代码中：

- W1 是输入层和隐藏层之间的权重矩阵。
- W2 是隐藏层和输出层之间的权重矩阵。
- W3 是 RNN 层（隐藏层）中共享的权重矩阵。

Sigmoid 函数作为 RNN 的激活函数。关于一般激活函数，特别是 Sigmoid 函数的详细讨论，请参考第 20 章。

```
def sigmoid(x):
    return 1/(1 + np.exp(-x))
```

现在一切准备就绪，下面开始训练模型。模型训练将重复 25 个轮数，可在结果中清楚地看到模型和实际数据开始收敛的点。当数据达到收敛时，确保模型停止训练，否则模型将过度测试数据，并且会使用训练数据产生良好的数据，但是它将无法训练新的数据。

重复运行程序几次。数据开始收敛时，就可以调整"轮数数量"的值。

以下是训练中将执行的步骤：

（1）检查训练数据的丢失情况。

- 执行前向传播。
- 计算误差。

（2）检查验证数据的损失情况。

- 执行前向传播。
- 计算误差。

（3）开始训练。

- 执行前向传播。
- 反向传播误差。
- 更新权重。

```
for epoch in range(number_of_epochs):
    #检查训练损失
    loss = 0.0


    #执行前向传播以获得预测值
    for i in range(Y.shape[0]):
        x, y = X[i], Y[i]
        prev_act = np.zeros((hidden_layer_size, 1))
        for t in range(sequence_length):
            new_input = np.zeros(x.shape)
            new_input[t] = x[t]
            mul_w1 = np.dot(W1, new_input)
            mul_w2 = np.dot(W2, prev_act)
```

```python
    add = mul_w2 + mul_w1
    act = sigmoid(add)
    mul_w3 = np.dot(W3, act)
    prev_act = act

#计算误差
  loss_per_record = (y - mul_w3) ** 2 / 2
  loss + = loss_per_record
loss = loss / float(y.shape[0])

#检查验证损失
val_loss = 0.0
for i in range(Y_valid.shape[0]):
  x, y = X_valid[i], Y_valid[i]
  prev_act = np.zeros((hidden_layer_size, 1))
  for t in range(sequence_length):
    new_input = np.zeros(x.shape)
    new_input[t] = x[t]
    mul_w1 = np.dot(W1, new_input)
    mul_w2 = np.dot(W2, prev_act)
    add = mul_w2 + mul_w1
    act = sigmoid(add)
    mul_w3 = np.dot(W3, act)
    prev_act = act

  loss_per_record = (y - mul_w3) ** 2 / 2
  val_loss + = loss_per_record
val_loss = val_loss / float(y.shape[0])

print('Epoch: ', epoch + 1, ', Loss: ', loss, ', Val Loss: ', val_loss)

#训练模型
for i in range(Y.shape[0]):
  x, y = X[i], Y[i]

  layers = []
  prev_act = np.zeros((hidden_layer_size, 1))
  dW1 = np.zeros(W1.shape)
  dW3 = np.zeros(W3.shape)
  dW2 = np.zeros(W2.shape)

  dW1_t = np.zeros(W1.shape)
  dW3_t = np.zeros(W3.shape)
  dW2_t = np.zeros(W2.shape)

  dW1_i = np.zeros(W1.shape)
```

```
  dW2_i = np.zeros(W2.shape)

#前向传播
for t in range(sequence_length):
  new_input = np.zeros(x.shape)
  new_input[t] = x[t]
  mul_w1 = np.dot(W1, new_input)
  mul_w2 = np.dot(W2, prev_act)
  add = mul_w2 + mul_w1
  act = sigmoid(add)
  mul_w3 = np.dot(W3, act)
  layers.append({'act':act, 'prev_act':prev_act})
  prev_act = act

#梯度预测
dmul_w3 = (mul_w3 - y)

#后向传播
for t in range(sequence_length):
  dW3_t = np.dot(dmul_w3, np.transpose(layers[t]['act']))
  dsv = np.dot(np.transpose(W3), dmul_w3)

  ds = dsv
  dadd = add * (1 - add) * ds

  dmul_w2 = dadd * np.ones_like(mul_w2)
  dprev_act = np.dot(np.transpose(W2), dmul_w2)

  for i in range(t-1, max(-1, t-back_prop_truncate-1), -1):
    ds = dsv + dprev_act
    dadd = add * (1 - add) * ds

    dmul_w2 = dadd * np.ones_like(mul_w2)
    dmul_w1 = dadd * np.ones_like(mul_w1)

    dW2_i = np.dot(W2, layers[t]['prev_act'])
    dprev_act = np.dot(np.transpose(W2), dmul_w2)

    new_input = np.zeros(x.shape)
    new_input[t] = x[t]
    dW1_i = np.dot(W1, new_input)
    dx = np.dot(np.transpose(W1), dmul_w1)

    dW1_t += dW1_i
    dW2_t += dW2_i
```

```
      dW3 + = dW3_t
      dW1 + = dW1_t
      dW2 + = dW2_t

      if dW1.max() > max_clip_value:
        dW1[dW1 > max_clip_value] = max_clip_value
      if dW3.max() > max_clip_value:
        dW3[dW3 > max_clip_value] = max_clip_value
      if dW2.max() > max_clip_value:
        dW2[dW2 > max_clip_value] = max_clip_value

      if dW1.min() < min_clip_value:
        dW1[dW1 < min_clip_value] = min_clip_value
      if dW3.min() < min_clip_value:
        dW3[dW3 < min_clip_value] = min_clip_value
      if dW2.min() < min_clip_value:
        dW2[dW2 < min_clip_value] = min_clip_value

   #更新
   W1 - = learning_rate * dW1
   W3 - = learning_rate * dW3
   W2 - = learning_rate * dW2
```

输出如图 21 - 9 所示。

```
Epoch: 1 , Loss: [[121041.93042362]] , Val Loss:  [[60516.00234376]]
Epoch: 2 , Loss: [[76845.00778255]] , Val Loss:  [[38418.55786001]]
Epoch: 3 , Loss: [[42648.08514127]] , Val Loss:  [[21321.11337615]]
Epoch: 4 , Loss: [[18451.16022513]] , Val Loss:  [[9223.66775589]]
Epoch: 5 , Loss: [[4238.41635421]] , Val Loss:  [[2118.31929096]]
```

图 21 - 9   RNN 5 个轮数的输出

从图 21 - 9 中可以看出，损失和验证损失随着轮数的增加在不断减少。模型可能会运行更多轮数，并确保结果已经收敛。

图 21 - 10 所示是一个包含 10 个轮数的运行例子。

```
Epoch: 1 , Loss: [[95567.55451649]] , Val Loss:  [[47779.37198851]]
Epoch: 2 , Loss: [[56854.28788942]] , Val Loss:  [[28423.75551176]]
Epoch: 3 , Loss: [[28141.02126203]] , Val Loss:  [[14068.13903485]]
Epoch: 4 , Loss: [[9427.75131975]] , Val Loss:  [[4712.5209022]]
Epoch: 5 , Loss: [[701.30645776]] , Val Loss:  [[350.32328326]]
Epoch: 6 , Loss: [[24.4862044]] , Val Loss:  [[12.26924361]]
Epoch: 7 , Loss: [[27.61131066]] , Val Loss:  [[13.83388386]]
Epoch: 8 , Loss: [[28.77439377]] , Val Loss:  [[14.45462133]]
Epoch: 9 , Loss: [[31.02608915]] , Val Loss:  [[15.53625882]]
Epoch: 10 , Loss: [[25.79425679]] , Val Loss:  [[12.95839331]]
```

图 21 - 10   RNN 10 个轮数的输出

从图 21 - 10 中可以看出，模型在运行 6 轮后，结果已经收敛。找出最佳运行轮数是一个反复试验的过程。从这些结果来看，正确的轮数应该是 6。

下面对照预测值绘制初始输入数据集，分析以上结果是如何得出的。以下是相关代码：

```
preds = []
for i in range(Y_valid.shape[0]):
  x, y = X_valid[i], Y_valid[i]
  prev_act = np.zeros((hidden_layer_size, 1))
  #对于每个时间步长……
  for t in range(sequence_length):
    mul_w1 = np.dot(W1, x)
    mul_w2 = np.dot(W2, prev_act)
    add = mul_w2 + mul_w1
    act = sigmoid(add)
    mul_w3 = np.dot(W3, act)
    prev_act = act

  preds.append(mul_w3)

preds = np.array(preds)

plt.plot(preds[:, 0, 0], 'g')
plt.plot(Y_valid[:, 0], 'r')
plt.show()
```

结果如图 21 – 11 所示。

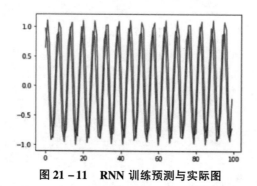

图 21 – 11　RNN 训练预测与实际图

从图 21 – 11 中可以看出，预测值与初始值相当一致，因此这是一个不错的结果。RNN 本质上是随机的，所以下次再运行这个例子时，一致性可能会更好或更差。

计算均方根误差（Root Mean Square Error, RMSE）值：

```
from sklearn.metrics tmport mean_squared_error
math.sqrt(mean_squared_error(Y_valid[:,0],preds[:,0,0]))
```

RMSE 是方差的平方根，又称标准误差。它具有与响应变量单位相同的有用特性。RMSE 值越低，说明模型预测效果越好。

在这种情况下，RMSE 得到了一个很低的值，这表明模型产生了不错的预测：

```
0.5691944360057564
```

　　以上是一个 RNN 的简单例子。而且，从预测结果可以看出，它不是简单的双线程序！这突出了一个事实，即 RNN 的实现并不简单，而且将应用于更复杂的任务。

　　此外，RNN 计算成本高，因此生成准确的预测可能需要大量时间；如果没有合适的硬件，这几乎是必然的。

　　尽管如此，RNN 已经取得了许多突破，数据科学社区将继续不断地发现它的新应用。不仅如此，RNN 的性能和准确性也在不断提高。希望读者能够提高神经网络的性能和能力，并通过设计出自己的神经网络模型，来说明该神经网络在其他领域的应用。

21.5　本章小结

　　在本章中，首先深入学习了深度学习和 RNN 的基础知识。然后讨论了 RNN 体系结构的基本概念，以及这些概念的重要性。研究了 RNN 的一些潜在用途，并使用它的基本技术实现了语言模型，通过向模型中添加越来越多的复杂性，来理解更高级别的概念。

　　下一章将学习如何用强化学习创建智能体。

第 22 章

用强化学习创建智能体

在本章中，将学习强化学习（Reinforcement Learning，RL）。首先讨论 RL 的前提及其与监督学习的区别。然后通过一些真实例子，了解 RL 的各种表现形式、构建模块和涉及的各种概念。之后讨论 RL 在 Python 创建的环境中是如何工作的。最后使用这些概念来构建一个智能体。

本章涵盖以下主题：
- 理解学习意味着什么
- 强化学习与监督学习
- 强化学习的真实例子
- 强化学习的构建模块
- 创造环境
- 构建智能体

22.1   理解学习意味着什么

学习的概念是人工智能的基础。我们希望机器理解学习的过程，这样它们就可以自己完成学习。人类通过观察和与周围环境互动来学习。当我们去一个新的地方时，就会快速浏览，看看周围发生了什么。

在这里没人教我们做什么，而是自己观察周围的环境并与之互动。通过建立这种与环境的联系，我们倾向于收集大量关于是什么导致出现不同事物的信息，并学习因果关系，什么行为导致什么结果，以及需要做什么才能有所成就。

我们在生活中任何地方都在使用这种学习过程，即收集所有关于我们周围环境的知识，同时反过来也学习如何对此做出反应。下面以一个演说家为例。优秀的演说家在公共场合演讲时，都会意识到人群对他们所说的话的反应。如果人群对此没有反应，那么演说家会实时改变演讲，以确保人群参与其中。正如我们所看到的，演说家试图通过他/她的行为来影响环境。也就是说，演说家是从与人群的互动中学习的，目的是调整行动以实现某个目标。这种学习过程——观察环境、采取行动、评估行动的后果、适应和再次行动，是人工智能中最基本的思想之一，许多主题都基于这种思想。下面基于这一思想来介绍 RL。

RL 是指学习做什么和将情境映射到特定行动，以获得最大回报的过程。在大多数机器学习的范例中，智能体被告知为了实现某些结果要采取什么行动。而在 RL 的情况下，不是告知智能体采取什么行动。相反，智能体必须通过尝试来发现哪些行动会产生最高的奖励。这些行动往往会影响当前情况和下一个奖励。这意味着所有后续的奖励也会受到影响。

RL 是在解决一个学习问题，而不是一种学习方法。所以，也可以说，任何能够解决问题的方法都可以被认为是 RL 方法。RL 有两个显著的功能：试错学习和延迟奖励。RL 的智能体使用这两个功能来学习其行动的后果。

22.2　强化学习与监督学习

当前的许多研究都集中在监督学习上。RL 可能看起来有点像监督学习，但事实并非如此。监督学习的过程是指从标记样本中学习。虽然这是一种有用的技术，但仅仅从互动中学习是不够的。在设计一台机器来导航未知的地形时，监督学习没有任何帮助。因为事先没有训练样本，而通过强化学习能够让智能体通过与未知地形互动，从自身经验中学习。

让我们考虑一下智能体与新环境交互以便学习的探索阶段。它能探索多少？此时，智能体不知道环境有多大，在许多情况下，它将无法探索所有的可能性。那么，智能体应该怎么做呢？它应该从有限的经验中学习，还是等到进一步探索后再行动？这是 RL 的主要挑战之一。为了获得更高的回报，智能体必须支持已经尝试和测试过的行动。但是为了发现这样的动作，它应该继续尝试以前没有选择过的更新行动。多年来，研究人员对勘探和开采之间的权衡进行了广泛的研究，这仍然是一个活跃的话题。

22.3　强化学习的真实例子

本节将介绍 RL 在现实世界中的应用。

（1）游戏：对于像围棋或国际象棋这样的棋盘游戏，为了确定最佳的移动方式，玩家需要考虑各种因素。可能性的数量如此之大，以至于不可能执行暴力搜索。如果建造一台机器来使用传统技术玩这样的游戏，就需要指定许多规则来涵盖所有这些可能性。RL 完全绕过了这个问题，它不需要手动指定任何逻辑规则，而是通过智能体用例子和自己玩游戏来学习。有关此主题的更全面的讨论，参考第 2 章中的游戏部分。

（2）机器人：机器人的工作是探索一个新的建筑。它应该确保它有足够的能量回到基站。这个机器人必须通过考虑收集的信息量和安全返回基站的能力之间的权衡来决定是否应该做出行动。有关此主题的更多信息，参考第 2 章中的运输和仓库管理部分。

（3）工业控制器：以调度电梯为例。一个好的调度程序会花费最少的电力并服务最多的人。对于这样的问题，RL 智能体可以学习如何在模拟环境中解决这样的问题，然后，利用这些知识来制定最佳计划。

（4）婴儿：机器并没有垄断 RL 的使用；新生儿在最初的几个月里经历了与他们努力行走的几乎相同的过程。他们通过反复尝试来学习，直到学会如何平衡。有趣的是，婴儿一直在发现不同的运动方式，直到他们发现走路（或跑步）是最有效的。

如果仔细观察这些例子，就会发现一些共同的特征——所有这些例子都涉及与环境的互动。智能体（无论是机器、婴儿还是其他）旨在实现某个目标，即使环境存在不确定性。智能体的行为将改变该环境的未来状态。随着智能体继续与环境交互，这会影响以后可用的机会。

前面章节讨论了 RL 的基础知识，并介绍了一些现实生活中的例子，现在介绍它的工作原理。下面从讨论 RL 系统的构建模块开始。

22.4　强化学习的构建模块

除了智能体与环境之间的交互，RL 系统还包括其他因素，如图 22 – 1 所示。

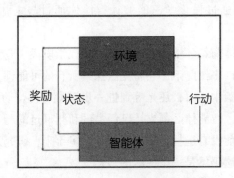

图 22 – 1　RL 系统的组成部分

通常，RL 智能体会执行以下步骤：

（1）有一组与智能体和环境相关的状态。在给定的时间点，智能体通过观察输入状态来感知环境。

（2）有一些策略规定了需要采取的行动。这些策略具有决策职能。使用这些策略基于输入状态来确定行动。

（3）智能体根据上一步采取行动。

（4）环境会对这种行为做出反应。智能体从环境中接受强化，也称为奖励。

（5）智能体计算并记录有关此奖励的信息。需要注意的是，这个奖励是由状态/行动对获得的，这样它就可以用来在未来给定的某个状态下采取更有奖励的行动。

RL 系统可以同时做多件事——通过执行试错搜索来学习，学习它所处环境的模型，然后使用该模型来规划下一步。在下一节中，将开始使用流行的 Python 语言编写强化学习系统。

22.5　创造环境

本节将使用一个名为 OpenAI Gym 的包来构建 RL 智能体。读者可以登录网址 https://gym. openai. com 了解更多信息。通过运行以下命令，可以使用 pip 安装 Gym 包：

```
$ pip3 install gym
```

读者可以在以下网址找到与安装相关的各种提示和技巧：https://github. com/openai/gym#installation。

Gym 包安装完成后，继续编写一些代码。

创建一个新的 Python 文件并导入以下包：

```
import argparse
import gym
```

定义一个函数来解析输入参数。输入参数将用于指定要运行的环境类型：

```
def build_arg_parser():
    parser = argparse.ArgumentParser(description = 'Run an environment')
    parser.add_argument(' -- input - env', dest = 'input_env',
required = True,
            choices = ['cartpole', 'mountaincar', 'pendulum', 'taxi','lake'],
            help = 'Specify the name of the environment')
    return parser
```

定义 main 函数并解析输入参数：

```
if __name__ == '__main__':
    args = build_arg_parser().parse_args()
    input_env = args.input_env
```

创建从输入参数字符串到 OpenAI Gym 包中指定的环境名称的映射：

```
name_map = {'cartpole': 'CartPole - v0',
            'mountaincar': 'MountainCar - v0',
            'pendulum': 'Pendulum - v0',
            'taxi': 'Taxi - v1',
            'lake': 'FrozenLake - v0'}
```

基于输入参数创建环境并重置它：

```
#创建环境并重置它
env = gym.make(name_map[input_env])
env.reset()
```

重复 1 000 次，并在每个步骤中采取随机行动：

```
#重复 1000 次
for _ in range(1000):
    #渲染环境
    env.render()

    #采取随机行动
    env.step(env.action_space.sample())
```

完整的代码在 run_environment. py 文件中给出。如果读者想了解如何运行代码，可以使用命令查看帮助信息，如图 22 - 2 所示。

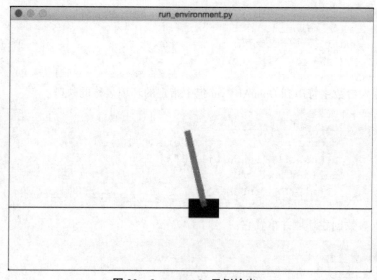

图 22 - 2　运行 Python 程序的命令

在 cartpole 环境下运行完整的代码。运行以下命令：

```
$ python 3 run_environment.py -- input - env cartpole
```

如果运行它，会看到一个窗口，其中显示一个 cartpole 移动到窗口的右边。图 22 - 3 显示了 cartpole 的初始位置。

图 22 - 3　cartpole 示例输出 1

在接下来的一秒左右，cartpole 移动，如图 22 – 4 所示。

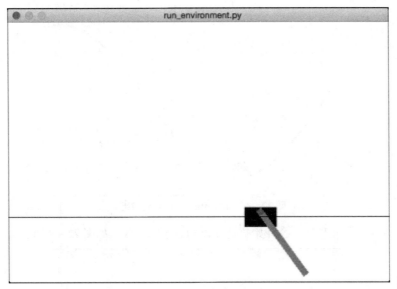

图 22 – 4　cartpole 示例输出 2

最后，cartpole 移出窗口，如图 22 – 5 所示。

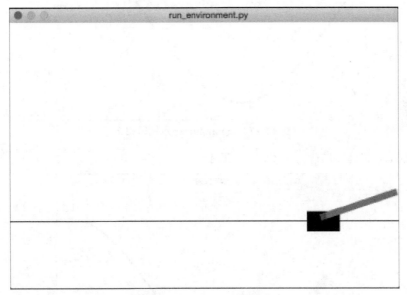

图 22 – 5　cartpole 示例输出 3

现在输入参数 mountaincar 来分析一下。运行以下命令：

```
$ python3 run_environment.py --input-env mountaincar
```

运行代码，最初的输出如图 22 – 6 所示。

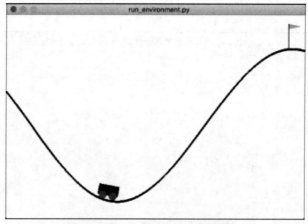

图 22 - 6   mountaincar 示例输出 1

mountaincar 运行几秒后，会开始抖动，以到达旗帜位置，如图 22 - 7 所示。

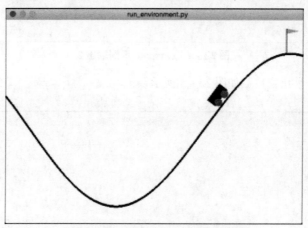

图 22 - 7   mountaincar 示例输出 2

mountaincar 将继续加速，如图 22 - 8 所示。

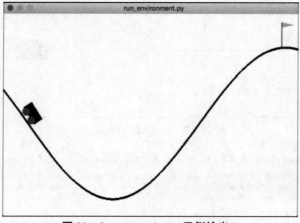

图 22 - 8   mountaincar 示例输出 3

在本节的 cartpole 示例中，没有什么太令人兴奋的事情发生。它只是一个移动的 cartpole。这个例子确实让我们对 RL 框架有了一个基本的了解。mountaincar 示例更令人兴奋。它实际上有一个目标（到达旗帜位置）。实现目标通常是如何构建强化问题。在下一个示例中，事情将变得更有趣，将实现一个稍微复杂的目标。

22.6　构建智能体

在本节中，将基于第一个 cartpole 示例构建智能体。最初，cartpole 只是在移动，现在将尝试平衡 cartpole 顶部的杆子，并尝试确保杆子保持直立。下面介绍具体的构建过程。

创建一个新的 Python 文件并导入以下包：

```
import argparse
import gym
```

定义一个函数来解析输入参数：

```
def build_arg_parser():
    parser = argparse.ArgumentParser(description = 'Run an environment')
    parser.add_argument('--input-env', dest = 'input_env',
required = True,
            choices = ['cartpole', 'mountaincar', 'pendulum'],
            help = 'Specify the name of the environment')
    return parser
```

解析输入参数：

```
if __name__ == '__main__':
    args = build_arg_parser().parse_args()
    input_env = args.input_env
```

构建从输入参数到 OpenAI Gym 包中环境名称的映射：

```
name_map = {'cartpole': 'CartPole-v0',
            'mountaincar': 'MountainCar-v0',
            'pendulum': 'Pendulum-v0'}
```

基于输入参数创建环境：

```
#创建环境
env = gym.make(name_map[input_env])
```

通过重置环境开始迭代：

```
#开始迭代
for _ in range(20):
    #重置环境
    observation = env.reset()
```

每次重置，重复 100 次。首先渲染环境：

```
#重复 100 次
for i in range(100):
    #渲染环境
    env.render()
```

打印当前观察结果，并根据可用的操作空间采取操作：

```
#打印当前观察结果
print(observation)

#采取操作
action = env.action_space.sample()
```

提取采取当前操作的结果：

```
#根据所采取的操作提取观察结果、奖励、状态和其他信息
observation, reward, done, info = env.step(action)
```

检查是否实现了目标：

```
#检查是否已完成
if done:
    print('Episode finished after {} timesteps'.
format(i +1))
    break
```

完整的代码在 balancer.py 文件中给出。如果想知道如何运行代码，可以使用参数 help 运行代码，如图 22 - 9 所示。

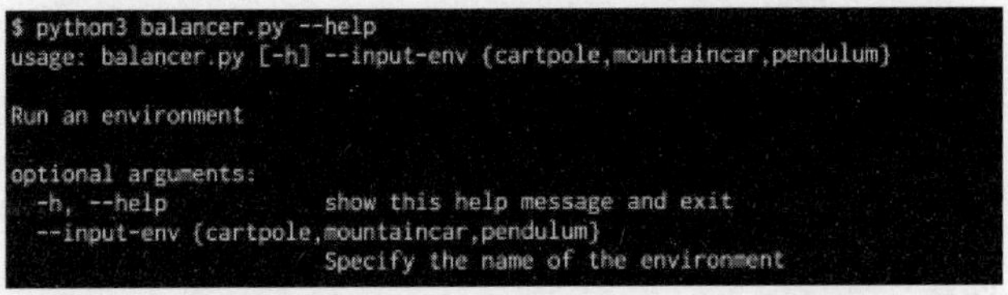

```
$ python3 balancer.py --help
usage: balancer.py [-h] --input-env {cartpole,mountaincar,pendulum}

Run an environment

optional arguments:
  -h, --help            show this help message and exit
  --input-env {cartpole,mountaincar,pendulum}
                        Specify the name of the environment
```

图 22 - 9   运行 Python 平衡器示例的命令

在 cartpole 环境下运行代码。运行以下命令：

```
$ python3 balancer.py -- input - env cartpole
```

运行代码，将看到 cartpole 会自动平衡，如图 22 - 10 所示。

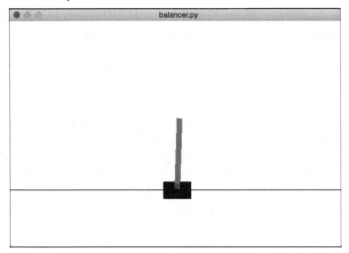

图 22 - 10　cartpole 示例输出 4

程序运行几秒后，cartpole 仍然站立，如图 22 - 11 所示。

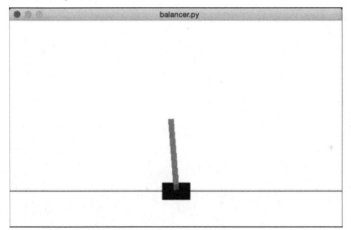

图 22 - 11　cartpole 示例输出 5

同时会输出很多信息。刚开始的输出如图 22 - 12 所示。

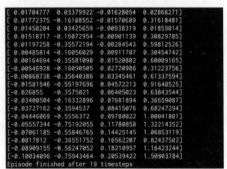

图 22 - 12　情景输出

如果滚动显示信息，就能看到不同的情景需要不同的完成步骤。希望读者在运行这个例子时，会看到 cartpole 至少在大部分时间确实是平衡的。只有本章所学的知识，还没有准备好击败 AlphaZero 玩围棋游戏，但是已经掌握了构建这些系统的基本原理。

22.7　本章小结

在本章中，主要了解了 RL 系统。首先，讨论了学习 RL 的前提和设置，介绍了 RL 和监督学习的区别，并通过 RL 的一些真实示例了解其在各种系统中的应用。然后，讨论了 RL 的构建模块以及智能体、环境、策略、奖励等概念。之后，用 Python 创建了一个环境来查看所有的操作。最后，使用这些概念构建了一个 RL 智能体。

在下一章中，将进入一个完全不同的主题，学习大数据技术如何使机器学习系统更加健壮和高效。

23

第 23 章

人工智能和大数据

在本章中，将了解什么是大数据及其在人工智能中的应用，讨论如何用大数据加速机器学习管道。然后，将讨论什么情况下适合使用大数据技术以及什么情况下会过度使用大数据技术，并且使用一些例子来加深读者对这项技术的理解。之后，了解使用大数据的机器学习管道的构建模块以及面临的各种挑战。最后使用 Python 创建一个环境，看看它在实践中是如何工作的。

本章涵盖以下主题：

- 大数据基础
- 大数据的三个 V
- 大数据和机器学习
- 使用大数据的机器学习管道

23.1   大数据基础

有一项活动是你今天经常做，但十年前很少做，二十年前肯定也没做过的。然而，如果你被告知再也不能这样做了，就会感到无力。你今天可能已经做了几次了，或者至少这周。我在说什么？想猜猜吗？我说的是执行谷歌搜索。

虽然谷歌还没有出现多久，但我们现在已经非常依赖它。它影响并涉及了包括杂志出版、电话簿、报纸等在内的一系列行业。如今，每当我们有知识问题，就会到谷歌来查。由于可以通过手机与互联网永久连接，所以谷歌几乎成了我们的一个延伸。

然而，你有没有停下来思考这些不可思议的知识积累背后的机制？我们访问的网站上有数十亿个文档，可以在几毫秒内访问，而且就像变魔术一样，最相关的文档通常会出现在最初的几个搜索结果中，并且给出我们想要的答案。我有时会有这样的感觉，在开始输入关键词之前，谷歌就在读取我的想法，知道我想要什么。

谷歌用来给出这些答案的基础技术之一是通常所说的大数据。但是什么是大数据呢？这个名字本身并没有给我们提供太多信息。数据可以是存储在计算机中的任何信息，"大"是一个相对术语。在定义什么是大数据之前，先了解一下关于这个话题的类比，如图 23 – 1 所示。

图 23 – 1 所示强调了一点，即大数据对不同的用户而言是不同的东西。这种情况正在开始改变，但是传统数据库在可以存储多少信息以及可以扩展到多大规模方面有一个上限。如

果你正在使用新技术，如 Hadoop、Spark、NoSQL 数据库和图形数据库，就是正在使用大数据。没有什么是无限的，但是这些技术可以横向扩展（而不是纵向扩展），因此可以更高效、更大规模地扩展。没有什么可以永久扩展，但是传统数据库等传统技术与 Hadoop 和 Spark 等新技术之间有着根本的区别。随着像 Snowflake 这样的供应商和工具的出现，使用简单的旧 SQL 处理千兆字节大小的数据库也开始成为可能。

图 23 - 1　大数据类比

随着业务的增长和资源需求的增加，如果继续使用传统的架构，就要通过升级到功能更强大的机器来扩大规模。可以预见，这种增长方式将达到极限。硬件制造商制造的机器只有这么大。

相反，如果一家企业正在使用新技术，并且遇到了瓶颈，就可以通过横向扩展和向组合中添加新机器来打破瓶颈，而不是更换硬件。因为这个增加的新机器不一定要更大。它通常与旧机器相同。这种增长方式更具可扩展性，也有可能让成百上千台机器一起工作来解决一个问题。

由一组计算资源进行的这种协作通常称为集群，如图 23 - 2 所示。集群是统一节点的集合，它们为了一个共同的目标而协作，如存储和分析大量结构化或非结构化数据。这些集群通常在低成本硬件上运行开源分布式处理软件（例如，在低成本的计算机上运行 Hadoop 的开源分布式处理软件）。集群通常被称为无共享系统，因为节点之间共享的唯一资源是连接它们的网络。

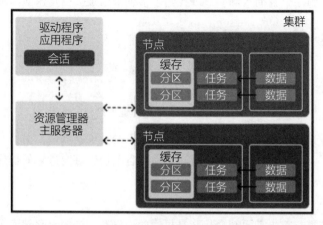

图 23 - 2　集群和节点

集群架构可以大大提高数据分析的处理速度。该体系结构还具有高度可扩展性，即当集群的处理能力被某个工作负载占用时，可以轻松添加额外的节点来提高吞吐量。此外，集群架构本质上是容错的。每个数据组件都在多个节点上冗余复制，这确保了数据不会因为单个节点故障而丢失。数据丢失并非不可能，但可能性极小。

为了更好地理解大数据，下面继续研究利用大数据技术的最佳范例之一：谷歌搜索。由于显而易见的原因，谷歌搜索的许多实际内部工作都是专有的。我们正在猜测，但很可能只有谷歌内部的少数员工知道谷歌如何工作的确切细节。

有可能没有人完全了解或理解谷歌搜索的每一个细节，但有一些根据谷歌不时发布的少量信息做出有根据的猜测。

推测它可能如何工作仍然是有益的和有趣的。谷歌的界面看起来很简单，除了用一组单词接收请求并根据该请求返回响应之外，它似乎没有做什么。我仍然记得第一次看到谷歌搜索页面时，完全被弄糊涂了，不确定页面是否加载完毕。那是在使用拨号调制解调器的时代，雅虎是比谷歌更大的玩家。如果用户最近访问过雅虎主页，看到它有多忙，就会理解我当时的困境。但是通过一个简单的谷歌搜索请求，幕后会发生很多事情。以下是谷歌搜索正在采取的步骤：

（1）接收查询。

（2）解析查询。

（3）建立和规范词序。

（4）查找信息。在执行此查找时，通过考虑以下因素来个性化结果：

- 个人喜好。
- 以前的搜索记录。
- 个人信息（谷歌中已有的）。

（5）结果排名（大部分对结果进行排名的工作都是在发送查询之前完成的）。

（6）返回响应。

图 23-3 所示为一个查询示例，显示找到了多少个结果，以及返回结果所需的时间。

图 23-3　谷歌搜索，显示了返回结果的数量

一个重要的考量是，当用户提交查询时，谷歌不会搜索互联网，而是为了快速响应，在查询时就已经做了大量工作。接下来，将讨论一些谷歌搜索后台进行的操作。

23.1.1　爬虫

谷歌要提供结果，首先需要知道什么是可用的。没有一个中央存储库可以包含所有的网页和网站，所以谷歌会不断搜索新的网站和页面，并将其添加到已知页面的列表中。这个发现过程称为爬虫。

有些页面在谷歌的网站列表中,因为谷歌之前已经对它们进行了爬虫。当谷歌跟踪一个从已知页面到新页面的链接时,会发现一些页面。当网站所有者或代理提交网站以使谷歌了解该网站及其网站地图时,还会发现其他页面。

23.1.2 索引

当一个页面被发现并添加到谷歌的网站列表中时,谷歌就会试图理解它的内容。这个过程称为索引。谷歌会分析一个网站的内容,并对来自该网站的图像和视频进行分类。

结果随后存储在谷歌索引中。可以想象,这个指数确实符合大数据的定义。

通过创建这个索引,谷歌搜索它的互联网索引,而不是互联网。这看似一个小细节,却是谷歌搜索如此快速的一个重要原因。

这里用一个例子来理解谷歌搜索的索引。当你去图书馆的时候,可以用两种方法来找书,可以去卡片目录(假设这是一个古老的学校图书馆),或者在过道里走来走去,直到找到你要找的书。你认为哪种方法会更快?

将典型库中包含的信息与谷歌中包含的数据进行比较,我们会很快意识到与索引而不是原始数据进行对比是多么重要。

谷歌的工作原理类似于图书馆的卡片目录,除了它的"目录"或索引,还包含指向大量网页的指针,并且比本地目录中的索引大得多。根据谷歌自己的文档,它们承认其索引至少为 100 PB(1 PB = 10^{15} B),并且很可能是这个数字的许多倍。

23.1.3 排序

当用户使用搜索引擎寻找一个问题的答案时,谷歌使用许多因素来给出最相关的答案。其中最重要的是 PageRank 的概念,读者应对这个概念有更多的了解。谷歌使用以下标准来确定相关性:

- 用户语言设置。
- 历史搜索以前的记录。
- 地理位置。
- 设备(台式机或手机)的类型、品牌和型号。

例如,搜索"药房(pharmacy)"将为班加罗尔用户提供与伦敦用户不同的结果。

正如本节开头所讲的,谷歌预先做了很多工作来加快搜索速度。但这并不是谷歌提供的全部。谷歌如何加快搜索速度?

23.1.4 全球数据中心

就像可口可乐的配方一样,谷歌对它的一些核心技术保密,所以谷歌不会公布它们有多少数据中心以及它们位于哪里的细节。有一点是肯定的,它们有遍布世界各地的数据中心。

无论如何，当用户向谷歌提交查询时，智能网络路由器会将搜索查询引导至离用户最近且可用于执行搜索的数据中心。

23.1.5 分布式查找

谷歌有许多数据中心，每个数据中心都容纳了数百台甚至数千台商业服务器。这些计算机相互连接并以同步方式协同工作，以执行用户请求。当搜索查询到达数据中心时，主服务器接收到请求，然后将作业分成更小的批次并将查找作业分配给几个从节点。这些从节点中的每一个都被分配了谷歌网络索引的一个分区，并且被分配了返回给定查询的最相关结果的任务。这些结果将返回主服务器，主服务器又进一步过滤、组织和排序合并的结果，然后将其发送回请求用户。

当一个查询被提交给谷歌时，它利用了一些服务器的功能。这些服务器可以处理同时进行的查询。

23.1.6 定制软件

绝大多数（如果不是所有的话）为这些服务器提供动力的关键软件都是由谷歌工程师定制的，专供谷歌使用，包括：

- 自定义爬虫抓取网站
- 专有内部数据库
- 自定义编程语言
- 谷歌文件系统

现在已经对什么是大数据有了更好的理解。接下来介绍为什么数据量不是大数据面临的唯一问题。

23.2 大数据的三个 V

通常人们习惯在 90 天左右清除应用程序产生的任何日志。公司最近开始意识到它们正在删除宝贵的信息。因为存储已经变得足够便宜，所以保存这些日志就变得轻而易举。另外，现在云计算、互联网和技术的普遍进步创造了更多的数据。从智能手机到物联网设备、工业传感器和监控摄像头，存储和传输数据的设备数量在全球呈指数级增长，导致数据量的爆炸式增长，如图 23-4 所示。

根据 IBM 的数据，2012 年每天产生 2.5 EB（1 EB = 10^{18}B）的数据。无论如何，这都是一个很大的数字。此外，大约 75% 的数据是非结构化的，来自文本、语音和视频等。

如此多正在创建的新数据没有结构化，这一事实带来了关于大数据的另一个优点。数据量（Volume）并不是大数据难以处理的唯一问题。在处理增加处理复杂性的数据时，至少还有两个其他项目需要考虑。它们通常称为速度（Vecocity）和变化（Variety），即通常所说的大数据的三个 V。下面将详细介绍这三个 V。

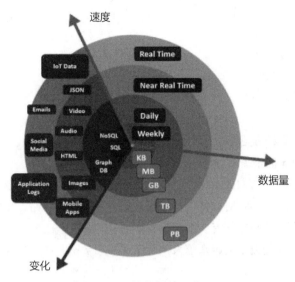

图 23 – 4　大数据的三个 V

23.2.1　大量数据

显而易见，容量是最常与大数据相关联的特征。现在看几个例子，了解大数据在这种情况下的含义。

在其他服务中，脸书还存储了图片。下面回顾一些关于脸书的统计数据：

- 脸书的用户比中国人口多。
- 每天大约有 50 万人创建新的个人资料。
- 脸书存储了大约 2 500 亿张图片。

这就是大数据，即大量数据。这些数字对于脸书和我们周围的世界来说将会越来越大。想想看，现在世界上的手机数量超过了世界上的人口数量，每个人都在不断收集数据，并将其发送到世界上的谷歌、苹果和脸书网。大数据领域面临的挑战将会越来越大。物联网和智能家居设备现在变得流行起来，也许我们现在就会开始不知所措。

23.2.2　速度快

速度是衡量数据输入有多快的量度。处理万亿字节和千兆字节的数据是一个挑战。另一个更大的挑战是处理的数据可能不是静态的，而是持续增长的。在某些情况下，不仅必须在数据生成时接收它，而且可能需要对它进行处理、转换、分析以用于训练。

如果只需要担心数据量，就可以使用传统技术来处理数据并最终完成工作。数据输入的速度产生了以快速有效的方式处理数据的需求，最重要的是，快速使用数据以从中获得信息。

以脸书为例。2 500 亿张图片当然是一个很大的数字，其余的统计数据当然也肯定是大数字。但这不是一个静态的数字。

回想一下 2012 年的每分钟：

- 发布了 51 万条评论。
- 更新了 29.3 万个状态。
- 上传了 13.6 万张照片。

很难理解这种量的艰巨性。这意味着：

- 每天 7.35 亿条评论。
- 每天 4.21 亿次状态更新。
- 每天上传 1.95 亿张图片。

脸书现在对外不公开它们的指标，所以很难获得更多的最新统计数据。

当涉及数据时，脸书必须对数据进行接收、处理、索引、存储，然后才能检索。这些数会根据用户相信什么来源和数据有多新而略有不同。

正如你想象的，这些数字会越来越大，就像在物理学中一样，不仅有速度，还可能有加速度。

23.2.3　多样性

在过去，大部分数据都存储在整齐的行和列中。随着收集越来越多的数据，情况就不再是这样了。现在正在收集和存储的照片、传感器数据、物联网设备信息、推文、加密数据包、语音、视频等，每一个都有很大的不同。这些数据不是以过去整齐的行列与数据库连接，其中大部分是非结构化的。这意味着它不能很容易地存储在数据库和索引中。

为了更好地理解数据存储的多样性，下面从一个简单的例子开始。

假设你是一个即将到来的重要案件的原告律师。作为发现的一部分，辩护团队最近向你发送了一系列在线和物理文件（在法律背景下，发现是原告和被告交换他们将在审判中出示的证据的过程，以便他们每个人都可以提出反驳）。这些文件包括语音邮件、电话录音、电子邮件、录像证词、实物文件、电子邮件（带附件）和计算机文件。

法律要求被告出示与案件相关的所有文件，但不要求他们为你整理。他们给你发送额外的信息来增加干扰，这并不罕见。辩方最希望的就是你错过一些关键信息，这些信息可能是彻底破案并为你的当事人获得积极结果的关键。法院通常会给你陈述案情的时间设定一个期限和阶段。即使在数量和速度方面你没有处理脸书级别的数字，在这种情况下，数据种类也比大多数脸书数据更复杂。这就是你工作困难的原因。

虽然不会详细讨论如何处理这个项目，但要强调一些必须解决的任务，机器学习和大数据可以解决这些任务：

（1）扫描物理文件并执行光学字符识别。

（2）转录语音邮件、电话录音和录像证词并为这些数据编索引。将数据格式规范化为机器可读的计算机文件，以便统一扫描和搜索。

（3）从电子邮件中分离附件。

（4）索引并使所有信息可搜索（在这个过程中可以使用开源和专有工具，如 Solr、

Sinequa、Elastic Search 和 Amazon Kendra）。

在本节中，已经确定了一些方法，使用大数据工具来筛选所有这些疯狂的东西，收集信息来解决问题、识别模式，并使用机器学习来识别机会。接下来，将了解可用于实现这一点的实际工具。

23.3　大数据和机器学习

世界各地的技术公司成功利用了大数据技术。因为今天的企业理解大数据的力量，它们已经意识到，当大数据与机器学习结合使用时，它会变得更加强大。

与大数据技术相结合的机器学习系统以多种方式帮助企业，包括比以往任何时候都更具战略性地管理、分析和使用捕获数据的方式。

随着公司捕获并生成越来越多的数据，这既是一个挑战，也是一个巨大的机遇。幸运的是，这两种技术互补共生。企业不断推出新的模型，从而增加了由此产生的工作量的计算需求。大数据的新进展支持并促进了这些新用例的处理。数据科学家发现，当前的架构可以处理这种增加的工作量。因此，他们正在想出新的方法来分析这些数据，并从现有的数据中获得更深入的见解。

精心设计的算法在大数据集上表现出色，这意味着数据越多，学习就越有效。随着大数据的出现以及计算能力的提高，机器学习继续加速发展。随着大数据分析在机器学习领域的不断普及，机器和设备继续变得更加智能，并且继续承担以前留给人类的任务。

这些公司正在创建数据管道，然后为机器学习模型提供信息，以不断改进运营。以亚马逊为例，像谷歌一样，亚马逊不对外提供行业统计数据。幸运的是，有些信息是可用的。2017 年，亚马逊在全球发货 50 亿件，也就是每天 1 300 万件，或者每秒至少 150 件。如果使用传统的数据技术来处理如此大量的数据，并且将机器学习模型应用于这些数据，就能够在做出有用的推断之前，收到更多的交易。通过大数据技术，亚马逊可以处理这些交易，并且使用机器学习从其运营中获得真正的价值。

一个具体的例子是亚马逊复杂的欺诈检测算法。抓住欺诈行为的案例是极其重要的。在理想情况下，希望在欺诈行为发生之前抓住它。鉴于其交易量，许多此类检查需要同时进行。在某些情况下，亚马逊并不试图最小化欺诈的数量，而是选择最大化客户满意度和服务可用性。例如，AWS 服务中的许多欺诈都发生在人们使用预付卡时。最大限度减少欺诈的一个简单解决方案是禁止使用预付卡，但亚马逊仍然接受这种类型的支付，相反，在允许用户选择使用这种支付形式的情况下，它们敦促它们的数据科学家提出最大限度减少欺诈的解决方案。

关于欺诈的话题，亚马逊在 2019 年版的 re：Invent 会议上宣布了一项名为欺诈检测器的新服务。它使用了亚马逊用来捕捉欺诈的一些相同技术，并允许使用该服务的用户在自己的操作和交易中防止欺诈。

23. 4　使用大数据的机器学习管道

在前面几节中，介绍了大数据技术本身是多么强大。本节的要点是理解机器学习是大数据集群可以成功承担并以大规模并行方式处理的工作负载之一。许多像 Hadoop 栈这样的大数据栈都有内置的机器学习组件（如 Mahout），但是并不局限于只使用这些组件来训练机器学习模型。这些栈可以与其他最好的机器学习库结合，如 Scikit – Learn、Theano、Torch、Caffe 和 TensorFlow。既然已经讨论了大数据如何创建机器学习模型，下面进一步了解一些当今最流行的大数据工具。

23. 4. 1　Apache Hadoop

Hadoop 是 Apache 软件基金会旗下的一个流行的开源框架，它促进了多台计算机的联网，以处理、转换和分析大型数据集。将在下一节中详细讨论这一点。随着名为 Apache Spark 的新 Hadoop 组件的出现，还有其他方法来处理这些数据，但是最初，许多工作负载是使用 MapReduce 编程范式来处理的。

许多财富 500 强公司都在使用 Hadoop 框架，包括网飞和其他公司。

Hadoop 可以与包括机器学习工具在内的各种其他技术解决方案和第三方软件集成。

Hadoop 可以说是构建可扩展大数据解决方案的最佳开源工具。它可以处理海量分布式数据集，并且可以轻松地与其他技术和框架集成。下面了解一下 Hadoop 生态系统中的一些核心概念。

1. MapReduce

Hadoop 核心严重依赖 MapReduce。MapReduce 是一种编程设计模式，用于使用并行、分布式集群计算处理、转换和生成大数据集。MapReduce 模型通过编排分布式资源、并行运行多个作业以及同步节点之间的通信和数据传输来完成大规模数据集的处理。它通过在节点之间复制数据来处理单个节点发生故障的情况。

MapReduce 只有在多节点集群架构模型的上下文中才真正有意义。它背后的思想是，许多问题可以分解为两个步骤：映射和缩小。

MapReduce 由一个 Map 组件和一个 Reduce 组件组成，Map 组件执行映射、过滤和排序操作（例如，将不同家庭项目的图像映射到队列中，每种类型的项目有一个队列）；Reduce 组件完成汇总操作（继续示例，计算每个队列中的图像数量，以提供家庭项目的频率）。

2. Apache Hive

Hadoop 生态系统由许多组件组成，并且有涵盖该主题的完整书籍，如 Manish Kumar 和 Chanchal Singh 的 *Mastering Hadoop* 3。这些组件中的许多都超出了本书的范围，另外，还应该讨论的 Apache Hadoop 的一个重要组件是 Apache Hive。

Apache Hive 是一个建立在 Apache Hadoop 之上的数据仓库软件组件，支持数据查询和分析。Apache Hive 支持一个类似 SQL 的接口来获取存储在 Apache Hadoop 支持的各种数据库和文件系统中的数据。如果没有 Apache Hive，需要实现复杂的 Java 代码来提供必要的 MapReduce 逻辑。Apache Hive 提供了一个抽象来支持底层 Java 中类似 SQL 的查询（HiveQL），而不必实现复杂的低级 Java 代码。

由于大多数数据仓库应用程序都支持基于 SQL 的查询语言，Apache Hive 促进并支持将基于 SQL 的应用程序移植到 Apache Hadoop 中。Apache Hive 最初是由脸书开发的，但现在它已被集成到 Apache Hadoop 生态系统中并被一大批财富 500 强公司使用。

23. 4. 2　Apache Spark

Apache Spark 是属于 Apache 软件基金会的另一个受欢迎的开源框架。对于许多用例，可以使用 Apache Spark 代替的 Hadoop 来解决同样的问题。

因为 Apache Hadoop 最早是被开发出来的，所以拥有大量的思想共享和实现。但在许多情况下，Apache Spark 可能是一个更好的选择。其主要原因是，Apache Hadoop 通过读写磁盘上的 HDFS 文件来处理大部分处理，而 Apache Spark 使用弹性分布式数据集来处理内存中的数据。

1. 弹性分布式数据集

弹性分布式数据集（Resilient Distributed Datasets，RDD）是 Apache Spark 的基础组件。RDD 具有以下特征：

- 不变
- 分布式的
- 总是驻留在内存中，而不是磁盘存储中

RDD 的数据集被分割成逻辑分区，这些分区冗余地存储在集群中的各个节点上。这些对象可能是用户定义的类。最初，RDD 只能使用 Scala 语言创建，但现在也支持 Java 和 Python 语言。

更正式地说，RDD 是一个不可变的分区记录集，是通过一系列确定性操作生成的。RDD 是一组弹性内存对象，可以并行和大规模操作。

可以使用以下两种方法创建 RDD：

（1）通过并行化驱动程序中的现有集合。

（2）通过引用外部磁盘存储中的数据集，如共享文件系统、S3、HDFS 或支持 Apache Hadoop 兼容输入格式的任何其他外部数据源。

Apache Spark 利用 RDD 的概念来实现更快、更高效的 MapReduce 操作。有了第二个版本的 Apache Spark，现在还支持更简单的数据结构——数据帧，从而简化了数据集的处理。

2. 数据帧

Apache Spark 中的一个新抽象是数据帧。随着 Apache Spark 2. 0 作为 RDD 的替代接口的引入，数据帧首次得到支持。这两个界面有些相似。数据帧将数据组织成命名列。它在概念上相当于关系数据库中的一个表，或者 Python Pandas 包中的数据帧。这使数据帧比关系数据库更容易使用。RDD 不支持类似的一组列级标题引用。

数据帧可以从各种数据源生成，包括：

- Apache Hive 中的结构化数据文件（如 Parquet、ORC、JSON）
- Hive 表
- 外部数据库（通过 JDBC）
- 现有 RDD

数据框架应用编程接口有 Scala、Java、Python 和 R 语言版本。

3. SparkSQL

SparkSQL 对于 Apache Spark 来说就像 Apache Hive 与 Apache Hadoop 之间的关系。它允许使用 Apache Spark 框架的用户查询数据框架，就像传统关系数据库中的 SQL 表一样。

SparkSQL 增加了一个抽象层次，允许查询存储在 RDD、数据帧和外部源中的数据，为所有这些数据源创建了一个统一的接口。开发人员能够使用这种统一的接口创建复杂的 SQL 查询，这些查询可以与各种不同的数据源（如 HDFS 文件、S3、传统数据库等）进行交互。

更具体地说，用户可以使用 SparkSQL 实施以下功能：

- 对导入的数据和现有关系数据库运行 SQL 查询。
- 从 Apache Parquet 文件、ORC 文件和 Apache Hive 表中导入数据。
- 将 RDD 和数据帧输出到 Apache Hive 表或 Apache Parquet 文件。

SparkSQL 用柱状存储、基于成本的优化器和代码生成来加快查询速度。它可以使用 Apache Spark 引擎支持数千个节点。

SparkSQL 无须修改即可运行 Apache Hive 查询。它重写了 Apache Hive 前端和元存储，允许与现有 Apache Hive 数据完全兼容。

23.4.3 Apache Impala

在某些方面，与 Apache Spark 一样，Apache Impala 是一个开源的大规模并行处理 SQL 引擎，用于存储运行在 Apache Hadoop 上的集群中的数据。它运行在 Apache Hadoop 之上。

Apache Impala 为 Apache Hadoop 提供了一个可扩展的并行 SQL 数据库引擎，允许开发人员创建和运行对存储在 Apache HBase、S3 和 HDFS 的数据的低延迟 SQL 查询，而无须在读取数据之前移动或转换数据。

Apache Impala 可以轻松地与 Apache Hadoop 集成，并且支持 MapReduce、Apache Hive 和 Apache Pig 以及 Apache Hadoop 堆栈中的其他工具使用的相同文件和数据格式、元数据以及安全和资源管理框架。

Apache Impala 由分析师和数据科学家使用。人们通过 SQL、商业智能工具以及机器学习库、包和工具对存储在 Apache Hadoop 中的数据进行分析。结果是大规模的数据处理（通过 MapReduce）。

可以在同一系统中使用相同的数据和元数据启动查询，而不必将数据集迁移到专门的系统中，也不必转换到专有的文件格式来执行和分析。

Apache Impala 支持的特征包括：

- 支持 HDFS 和 Apache HBase 格式。
- 读取 Apache Hadoop 文件格式，如文本（CSV、JSON、XML）、Parquet、Avro、LZO、RCFile。
- 支持 Apache Hadoop 安全性（如 Kerberos 身份验证）。
- Apache Sentry 的细粒度、基于角色的授权。
- 使用 Apache Hive 中的元数据、ODBC 驱动程序和 SQL 语法。

现在来分析另一项重要技术，它可以极大地增强大型数据集的处理能力。现在将尝试了解什么是 NoSQL 数据库。

23.4.4　NoSQL 数据库

在深入研究特定类型的 NoSQL 数据库之前，先了解一下什么是 NoSQL 数据库。顾名思义，NoSQL 数据库是任何不是 SQL 数据库的数据库。它包括各种数据库技术，这些技术必须根据市场对能够处理更大工作负载和更大、更多样化数据集的产品的需求来构建。

数据存在于各种各样的地方。例如，日志、音频、视频、点击流、物联网数据和电子邮件都是需要处理和分析的数据。传统的 SQL 数据库需要一个结构化的模式才能使用数据，而且不是为了利用当今容易获得的商品存储和处理能力而构建的。

1. NoSQL 数据库的类型

（1）文档数据库：文档数据库使用一个与复杂数据结构（称为文档）配对的密钥存储半结构化数据。文档可以包含许多类型的数据结构，如基元值（如整数、布尔值和字符串）、不同的键值对或键数组对，甚至嵌套文档。

（2）图形数据库：图形数据库使用带有节点、边和属性的语义查询的图形结构来表示和存储数据。图形数据库的重点是数据中的关系。图形数据库的一些示例用例如下。

- 脸书包含的信息和网络中朋友之间的关系。
- 银行的交易、客户和账户。也就是说，使用账户 X 的客户 A 向拥有账户 Y 的客户 B 汇款。
- 家族的祖先信息。案例中的关系例子有配偶、兄弟姐妹、父母、子代、叔叔等。

图形数据库的例子有 Neo4J、Giraph、Tiger Graph、Amazon Neptune、Azure Cosmos。

（3）键值数据库：键值数据库是 NoSQL 数据库中最简单的类型。数据库中的每一项都使用属性名（或键）及其值进行存储。键值存储的一些示例有 Riak、RocksDB、Apache Ignite、Berkeley DB、ArangoDB、Redis。

（4）宽列数据库：宽列数据库针对大型数据集的查询进行了优化，并且将数据列而不是行存储在一起。这类数据库的例子有 Cassandra 和 HBase。

现在进一步深入了解一些最流行的 NoSQL 数据库实现的细节。

2. NoSQL 数据库的实现

（1）Apache Cassandra

Apache Cassandra 是一个开源的分布式 NoSQL 数据库，可以处理大量数据。它利用了一个可以使用许多商品服务器进行处理的水平架构，又因为本身的体系结构没有单点故障所以可以提供高可用性。Cassandra 依赖于能够跨越多个数据中心和区域的集群，使用异步无主控复制，同时为用户提供低延迟操作。

阿维纳什·拉克什曼（Avinash Lakshman，亚马逊 DynamoDB 的作者之一）和普拉尚特·马利克（Prashant Malik）最初在脸书开发了 Cassandra。脸书将 Cassandra 作为开源项目发布，并在 2010 年成为顶级的 Apache 项目。

（2）MongoDB

MongoDB 是一个面向文档的水平可伸缩数据库，使用 JSON 数据格式存储数据。它通常用于存储网站数据，也很受内容管理和缓存应用程序的欢迎。它支持复制和高可用性配置，以极大地减少数据丢失。

MongoDB 由 C++语言编写，完全支持索引，具有丰富的查询语言，并且根据查询的类型，可以提供跨数据中心的高可用性。

（3）Redis

Redis 是另一个开源的 NoSQL 数据库。这是一个键值存储，支持散列、集合、字符串、排序集合和关键字列表。因此，Redis 也称为数据结构服务器。Redis 支持运行原子操作，如增加散列中的值、集合交集计算、字符串追加、差异和联合。Redis 利用内存中的数据集来实现高性能，支持的编程语言包括 Python、Java、Scala 和 C++等。

（4）Neo4j

Neo4j 是由 Neo4j 公司开发的图形数据库，最初于 2010 年 2 月发布。它支持本机图形存储和处理中符合 ACID 的事务。Neo4j 可能是最受欢迎的图形数据库。

Neo4j 有开源版本和付费版本。Neo4j 的开源版本可以在 GPL3 许可的开源"社区版"中获得，而使用闭源商业许可，你可以获得在线备份和高可用性扩展。Neo 还根据 closedsource 商业条款许可 Neo4j 使用这些扩展。

Neo4j 是用 Java 实现的，通过事务性 HTTP 端点或二进制 bolt 协议，使用 Cypher 查询语言来支持最流行的语言。

23.5　本章小结

在本章中，首先围绕大数据奠定了核心和基本概念的基础，然后了解了许多与大数据相关的技术，如大数据技术的典型代表 Hadoop 和目前市场上最流行的大数据工具 Spark。最后，了解了另一项在大数据实施中常用的技术，即 NoSQL 数据库。NoSQL 数据库为财富 500 强公司中许多最大的工作负载提供动力，并为当今最常见网站的数百万页面提供服务。

如今，对于机器学习的应用，我们相信还需要深层次的探索。真诚地希望本书能让你更好地掌握机器学习所涉及的概念，从而激发你对机器学习主题的终身兴趣。